W0384749

TRAINING

Gymnasium

Biologie – Mittelstufe 1

Harald Steinhofer

STARK

Autor: Harald Steinhofer betreute nach seinem Lehramtsstudium und dem anschließenden Referendariat als Fachredakteur die Biologie-Unterrichtswerke des Stark Verlags. Seine Freude am Unterrichten veranlasste ihn aber, nach einigen Jahren doch wieder in den Lehrberuf zurückzukehren. Seit dem Jahr 2004 ist er als Biologie- und Chemielehrer am Anne-Frank-Gymnasium Erding tätig. Die Freude am Erstellen guter Lernmaterialien für Schülerinnen und Schüler ließ Herrn Steinhofer ab 2009 als Autor tätig werden. Mittlerweile hat er an diversen Schüler- und Lehrerprodukten des Stark Verlags mitgewirkt.

© 2019 Stark Verlag GmbH
www.stark-verlag.de
1. Auflage 2013

Das Werk und alle seine Bestandteile sind urheberrechtlich geschützt. Jede vollständige oder teilweise Vervielfältigung, Verbreitung und Veröffentlichung bedarf der ausdrücklichen Genehmigung des Verlages. Dies gilt insbesondere für Vervielfältigungen, Mikroverfilmungen sowie die Speicherung und Verarbeitung in elektronischen Systemen.

Inhalt

Fortsetzung nächste Seite

Fortsetzung nächste Seite

Autor: Harald Steinhofer

Vorwort

Liebe Schülerin, lieber Schüler,

aufbauend auf die in der Unterstufe vermittelten grundlegenden Kenntnisse und Fertigkeiten werden in der Mittelstufe komplexere Themen aus den unterschiedlichsten Bereichen der Biologie behandelt. Der Band **„Training Biologie – Mittelstufe 1"** setzt sich dabei mit Inhalten aus der Zellbiologie, der Evolution, der Sexualerziehung und der Genetik auseinander und gibt exemplarisch einen Einblick in die biologische Vielfalt der wirbellosen Tiere.
Dieses Trainingsbuch hilft dir als Ergänzung zu den Schulbüchern beim Erlernen, Verstehen, Einüben und Vertiefen des Unterrichtsstoffs. Dadurch unterstützt es dich bei der systematischen und effektiven **Vorbereitung auf den Unterricht sowie auf Klassenarbeiten und Tests**.

Und so arbeitest du mit diesem Buch:

- In allen Kapiteln werden zunächst die Fachausdrücke und Zusammenhänge zu jedem Thema vollständig, anschaulich und leicht verständlich erklärt. Zahlreiche **Abbildungen** und ausführliche **Beispiele** verdeutlichen den Lernstoff. Mithilfe dieser Abschnitte kannst du die im Unterricht behandelten Inhalte wiederholen oder dir auch selbstständig erarbeiten. **Farbig** hervorgehoben findest du die zentralen **Fachbegriffe**. Wichtige **Begriffserklärungen** sind eingerahmt.
- An jedem Kapitelende befindet sich eine präzise **Zusammenfassung**, anhand derer du dir nochmals einen kurzen Überblick über das behandelte Thema verschaffen oder dein Wissen kontrollieren kannst.
- Zu jedem Kapitel gibt es zahlreiche abwechslungsreiche **Übungsaufgaben**, mit denen du in der Lage bist, den erlernten Stoff selbstständig einzuüben und zu überprüfen, ob du alles verstanden hast.
- Mithilfe der ausführlichen **Lösungsvorschläge** zu den Übungsaufgaben kannst du deine eigenen Antworten kontrollieren und feststellen, ob du alles richtig beantwortet hast. Außerdem geben dir die vollständig ausformulierten Antworten die Möglichkeit, eventuelle Wissenslücken zu schließen.
- Abgerundet wird der Band durch ein ausführliches **Stichwortverzeichnis**. Dieses ermöglicht dir eine rasche Suche nach bestimmten Schlagwörtern.

Viel Erfolg beim Üben mit diesem Buch wünschen dir der STARK Verlag und

H. Steinhofer

Harald Steinhofer

Organisationsstufen und Vielfalt der Lebewesen

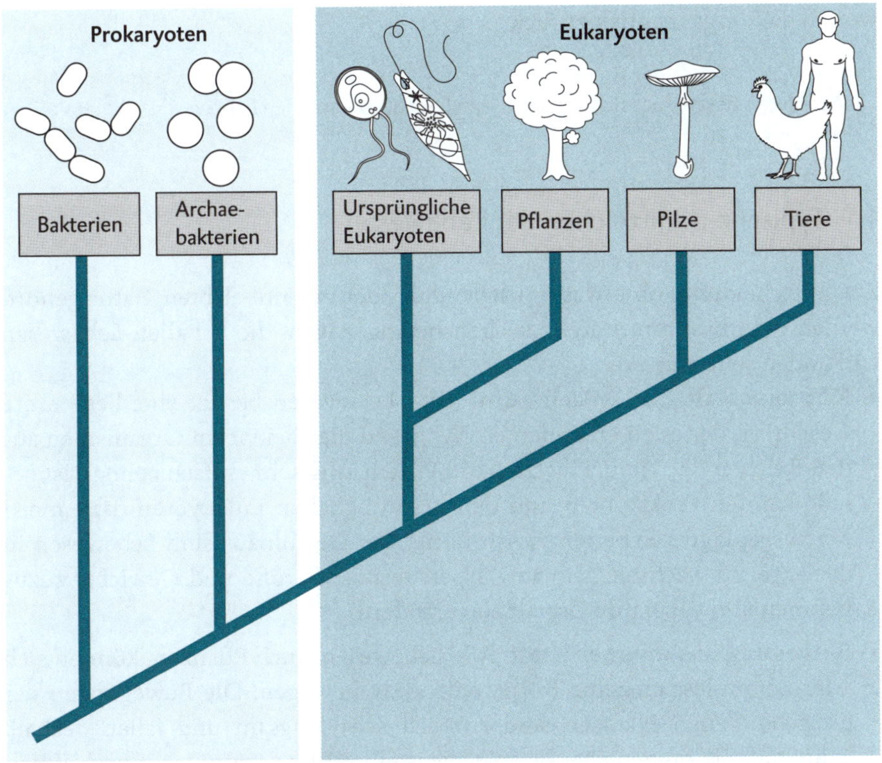

Biologen ordnen die Lebewesen nach ihrer Verwandtschaft in ein System aus enger und weiter gefassten Gruppen ein und erstellen dadurch Stammbäume. Ein Stammbaum zeigt in einer übersichtlichen Darstellung, wer mit wem verwandt ist und wer von wem abstammt.

1 Leben auf der Erde

Biologen erforschen das Leben auf seinen vielen Ebenen. Dabei untersuchen die Wissenschaftler, wie Lebewesen aufgebaut sind, wie sie funktionieren und wie sie in ihren Lebensräumen überleben. Diese Forschung beschränkt sich nicht nur auf die heute vorkommenden Lebensformen, sondern sie reicht auch weit in die Vergangenheit zurück.

Die **Biologie** beschäftigt sich als Lehre vom Lebendigen mit den Lebewesen.

1.1 Typische Kennzeichen der Lebewesen

Zur Entscheidung, ob etwas zur lebenden oder zur unbelebten Natur gehört, werden ganz bestimmte Kennzeichen herangezogen, die bei allen Lebewesen vorhanden sein müssen:

- **Körpergestalt und Wachstum:** Jedes Lebewesen besitzt eine bestimmte Gestalt, an der es zu erkennen ist. Während dies bei vielen Organismen aus den Reichen der Tiere, Pflanzen und Pilze häufig sehr einfach gelingt, ist gerade bei den Prokaryoten und den ursprünglichen Eukaryoten dazu meist ein ausgeprägtes Expertenwissen nötig. Darüber hinaus sind Lebewesen in der Lage, zu wachsen, also an Körpersubstanz (Größe und Gewicht) zuzunehmen und dabei ihre Gestalt zu verändern.
- **Bewegung aus eigener Kraft:** Alle Lebewesen, auch Pflanzen, können sich oder zumindest einzelne Körperteile aktiv bewegen. Die Bewegungen der ortsgebundenen Pflanzen sind zumeist sehr langsam und fallen deshalb kaum auf. Sie drehen aber beispielsweise ihre Blätter zum Licht und öffnen oder schließen ihre Blüten. Auch die ursprünglichen Eukaryoten haben mit Scheinfüßchen, Geißeln oder Wimpern die unterschiedlichsten Fortbewegungsmöglichkeiten entwickelt (siehe S. 32 ff.). Viele Bakterien sind in der Lage, sich mithilfe von Geißeln fortzubewegen (siehe S. 4).
- **Stoff- und Energiewechsel:** Alle Lebewesen, egal ob autotrophe Pflanzen oder heterotrophe Tiere und Pilze, benötigen für ihr Wachstum und ihre Bewegungen Energie (siehe Abb. 9, S. 12). Zur Energiegewinnung ist die Aufnahme von Stoffen nötig. Die aufgenommenen Stoffe werden im Körper umgesetzt und auch zum Aufbau körpereigener Substanzen verwendet. Nicht mehr verwertbare Abfallstoffe werden anschließend ausgeschieden.

- **Fortpflanzung:** Lebewesen entwickeln sich ständig. Sie wachsen heran, werden ab einem bestimmten Alter oder manchmal auch ab einer bestimmten Größe fortpflanzungsfähig und können Nachkommen hervorbringen.
- **Reizbarkeit und Verhalten:** Lebewesen haben die Fähigkeit, Informationen (Reize) aus ihrer Umwelt und aus dem Inneren ihres Organismus aufzunehmen, zu verarbeiten bzw. zu speichern und darauf zu reagieren.
- **Aufbau aus Zellen:** Alle Organismen sind aus Zellen, den kleinsten selbstständigen Bausteinen der Lebewesen, aufgebaut.

Um ein **Lebewesen** handelt es sich nur, wenn alle **Kennzeichen des Lebens** gleichzeitig erfüllt sind.

1.2 Zellen als Bausteine der Lebewesen

Alle Lebewesen sind aus mindestens einer **Zelle** aufgebaut. Aufgrund ihrer unterschiedlichen Organisationsform unterscheidet man zwischen **Pro-** und **Euzyten**, wobei der letztere Zellgrundtyp noch einmal in einen **tierischen** und einen **pflanzlichen Zelltyp** unterteilt wird.

Prokaryoten

Die Bakterien (siehe auch S. 22 ff.) und die Archaebakterien werden zur Gruppe der **Prokaryoten** (vom altgriechischen *pro* vorher und *karyotos* wie eine Nuss aussehend) zusammengefasst. Ihr gemeinsames Kennzeichen ist die **Prozyte**. Dieser mit in der Regel etwa 1 µm (0,001 mm) sehr kleine Zelltyp besitzt im wenig strukturierten **Zellplasma** eine freiliegende Erbsubstanz (Desoxyribonukleinsäure, DNS oder DNA; siehe S. 227 ff.) in Form des sogenannten **Kernäquivalents**. Ein echter Zellkern mit einer Kernmembran fehlt. Daneben können noch kleinere ringförmige DNS-**Plasmide** vorkommen.

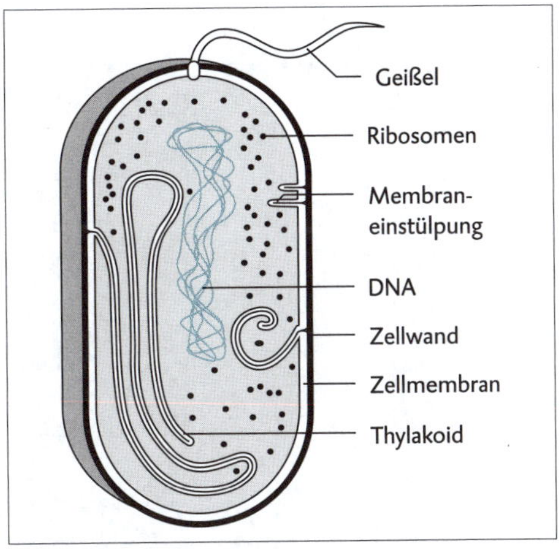

Abb. 1: Schematische Darstellung einer Prozyte (Bakterium)

Das Zellplasma enthält **Ribosomen** zur Eiweißproduktion und ist umgeben von der **Zellmembran**, auf die eine bakterielle **Zellwand** aus Murein aufgelagert ist. Die Zellwand, die meist noch von einer schützenden **Schleimhülle** umgeben ist, gibt der Prozyte ihre Form und ihren Halt. Die Zellmembran ist an manchen Stellen eingestülpt. Die dadurch vergrößerte Oberfläche bietet ausreichend Platz für wichtige Stoffwechselvorgänge wie die Zellatmung oder die Fotosynthese, die in den **Thylakoiden** stattfindet.

Große Oberflächen ermöglichen einen raschen Teilchendurchtritt durch die Membran und somit einen schnellen Stoffaustausch. Die **Oberflächenvergrößerung** ist ein wichtiges biologisches Bauprinzip.

Die meisten Bakterien besitzen eine oder auch mehrere **Geißeln**, die ihnen eine schwimmende Fortbewegung ermöglichen. Einige wenige Bakterienarten sind geißellos und bewegen sich kriechend vorwärts.

Eukaryoten

Eukaryoten (altgriech. *eu* echt, *karyotos* wie eine Nuss aussehend) wie Pflanzen, Tiere und Pilze sehen oft sehr unterschiedlich aus und sind in den meisten Fällen recht kompliziert gebaut. Ihre Zellen, die **Euzyten**, sind jedoch alle ungefähr gleich groß (normalerweise einige µm) und ähnlich gestaltet.

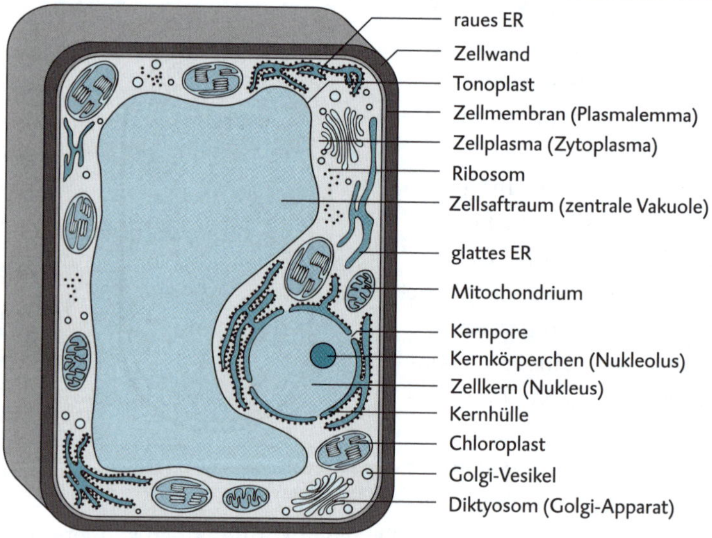

Abb. 2: Schematische Darstellung einer Euzyte (Pflanzenzelle)

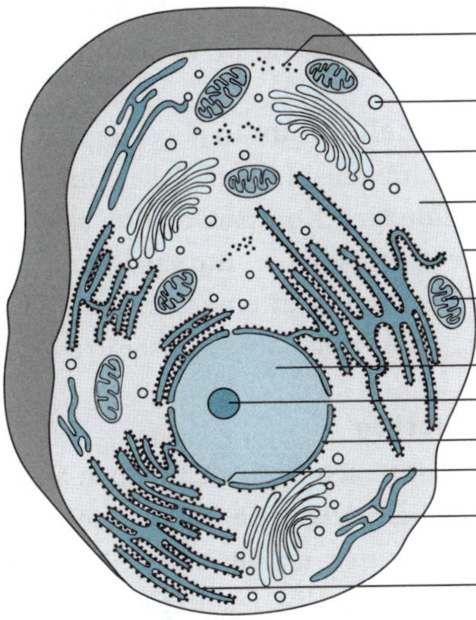

Abb. 3: Schematische Darstellung einer Euzyte (Tierzelle)

Bei der Euzyte ist der Zellinnenraum von einer zähflüssigen, körnigen Masse, dem **Zellplasma**, ausgefüllt. Darin laufen viele Stoffwechselvorgänge ab und hier liegen auch die **Zellorganellen** wie z. B. die vielen kleinen, von einer Doppelmembran umgebenen **Mitochondrien**. Während ihre äußere Membran glatt ist, zeigt die innere Membran zahlreiche Einfaltungen (Prinzip der Oberflächenvergrößerung, siehe S. 4). Die Doppelmembran spielt eine wichtige Rolle bei der Zellatmung und damit bei der Energieversorgung der Zellen. Bei der Zellatmung wird energiereicher Traubenzucker mithilfe von Sauerstoff unter Energiegewinnung in Wasser und Kohlenstoffdioxid umgewandelt. Der rundliche, ebenfalls von einer Doppelmembran umgebene **Zellkern** enthält die Erbinformation des Lebewesens in Form der Erbsubstanz (Desoxyribonukleinsäure, DNS oder DNA; siehe S. 227 ff.) und steuert alle Lebensvorgänge in der Zelle. Im Inneren des Zellkerns lässt sich als dunklere Struktur das Kernkörperchen (Nukleolus) erkennen, welches die kleinen kugelförmigen **Ribosomen** bildet. An den Ribosomen findet die Proteinbiosynthese statt, also der Aufbau von Eiweißstoffen aus Aminosäuren (siehe S. 224 ff.). Das gesamte Zellplasma ist mit einem stark verzweigten System aus Hohlröhren durchzogen, dem **Endoplasmatischen Retikulum (ER)**. Es dient dem Aufbau von Fetten sowie als Transportsystem für Stoffe innerhalb der Zelle und auch zwischen Zellen. Man unterscheidet zwischen dem mit Ribosomen besetzten **rauen ER** und dem **glatten ER** ohne Ribosomen. Als Verarbeitungszentrale für

Stoffe dient der **Golgi-Apparat**, der aus flachen, aufeinandergestapelten Hohlräumen besteht. Diese Stoffe werden anschließend in **Vesikeln** zum Ort des Bedarfes transportiert.
Nach außen hin ist die Zelle durch eine **Zellmembran** abgegrenzt. Diese reguliert den Stoffaustausch zwischen der Umwelt und der Zelle. Durch Membranen wird die Zelle außerdem in verschiedene Kompartimente, also in die unterschiedlichen Funktionsräume (die Organellen), untergliedert. So können verschiedene Stoffwechselvorgänge gleichzeitig in einer einzigen Zelle ablaufen, ohne dass sich die unterschiedlichen Aktivitäten gegenseitig stören.

Unterschiede zwischen Pflanzen- und Tierzellen

Die Euzyten von Tieren und Pflanzen unterscheiden sich jedoch auch in einigen wesentlichen Punkten. So gibt es beispielsweise Zellorganellen, die ausschließlich in pflanzlichen Zellen vorkommen (siehe Abb. 2, S. 4). Die Pflanzenzelle besitzt mit der **Zellsaftvakuole** einen flüssigkeitsgefüllten Hohlraum, der der Speicherung von Reservestoffen, Salzen und Stoffwechselendprodukten dient und darüber hinaus die Pflanzenzelle zusätzlich stabilisiert. Im Plasma von Pflanzenzellen finden sich in der Regel auch viele kleine grüne Körnchen, die von einer Doppelmembran umgebenen **Chloroplasten**. Ihre äußere Membran ist glatt, während die innere Membran durch starke Einfaltungen ein ausgeprägtes Membransystem ausbildet (Prinzip der Oberflächenvergrößerung). Diese bekanntesten Vertreter der Gruppe der Plastiden enthalten das Chlorophyll (Blattgrün) und stellen mithilfe von Lichtenergie durch Fotosynthese aus Kohlenstoffdioxid und Wasser Traubenzucker her, der in Form von Stärkekörnern gespeichert wird.
Im Gegensatz zur Tierzelle ist die Zellmembran bei Pflanzenzellen von einer festen **Zellwand** umgeben, in die Zellulose eingelagert ist. Die Zellwand gibt der Pflanzenzelle eine bestimmte Form und verleiht ihr Stabilität.

Zellen sind die kleinsten Bausteine der Lebewesen. Bei der **Prozyte** liegt die Erbsubstanz frei im Zellplasma, bei der **Euzyte** ist die Erbsubstanz im Zellkern von einer Kernmembran umgeben.
Sowohl **tierische** als auch **pflanzliche Zellen** sind von einer Zellmembran umhüllt und bestehen aus dem kompartimentierten Zellplasma mit den Zellorganellen (z. B. Ribosomen, ER, Golgi-Apparat, Zellkern). Bei allen Pflanzenzellen sind zusätzlich eine Zellwand sowie mit den Chloroplasten und der Zellsaftvakuole weitere Zellorganellen vorhanden.

1.3 Zellen können sich teilen

Da wie bereits erwähnt alle Euzyten ungefähr gleich groß sind, unterscheiden sich große und kleine vielzellige Lebewesen nicht durch die Größe ihrer Zellen, sondern durch deren Anzahl. Zellen können nur durch **Teilung** aus bereits vorhandenen Zellen hervorgehen. Der Lebensbeginn aller Lebewesen lässt sich also auf eine einzige Zelle zurückführen. Bei dieser ersten Zelle muss es sich folglich um einen „Alleskönner" handeln: Sie muss sich selbstständig am Leben erhalten und deshalb Stoffe aufnehmen, Energie gewinnen und sich sehr häufig teilen können. Auch die Wachstumsprozesse von Vielzellern, das Ersetzen abgestorbener Zellen und die Vermehrung einzelliger Eukaryoten erfolgt über Zellteilungen.

Die Zellteilung

Die meiste Zeit liegt die Erbsubstanz im Zellkern der Euzyte in Form von fadenförmigen Strukturen, den **Chromatinfäden**, vor. In diesem Fall spricht man von der **Arbeitsform**, da die Informationen der Erbsubstanz nur abgelesen werden können, wenn sie sich in diesem fädigen Zustand befindet. Für die Zellteilung muss die Erbsubstanz in eine kompakte Form, die **Transportform**, gebracht werden. Dazu verkürzen sich die Chromatinfäden durch Aufwickeln (Kondensation). Durch die Aufwicklung werden im mikroskopischen Bild die **Chromosomen** sichtbar, die aus zwei identischen DNS-Molekülen bestehen (siehe Abb. 4). Von jedem Chromosom gibt es in den Zellkernen von Körperzellen zwei Exemplare. Diese bezeichnet man als **homologe** Chromosomen. Eukaryoten besitzen also jedes Chromosom doppelt, man spricht von einem **diploiden** Chromosomensatz. Ist der Chromosomensatz halbiert, liegt also nur jeweils eines der homologen Chromosomen vor, bezeichnet man den Chromosomensatz als **haploid**.

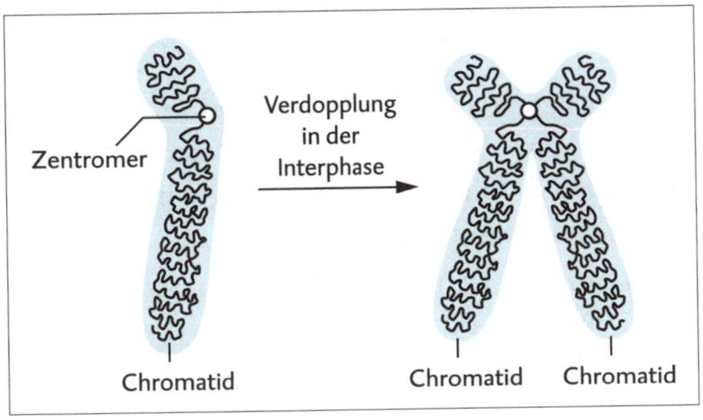

Abb. 4: Schematische Darstellung des Baus eines Ein-Chromatid-Chromosoms (links) und eines Zwei-Chromatid-Chromosoms (rechts)

Die Chromosomen werden vor der Zellteilung während der **Mitose**, der **Kernteilung**, in identische Hälften aufgespalten. Jedes **Chromatid** besteht aus einem DNS-Molekül. Die beiden identischen Chromatiden hängen an einer Verbindungsstelle, dem **Zentromer**, aneinander und werden im Verlauf der Mitose gleichmäßig auf die beiden entstehenden Tochterzellen verteilt. In der anschließenden **Interphase** werden die Ein-Chromatid-Chromosomen wieder zu Zwei-Chromatid-Chromosomen verdoppelt. Interphase und Mitose folgen aufeinander und bilden den **Zellzyklus**.

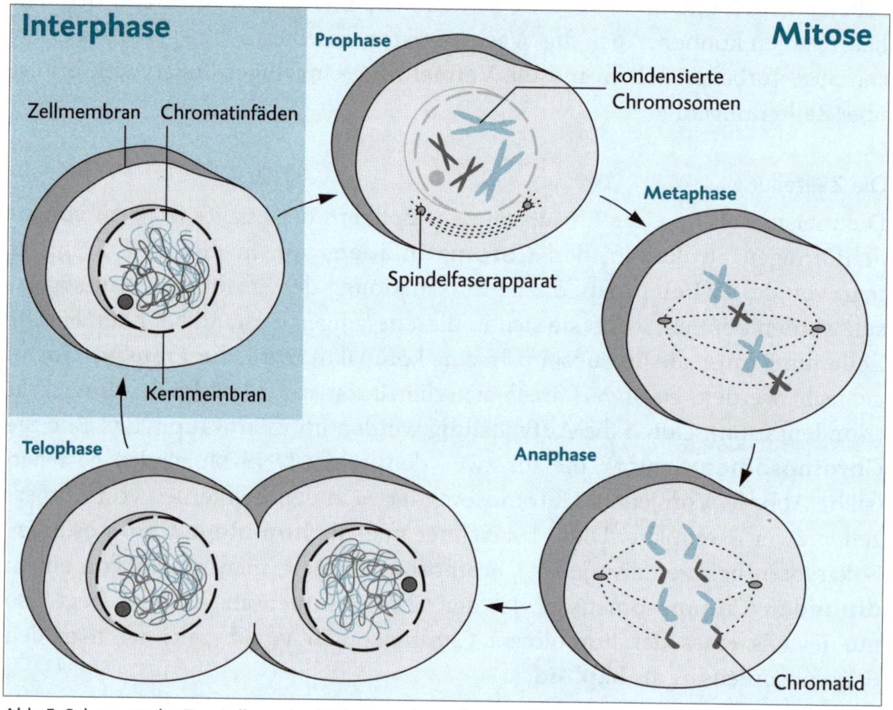

Abb. 5: Schematische Darstellung des Zellzyklus: Interphase und Mitose (Prophase, Metaphase, Anaphase, Telophase); zur Vereinfachung sind nur vier Chromosomen dargestellt

- **Interphase:** Die Chromosomen liegen als fadenartiges Chromatin-Gerüst vor und sind einzeln nicht zu erkennen. In dieser Arbeitsform laufen alle Stoffwechselvorgänge ab, das Material für die Spindelfasern wird bereitgestellt und die Verdoppelung der Chromatiden erfolgt.
- **Prophase:** Die Kernmembran und das Kernkörperchen lösen sich auf, der Spindelfaserapparat bildet sich aus. Außerdem verkürzen sich die Chromatinfäden durch Aufwickeln (Kondensation) und die Chromosomen werden sichtbar.

- **Metaphase:** Die Chromosomen sind maximal verkürzt und in der Mitte der Zelle, der Äquatorialebene, angeordnet. Die Spindelfasern verbinden sich mit den Zentromeren.
- **Anaphase:** Die Chromatiden werden getrennt und durch die Spindelfasern zu den Zellpolen gezogen.
- **Telophase:** Kernmembran und Kernkörperchen werden wieder sichtbar, der Spindelfaserapparat wird zurückgebildet. Die Chromatiden entspiralisieren sich zu den Chromatinfäden. Das Plasma und die restlichen Organellen werden durch eine neue Zellmembran geteilt.

Der Begriff **Mitose** bezeichnet den Vorgang der gleichmäßigen Verteilung der Chromatiden einer Mutterzelle auf die beiden neuen Tochterzellen.
Nach der Verdopplung der Chromatiden in der **Interphase** liegen erbgleiche (genetisch identische) Tochterzellen vor, die die gleichen Erbinformationen enthalten wie die Mutterzelle. Auch die Chromosomenzahl der Tochterkerne ist demnach identisch mit der des Mutterkerns.

Zelldifferenzierung

Vielzeller bestehen im Unterschied zu den Einzellern aus vielen, oft Milliarden bis Billionen Zellen, die häufig die unterschiedlichsten Funktionen wie Nährstoffaufnahme, Energieumwandlung oder Informationsaufnahme und Informationsverarbeitung erfüllen. Jede Zelle entspricht zwar im Aufbau den Zellgrundtypen (siehe Abb. 2 und 3, S. 4 und 5), ist jedoch entsprechend der zu erfüllenden Funktion verändert und auf diese Weise ganz bestimmten Aufgaben angepasst.

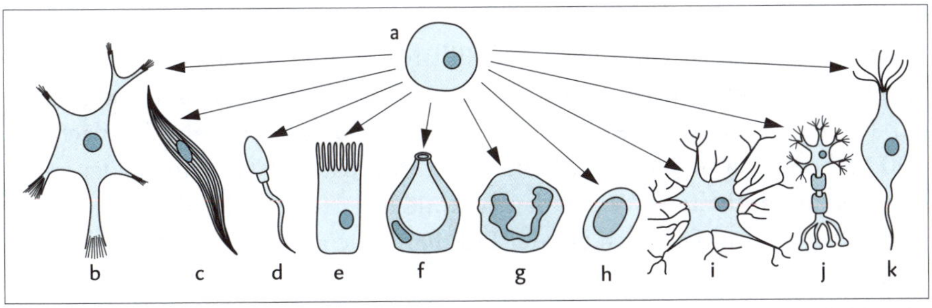

Abb. 6: Beispiele für die Zelldifferenzierung bei tierischen Zellen; a: Eizelle, b: Bindegewebszelle, c: glatte Muskelzelle, d: Spermienzelle, e: Wimpernepithelzelle, f: Drüsenzelle, g: Weißes Blutkörperchen (Leukozyt), h: Rotes Blutkörperchen (Erythrozyt), i: Knochenzelle, j: Nervenzelle, k: Sinneszelle

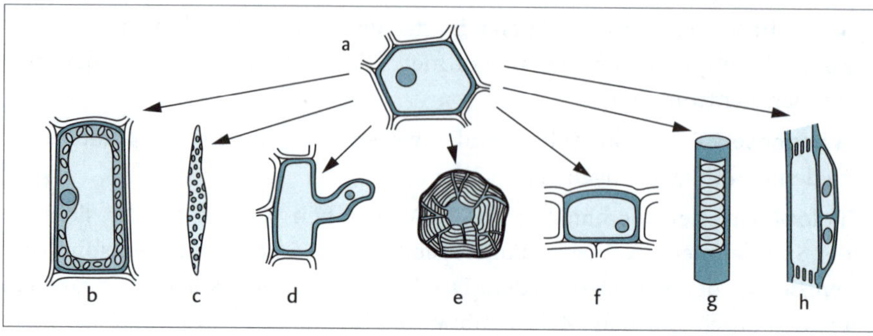

Abb. 7: Beispiele für die Zelldifferenzierung bei pflanzlichen Zellen; a: undifferenzierte Zelle, b: Assimilationszelle, c: Tracheide, d: Wurzelhaarzelle, e: Steinzelle, f: Epidermiszelle, g: Trachee, h: Siebröhrenzelle mit Geleitzellen

Unter **Zelldifferenzierung** versteht man die Ausbildung spezialisierter Zellen, die durch Abwandlungen im Grundbauplan eine ganz bestimmte Aufgabe erfüllen.

Zellverbände aus gleichartigen Zellen mit derselben Aufgabe werden als **Gewebe** bezeichnet. Verschiedene Gewebe, die zwar unterschiedliche Aufgaben erfüllen, aber zusammenarbeiten, bauen ein **Organ** auf. Mehrere Organe, die eine übergeordnete Aufgabe erfüllen, bilden zusammen ein **Organsystem**. Die Gesamtheit aller Organe und Organsysteme bildet den **Organismus**.

1.4 Die Entwicklung des Lebens

Die Entstehung der Erde und die chemische Evolution

Aufgrund der Altersbestimmung von Gesteinsproben vermuten Wissenschaftler, dass die Erde vor etwa 4,5 Milliarden Jahren entstanden ist. Zu diesem Zeitpunkt war unser Heimatplanet ein etwa 4 000 °C heißer, rot glühender Lavaball. Durch das Abkühlen auf etwa 100 °C innerhalb der nächsten 300 Millionen Jahre bildete sich eine feste Erdkruste aus Gesteinen. Der in der Atmosphäre enthaltene Wasserdampf kondensierte und der dadurch entstehende Regen sammelte sich auf der Erdoberfläche an, wo er die Urozeane bildete.

Der amerikanische Chemiker Stanley **MILLER** konnte experimentell zeigen (siehe Abb. 8), dass sich unter Einwirkung von elektrischen Entladungen aus den einfachen Verbindungen Wasser, Ammoniak, Schwefelwasserstoff, Phosphat, Kohlenstoffmonoxid, Kohlenstoffdioxid und Methan sowie den Elementen Wasserstoff und Stickstoff komplexere organische Moleküle wie Aminosäuren (die Bausteine der Proteine), Nukleinsäuren (die Bausteine der Erbsubstanz DNS) und Fettsäuren (die Bausteine von Membranen) bilden konnten.

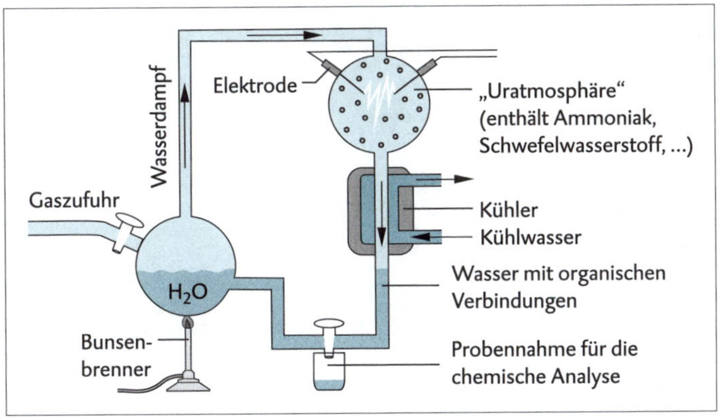

Abb. 8: Das Experiment von Stanley Miller mit chemischen Stoffen, die vermutlich auf der Urerde vorhanden waren: Elektrische Entladungen simulieren UV-Strahlung und Blitze

In der Natur dauerte dieser Prozess etwa 700 Millionen Jahre. Die organischen Moleküle reagierten vermutlich spontan zu großen Molekülen wie Eiweiß- und Fettmoleküle und verbanden sich zu zellähnlichen Gebilden, die sich mit einer Membranschicht nach außen hin abgrenzten.

Die **chemische Evolution** ist die Lehre von der Entstehung der Erde und der Bildung von organischen Verbindungen.

Entstehung und Entwicklung des Lebens – biologische Evolution

Vor etwa 3,8 Milliarden Jahren entstanden in den heißen Ozeanen der Urzeit die **prokaryotischen Einzeller** als erste Lebewesen. Diese nahmen die energiereichen organischen Stoffe, die als Energie- und Kohlenstoffquelle für die Herstellung körpereigener organischer Stoffe dienten, aus ihrer Umgebung auf. Eine solche Ernährungsweise wird als **heterotroph** (von altgriechisch *heteros* anders, fremd und *trophe* Ernährung) bezeichnet. In der Uratmosphäre war zu dieser Zeit noch kein Sauerstoff vorhanden, sodass der Abbau der Nährstoffe nur **anaerob**, also ohne Luftsauerstoff, ablaufen konnte. Dieser Stoffwechselweg wird als **Gärung** bezeichnet (siehe Abb. 9 d).

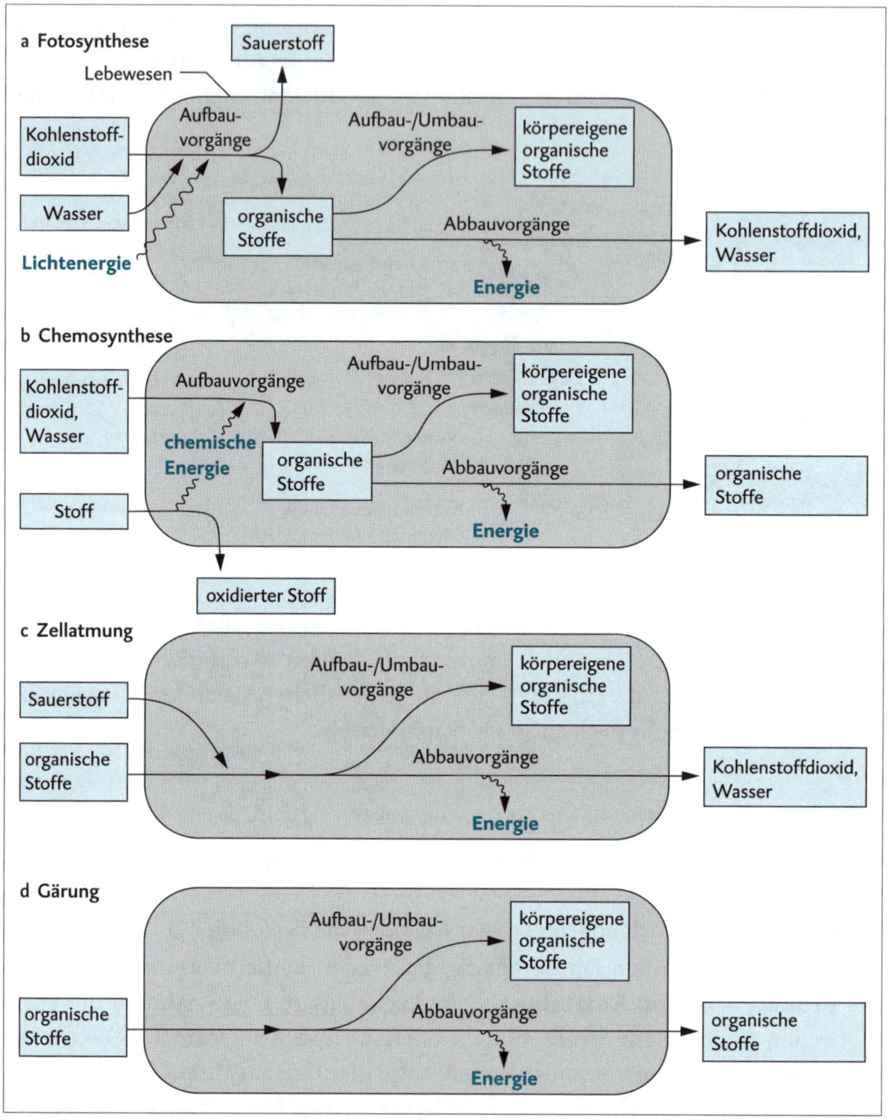

Abb. 9: Überblick über die verschiedenen Ernährungsformen und Stoffwechselwege: Autotrophe Lebensweise durch Fotosynthese (a) bzw. Chemosynthese (b) und heterotrophe Lebensweise durch Zellatmung (c) bzw. Gärung (d)

Bakterien, die durch **Chemosynthese** aus anorganischen Stoffen selbst energiereiche organische Verbindungen aufbauen konnten (siehe Abb. 9 b), hatten einen Überlebensvorteil. Eine Ernährungsweise, bei der alle benötigten energiereichen Stoffe aus anorganischen Stoffen selbst hergestellt werden können,

bezeichnet man als **autotroph** (von altgriechisch *autos* selbst). Abbauvorgänge setzen aus den energiereichen organischen Stoffen die Energie wieder frei, die dadurch erst für das Lebewesen nutzbar wird.
Vor etwa 2,5 bis 3,4 Milliarden Jahren entwickelten sich mit den Cyanobakterien die ersten Lebewesen, die das Sonnenlicht als Energiequelle zum Aufbau energiereicher organischer Stoffe aus den anorganischen Stoffen Wasser und Kohlenstoffdioxid nutzen konnten (siehe Abb. 9 a). Die **Fotosynthese** veränderte die Lebensbedingungen auf der Erde, da sich der dabei entstehende Sauerstoff in der Erdatmosphäre anreicherte. Erst jetzt konnte sich die **Zellatmung** als **aerober** (Luftsauerstoff benötigender) Stoffwechselweg entwickeln (siehe Abb. 9 c).

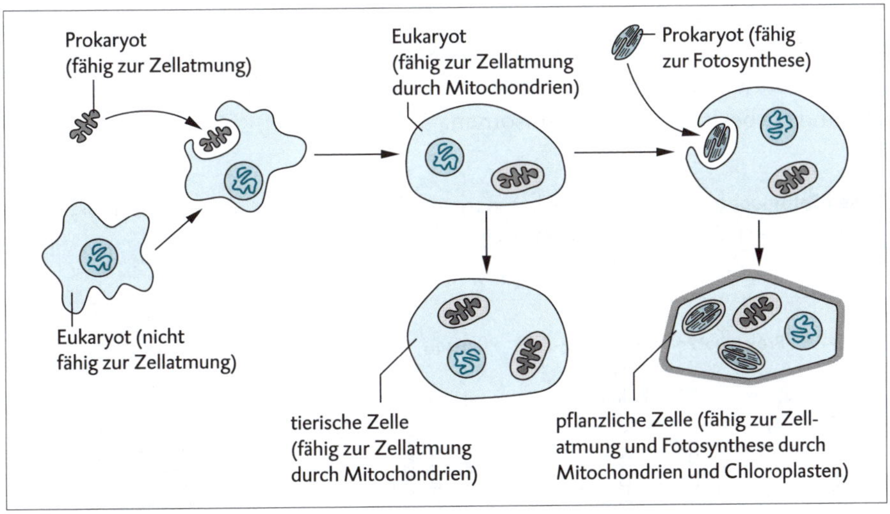

Abb. 10: Entstehung der tierischen und der pflanzlichen Zelle durch Endosymbiose

Aus primitiven Eukaryoten entwickelte sich nach der **Endosymbiontentheorie** vor etwa 2,2 Milliarden Jahren durch Aufnahme von frei lebenden Einzellern die Euzyte, wie sie heute vorkommt. Nach dieser Theorie nahmen einzellige Organismen andere Einzeller durch **Endozytose** auf. Bei der Endozytose wird ein Objekt von der Zellmembran umschlossen und in einem abgeschnürten Membranbläschen in die Zelle aufgenommen. Die aufgenommenen Einzeller z. B. Cyanobakterien wurden jedoch nicht verdaut und entwickelten sich im Zellinneren zu den Chloroplasten. Als Vorläufer der Mitochondrien kommen Prokaryoten infrage, die sich an eine aerobe Ernährungsweise angepasst hatten.

Ein Zusammenleben zweier Partner, von dem beide einen Vorteil haben, bezeichnet man als **Symbiose**. Bei einer Endosymbiose lebt ein Partner im Inneren des anderen.

Der Vorteil des Zusammenlebens lag für die eukaryotischen Zellen darin, dass sie mithilfe ihres prokaryotischen Endosymbionten Fotosynthese und Zellatmung betreiben konnten. Die aufgenommenen Prokaryoten wurden im Gegenzug von ihren Symbiosepartnern ernährt und waren in ihrem Inneren vor Fressfeinden geschützt.

Als Beleg für die Endosymbiontentheorie gilt das Vorhandensein eines eigenen Erbgutes sowohl bei den Chloroplasten als auch bei den Mitochondrien. Außerdem ähnelt die innere Schicht der Doppelmembran beider Organellen in ihrer chemischen Zusammensetzung einer bakteriellen Zellmembran, während die äußere Schicht der Zellmembran der Eukaryoten entspricht. Darüber hinaus können sich beide Zellorganellen selbstständig durch Teilung vermehren und sie besitzen eigene Ribosomen.

Die **biologische Evolution** ist die Lehre von der Entstehung des Lebens und der fortschreitenden Entwicklung der Lebewesen.

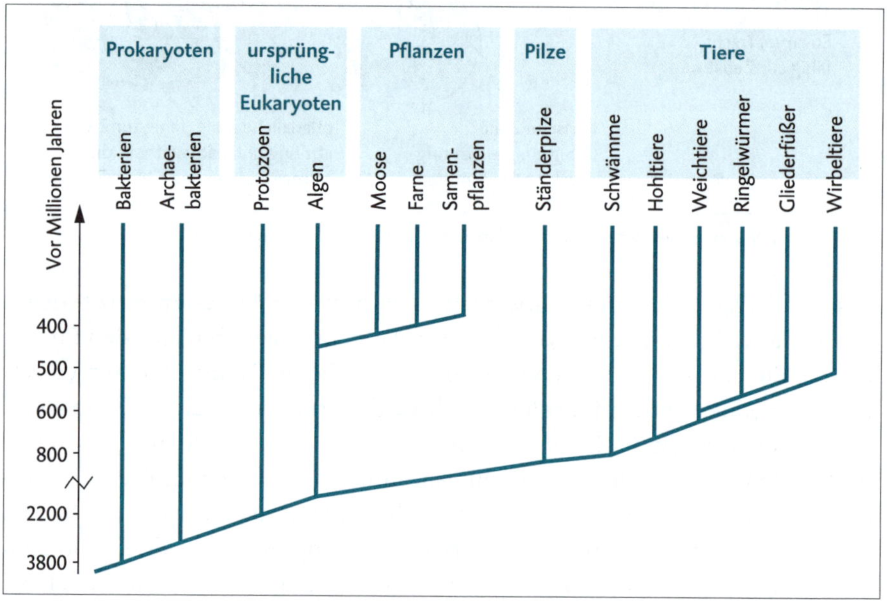

Abb. 11: Erdgeschichtliche Entwicklung der unterschiedlichen Formen der Lebewesen

Noch in der Erdfrühzeit, vor etwa 800 Millionen Jahren, entwickelten sich in den **Urozeanen** erste vielzellige Lebewesen wie Algen, Quallen, Schwämme und Krebse. Vor rund 500 Millionen Jahren traten die ersten Wirbeltiere in Gestalt von kleinen Urfischen auf. Erst vor etwa 400 Millionen Jahren gelang es den Farnen als den ersten Pflanzen, das kahle **Land** zu besiedeln. Nachdem somit auch das Land Nahrung und Schutz bot, besiedelten wenig später auch die Vorfahren der heutigen Amphibien den neuen Lebensraum. Aus ihnen entwickelten sich im Laufe der Evolution die Reptilien, die Vögel und vor etwa 200 Millionen Jahren auch die Säugetiere. Auch die verschiedenen Wirbellosen, wie beispielsweise die Gliederfüßer, gingen teilweise oder ganz zum Leben an Land über.

Das Leben auf der Erde entwickelte sich vor etwa 3,8 Milliarden Jahren im Wasser. Der Übergang zum Leben an Land fand vermutlich erst vor ca. 400 Millionen Jahren statt.

1.5 Ordnungssystem für die Vielfalt der Lebewesen

Die **Systematik** ist die Disziplin der Biologie, die sich mit dem Ordnungssystem der Lebewesen befasst. Aufgrund von Unterschieden oder entscheidenden Gemeinsamkeiten z. B. im Aufbau des Körpers, der Zellen, der Zellinhaltsstoffe, der Stoffwechselvorgänge oder der Fortpflanzungsweise kann man erkennen, ob Lebewesen miteinander verwandt sind, das heißt ob sie von einem gemeinsamen Vorfahren abstammen oder nicht. Je stärker die Merkmale von Organismen übereinstimmen, desto näher sind sie miteinander verwandt.
Das heute international gültige Ordnungssystem der Organismen wurde im Jahre 1758 von dem schwedischen Arzt und Naturforscher Carl von Linné entwickelt. Alle Lebewesen werden aufgrund abgestufter Ähnlichkeiten **systematisch** in Verwandtschaftsgruppen eingeteilt:

- **Reich:** Insgesamt gibt es 5 Organismenreiche: Prokaryoten, ursprüngliche Eukaryoten, Pilze, Tiere und Pflanzen
  - **Stamm** (im Tierreich) oder **Abteilung** (im Pflanzenreich)
    - **Klasse**
      - **Ordnung**
        - **Familie**
          - **Gattung**
            - **Art**

Prokaryoten
Kernlose Einzeller, zumeist Bakterien, mit unterschiedlicher Ernährungsweise (autotroph, heterotroph), bei denen die Erbsubstanz frei im Zytoplasma liegt

ursprüngliche Eukaryoten
Einzeller mit echtem Zellkern und weiteren spezialisierten Zellorganellen; mit unterschiedlicher Ernährungsweise (autotroph, heterotroph)

Pflanzen
Vielzellige Eukaryoten, die aus Pflanzenzellen aufgebaut sind und sich in der Regel autotroph durch Fotosynthese ernähren

Pilze
Vielzellige Eukaryoten, die sich häufig von abgestorbenem organischen Material heterotroph ernähren

Tiere
Vielzellige Eukaryoten, die aus tierischen Zellen aufgebaut sind und sich heterotroph ernähren

Abb. 12: Die fünf Reiche der Lebewesen

Die relativ grobe Einteilung reicht jedoch nicht für alle vorkommenden Lebewesen aus. Deshalb ist eine feinere Einordnung möglich, bei der beispielsweise zwischen Über- und Unterklasse, Über- und Unterordnung bzw. Über- und Unterfamilie unterschieden wird (siehe Mensch, S. 173 ff.).

Lebewesen, die in allen ihren wesentlichen Merkmalen untereinander und mit ihren Nachkommen übereinstimmen und miteinander fruchtbare Nachkommen zeugen können, werden als **Art** zusammengefasst.

Jedes Lebewesen erhält nach der systematischen Einteilung einen wissenschaftlichen **Doppelnamen (Artnamen):** Der erste Name bezeichnet die Gattung, der zweite gibt die Artbezeichnung an. Beide Bestandteile des Doppelnamens werden in der Regel aus lateinischen oder altgriechischen Worten gebildet.

Zusammenfassung

unterschiedliche **Grundtypen:**

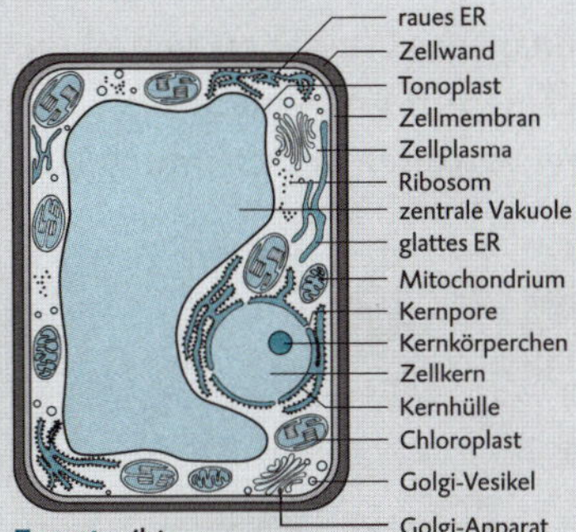

Euzyte (hier: Pflanzenzelle)

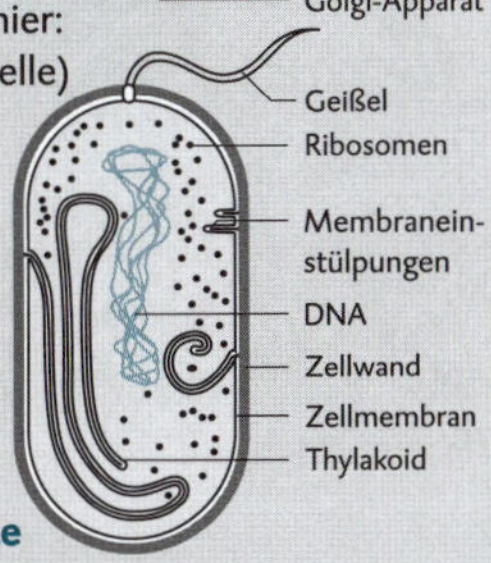

Prozyte

ZELLE

Der Aufbau aus Zellen ist ein typisches **Kennzeichen der Lebewesen** neben Körpergestalt und Wachstum, Fortpflanzung, Reizbarkeit und Verhalten, Bewegung aus eigener Kraft sowie Stoff- und Energiewechsel.

Verschiedene **Stoffwechselwege:** Zum Aufbau körpereigener organischer Stoffe benötigt jedes Lebewesen Energie- und Kohlenstoffquellen. Nach der Fähigkeit, energiereiche organische Stoffe aus anorganischen Stoffen selbst zu erzeugen, unterscheidet man die **autotrophe** Ernährungsform von der **heterotrophen**. Die Gärung ist ein Stoffwechselprozess, der der Energiebereitstellung aus energiereichen organischen Stoffen dient und im Unterschied zur Zellatmung anaerob, also ohne Sauerstoff, abläuft.

Entwicklung

- Die Chloroplasten und Mitochondrien der Eukaryoten sind nach der Endosymbiontentheorie aus prokaryotischen Einzellern entstanden.
- Die ersten Evolutionsschritte fanden in den Urozeanen statt. Nach der Besiedlung des Landes durch Pflanzen erfolgt auch bei den Tieren der Übergang.

Teilungsvorgänge im **Zellzyklus:**

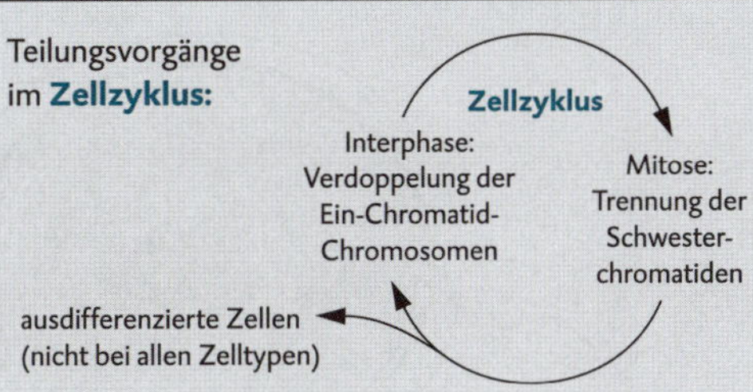

1 Die Abbildung zeigt zwei Lebewesen, die dem Reich der Tiere zuzuordnen sind. Genauer handelt es sich hierbei um die Art der Bolivianischen Totenkopfäffchen *(Saimiri boliviensis)*. Die Angehörigen der Gattung der Totenkopfäffchen (Familie: Kapuzinerartige) sind durch die weißen Bögen über den Augen charakterisiert, die ihrem Gesicht ein maskenartiges Aussehen verleihen. Mit einer Kopf-Rumpf-Länge von 25 bis 37 Zentimetern und einem Gewicht von maximal 1 Kilogramm sind sie relativ kleine Vertreter der Ordnung der Primaten.

a Erläutere anhand der Abbildung und unter Textbezug die Kennzeichen der Lebewesen.

b Erläutere, was man unter dem Kennzeichen „Stoffwechsel“ versteht.

c Ordne mithilfe deines Grundwissens und des Textes die Bolivianischen Totenkopfäffchen systematisch ein.

Totenkopfäffchen mit Jungem

2 Bakterien sind mikroskopisch kleine einzellige Organismen.

a Beschrifte die in der Abbildung gekennzeichneten Zellbestandteile.

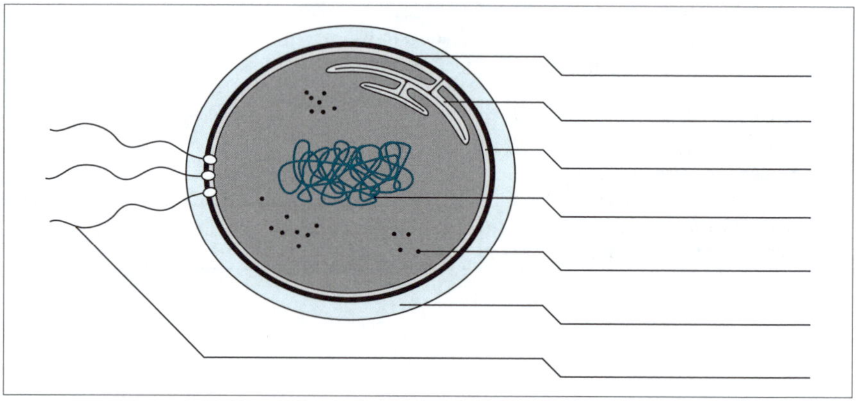

b Handelt es sich bei der abgebildeten Zelle um eine Pro- oder um eine Euzyte? Begründe deine Aussage.

c Erläutere anhand der Abbildung das Prinzip der Oberflächenvergrößerung.

3 Alle Lebewesen sind aus den kleinsten allein lebensfähigen Einheiten, den Zellen, aufgebaut.

a Ergänze die folgende schematische Pflanzenzelle. Beschrifte deine Skizze.

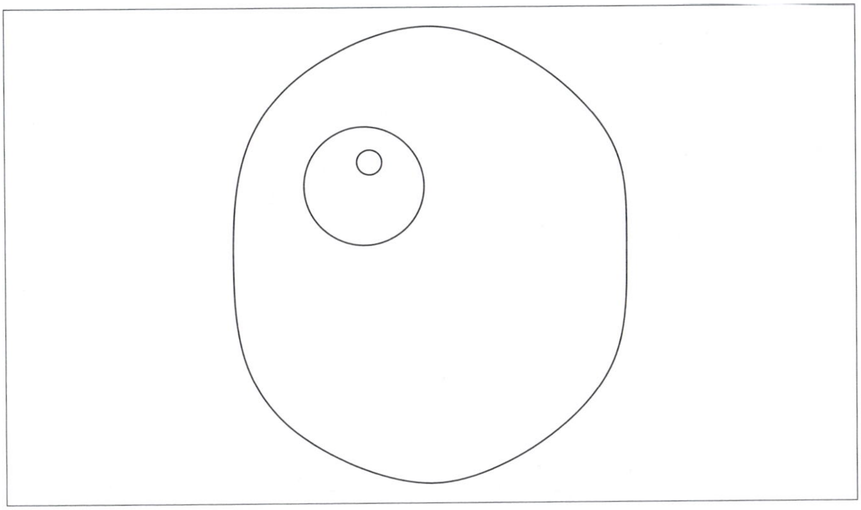

b Erkläre, woran man erkennen kann, dass es sich bei der von dir gezeichneten Struktur nicht um eine tierische Zelle handelt.

4 In Zellen laufen alle lebensnotwendigen Funktionen in darauf spezialisierten Strukturen, den Zellorganellen, ab.

a Ordne jedem Zellorganell die entsprechende Funktion zu, indem du die Kästen mit Linien verbindest.

Ribosom	Steuerungszentrale
Zellkern	Verarbeitungszentrale
Mitochondrium	Eiweißsynthese
ER	Transportsystem
Golgi-Apparat	Fettsynthese
Vesikel	Energieversorgung

b Ergänze die obige Aufstellung in der linken Spalte um die pflanzlichen Zellorganellen. Gib in der rechten Spalte deren Funktion an und verbinde die Kästen.

5 Als Mitose wird der Vorgang der Kernteilung bei Zellen bezeichnet. Diese Kernteilung läuft in verschiedenen Phasen ab.

a Erläutere den Unterschied zwischen einem Metaphase- und einem Anaphasechromosom.

b Ordne die folgenden schematischen Einzelabbildungen in der richtigen Reihenfolge an und gib an, um welche Mitosephasen es sich dabei handelt.

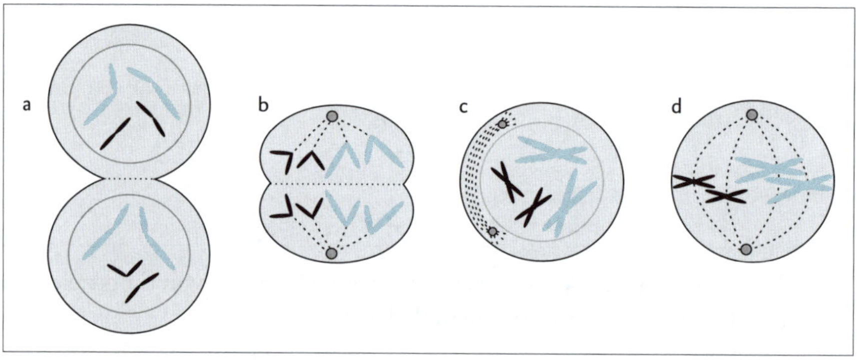

c Vervollständige den Lückentext.

In der ______________ der Mitose erfolgt die Spiralisierung des Chromatins. Dadurch werden die ______________ sichtbar. Diese bestehen aus zwei ______________, die in der Mitte durch das ______________ verbunden sind. Die Chromatiden werden durch den ______________ zu den Polen der Zelle gezogen. Mit der ______________ ist die Kernteilung beendet. Mit der Ausbildung einer neuen Zellmembran zwischen den Tochterzellen ist die ______________ abgeschlossen. Zwischen zwei Zellteilungsvorgängen liegt die ______________.

d Beschreibe detailliert die Vorgänge, die während der Telophase ablaufen.

e Beschreibe das Ergebnis der Mitose.

6 Lebewesen weisen vielfältige Stoffwechselleistungen und Ernährungsformen auf.

a Erkläre die Fachbegriffe heterotroph und autotroph.

b Ergänze die folgende Skizze und benenne den Stoffwechselvorgang bzw. den Ernährungstyp.

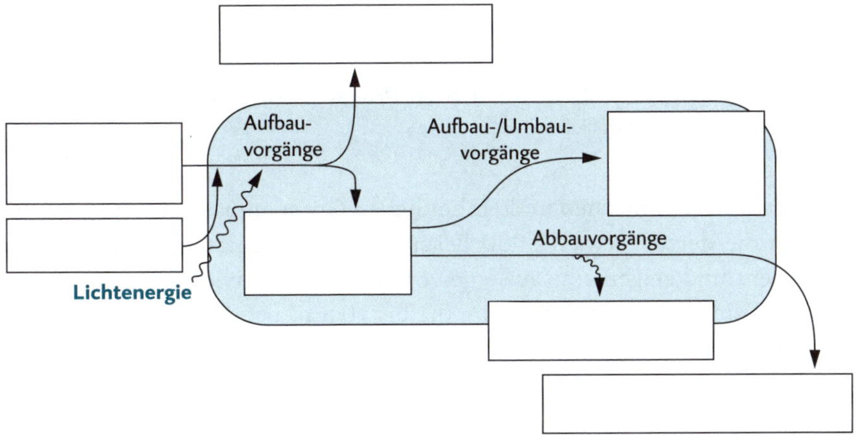

2 Bakterien

Bakterien haben sich stammesgeschichtlich bereits sehr früh, vor etwa 3,8 Milliarden Jahren, in den Urozeanen entwickelt und werden mit den Archaebakterien zu den **Prokaryoten** zusammengefasst, deren gemeinsames Kennzeichen die Prozyte (siehe Abb. 1, S. 3) ist.

Bakterien bestehen als **Prokaryoten** aus einer **Prozyte**, besitzen also keinen von einer Membran umgebenen Zellkern.

Trotz des relativ einfachen und einheitlichen Grundaufbaus aus nur einer Zelle erfüllen die derzeit etwa 12 000 bekannten Bakterienarten alle Kennzeichen des Lebens und zeigen eine außergewöhnliche Formenvielfalt (siehe Abb. 13). Bakterien sind mit einer Größe von 0,1 bis 10 µm, also 10^{-4} bis 10^{-2} mm, sehr klein und in der Regel nur bei einer mindestens 1 000-fachen Vergrößerung durch das Lichtmikroskop oder noch besser durch das Elektronenmikroskop zu erkennen.

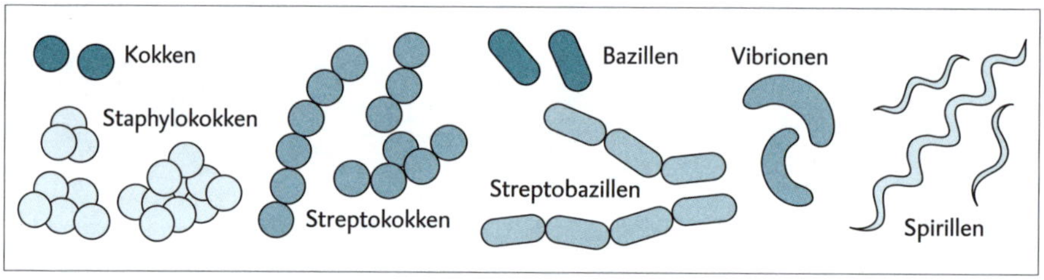

Abb. 13: Die wichtigsten Erscheinungsformen von Bakterien: kugelförmige Kokken, stäbchenförmige Bazillen, kommaförmige Vibrionen und spiralförmige Spirillen

2.1 Vermehrung der Bakterien

Wie alle Zellen vermehren sich Bakterien durch **Zweiteilung** (siehe Abb. 14). Dazu wächst die Bakterienzelle auf etwa die zweifache Länge heran und verdoppelt während dieses Streckungswachstums alle Zellbestandteile und das Erbmaterial. Danach schnürt sich die Zellmembran von der Längsseite ausgehend nach innen ein. Damit wird die Zelle durch eine neue Membran in zwei Hälften geteilt. Nach dem Teilungsvorgang enthält jede der beiden Tochterzellen eine identische Kopie des Erbgutes der Mutterzelle. Beide Zellen sind demnach genetisch identisch.

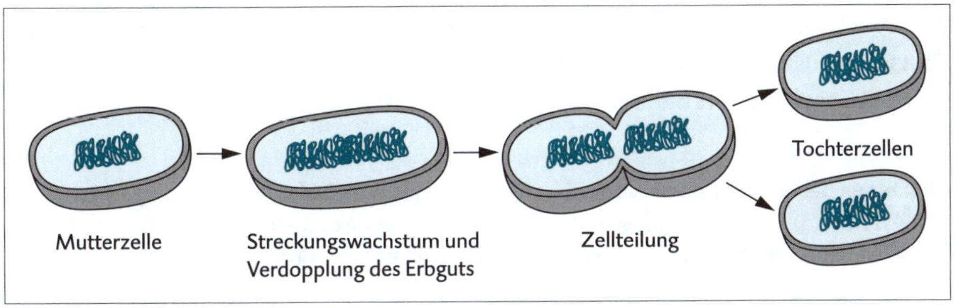

Abb. 14: Die Teilung einer Bakterienzelle

Bakterien vermehren sich durch **Zweiteilung** und pflanzen sich ausschließlich **ungeschlechtlich** fort.

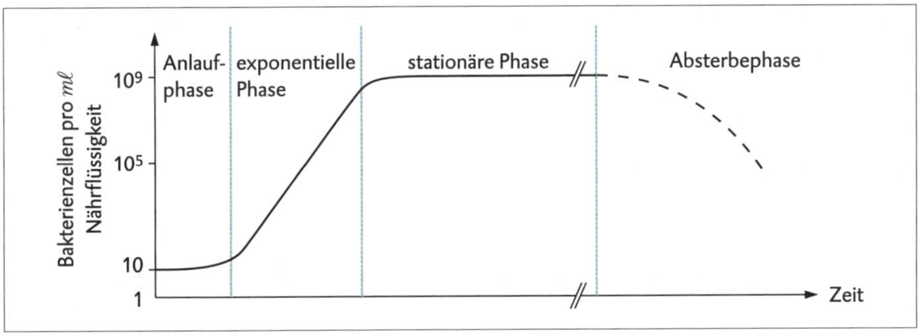

Abb. 15: Die Phasen einer typischen Bakterien-Vermehrungskurve

Unter optimalen Wachstumsbedingungen (genügend Nahrung, geeignete Temperatur, ausreichend Feuchtigkeit) teilen sich Bakterien in sehr kurzen Abständen, manche Bakterienarten sogar alle 20 Minuten. Nach jedem Teilungsvorgang verdoppelt sich also die Bakterienanzahl in jeder Generation. Das bedeutet, dass sich eine **Bakterienkolonie** (als Zellhaufen vorliegende einzelne Bakterien) meist nach einer **Anlaufphase**, während der sich die Bakterien an die herrschenden Umweltbedingungen gewöhnen, **exponentiell** vermehrt (**exponentielle Phase**, siehe Abb. 15). Da alle Tochterzellen einer Kolonie die genetisch identischen Nachkommen einer einzigen Mutterzelle sind, bezeichnet man diese als **Klone**.
Während der Massenvermehrung verschlechtern sich jedoch in der Regel die Wachstumsbedingungen für die Bakterien. Zum einen werden Nährstoffe und eventuell auch Sauerstoff verbraucht, zum anderen nimmt der zur Verfügung stehende Platz ab. Dadurch wird die Vermehrungsrate der Bakterien verringert,

die Wachstumskurve flacht ab und nähert sich einem **Plateau (stationäre Phase)**. Außerdem reichern sich z. B. giftige Stoffwechselendprodukte an, was zum **Absterben** von Bakterienzellen führt **(Absterbephase)**.

Bakterien haben unter optimalen Lebensbedingungen eine **hohe Vermehrungsrate**. Die Vermehrungskurve zeigt einen typischen Verlauf mit exponentiellem Anstieg und anschließender Plateauphase. Die Bakterienzellen einer Bakterienkolonie sind Klone.

Auch wenn sich Bakterien nur ungeschlechtlich fortpflanzen, sind viele Arten über ihre **Plasmide** (siehe S. 3) doch in der Lage, kleinere Mengen an Erbinformationen mit Artgenossen auszutauschen (sexuelle Vorgänge siehe S. 42 f.).
Unter ungünstigen oder sogar lebensfeindlichen Umweltbedingungen wandeln sich manche Bakterien in **Sporen** um. Durch Ausbildung einer zusätzlichen kräftigen Hülle überstehen sie in diesem widerstandsfähigen Ruhestadium extreme Einflüsse wie hohe Temperaturen, lang andauernden Nährstoffmangel und sogar Desinfektionsmittel. Bessern sich die Lebensbedingungen wieder, keimt die Spore innerhalb weniger Minuten aus und die Teilungsvorgänge und sämtliche andere Lebensprozesse setzen wieder ein.

2.2 Ernährungsformen und Stoffwechseltypen der Bakterien

Bakterien kommen in fast allen Lebensräumen der Erde vor, solange neben einer geeigneten Temperatur und ausreichend Feuchtigkeit auch genügend Energie- und Kohlenstoffquellen vorhanden sind. Diese werden zur Gewinnung von Baustoffen für den Aufbau von Zellbestandteilen und als Energiequelle für alle Lebensvorgänge benötigt.
Aufgrund der unterschiedlichen Lebensräume der Organismen haben sich verschiedene **Stoff- und Energiewechselprozesse** entwickelt (siehe S. 11 und Abb. 9):

- **Heterotrophie:** Die Aufnahme energiereicher organischer Stoffe, die als Energie- und Kohlenstoffquelle für die Herstellung körpereigener organischer Stoffe dienen.
  Bei der **Gärung** erfolgt der Abbau energiereicher organischer Stoffe ohne Sauerstoff, also **anaerob**. Bei der **Zellatmung** wird dagegen Sauerstoff benötigt. Hierbei handelt es sich also um eine **aerobe** Ernährungsform.
- **Autotrophie:** Der Aufbau energiereicher organischer Verbindungen aus anorganischen Stoffen kann …

- **chemosynthetisch (chemoautotroph)**, also durch die Nutzung chemischer Energie aus der Umwandlung eines anorganischen Stoffes erfolgen oder
- **fotosynthetisch (fotoautotroph)**, also durch die Nutzung des Sonnenlichtes als Energiequelle zum Aufbau von Traubenzucker aus den anorganischen Stoffen Wasser und Kohlenstoffdioxid.

Auch autotrophe Bakterien müssen zur Energiegewinnung die von ihnen produzierten organischen Verbindungen abbauen. Wie die Heterotrophen können sie dies auf **aerobem** oder auf **anaerobem** Wege tun.

Bei all diesen Stoffwechselprozessen nehmen die Bakterien die benötigten Stoffe über die gesamte Zelloberfläche auf, wandeln sie um und geben die Stoffwechselprodukte wieder nach außen ab.

Bakterien nutzen die unterschiedlichsten Stoffwechselprozesse zur Gewinnung von Energie für alle Lebensprozesse.

Die Stoffwechselendprodukte einiger Bakterien wirken als giftige Stoffe (Toxine). Diese Bakterien lösen dadurch als **Krankheitserreger** viele Infektionskrankheiten wie Keuchhusten, Scharlach, Diphtherie, Lebensmittelvergiftungen, Wundstarrkrampf oder Pest aus.
Einige Bakterienarten spielen jedoch in den unterschiedlichsten Bereichen eine nützliche Rolle für den Menschen.

Gärungsvorgänge

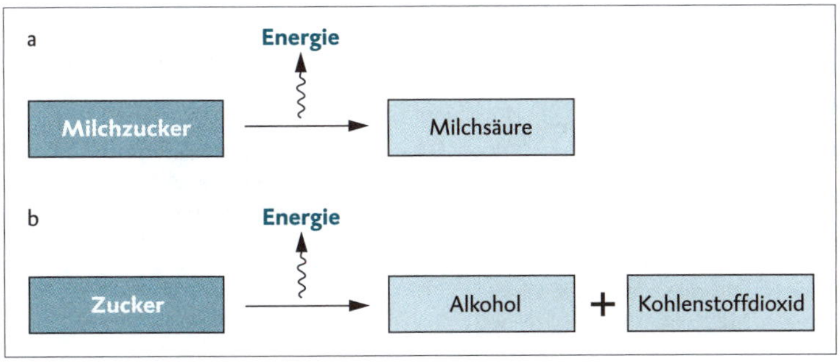

Abb. 16: Gärungsvorgänge bei Bakterien; a: Milchsäuregärung, b: alkoholische Gärung

Milchsäurebakterien gewinnen unter anaeroben Bedingungen Energie durch die Umwandlung von Milchzucker (Laktose) in Milchsäure. Diese **Milchsäuregärung** (siehe Abb. 16 a) wird unter anderem bei der Herstellung von Sauerkraut, Joghurt und Käse, aber auch bei der Produktion von Futtermitteln in Silos genutzt, da die Milchsäure das Wachstum schädlicher Fäulnisbakterien hemmt. Neben den Hefepilzen gibt es auch Bakterien, die Zucker in Alkohol und Kohlenstoffdioxid umwandeln (siehe Abb. 16 b). Diese Form der **alkoholischen Gärung** findet z. B. bei der Herstellung von Sauerteig statt.

Atmungsvorgänge

Unter Anwesenheit von Luft wandeln Essigsäurebakterien Alkohol zu Essigsäure um. Dieser Vorgang der **Atmung** (siehe Abb. 17 a), der unzutreffenderweise häufig als Essigsäuregärung bezeichnet wird, ist zwar bei der Gewinnung von Essig erwünscht, kann jedoch auch dazu führen, dass Wein sauer wird.

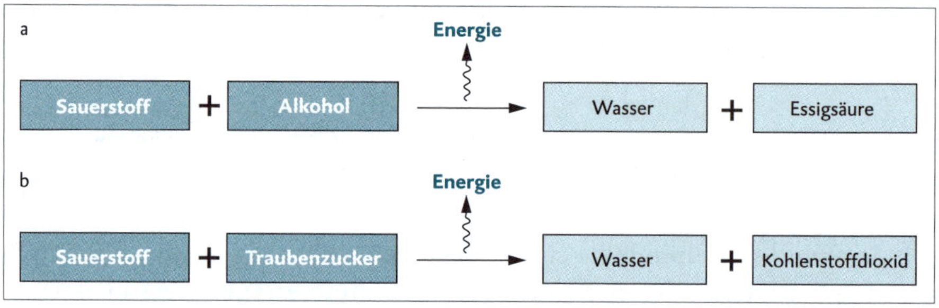

Abb. 17: Atmungsvorgänge bei Bakterien; a: Atmung der Essigsäurebakterien, b: Zellatmung

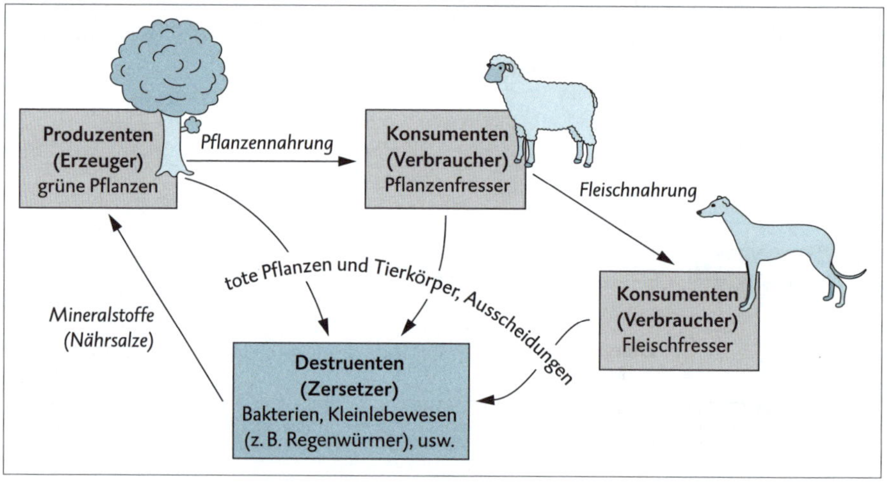

Abb. 18: Stoffkreislauf in einem Ökosystem

Bei der **Zellatmung** (siehe Abb. 17 b) werden organische Stoffe abgebaut. Als Endprodukte entstehen dabei Kohlenstoffdioxid und Wasser. Da beim Abbau organischer Stoffe auch die in den Organismen gebundenen Mineralsalze wieder freigesetzt werden, die dann erneut für die Pflanzen nutzbar sind, nehmen viele Bakterienarten als **Destruenten (Zersetzer)** eine wesentliche Rolle im Stoffkreislauf der Natur ein (siehe Abb. 18). Ohne die Tätigkeit der Destruenten könnte tote Biomasse nicht vollständig abgebaut werden und würde sich ansammeln. In **Kläranlagen** werden Bakterien aufgrund ihrer Abbautätigkeit gezielt eingesetzt, um Abwasser von organischen Schmutzstoffen zu reinigen.

Foto- und Chemosynthese

Die blaugrünen Cyanobakterien nehmen mithilfe von Chlorophyll und ähnlichen Molekülen das Sonnenlicht auf und stellen aus Wasser und Kohlenstoffdioxid den energiereichen organischen Stoff Traubenzucker her. Als Nebenprodukt dieses **fotoautotrophen** Prozesses entsteht Sauerstoff. **Chemoautotrophe** Bakterien dagegen nutzen die Umwandlung energiereicher anorganischer Moleküle wie etwa Schwefelwasserstoff zu Schwefel oder Nitrit-Ionen zu Nitrat-Ionen als Energiequelle. Mithilfe der daraus gewonnenen chemischen Energie kann Kohlenstoffdioxid als Kohlenstoffquelle zu energiereichen organischen Molekülen aufgebaut werden.

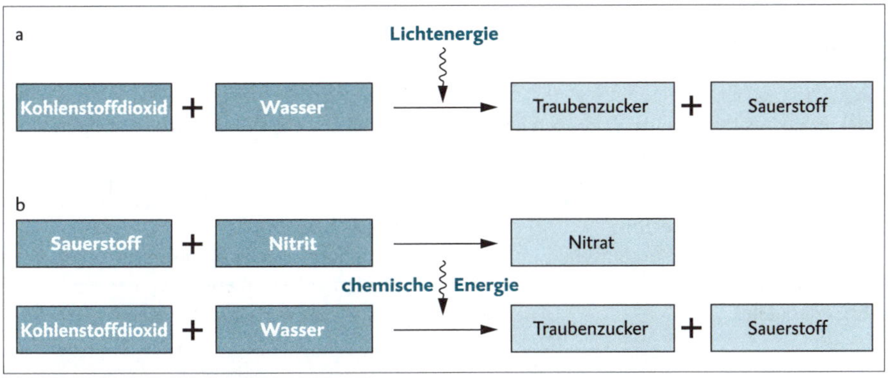

Abb. 19: Autotrophie bei Bakterien; a: Fotosynthese, b: Chemosynthese

Bakterien als Symbionten

Viele Bakterien besiedeln als **Symbionten** die ungewöhnlichsten Lebensräume und bilden mit ihren **Symbiosepartnern** eine Lebensgemeinschaft, aus der alle Beteiligten einen Vorteil ziehen (siehe S. 14). Solche Lebensgemeinschaften werden als **Symbiosen** bezeichnet.

Im Verdauungstrakt vieler Lebewesen (z. B. im Pansen der Wiederkäuer oder im Dickdarm der Menschen) helfen Bakterien bei der Verdauung von für den Symbiosepartner selbst schwer verdaulichen Nahrungsbestandteilen. Die Bak-

terien im Pansen der Wiederkäuer ermöglichen es den Tieren beispielsweise, die in den Zellwänden der Pflanzen enthaltene Zellulose zu verdauen. Im Gegenzug nutzen die Bakterien selbst einen Teil der Nährstoffe, die in der von ihrem Symbiosepartner aufgenommenen Nahrung enthalten sind.
In den Wurzeln mancher Pflanzenarten, vor allem bei Schmetterlingsblütlern (z. B. Klee, Bohnen und Soja), finden sich sogenannte **Knöllchenbakterien**. Diese versorgen die Pflanzen mit stickstoffhaltigen Verbindungen, die die Bakterien aus Luftstickstoff erzeugen. Dadurch können diese Pflanzen auch auf extrem stickstoffarmen Böden wachsen. Im Gegenzug für die Düngung stellen die Pflanzen den Knöllchenbakterien organische Kohlenstoffverbindungen als Baumaterial und Energiequelle zur Verfügung.
Eine symbiotische Lebensgemeinschaft von Cyanobakterien und Pilzen (siehe S. 51 f.) ermöglicht beiden Partnern die Besiedelung von Steinen oder Baumrinden auch in extremen Lebensräumen. Diese Gemeinschaften werden als **Flechten** bezeichnet. Dabei stellt der Pilz seinem Symbiosepartner Wasser und Nährsalze zur Verfügung, während die Cyanobakterien einen Teil des durch die Fotosynthese produzierten Traubenzuckers an ihn abtreten.

Zusammenfassung

Bakterien besitzen als **Prokaryoten** keinen echten Zellkern, die Bakterienzelle ist deutlich kleiner und einfacher gebaut als Tier- oder Pflanzenzellen.
Bakterien haben verschiedene Stoff- und Energiestoffwechselprozesse entwickelt.

Heterotrophe Bakterien:
Nutzen energiereiche organische Stoffe als Kohlenstoff- und Energiequelle.

Autotrophe Bakterien:
Stellen selbst energiereiche organische Stoffe als Kohlenstoff- und Energiequelle her.
Als Energiequelle dienen bzw. dient …

- anorganische Moleküle = **Chemoautotroph**
- Licht = **Fotoautotroph**

Bei der Energiegewinnung aus den aufgenommenen bzw. selbst produzierten organischen Stoffen unterscheidet man zwischen **anaeroben** (Gärung) und **aeroben** Vorgängen (Atmung).

In der Regel pflanzen sich Bakterien ungeschlechtlich durch Zweiteilung fort und vermehren sich unter günstigen Bedingungen sehr stark. Die Nachkommen eines Bakteriums sind untereinander genetisch identisch **(Klone)**.
Einige Bakterien überdauern als **Sporen** in einem Ruhezustand lebensfeindliche Umweltbedingungen.

7 Bakterien sind Lebewesen. Nimm zu dieser Aussage Stellung.

8 Ordne die folgenden Zellbestandteile der Bakterienzelle bzw. der Tier- oder Pflanzenzelle zu, indem du die Zahlen auf den Notizzetteln einträgst. Beachte dabei, dass die Zellbestandteile durchaus auch bei allen drei Zelltypen vorkommen können.

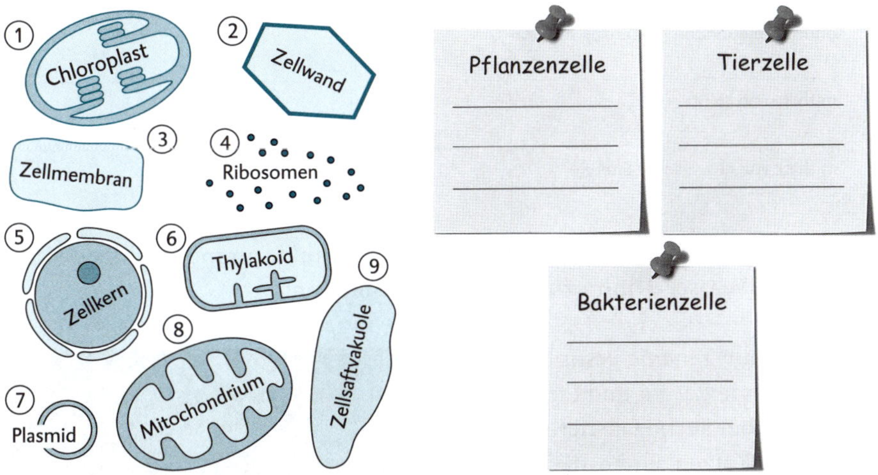

9 Bakterien pflanzen sich durch Zweiteilung fort.

a Beschreibe mithilfe einer beschrifteten Skizze den Ablauf einer bakteriellen Zweiteilung.

b Leite ab, wie viele Bakterien innerhalb eines halben Tages aus einer einzigen Bakterienzelle entstehen können. Gehe dabei von einer Teilungsrate von einer Teilung pro 20 Minuten aus.

10 Seit 1884 werden Agar-Platten als Nährböden zur Anzucht von Bakterien genutzt. Ein Nähragar ist ein Nährmedium, welches alle lebensnotwendigen Nährstoffe enthält.

a Skizziere eine typische Vermehrungskurve für Bakterien und kennzeichne in dieser Skizze die verschiedenen Phasen.

b Nenne die optimalen Wachstumsbedingungen für Bakterien und leite davon Möglichkeiten ab, Lebensmittel länger haltbar zu machen.

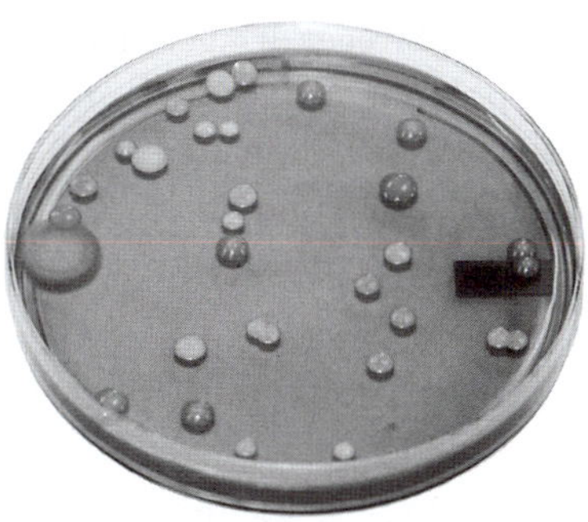
Agar-Platte mit Bakterienkolonien

11 Die Bakterien zeigen unterschiedlichste Ernährungsformen und verschiedene Möglichkeiten der Energiegewinnung.

a Ergänze die folgende Tabelle.

Ernährungsart	Heterotroph	Autotroph
mit Luftsauerstoff (aerob)		
ohne Luftsauerstoff (anaerob)		
mithilfe von Licht		
mithilfe von chemischer Energie		

b Bei Atmungsvorgängen entstehen als Endprodukte immer Kohlenstoffdioxid und Wasser. Nimm zu dieser Aussage Stellung.

12 Das Bakterium *Yersinia pestis* befällt Kleinnager wie Ratten und Eichhörnchen, aber auch Haustiere wie Hunde und Katzen. Flöhe, die Blut aus infizierten Tieren saugen, nehmen dabei auch die darin enthaltenen Bakterien auf und dienen somit als Überträger der Krankheitserreger. Springt ein solches Insekt auf den Menschen über, so können durch die Flohbisse *Yersinia-pestis*-Bakterien auf den Menschen übertragen werden. Die Erreger dringen in die Lymphknoten ein und verursachen die typischen Kennzeichen der Beulenpest: hohes Fieber, rasender Puls, Kopfschmerzen, schmerzhaft angeschwollene Lymphknoten und innere Blutungen.

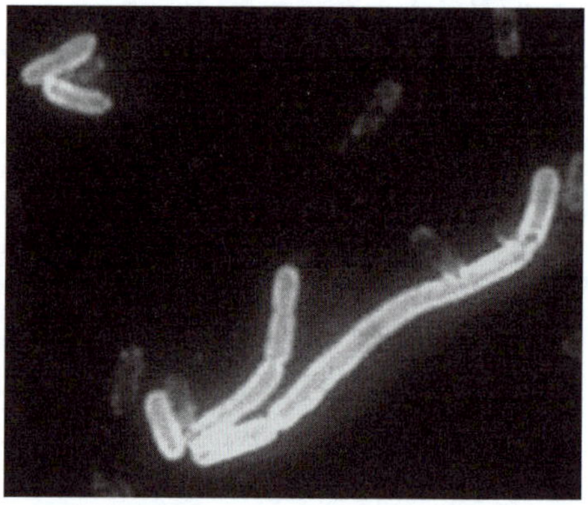

Yersinia pestis unter dem Mikroskop

a Wie heißt der Erreger der Pest? Beschreibe den Übertragungsweg für diesen Erreger.

b Schlage einige vorbeugende Schutzmaßnahmen gegen die Pest vor.

13 Moderne Kläranlagen zur Abwasserreinigung verfügen über drei Reinigungsstufen:

- Bei der **mechanischen Stufe** gelangt Abwasser nach dem Durchfließen eines Rechens, an dem feste Materialien wie beispielsweise Papier oder Hygieneartikel hängenbleiben, in ein Sandfangbecken. In diesem sinken Sand und Schlamm zu Boden. Im anschließenden Absetzbecken (Vorklärbecken) setzen sich die groben Schwebstoffe am Boden ab.
- Nun wird das Abwasser in der **biologischen Stufe** als Erstes in das Belebtschlammbecken geleitet, in dem aerobe Destruenten die organischen Stoffe, ähnlich wie in der Natur, abbauen. Zur besseren Versorgung der Organismen mit Sauerstoff wird hier Luft eingepumpt. Die abgebauten organischen Verbindungen setzen sich zusammen mit einem Teil der Destruenten im Nachklärbecken als Belebtschlamm ab. Dieses Material wird, wie auch der Schlamm aus dem Absetzbecken, in Faultürme abgesaugt. Hier bauen anaerobe Destruenten die restliche Biomasse ab. Bei diesem Abbauprozess entsteht Methan, das in einem Gasbehälter gesammelt und zur Energieversorgung genutzt wird.
- In der **chemischen Stufe** wird das nun schon relativ saubere Abwasser durch Zusatz von Chemikalien weiter gereinigt. Viele Stoffe werden im Fällungsbecken als Niederschlag ausgefällt, der anschließend auf Deponien entsorgt wird. Das nun vollständig gereinigte Wasser gelangt über einen Vorfluter in fließendes Gewässer.

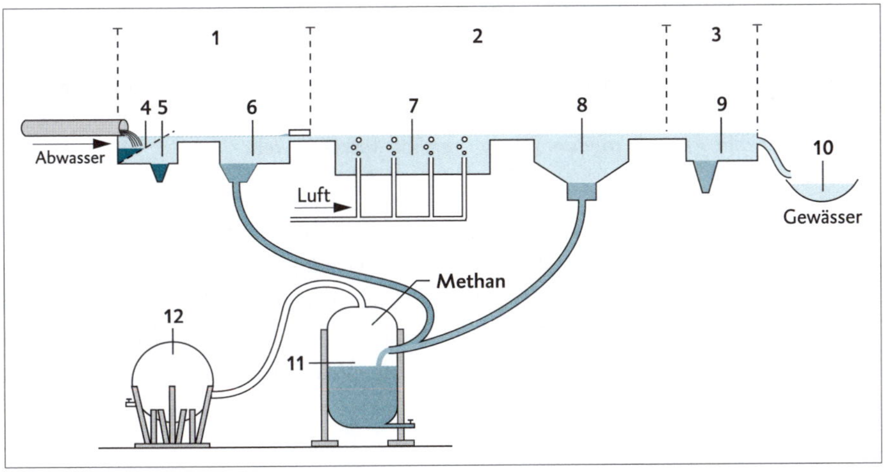

a Beschrifte das Schema einer dreistufigen Kläranlage mithilfe des Textes.

b Ordne begründet zu, an welcher Stelle/an welchen Stellen Bakterien bei der Abwasserreinigung eingesetzt werden. Erläutere die Rolle der Bakterien.

3 Die Entstehung der eukaryotischen Vielfalt

Die ersten Prokaryoten traten wie besprochen bereits vor etwa 3,8 Milliarden Jahren in den Urozeanen auf. Die Gruppe der Eukaryoten ist dagegen erst etwa 2,2 Milliarden Jahre alt.

Eukaryoten bestehen aus einer oder mehreren **Euzyten**, besitzen also einen echten, von einer Membran umgebenen Zellkern.

3.1 Eukaryotische Einzeller

Bereits die frühen und damit noch recht urtümlichen eukaryotischen Einzeller, oft auch als **Protozoen** (von altgriech. *proto* das erste und *zoon* das Tier) bezeichnet, unterschieden sich nicht nur durch den Besitz eines echten Zellkerns von den bis dahin auf der Erde vorherrschenden Prokaryoten, sondern auch durch den viel komplexeren Aufbau. Außerdem waren sie in der Regel wesentlich größer. Wie die Prokaryoten können sich auch die eukaryotischen Einzeller durch **Teilung**, quer oder längs, in zwei identische Zellen aufspalten und dadurch **ungeschlechtlich vermehren**.

Einzeller sind **potenziell unsterblich**, da sie sich durch ungeschlechtliche Vermehrung theoretisch beliebig oft in zwei mit der Mutterzelle identische Zellen teilen können. Eine Mutterzelle lebt also in Form ihrer erbgleichen Tochterzellen weiter.

Dadurch sterben Einzeller niemals aus Altersgründen, sondern ausschließlich durch äußere Einflüsse wie Nahrungsmangel, Trockenheit oder Fressfeinde. Obwohl der Körper der Einzeller nur aus einer einzigen Zelle besteht, erfüllen sie alle Kennzeichen, die ein Lebewesen ausmachen (siehe S. 2 f.): Stoff- und Energiewechsel, Reizbarkeit und Verhalten, Wachstum und Körpergestalt, Fortpflanzung sowie Bewegung aus eigener Kraft.

Paramecium – das Pantoffeltierchen

Paramecien (siehe Abb. 20) sind etwa 0,05 bis 0,3 mm groß. Sie leben ausschließlich in nährstoffreichen Süßgewässern, in denen sie sich mithilfe der bis zu 25 000 auf der gesamten Oberfläche ihrer Zellmembran befindlichen **Wimpern** fortbewegen. Durch den rhythmischen und koordinierten Schlag dieser

Wimpern schwimmen die Einzeller durch das Wasser, wobei sie sich um ihre Längsachse drehen. Die **Zellmembran** verleiht den Pantoffeltierchen ihre feste, aber dennoch elastische Gestalt, die an die Sohle eines Pantoffels erinnert.

Die Pantoffeltierchen sind **heterotroph**, das heißt, sie nehmen energiereiche organische Stoffe auf, die als Energie- und Kohlenstoffquellen für die Herstellung körpereigener organischer Stoffe dienen (siehe S. 11 f.). Dazu erzeugen sie mit den Wimpern einen Wasserstrom, der Bakterien, Algen oder andere Einzeller zu einem speziellen Bereich der Zellmembran, dem **Zellmund**, transportiert. Dort wird die Nahrung durch Abschnüren der Zellmembran ins Innere aufgenommen (Endozytose, siehe S. 37). Die **Nahrungsvakuole** wandert anschließend auf einem vorgegebenen Weg durch den Einzeller. Die in der Vakuole enthaltene Nahrung wird mithilfe von Verdauungsenzymen abgebaut und zur Energiegewinnung in den **Mitochondrien** genutzt. Der dazu benötigte Sauerstoff wird über die Zellmembran aus dem Wasser aufgenommen. Die Abgabe der unverdaulichen Reste nach außen erfolgt durch einen darauf spezialisierten Bereich der Zellmembran, den **Zellafter** (siehe Exozytose, S. 37).

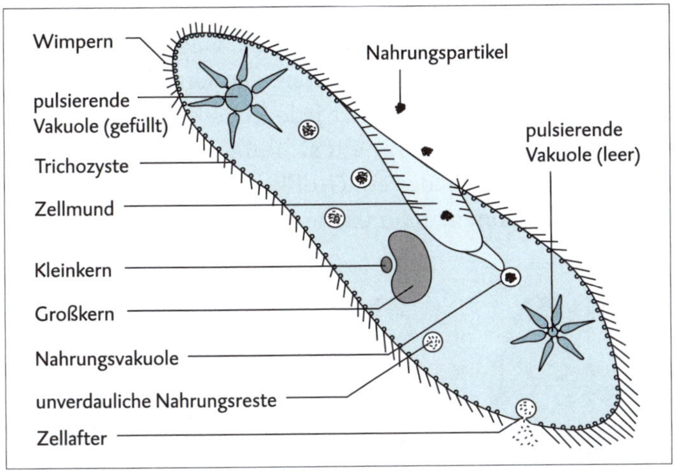

Abb. 20: Bau des Pantoffeltierchens und dessen Nahrungsaufnahme

Paramecien weichen Hindernissen aus und bewegen sich schwimmend von hohen Salz- oder Säurekonzentrationen, aber auch von zu hohen Wassertemperaturen, weg. Sie reagieren also auf Reize. Bei Berührungen werden in der Zellmembran eingelagerte spitze Eiweißnadeln, sogenannte **Trichozysten**, explosionsartig abgeschossen, um Feinde abzuschrecken oder gar zu lähmen.

Da durch die Zellmembran ständig Wasser in den Einzeller eindringt und dies die Zelle zum Platzen bringen könnte, wird das überschüssige Wasser mithilfe der **pulsierenden Vakuolen** (auch **kontraktile Vakuolen** genannt) nach außen gepumpt. Dazu verschmilzt die gefüllte Vakuole mit der Zellmembran und gibt die in ihrem Inneren gesammelte Flüssigkeit nach außen ab. In Abbildung 20 sieht man eine pulsierende Vakuole im gefüllten (oben) und im leeren Zustand (unten).

Auffällig ist das Vorhandensein zweier **Zellkerne**, die die Erbinformation in Form der Erbsubstanz DNS enthalten:

- Der **Großkern** steuert alle Lebensvorgänge und Zellfunktionen.
- Der **Kleinkern** spielt die entscheidende Rolle bei geschlechtlichen Vorgängen.

Hat ein Pantoffeltierchen die arttypische Größe erreicht und sind die Lebensbedingungen günstig, dann schnürt sich nach der mitotischen Teilung der beiden Zellkerne innerhalb einer Stunde das Zellplasma quer in der Mitte durch. Durch diese **ungeschlechtliche Fortpflanzung** (siehe S. 41 f.) entstehen zwei Zellen, die anschließend wieder zur ursprünglichen Größe heranwachsen. Daneben können zwei Pantoffeltierchen auch Kleinkernmaterial austauschen. Bei diesem **geschlechtlichen Vorgang (Konjugation)** legen sich die Organismen aneinander (siehe Abb. 21 a), verschmelzen am Zellmund und tauschen Erbinformationen aus (siehe Abb. 21 b). Dazu wechseln Teile der Kleinkerne vom einen Pantoffeltierchen zum anderen. Der Großkern löst sich währenddessen auf. Nach dem Austausch besitzt jede Zelle Kleinkernmaterial der anderen (siehe Abb. 21 c). Der Kleinkern teilt sich und aus einem der beiden Kleinkerne entwickelt sich nun wieder ein Großkern. Anschließend trennen sich die beiden Organismen voneinander (siehe Abb. 21 d).

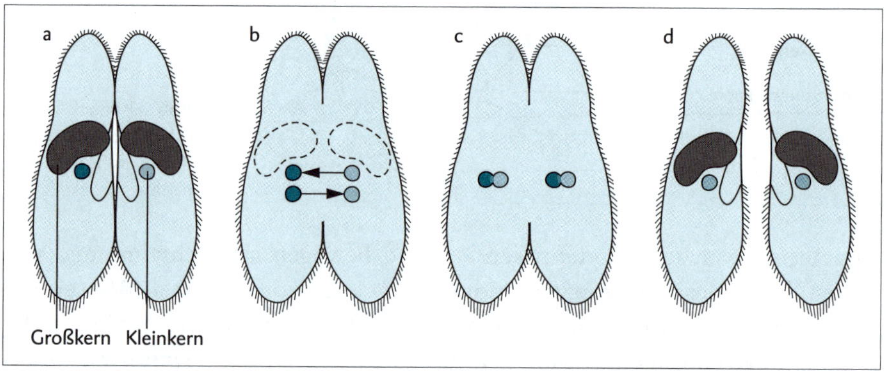

Abb. 21: Konjugation bei den Wimperntierchen: Durch den Tausch von Teilen der Kleinkerne werden Erbinformationen ausgetauscht; a: Aneinanderlagerung, b: Austausch der Kleinkerne, Auflösen der Großkerne, c: Verschmelzen der Kleinkerne, d: Neubildung des Großkerns und Trennung

Bei den **Paramecien** handelt es sich um Einzeller mit einer festen, aber elastischen Gestalt in Form einer Pantoffelsohle (Pantoffeltierchen). Sie ernähren sich heterotroph. Die ungeschlechtliche Fortpflanzung erfolgt durch Querteilung.

Unter ungünstigen Lebensbedingungen, wie z. B. bei Nahrungsmangel oder Trockenheit, umgeben sich die Pantoffeltierchen mit einer festen Hülle. In dieser Form, der sogenannten **Zyste**, können Paramecien lange Zeit überdauern und sogar durch Wasser oder Wind verbreitet werden.

Euglena – das Augentierchen

Augentierchen (siehe Abb. 22) sind etwa 0,05 bis 0,1 mm große, zumeist im Süßwasser lebende Einzeller, die sich mithilfe ihrer etwa körperlangen **Geißel** schwimmend fortbewegen. Angetrieben durch den Geißelschlag schwimmt *Euglena* mit dem Vorderende voran und dreht sich dabei ständig um die eigene Längsachse. Die spindelförmige Körpergestalt wird durch schraubig angeordnete Proteinstreifen in der **Zellmembran** gefestigt.

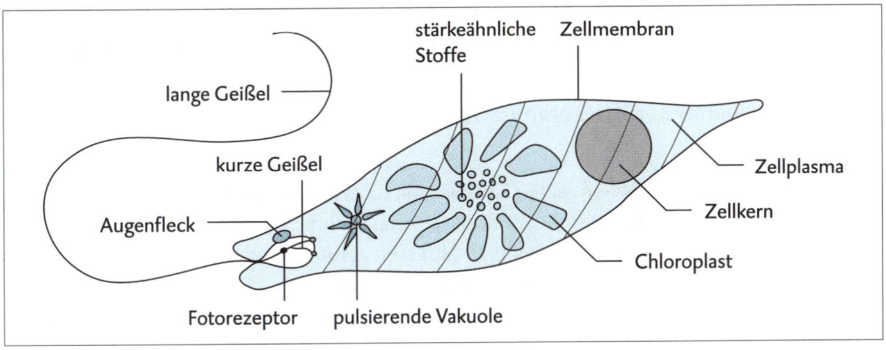

Abb. 22: Bau des Augentierchens

Die Augentierchen können sich **heterotroph** ernähren, das heißt, sie nehmen energiereiche organische Stoffe auf, die als Energie- und Kohlenstoffquellen für die Herstellung körpereigener organischer Stoffe dienen (siehe S. 11 f.). Dazu wird die Nahrung, z. B. Bakterien, durch die Zellmembran hindurch ins Innere aufgenommen (siehe Endozytose, S. 37), mithilfe von Verdauungsenzymen abgebaut und zur Energieversorgung durch die **Mitochondrien** genutzt. Der dazu benötigte Sauerstoff wird ebenfalls über die Zellmembran aus dem Wasser aufgenommen. Die unverdaulichen Nahrungsreste werden nach außen abgegeben (siehe Exozytose, S. 37). Zusätzlich besitzen die Augentierchen mit den **Chloroplasten** Zellorganellen, die ihnen eine **autotrophe** Ernährung er-

möglichen. Bei ausreichendem Lichtangebot betreiben sie Fotosynthese und bauen energiereiche organische Verbindungen aus den anorganischen Stoffen Kohlenstoffdioxid, das meist in ausreichender Menge im Wasser gelöst ist, und Wasser auf (siehe S. 13). Die produzierten organischen Substanzen werden als stärkeähnliche Stoffe gespeichert. Die Orientierung zum Licht ermöglicht ein lichtempfindlicher Fotorezeptor an der Basis der langen Geißel zusammen mit dem rötlichen **Augenfleck (Stigma)**, der namensgebend für *Euglena* ist. Durch die Drehbewegungen um die eigene Längsachse beschattet der lichtundurchlässige Augenfleck bei seitlichem Lichteinfall den Fotorezeptor. *Euglena* ändert daraufhin die Schwimmrichtung und bewegt sich zur Lichtquelle hin. Der Organismus reagiert also auf Reize und orientiere sich in Richtung Licht.
Durch die Zellmembran dringt ständig Wasser in den Einzeller ein. Da dies die Zelle auf Dauer zum Platzen bringen würde, wird das überschüssige Wasser wie beim Pantoffeltierchen mithilfe der **pulsierenden (kontraktilen) Vakuolen** wieder nach außen gepumpt. Dazu verschmilzt die gefüllte Vakuole mit der Zellmembran und gibt die gesammelte Flüssigkeit nach außen ab.
Ab einer bestimmten Größe des Organismus und bei günstigen Umweltbedingungen schnürt sich das Zellplasma nach der mitotischen Teilung (siehe S. 7 ff.) des Zellkerns längs in der Mitte durch. Durch diese **ungeschlechtliche Fortpflanzung** (siehe S. 41 f.) entstehen zwei Zellen, die anschließend wieder zur ursprünglichen Größe heranwachsen.

Bei **Euglena** handelt es sich um einen Einzeller mit einer festen, spindelförmigen Gestalt, der durch den Besitz eines roten Augenflecks gekennzeichnet ist (Augentierchen). Die Organismen ernähren sich je nach Lichtverhältnissen autotroph oder heterotroph. Die ungeschlechtliche Fortpflanzung erfolgt durch Längsteilung.

Amoeba – das Wechseltierchen

Die etwa 0,1 bis 0,5 mm großen Einzeller leben zumeist im feuchten Boden oder im Schlamm, aber auch auf Steinen und Pflanzen in Süßgewässern und im Meer. Der Körper der Amöben (siehe Abb. 23) wird von einem trüben, dünnflüssigen **Innenplasma** gebildet, das von einem klaren, dickflüssigen **Außenplasma** umgeben wird. Dieses ist durch eine dünne **Zellmembran** nach außen hin abgegrenzt. Das Innenplasma enthält mit dem **Zellkern**, der **pulsierenden Vakuole** (siehe S. 34) und den **Mitochondrien** die Zellorganellen, außerdem wird es von den **Nahrungsvakuolen** durchströmt.
Amöben verändern immer wieder ihre Gestalt, indem sie durch vorströmendes Außen- und Innenplasma ständig neue Fortsätze ausbilden. Daraus leitet sich auch der Name Wechseltierchen ab. Die Fortsätze, die die Amöbe aus-

streckt, werden **Scheinfüßchen** (Pseudopodien) genannt und dienen einer kriechenden bzw. gleitenden Fortbewegung. Dazu wird der Rest der Zelle nachgezogen und die vorherigen Scheinfüßchen bilden sich zurück. Eine festgelegte Körpervorder- oder Körperrückseite gibt es nicht. Die Fortbewegungsrichtung ändert sich je nach Außeneinflüssen wie Hindernissen, Erschütterungen oder starken Lichtreizen. Dies lässt eindeutig erkennen, dass Amöben auf Reize reagieren.

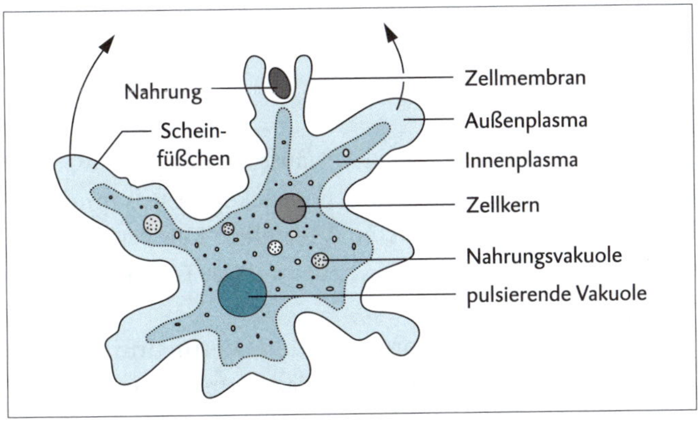

Abb. 23: Bau und Nahrungsaufnahme des Wechseltierchens; die Pfeile geben die Fließrichtung des Plasmas an

Trifft eine Amöbe zufällig auf Nahrung wie etwa Bakterien oder andere Einzeller, so wird die Beute gefangen, indem sie von allen Seiten mit den Scheinfüßchen und damit mit Zellplasma umflossen wird. Dies bezeichnet man als **Endozytose (Phagozytose)**. Am Ende dieses Vorgangs wird die Nahrung in einer von der Zellmembran nach innen abgeschnürten Nahrungsvakuole eingeschlossen und mithilfe von Verdauungsenzymen abgebaut. Die Nährstoffe werden in den Mitochondrien zur Energieversorgung verwendet. Den Sauerstoff, der für die Zellatmung benötigt wird, nimmt die Amöbe über die Zellmembran aus dem Wasser auf. Die unverdaulichen Reste der Mahlzeit werden ausgeschieden. Dabei verschmilzt die Membran der Nahrungsvakuole wieder mit der Zellmembran. Dies bezeichnet man als **Exozytose**. Die meisten Wechseltierchen ernähren sich also **heterotroph**, das heißt, sie nehmen energiereiche organische Stoffe auf, die als Energie- und Kohlenstoffquelle für die Herstellung körpereigener organischer Stoffe dienen (siehe S. 11 f.).
Sind die Umweltbedingungen gut und die Amöbe groß genug, teilt sich die Zelle nach der mitotischen Teilung (siehe S. 7 ff.) des Zellkerns in zwei Tochterzellen. Dabei wird das Zellplasma in der Mitte durchgeschnürt. Die durch diese **ungeschlechtliche Fortpflanzung** (siehe S. 41 f.) entstandenen Zellen wachsen innerhalb weniger Stunden wieder zur ursprünglichen Größe heran.

Bei den **Amöben** handelt es sich um Einzeller mit sich ständig verändernder Gestalt (Wechseltierchen). Sie ernähren sich heterotroph durch Endozytose (Phagozytose). Die ungeschlechtliche Fortpflanzung erfolgt durch Längsteilung.

Wie die Pantoffeltierchen sind auch die Amöben in der Lage, bei ungünstigen Lebensbedingungen z. B. bei Nahrungsmangel oder Trockenheit eine feste Hülle auszubilden. In dieser **Zystenform** können sie lange Zeit überleben.

3.2 Vom Einzeller zum Vielzeller

Aus den eukaryotischen Einzellern, die, wie der Name schon sagt, aus nur einer einzigen Zelle mit echtem Zellkern bestehen, entwickelten sich innerhalb von mindestens 700 Millionen Jahren die ersten Vielzeller. Die urtümlichen Eukaryoten wurden damit zu den Vorfahren der heute auf der Erde existierenden Pflanzen, Pilze und Tiere.
Bei Einzellern werden alle Aufgaben wie Fortbewegung, Vermehrung, Stoffwechsel, Reizaufnahme und -verarbeitung von spezialisierten Zellorganellen übernommen, sodass eine einzige Zelle alle Lebensfunktionen erfüllen kann. Der nächste entscheidende Evolutionsschritt war jedoch die Entwicklung weg vom „Alleskönner" hin zum Spezialisten. Dieser Schritt kann zwar aufgrund fehlender fossiler Funde nicht direkt belegt, jedoch anhand heute noch lebender Formen nachvollzogen werden.

Im Laufe der Evolution fand der **Übergang vom Einzeller zum vielzelligen Organismus** vermutlich mehrfach und unabhängig voneinander statt. Sowohl bei den Pflanzen als auch bei den Tieren entstanden die ersten Vielzeller aus Einzellern.

Entwicklung bei den Pflanzen

Die **einzellige** Grünalge *Chlamydomonas* (siehe Abb. 24) ist ähnlich aufgebaut wie das Augentierchen *Euglena* (siehe S. 35 f.) und betreibt mithilfe ihres Chloroplasten Fotosynthese. Sie bewegt sich jedoch durch zwei gleichlange Geißeln fort und verfügt über eine Zellwand, die von einer schleimigen Gallerthülle umgeben ist.
Zur Bildung einer **Zellkolonie** kam es vermutlich dadurch, dass sich Tochterzellen, die aus einer Zellteilung hervorgegangen waren, nicht trennten und umgeben von einer Gallertschicht verbunden blieben.

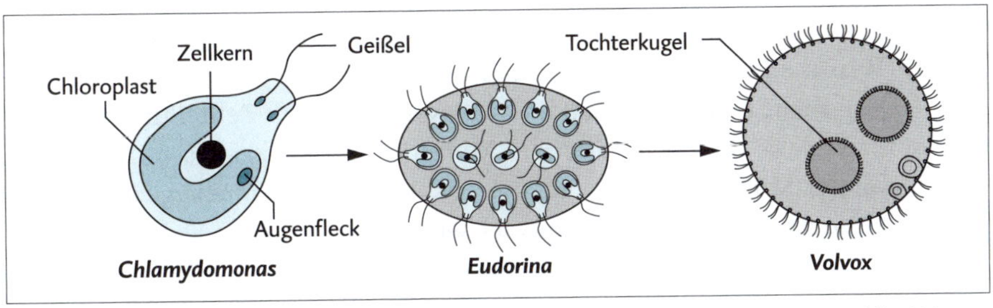

Abb. 24: Übergang vom Einzeller *Chlamydomonas* und der Zellkolonie *Eudorina* hin zur Kugelalge *Volvox*

Die Geißelkugel-Grünalge *Eudorina* (siehe Abb. 24) besteht als Zellkolonie aus insgesamt 32 Einzelzellen, die lediglich durch eine schleimartige Gallerthülle zusammengehalten werden. Die Einzelzellen arbeiten kaum zusammen und können durch Teilung neue Kolonien bilden. Die Bewegungen ihrer Geißeln sind jedoch so aufeinander abgestimmt, dass *Eudorina* immer mit derselben Seite voran schwimmt. Bei *Eudorina* lässt sich also vorne und hinten unterscheiden. Die vorderen Zellen sind etwas kleiner und besitzen größere Augenflecke als die hinteren. Trennt man die Einzelzellen aus der Kolonie heraus, so sind diese als Einzeller voneinander unabhängig und selbstständig lebensfähig. Die Einzelzellen einer Kolonie sind wie gewöhnliche Einzeller potenziell unsterblich. Sie können zwar austrocknen oder gefressen werden, da sie jedoch beliebig oft teilungsfähig sind, lebt eine Mutterzelle in Form der erbgleichen Tochterzellen weiter.

Zellkolonien bestehen aus gleichartigen, auch alleine lebensfähigen Zellen, die sich alle fortpflanzen können.

Auch die Kugelalge *Volvox* gehört zu den Grünalgen. Sie besteht aus mehreren Tausend Zellen und erreicht einen Durchmesser von 0,5 bis 2 mm, wobei das Kugelinnere mit einer schleimigen Gallerte ausgefüllt ist. Die Kugelalge ist noch kein echter bzw. nur ein einfacher **Vielzeller**, obwohl die Einzelzellen ihre Selbstständigkeit als „Alleskönner" und damit auch ihre potenzielle Unsterblichkeit verloren haben. Die Einzelzellen sind durch Plasmabrücken miteinander verbunden und können dadurch Stoffe austauschen und Informationen weiterleiten. Die meisten Zellen sind nicht mehr in der Lage, sich zu teilen, und damit nicht mehr fähig, sich fortzupflanzen. Sie altern und sterben, haben also nur noch eine beschränkte Lebensdauer. Diese Körperzellen besitzen aber immer noch zwei Geißeln und dienen damit der Fortbewegung, der Ernährung und der Orientierung. Wenige andere Zellen sind weiterhin in der

Lage, sich zu teilen, und dienen damit als wesentlich größere **Geschlechtszellen (Keimzellen)** der Fortpflanzung von *Volvox*. Sie sind unbegeißelt und können sich nicht mehr eigenständig fortbewegen. Durch Zellteilungen bilden sie Tochterkugeln, die im Inneren der Mutterkugel heranwachsen. Nur durch den Zerfall der Mutterkugel können die Tochterkugeln ins Freie gelangen und zu je einer neuen Mutterkugel heranwachsen.

Arbeitsteilung und **Spezialisierung** bedeuten den Verlust der potenziellen Unsterblichkeit. Einzelzellen, die aus *Volvox* herausgelöst werden, sind nicht mehr alleine lebensfähig.

Außerdem ist bei *Volvox* eine geschlechtliche Fortpflanzung möglich. Aus den befruchteten Eizellen bilden sich Dauerzygoten, die als Überdauerungsstadien dazu dienen, schlechte Lebensbedingungen zu überstehen.
Obwohl *Volvox* also kein echter Vielzeller ist, gibt uns dieser Organismus als **Zwischenform** eine modellhafte Vorstellung davon, wie der Übergang vom Einzeller zur vielzelligen Pflanze abgelaufen sein könnte.

Entwicklung bei den Tieren

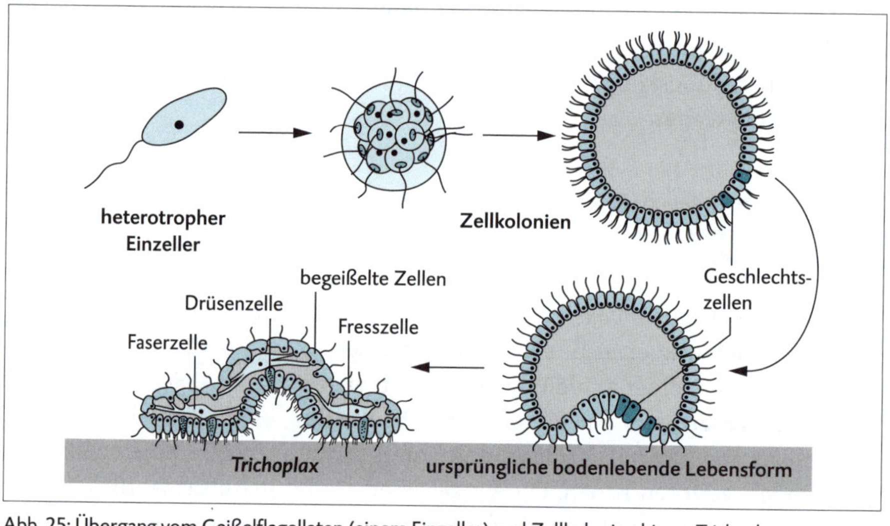

Abb. 25: Übergang vom Geißelflagellaten (einem Einzeller) und Zellkolonien hin zu *Trichoplax*

Bei *Trichoplax* handelt es sich um einen Modellorganismus für den Übergang vom Einzeller zum vielzelligen Tier.
Ähnlich wie bei den verschiedenen Grünalgen (siehe Abb. 24) beschrieben, entstanden vermutlich aus heterotrophen, begeißelten Einzellern kleinere

Zellkolonien. Aus diesen könnten sich im Laufe der Zeit größere Zellkolonien entwickelt haben, die sich am Meeresboden niederließen. Dadurch entstand eine Zweiseitensymmetrie mit einer Ober- und einer Unterseite.
Beim etwa 2 mm großen, scheibenförmig flachen *Trichoplax* (siehe Abb. 25) lässt sich eine begeißelte Oberseite von einer Unterseite unterscheiden, in der sich mit den auf die Nahrungsaufnahme spezialisierten Fresszellen und den Verdauungsenzyme abgebenden Drüsenzellen zwei Zelltypen befinden, die ausschließlich der Ernährung dienen. Die Nahrung, z. B. Bakterien und Algen, wird von *Trichoplax* durch Verformung des Körpers umschlossen. Das Innere des Körpers wird durch Faserzellen stabilisiert.
Normalerweise pflanzt sich *Trichoplax* **ungeschlechtlich** durch Zweiteilung fort. In seltenen Fällen finden auch **geschlechtliche** Vorgänge statt. Dafür können die Zellen der Bauchseite, zumeist ausgelöst durch schlechte Lebensbedingungen wie Nahrungsmangel oder zu starke Temperaturabweichungen, Eizellen ausbilden. Gleichzeitig werden kleine unbegeißelte Zellen produziert, die die Funktion von Spermien erfüllen. Danach werden die restlichen Zellen des Tieres zurückgebildet, wodurch die Eizellen und die Spermien freigesetzt werden. Nach der Befruchtung entwickelt sich das neue Tier.

Bei *Trichoplax* handelt es sich um einen sehr urtümlichen, aber echten tierischen Vielzeller, bei dem mindestens vier verschiedene auf unterschiedliche Aufgaben spezialisierte Zelltypen unterschieden werden können.

3.3 Mehr Vielfalt durch sexuelle Fortpflanzung

Durch Fortpflanzung werden Erbinformationen in Form der Erbsubstanz DNS von Generation zu Generation weitergegeben. Die meisten **Einzeller** pflanzen sich durch Teilungsvorgänge fort, bei denen kein Geschlechtspartner benötigt wird. Diese einfachste Form der Fortpflanzung wird als **ungeschlechtliche, vegetative** oder **asexuelle** Fortpflanzung bezeichnet (siehe Abb. 26). Ist eine bestimmte Größe erreicht, schnürt sich die Zelle, wie in den vorherigen Kapiteln besprochen, längs oder quer durch. Dadurch entstehen zwei Tochterzellen, die anschließend wieder zur ursprünglichen Größe der Mutterzelle heranwachsen. Entweder werden vor der Zellteilung alle Zellorganellen vermehrt oder sie müssen danach nachgebildet werden. Außerdem muss vor der Zellteilung die mitotische Teilung der Erbinformation und damit die Teilung des Zellkernes in zwei erbgleiche **Tochterkerne** stattfinden. Dadurch besitzen die beiden entstehenden Tochterzellen identische Erbinformationen (Klone).

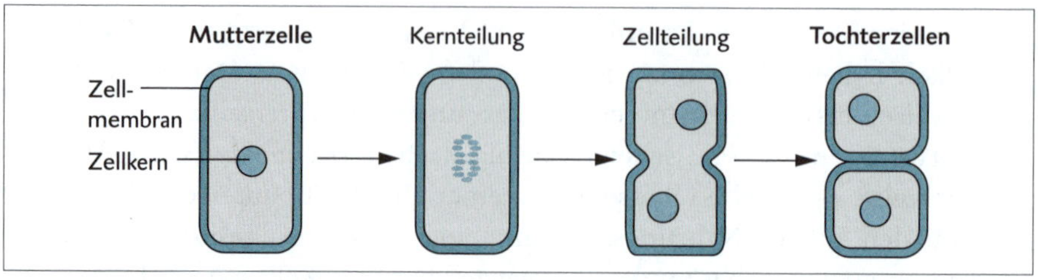

Abb. 26: Ungeschlechtliche Fortpflanzung durch Zellteilung; schematische Darstellung einer Querteilung (aus Gründen der Übersichtlichkeit sind alle Zellorganellen außer dem Zellkern weggelassen) mit vorheriger Kernteilung

Die **ungeschlechtliche Fortpflanzung** der Einzeller findet ohne Geschlechtspartner durch einfache Teilung statt. Die beiden entstehenden Tochterzellen erhalten dabei die identische genetische Information (Erbinformation).

Bei guten Umweltbedingungen ist die ungeschlechtliche Fortpflanzung vorteilhaft, da ohne zeitaufwendige Partnersuche möglichst schnell erbgleiche Tochterzellen gebildet werden können.

Austausch von Erbinformationen bei eukaryotischen Einzellern

Einige eukaryotische Einzeller können untereinander **Erbinformationen austauschen** (siehe Abb. 27). Für diese **geschlechtlichen (sexuellen) Vorgänge** müssen mindestens zwei Individuen der gleichen Art im selben Lebensraum vorkommen. Die beiden Einzeller und auch ihre Zellkerne verschmelzen miteinander. Anschließend teilen sich die verschmolzenen Zellen und deren Zellkern, sodass mindestens wieder zwei Zellen entstehen (siehe z. B. Abb. 21, S. 34). Die Vorteile der Neukombination der Erbinformationen zeigen sich bei ungünstigen Umweltbedingungen: Unter widrigen Bedingungen kann es sich eventuell als vorteilhaft erweisen, veränderte Erbinformationen und damit neue Merkmalskombinationen zu besitzen.
Durch geschlechtliche Vorgänge sind die Einzeller zwar in der Lage, Erbinformationen auszutauschen, es werden jedoch keine Nachkommen erzeugt.

Austausch von Erbinformationen bei Bakterien

Bakterien besitzen ebenfalls die Möglichkeit zum Austausch von Erbinformationen. Dabei bildet sich zwischen zwei Bakterienzellen ein Verbindungskanal aus, über den kleine DNS-Ringe, die **Plasmide** (siehe S. 3), ausgetauscht bzw. übertragen werden können. Durch diesen Austausch von Erbinformationen können sich vorteilhafte Merkmale, wie z. B. Resistenzen gegen Antibiotika, innerhalb einer Bakterienkolonie sehr schnell verbreiten.

Durch **geschlechtliche Vorgänge** findet bei eukaryotischen Einzellern und Bakterien ein Austausch bzw. eine Übertragung von Erbinformationen statt.

Austausch von Erbinformationen bei Vielzellern

Bei den echten Vielzellern ist der Austausch von Erbinformationen immer mit einer Vermehrung verbunden. Zu diesem Zweck verfügen die Organismen über spezialisierte **Keimzellen** (Geschlechtszellen, Gameten). Man unterscheidet zwischen:

- großen, unbeweglichen, nährstoffreichen **Eizellen**, die den haploiden Chromosomensatz (jedes Chromosom liegt nur einmal vor, siehe S. 7) enthalten und
- kleinen, schwimmfähigen **Spermienzellen**, die den haploiden Chromosomensatz enthalten.

Diese beiden Keimzelltypen werden bei vielen Arten durch **unterschiedliche Geschlechter** gebildet, die Eizellen vom weiblichen und die Spermienzellen vom männlichen Geschlecht. Bei einigen Arten kann jedoch ein Lebewesen sowohl die männlichen als auch die weiblichen Keimzellen bilden. Diese Organismen werden als **Zwitter** bezeichnet.

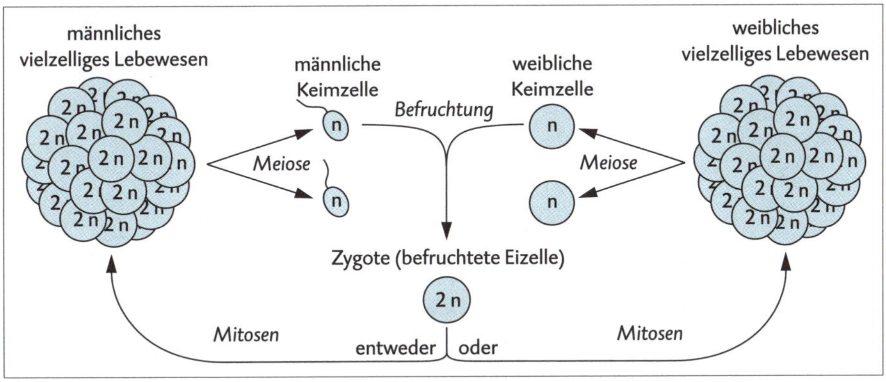

Abb. 27: Schematische Übersicht über die Veränderung des Chromosomensatzes; 2 n: diploider Chromosomensatz, n: haploider Chromosomensatz

Jedes vielzellige Lebewesen, das durch Zellteilungen aus einer **Zygote** hervorgeht, die durch das Verschmelzen einer Eizelle und einer Spermienzelle entstanden ist, besitzt eine doppelte Ausführung der Erbinformationen, enthält also den diploiden Chromosomensatz (jedes Chromosom liegt in doppelter Ausführung vor, siehe S. 7). Damit nach der Verschmelzung der Keimzellen eine Zygote entstehen kann, die wie ihre Eltern den doppelten Chromosomensatz enthält, muss dieser bei der Keimzellbildung halbiert werden. Ansonsten würde sich bei der Befruchtung der Chromosomensatz immer weiter vervielfachen.

Durch die Verschmelzung **haploider Keimzellen** (unbewegliche Eizelle mit beweglicher Spermienzelle) entsteht bei der Befruchtung eine **diploide Zygote**. Aus dieser entwickelt sich durch viele Zellteilungen ein Vielzeller.

Eine Kernteilung mit Halbierung oder Reduzierung des diploiden Chromosomensatzes zum haploiden Chromosomensatz bezeichnet man als **Meiose** (siehe Abb. 28 und auch S. 241 ff.). Bei der Meiose laufen zwei aufeinanderfolgende Teilungsvorgänge ab. Beim ersten Teilungsvorgang, der **Reduktionsteilung**, werden die homologen Chromosomen getrennt. Anschließend werden in einem weiteren Teilungsvorgang, der **Äquationsteilung**, wie bei der Mitose (siehe S. 7 ff.) die Chromosomen in die Chromatiden aufgespalten. Im Unterschied zur Mitose entstehen bei der Meiose jedoch nicht zwei erbgleiche Tochterzellen, sondern vier Zellen, die nur noch einen einfachen Chromosomensatz enthalten und die, da die Aufteilung der homologen Chromosomen völlig zufällig erfolgt, genetisch nicht identisch sind.

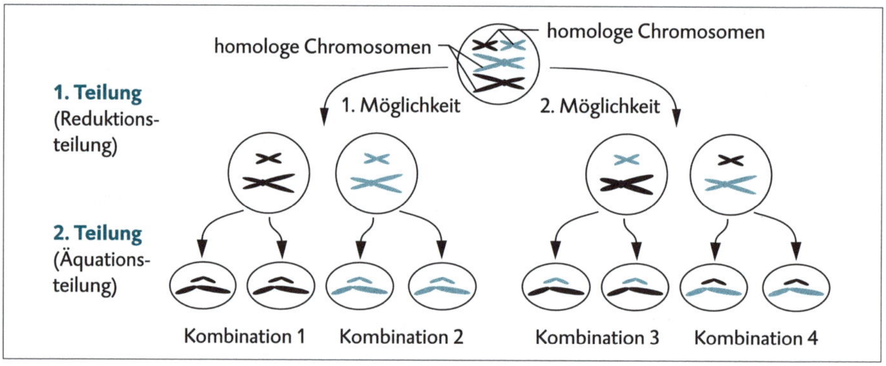

Abb. 28: Mögliche Chromosomenkombinationen bei einem Lebewesen mit einem diploiden Chromosomensatz von zwei homologen Chromosomen

Die Anzahl der Chromosomen ist entscheidend für die Anzahl der möglichen Chromosomenkombinationen (siehe Abb. 28). Wenn bei einem Organismus, dessen diploider Chromosomensatz aus nur zwei homologen Chromosomenpaaren besteht, bereits 4 unterschiedliche Keimzellen möglich sind, dann sind es beim Menschen mit 23 Chromosomenpaaren ganze 8 388 608 verschiedene Keimzellen.

Diese Anzahl an unterschiedlichen Chromosomenkombinationen ist bei jeder Keimzellbildung in den beiden Geschlechtern möglich. Bei einer anschließenden Befruchtung entstehen Lebewesen mit einzigartigen Chromosomenkombinationen (siehe Abb. 29) aus den Erbinformationen der beiden Eltern.

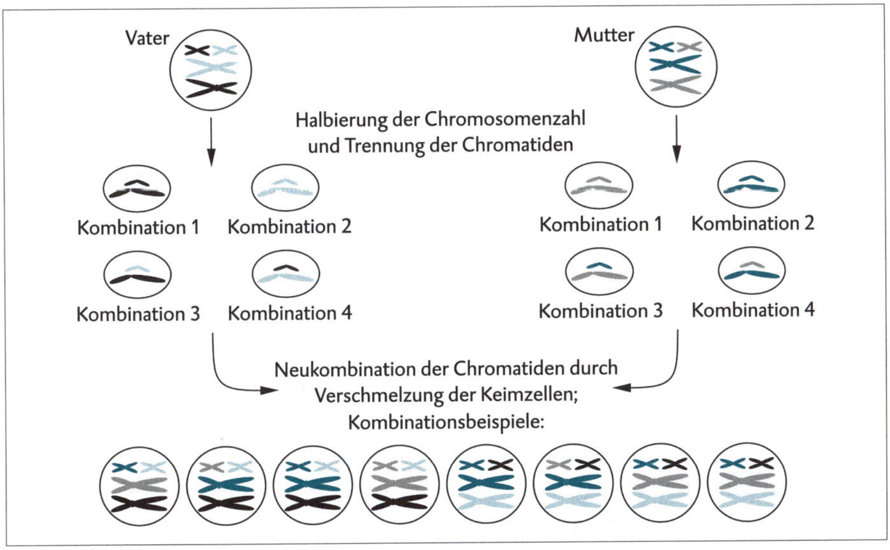

Abb. 29: Mögliche Chromosomenkombinationen bei den Nachkommen von Lebewesen mit einem diploiden Chromosomensatz von zwei homologen Chromosomen

Da sich Erbinformationen in körperlichen Merkmalen ausprägen, hat die erbliche Vielfalt eine Merkmalsvielfalt zur Folge. Die möglichen neuen Merkmalskombinationen können z. B. dazu führen, dass die Nachkommen unempfindlicher gegen Krankheitserreger sind oder bei neuen Umwelt- bzw. Lebensbedingungen einen Überlebensvorteil besitzen.
Nur durch den regelmäßigen Austausch und die Neukombination von Erbinformationen der Elterngeneration bei der geschlechtlichen Fortpflanzung konnte sich die Vielfalt an eukaryotischen Lebewesen entwickeln.

Die **geschlechtliche Fortpflanzung** der Vielzeller findet mit einem Geschlechtspartner durch die **Keimzellen** statt. Bei der Befruchtung erfolgt die Vereinigung der beiden zumeist unterschiedlichen Keimzellen und durch das Verschmelzen der darin enthaltenen haploiden Zellkerne wird eine **Neukombination** der **Erbinformationen** gewährleistet. Die Erbinformation der Nachkommen ist also im Unterschied zur ungeschlechtlichen Fortpflanzung **nicht** mehr mit der der Eltern **identisch**.

3.4 Nutzung neuer Lebensräume – Der Übergang vom Wasser ans Land

Während die Meere bereits von den verschiedensten Lebewesen bevölkert wurden, war das Land bis vor ungefähr 400 Millionen Jahren noch ganz ohne Leben. Für den Übergang der Lebewesen an Land (Landgang) mussten einige Probleme gelöst werden, die es im Wasser nicht gibt:

- Ein effektiver **Verdunstungsschutz** musste die Lebewesen vor der Austrocknung bewahren.
- Die an der Luft im Vergleich zum Wasser oft raschen und starken **Temperaturschwankungen** mussten verkraftet werden.
- Schutzmechanismen für die Zellen und vor allem für die Erbinformation im Zellkern gegen die schädliche **UV-Strahlung** der Sonne mussten sich entwickeln.
- Die äußere Befruchtung durch ins Wasser abgegebene Keimzellen führte an Land nicht zuverlässig zum **Fortpflanzungserfolg**. Daher war eine Umstellung auf verlässlichere Methoden nötig.

Innerhalb von etwa 50 Millionen Jahren entwickelten sich im Flachwasser und in den Uferbereichen der Gewässer Angepasstheiten, die diese Probleme lösten und damit erst die Besiedlung des Landes ermöglichten. Der Schritt hin zum Landleben war ein wesentlicher Fortschritt in der Entwicklung der Pflanzen, der Pilze und der Tiere und einer der wichtigsten Meilensteine im Verlauf der Evolution.

Pflanzen

Die vielzelligen **Algen** entwickelten in den Meeren und im Süßwasser eine große Artenvielfalt. Bei ihnen handelt es sich nicht um höhere Pflanzen (Blütenpflanzen, Farnpflanzen), da sie von diesen in einigen typischen Baumerkmalen abweichen:

- Sie haben keine echten Wurzeln. Für die Verankerung im Boden sind **wurzelähnliche Fortsätze** zuständig. Die Aufnahme von Wasser und Mineralsalzen erfolgt jedoch über die gesamte Algenpflanze.
- Sie verfügen nicht über einen echten Spross. Der Algenkörper wird nur über einen **sprossähnlichen Stängel** in der vom umgebenden Wasser bedingten Schwerelosigkeit aufrecht gehalten.
- Sie besitzen keine Blätter. Zur Fotosynthese dienen **blattartige Gebilde**, in denen sich Chloroplasten befinden.

Trotz dieser schon äußerlich zu erkennenden Arbeitsteilung besitzen Algen kaum spezialisierte Gewebe und auch keine echten Organe. Die Fortpflanzung findet bei Algen entweder ungeschlechtlich durch Zellteilung statt oder geschlechtlich über Keimzellen, die ins Wasser freigesetzt werden.

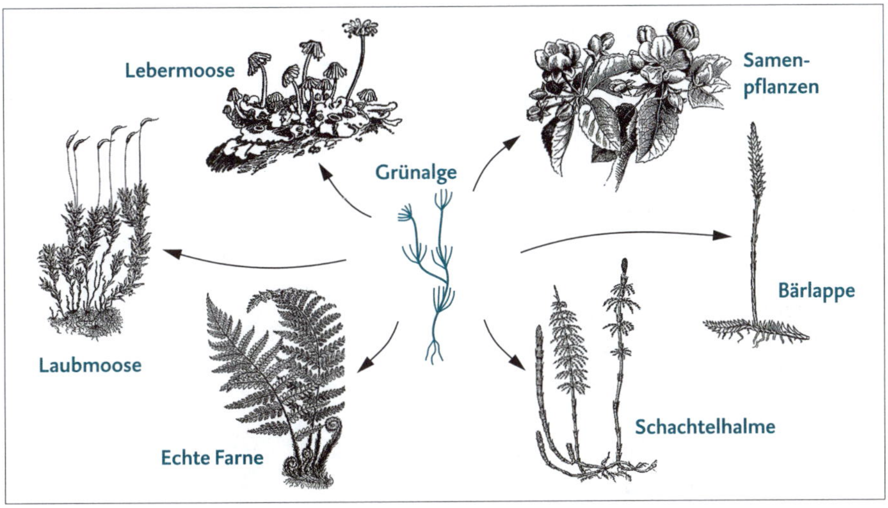

Abb. 30: Aus den Grünalgen entwickelten sich alle Landpflanzen

Die dauerhafte Besiedelung des Landes durch die Pflanzen erfolgte vor ca. 400 Millionen Jahren vermutlich ausgehend von den Spritzwasser- und Uferzonen der Gewässer. Wahrscheinlich handelte es sich bei den betreffenden Organismen um Algen, deren Zellwände durch **Zelluloseeinlagerungen** stabiler waren und die dadurch den Algenkörper trotz der einwirkenden Schwerkraft außerhalb des Wassers aufrecht halten konnten. Die Entwicklung eines ausgeprägten **Festigungs- und Stützgewebes** war ein weiterer entscheidender Schritt zur Lösung dieses Problems. Eine dickere äußere Zellschicht (Epidermis), die von einer wachsartigen **Kutikula** überzogen war, bot einen verbesserten Schutz gegen Überhitzung und Austrocknung. Durch die Entwicklung von **Spaltöffnungen** blieb die Aufnahme von Kohlenstoffdioxid aus der Umgebung trotz der Außenhülle weiterhin möglich.
Eine Vergrößerung der Oberfläche der Blattstrukturen erlaubte es den Pflanzen, mehr Lichteinstrahlung aufzufangen, und bot mehr Raum für die Fotosynthese. Durch die Verbindung einzelner Zellen zu Röhrensystemen, den **Leitbündeln**, konnten die durch die Fotosynthese in den Blattstrukturen erzeugten Nährstoffe besser in den übrigen Pflanzenkörper transportiert werden. Außerdem wurden über sie die oberen Pflanzenteile mit Wasser und Mineral-

salzen versorgt, die nun über effektive **Wurzelsysteme** aus dem Erdreich gewonnen werden mussten. Im Laufe der Jahrtausende spezialisierten sich die einzelnen Zellen immer stärker und die Arbeitsteilung zwischen den sich ausbildenden **Geweben** schritt so weit fort, bis sich mit Wurzel, Sprossachse und Blättern die **Grundorgane** der Samenpflanzen herausgebildet hatten.
Auch bei manchen heutigen Landpflanzen ist die Fortpflanzung immer noch an das Wasser gebunden. Im Gegensatz zu den Algen entwickeln sich die Nachkommen bei ihnen jedoch, wie bei allen Landpflanzen, aus vielzelligen Embryonen, die von der Mutterpflanze geschützt und ernährt werden.

Die **Moose**, die ältesten und am einfachsten gebauten Landpflanzen (siehe Abb. 31), werden wie die Algen nicht zu den höheren Pflanzen gezählt. Sie sind die einzigen Landpflanzen, die normalerweise kein Stütz- und Leitgewebe ausbilden. In der Regel sind sie auf sehr feuchte Bedingungen angewiesen.
Das zumeist kleine Stämmchen der Moose besitzt keine Leitungsbahnen für Wasser und Nährstoffe, trägt aber kleine Blättchen. Diese sind aufgrund einer schwach ausgeprägten Kutikula kaum vor Verdunstung geschützt und dienen der Aufnahme von Wasser und Mineralsalzen. Die wurzelähnlichen Rhizoide verankern die Moospflanze im Boden.

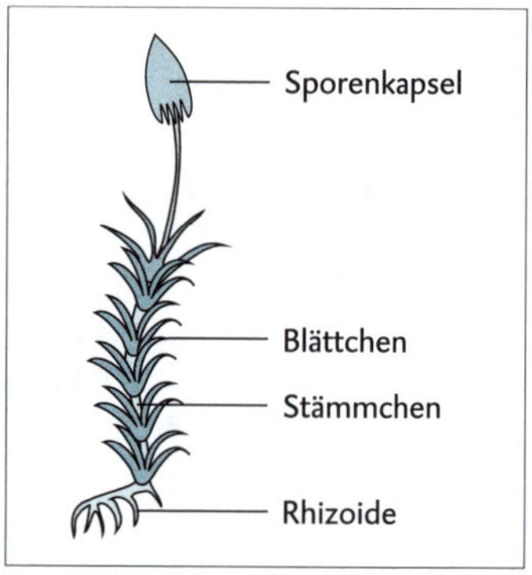

Abb. 31: Der Bau eines Laubmooses

Im Fortpflanzungszyklus der Moose ist ein **Generationswechsel** zu beobachten (siehe Abb. 32).

> Als **Generationswechsel** wird die regelmäßige Aufeinanderfolge von geschlechtlicher Fortpflanzung (geschlechtliche Generation) und ungeschlechtlicher Vermehrung (Sporengeneration) bezeichnet.

Die haploiden Keimzellen entstehen in den Geschlechtsorganen der weiblichen und der männlichen Pflanzen (haploide Gametophyten, geschlechtliche Generation). Die beweglichen, spermienähnlichen Keimzellen, die Schwärmer, müssen durch das Wasser zu den Eizellen schwimmen. Bei der Befruchtung verschmelzen die beiden Zellkerne und aus der befruchteten Eizelle wächst eine gestielte Sporenkapsel heraus (diploider Sporophyt, Sporengeneration). In der Sporenkapsel reifen winzige Sporen heran, die vom Wind verbreitet werden, an geeigneten Orten keimen und zu einem Fadengeflecht heranwachsen. Aus diesem Fadengeflecht entwickelt sich dann das junge Moospflänzchen.

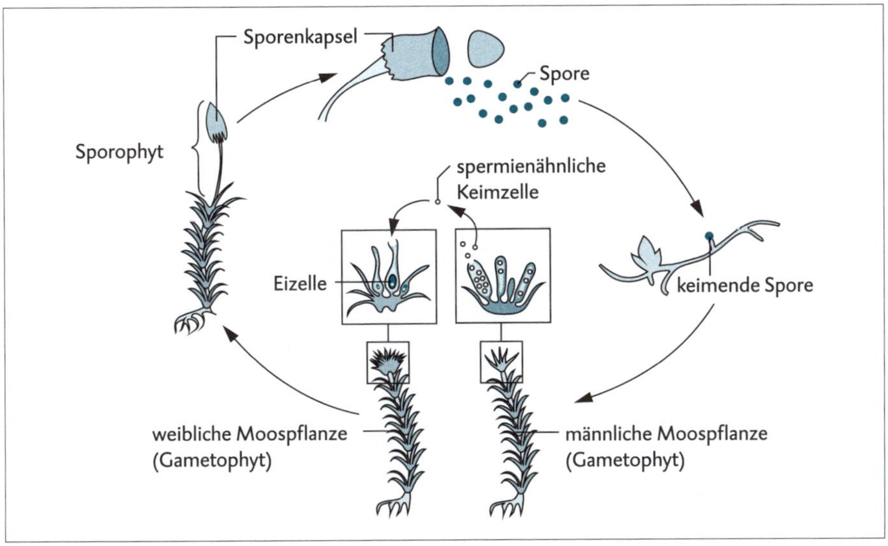

Abb. 32: Fortpflanzungszyklus der Laubmoose

Bei den **echten Farnen** (siehe Abb. 33) wachsen aus einem unterirdischen Spross, dem Rhizom, die großen Blätter, die sogenannten Farnwedel, hervor. Im Unterschied zu den Moosen besitzen die Farne ein gut ausgebildetes Leitbündelsystem zum Transport von Wasser und gelösten Mineralsalzen, die durch Wurzeln aus dem Boden aufgenommen werden. Eine Kutikula dient als Schutz vor Austrocknung.

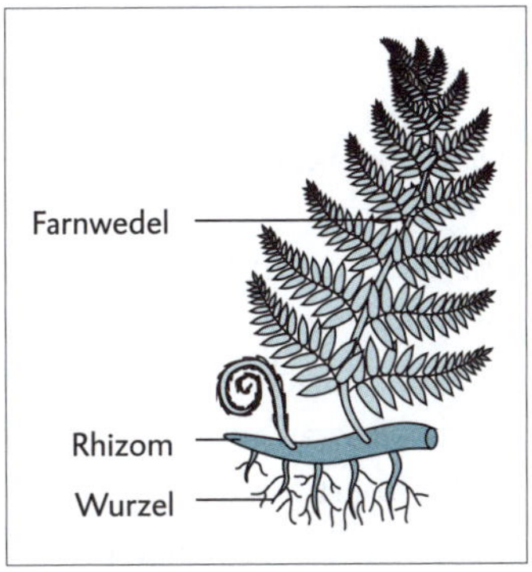

Abb. 33: Der Bau eines echten Farns

Auch der Fortpflanzungszyklus der Farne beinhaltet einen **Generationswechsel** (siehe Abb. 34). Wie bei den Moosen werden die Sporen über den Wind verbreitet. Aus ihnen entwickeln sich jedoch noch keine jungen Farnpflanzen, sondern zuerst der sogenannte Vorkeim (haploider Gametophyt, geschlechtliche Generation). Dieser Vorkeim bildet in den männlichen Geschlechtsorganen bewegliche, spermienähnliche Keimzellen, die Schwärmer. Diese schwimmen, sofern es feucht genug ist, durch Lockstoffe angelockt zu den auf demselben Vorkeim befindlichen weiblichen Geschlechtsorganen, die die Eizellen enthalten, und verschmelzen bei der Befruchtung mit diesen. Erst aus einer befruchteten Eizelle entwickelt sich dann die Farnpflanze (diploider Sporophyt, Sporengeneration), die die Sporen produziert.

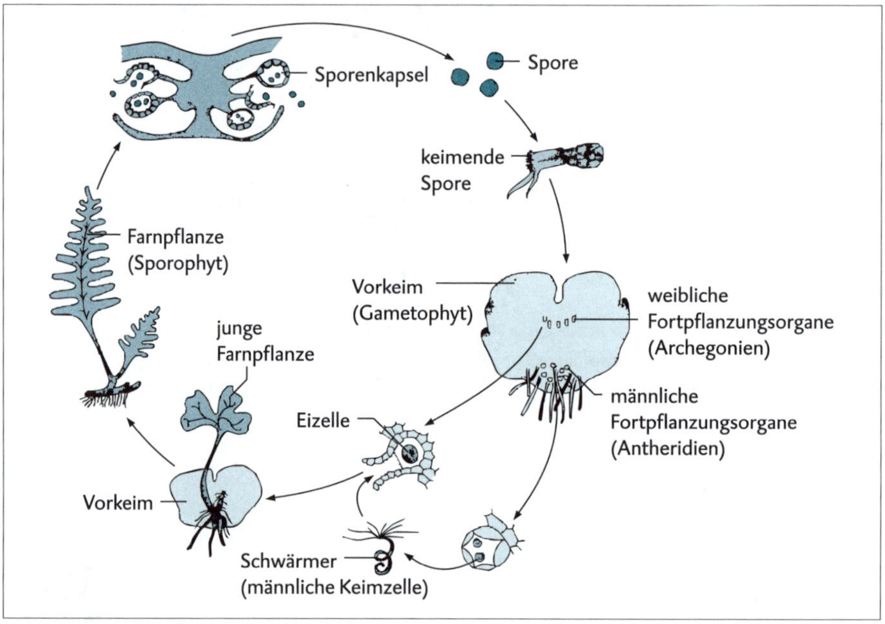

Abb. 34: Fortpflanzungszyklus der echten Farne

Nur die **Samenpflanzen** (auch Blütenpflanzen genannt; siehe Training Biologie – Unterstufe, S. 205 ff.) sind bei der Fortpflanzung völlig unabhängig vom Wasser. Jedoch ist auch bei ihnen ein Generationswechsel zu beobachten. Die bei der Bestäubung, meist durch den Wind oder durch Tiere, auf die klebrige Narbe übertragenen Pollen bilden einen Pollenschlauch (männlicher Gametophyt) aus. Damit wird die Verschmelzung des männlichen Kerns (aus dem Pollenkorn) mit der weiblichen Eizelle, die im Embryosack (weiblicher Gametophyt) der Mutterpflanze liegt, ermöglicht. Der daraus entstehende Pflanzenembryo ist als Same in einer schützenden Hülle verpackt und wächst bei günstigen Bedingungen zur Pflanze (Sporophyt) heran.

Pilze

Der Übergang vom Wasser ans Land gelang den Pflanzen vermutlich nur in enger Gemeinschaft mit den **Pilzen**. Noch heute leben Pilze in **symbiotischen** Beziehungen mit Algen oder Cyanobakterien in Form von **Flechten** zusammen (siehe S. 28). Auch Pilze und Samenpflanzen (darunter viele Baumarten) bilden häufig eine Symbiose (siehe Abb. 36). Bei diesen Formen der dauerhaften Wechselbeziehungen haben die Individuen der beiden unterschiedlichen Arten vom Zusammenleben einen gegenseitigen Nutzen. Bei den Flechten nehmen die sich heterotroph ernährenden Pilze über ihr vielzelliges Fadengeflecht, das **Myzel**, energiereiches organisches Material von den Algen auf, die Fotosynthese betreiben. Im Gegenzug dafür liefern die Pilze den Algen ihre Stoffwechselendprodukte Kohlenstoffdioxid und Wasser, aber auch aus der Umgebung aufgenommene Mineralsalze.

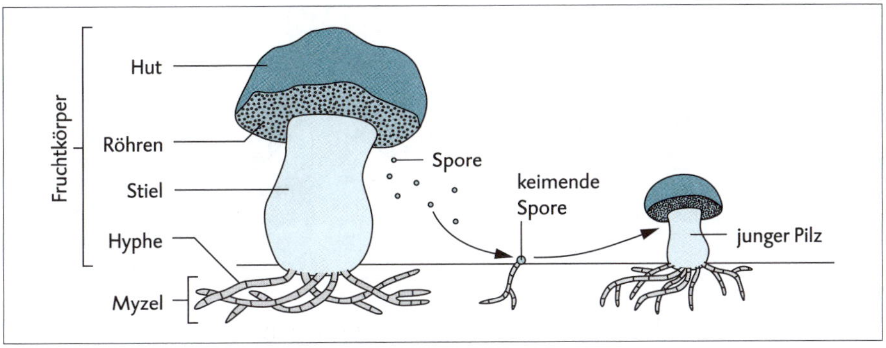

Abb. 35: Bau und Fortpflanzungszyklus eines Hutpilzes

Bei den **Hutpilzen** (siehe Abb. 35), auch Ständerpilze genannt, wächst der eigentliche Organismus als feines verzweigtes Myzel in der Erde. Das Myzel ist genauso wie der häufig als „Pilz" bezeichnete oberirdische **Fruchtkörper** aus langen Zellfäden, den **Hyphen**, aufgebaut. Der Fruchtkörper, das sporenbildende Fortpflanzungsorgan, ist unterteilt in den Stiel und den Hut, der an der Unterseite sehr häufig entweder Lamellen oder Röhren trägt. Bei der geschlechtlichen Vermehrung werden in den Röhren bzw. Lamellen Milliarden von mit 0,01 bis 0,02 mm Durchmesser sehr kleinen und leichten Sporen gebildet. Diese werden vom Wind verweht und fangen nach dem Auftreffen auf einen geeigneten Untergrund an zu keimen. Die keimenden Sporen wachsen zu kleinen Fäden heran und bilden dadurch wieder einen Pilz.

Die Zellen der Pilze ähneln denen der Pflanzen. Sie enthalten jedoch anstelle von Zellulose **Chitin** als festigende Substanz in der Zellwand und können aufgrund fehlender Chloroplasten keine Fotosynthese betreiben. Die Hutpilze ernähren sich daher heterotroph und leben häufig als Destruenten von den organischen Reststoffen des Waldbodens, die außerhalb der Zellen mithilfe von Enzymen zersetzt und anschließend aufgenommen werden. Treffen die Hyphen auf Wurzeln von als Symbiosepartnern geeigneten Samenpflanzen, so dringen sie in die Wurzeln ein (siehe Abb. 36). Nun wird der Pilz von der Pflanze mit energiereichen organischen Stoffen wie etwa Traubenzucker versorgt. Im Gegenzug liefert der Pilz dem Baum Wasser und Mineralsalze. Diese Form der Symbiose wird als **Mykorrhiza** bezeichnet.

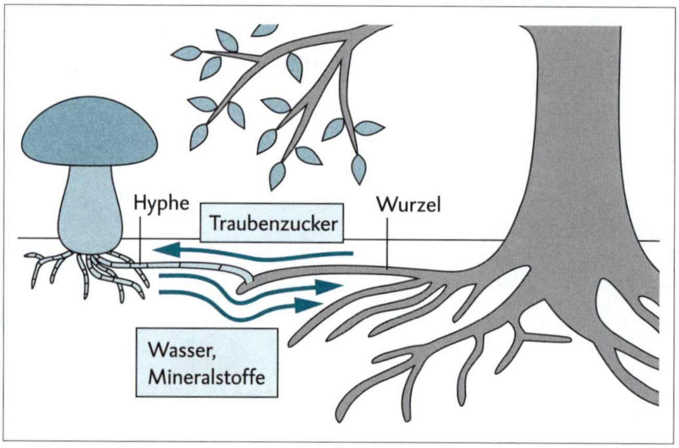

Abb. 36: Schematische Darstellung der symbiotischen Beziehung zwischen Hutpilz und Baum (Mykorrhiza)

Manche Pilz-Fruchtkörper, wie z. B. die der typischen Speisepilze Champignon, Steinpilz und Pfifferling (siehe Abb. 37 a und b), sind essbar. Andere wiederum, wie beispielsweise der Fliegenpilz und der Grüne Knollenblätterpilz (siehe Abb. 37 c und d), sind sehr giftig.

Abb. 37: Typische Speisepilze: a: Steinpilz, b: Pfifferling; typische Giftpilze: c: Fliegenpilz, d: Grüner Knollenblätterpilz

Wirbellose Tiere

Bevor Tiere das Land dauerhaft als Lebensraum besiedeln konnten, musste dort eine ausreichende Menge an Pflanzen vorhanden sein, die als Nahrungsgrundlage für sie infrage kamen. Ein weiteres Problem beim Übergang an Land war, dass der Auftrieb des Wassers wegfiel. Dadurch musste der Körper alleine durch Stützelemente und Muskelkraft getragen werden.

Die **Gliederfüßer** (siehe S. 88 ff.) besiedelten vor etwa 380 Millionen Jahre als erste Tiere das Land. Ihre chitinhaltige **Kutikula** schützte die Organismen sowohl vor Austrocknung als auch vor schädlicher UV-Strahlung und diente als **Außenskelett** der Stützung des Körpers. Die **gegliederten Extremitäten** konnten auch an Land der Fortbewegung dienen und die ebenfalls gegliederten **Fühler (Antennen)** ermöglichten weiterhin die Reizaufnahme.

Die ursprünglich im Wasser lebenden Vorfahren der Gliederfüßer atmeten mit Kiemen. Der Landgang erforderte deshalb vor allem eine Anpassung der Atmungsorgane. Die meisten der an Land lebenden Gliederfüßer atmen mittels **Tracheen**. Dabei handelt es sich um ein fein verzweigtes Röhrensystem im Inneren des Gliederfüßer-Körpers, das mit der Umgebungsluft in Kontakt steht und alle Körperzellen mit Sauerstoff versorgt. Die Sauerstoffaufnahme erfolgt über kleine Poren im Außenskelett, die Stigmen.

Bei vielen Wirbellosen entwickelte sich anstelle der äußeren Befruchtung eine **innere Befruchtung** und es entstanden relativ dickschalige **Eier**, die den Embryo vor schädlichen Umwelteinflüssen schützen.

Wirbeltiere

Die vor etwa 500 Millionen Jahren erstmals auftretenden **Fische** sind Wirbeltiere (siehe Training Biologie – Unterstufe, S. 85 ff.), die durch ihre Lebensweise und ihren Körperbau perfekt an den Lebensraum Wasser angepasst sind. Durch die Entwicklung der Lunge und der Umwandlung der Extremitäten von Flossen zu Beinen gelang den **Amphibien** vor etwa 360 Millionen Jahren die Eroberung des Landes. Wobei viele Amphibien damals wie heute, um nicht auszutrocknen, feuchte Lebensräume benötigen und bei der Fortpflanzung vom Wasser abhängig sind. Erst bei den **Reptilien** entwickelte sich vor etwa 350 Millionen Jahren eine Hornschuppenhaut als weitere wichtige Angepasstheit. Sie sind deshalb im Gegensatz zu den als Feuchtlufttiere bezeichneten Amphibien weitgehend gegen zu starke Verdunstung geschützt. Außerdem trocknen die von einer pergamentartigen, wasserundurchlässigen Schale umgebenen Eier der Reptilien an Land nicht mehr aus. Damit wird eine vom Wasser unabhängige Fortpflanzung ermöglicht. Ausgehend von Reptilien-Vorfahren fanden vor etwa 200 Millionen Jahren zwei unterschiedliche Entwicklungen statt. Die eine führte zu den **Vögeln**, die andere zu den **Säugetieren**. Beide Wirbeltierklassen sind gleichwarm und damit unabhängiger von Schwankungen der Umgebungstemperatur als die Wechselwarmen. Da dies mit einem erhöhten Energie- und damit auch Sauerstoffbedarf einhergeht, entwickelten sich bei den Säugetieren eine deutlich vergrößerte Lungenoberfläche und bei den Vögeln zusätzliche Luftsäcke an den Lungen. Als Schutz vor Energieverlusten dienen bei den Säugern das Fell und bei den Vögeln die Federn zur Isolation. Bei den Säugetieren ist zusätzlich die Entwicklung der Embryos ins Innere des warmen Körpers der Mutter verlagert.

Die allmähliche Angepasstheit von Lebewesen an ein Leben an Land bezeichnet man als **Landgang**. Dieser Prozess der dauerhaften Besiedelung des Festlandes hat sich unabhängig voneinander bei Pflanzen, Pilzen, Wirbellosen und Wirbeltieren wiederholt.

Zusammenfassung

Bei Einzellern bestreitet eine einzige Zelle alle notwendigen Lebensvorgänge. In der Regel vermehren sich diese Organismen ungeschlechtlich durch Zellteilung.

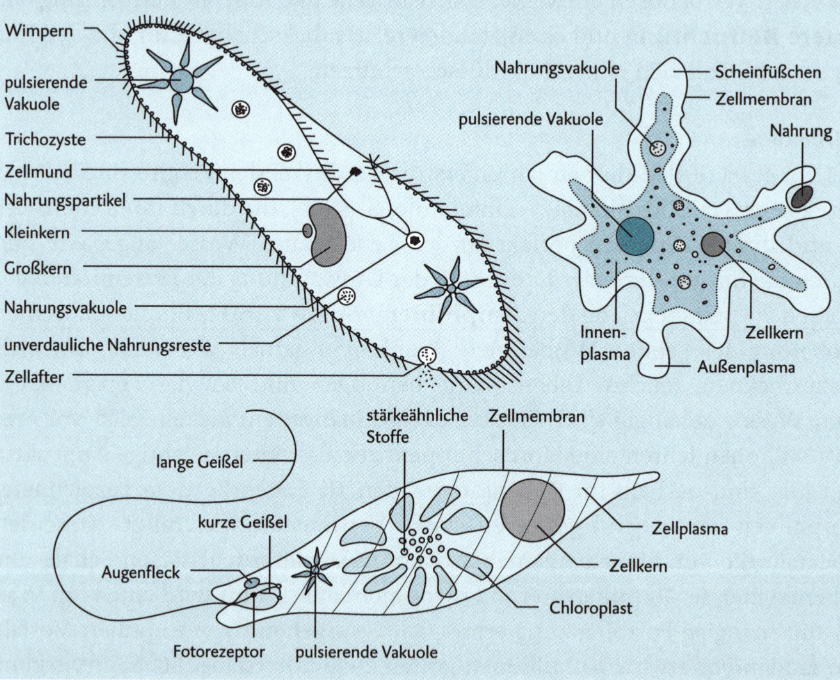

Im Laufe der Evolution haben sich Einzeller zu **Zellkolonien** zusammengeschlossen. Zellkolonien sind Zellverbände aus gleichartigen und immer noch alleine lebensfähigen Einzelzellen. Jede dieser Zellen kann sich noch durch Zellteilung fortpflanzen.
Vielzeller sind aus unterschiedlichen Zellen aufgebaut, die sich auf verschiedene Aufgaben spezialisiert haben und zusammenarbeiten: Keimzellen dienen der Fortpflanzung und sind dadurch potenziell unsterblich. Körperzellen, zwischen denen Arbeitsteilung besteht, gehen nach einiger Zeit zugrunde, sie sterben.
Bei der **ungeschlechtlichen Fortpflanzung** werden **genetisch identische Nachkommen** erzeugt, ohne dass dazu ein Geschlechtspartner nötig wäre. Bei der **geschlechtlichen Fortpflanzung** werden von den beiden Geschlechtern unterschiedliche **Geschlechtszellen** gebildet, die den haploiden Chromosomensatz enthalten. Zumeist sind die männlichen Geschlechtszellen klein und beweglich. Die größere weibliche Geschlechtszelle, die Eizelle, ist dagegen unbeweglich. Durch Befruchtung, also durch das Verschmelzen der beiden haploiden Zellkerne, entsteht eine **diploide Zygote**, aus der sich durch viele mitotische Zellteilungsvorgänge der vielzellige Organismus bildet. Die auf geschlechtlichem Wege erzeugten Nachkommen unterscheiden sich durch **neue Merkmalskombinationen** untereinander und auch von ihren Eltern.
Durch die Bildung neuer Gewebe und unterschiedlicher Organe gelang es den **Pflanzen**, das Land als neuen Lebensraum zu besiedeln. Erst danach schafften die Tiere den Übergang vom Wasser zum Land.

14 Beschrifte die Abbildung von *Paramecium*.

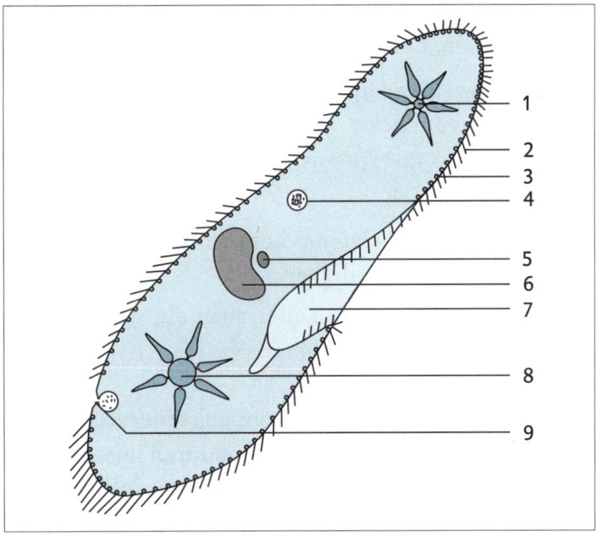

15 Ergänze in der folgenden tabellarischen Übersicht die Kennzeichen, die für eine Zuordnung von *Euglena* zu den Pflanzen bzw. zu den Tieren sprechen. Beurteile, ob eine eindeutige Zuordnung möglich ist.

Kennzeichen von Pflanzen	Kennzeichen von Tieren

16 Kreuze an, welche der folgenden Beschreibungen falsch sind.

- ☐ *Amoeba:* Das Wechseltierchen bewegt sich über Scheinfüßchen fort.
- ☐ *Chlamydomonas:* Die Grünalge wird als 2-Zell-Kolonie bezeichnet.
- ☐ *Eudorina:* Die Grünalge wird als 32-Zell-Kolonie bezeichnet.
- ☐ *Euglena:* Das Augentierchen orientiert sich über einen Fotorezeptor und den Augenfleck.
- ☐ *Paramecium:* Das Pantoffeltierchen wehrt mithilfe von Trichozysten Fressfeinde ab.
- ☐ *Volvox:* Der Vielzeller dient als Modellorganismus für die Entwicklung der tierischen Vielzelligkeit.
- ☐ *Trichoplax:* Der Vielzeller dient als Modellorganismus für die Entwicklung pflanzlicher Vielzelligkeit.

17 Die Grünalge *Pandorina* besteht aus einer Kolonie von 16 Zellen, die von einer Gallerthülle umgeben sind und dadurch zusammengehalten werden.

a Erkläre am Beispiel von *Pandorina*, was man unter einer Zellkolonie versteht.

b Leite ab, wie viele Teilungsvorgänge zur Bildung einer Tochterkolonie nötig sind.

18 Bei der Kugelalge *Volvox* stirbt die Mutterkugel bei der Freisetzung der Tochterkugeln ab.
Erkläre anhand dieser Tatsache, warum *Volvox* als entscheidende Zwischenform in der Entwicklung zum Vielzeller gilt.

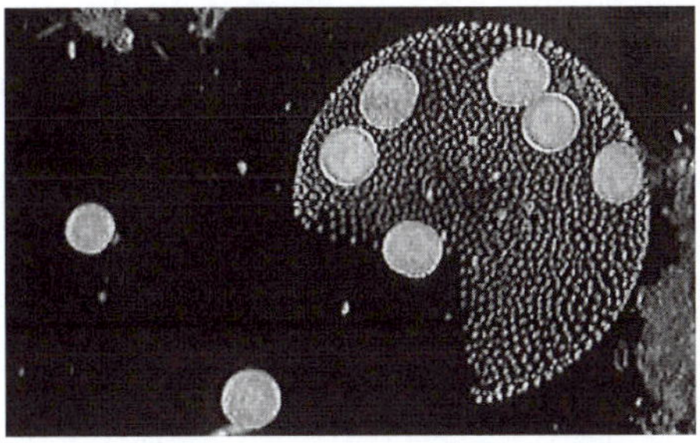

Volvox

19 Bei den **Kieselalgen** handelt es sich um gelb oder braun gefärbte Einzeller. Namensgebend ist der zweiteilige Panzer, der auf der Zellwand aufliegt und aus glasähnlicher Kieselsäure besteht. Der Panzer verfestigt die Zellwand der Einzeller, verhindert jedoch ein Wachstum. Die beiden Panzerhälften überlappen sich wie Schuhkarton und Deckel.
Die ungeschlechtliche Fortpflanzung erfolgt durch Zweiteilung. Dabei erhält jede Tochterzelle eine Hälfte des Panzers und bildet jeweils die kleinere Panzerhälfte neu.

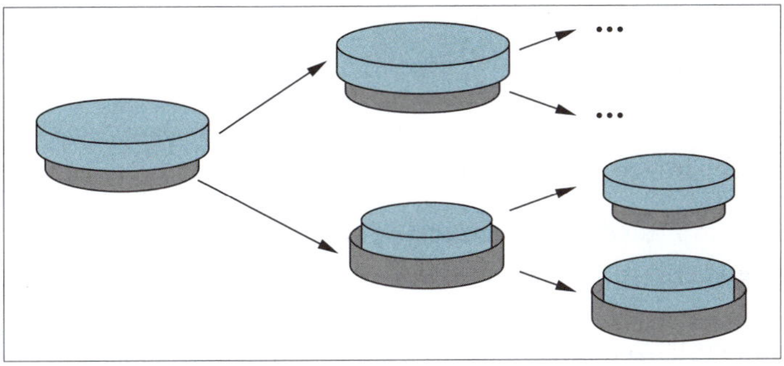

Schematische Darstellung der Teilung einer Kieselalge

- **a** Der Panzer der Kieselalgen enthält winzige Poren. Stelle eine begründete Hypothese über deren Funktion auf.
- **b** Entwickle anhand des Textes eine begründete Theorie, warum bei den Kieselalgen in regelmäßigen Abständen eine geschlechtliche Fortpflanzung stattfinden muss.
- **c** Vergleiche die Vor- und Nachteile ungeschlechtlicher und geschlechtlicher Fortpflanzung miteinander.

20 Der Übergang vom Wasser zum Land war ein entscheidender Evolutionsschritt und ein Meilenstein in der Geschichte des Lebens.
- **a** Nenne und beschreibe Probleme von Pflanzen, die beim Landleben auftreten im Wasser jedoch keine Rolle spielen.

b Vermutlich hat sich die Vielfalt heutiger Landpflanzen aus Grünalgen entwickelt. Kreuze die Unterschiede der verschiedenen Organismengruppen an.

Grünalgen und Moose besitzen folgende Gemeinsamkeiten, außer …

- ☐ Chloroplasten
- ☐ fehlendes Stütz- und Leitgewebe
- ☐ vielzellige Embryos
- ☐ vom Wasser abhängige Fortpflanzung

Moose und Farnpflanzen besitzen folgende Gemeinsamkeiten, außer …

- ☐ Chloroplasten
- ☐ fehlendes Stütz- und Leitgewebe
- ☐ vielzellige Embryos
- ☐ vom Wasser abhängige Fortpflanzung

Farne und Samenpflanzen besitzen folgende Gemeinsamkeiten, außer …

- ☐ Chloroplasten
- ☐ fehlendes Stütz- und Leitgewebe
- ☐ vielzellige Embryos
- ☐ vom Wasser abhängige Fortpflanzung

c Erläutere, warum die Besiedelung des Landes durch die Pflanzen eine Voraussetzung für den Landgang der Tiere war.

21 Die Moose sind grüne Pflanzen mit einem sehr einfachen Bauplan. Sie sind die ältesten Landpflanzen und haben sich aus Grünalgen entwickelt.

a Vervollständige den Lückentext, indem du die angegebenen Silben zu Wörtern kombinierst und diese einträgst.

Entnimmt man einem Moospolster vorsichtig ein Pflänzchen, findet man am unteren Ende feine Fäden, sogenannte ______________________, die das Pflänzchen lediglich im Boden ______________________. Richtige ______________________ fehlen. Moose können deshalb ihren Bedarf an ______________________ und ______________________ nicht aus dem Boden decken. Diese werden direkt über die ______________________ aufgenommen. Moose besitzen nur eine schwach ausgeprägte ______________________ und sie sind deshalb relativ schlecht gegen ______________________ geschützt.

b Definiere den Begriff Generationswechsel.

22 Vor etwa 400 Millionen Jahren bildeten Farne riesige Wälder. Diese waren die Basis für die heutigen Steinkohle-Vorkommen.

a Benenne in folgender Abbildung die Nummern 1–8.

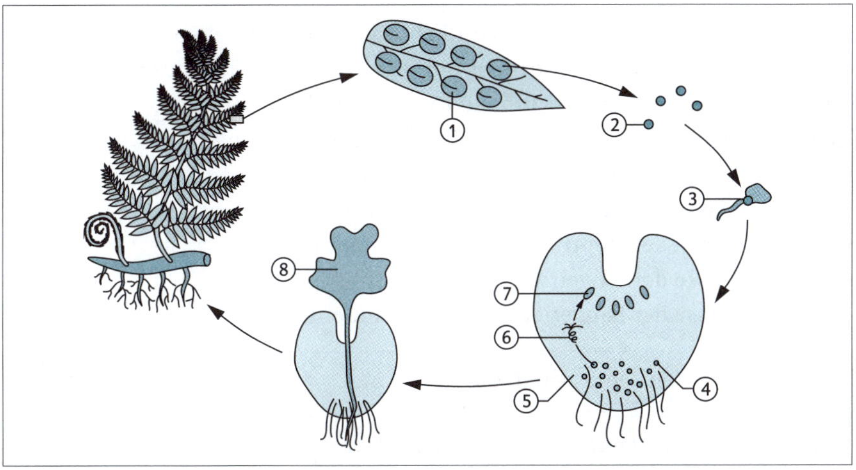

b Erläutere, welche Bedingungen herrschen müssen, damit sich ein Farn vermehren kann.

23 Kreuze alle richtigen Antworten an.

Die Sporengeneration bei den Farnen …

- ☐ ist mehrjährig.
- ☐ besteht aus der Farnpflanze und dem Vorkeim.

- ☐ entspricht der ungeschlechtlichen Generation und dient der Befruchtung.
- ☐ dient ausschließlich der Vermehrung.
- ☐ entsteht aus einer befruchteten Eizelle.

Die Schwärmer …
- ☐ sind begeißelt.
- ☐ werden durch Lockstoffe zu den weiblichen Geschlechtsorganen gelockt.
- ☐ gehören zur Sporengeneration und dienen der Befruchtung.
- ☐ gehören zur geschlechtlichen Generation und dienen der Vermehrung.
- ☐ sind Keimzellen und gehören damit zur geschlechtlichen Generation.

24 Obwohl die Zellen der Pilze denen der Pflanzen ähneln, bilden diese ein eigenes Reich der Lebewesen.

a Nenne 3 Unterschiede zwischen Pilzen und Pflanzen.

b Viele Pilzarten gehen innerhalb einer Flechte mit Algen oder innerhalb einer Mykorrhiza mit den Wurzeln höherer Pflanzen eine Wechselbeziehung ein. Erkläre den Begriff Symbiose anhand der beiden genannten Beispiele.

25 Die allmähliche Angepasstheit von Lebewesen an ein Leben an Land bezeichnet man als Landgang. Der Prozess der dauerhaften Besiedelung des Festlandes durch Wirbeltiere lässt sich anhand fossiler Funde gut belegen.
Kennzeichne in der folgenden Tabelle alle Aussagen, die …

- auf die Klasse der **F**ische zutreffen, mit einem **F**.
- auf die Klasse der **A**mphibien zutreffen, mit einem **A**.
- auf die Klasse der **R**eptilien zutreffen, mit einem **R**.
- auf die Klasse der **V**ögel zutreffen, mit einem **V**.
- auf die Klasse der **S**äugetiere zutreffen, mit einem **S**.

Die erwachsenen Tiere atmen durch Kiemen.	☐	☐	☐	☐
Die erwachsenen Tiere atmen durch Lungen.	☐	☐	☐	☐
Die Fortpflanzung erfolgt über Eier und ist vom Wasser abhängig.	☐	☐	☐	☐
Die Fortpflanzung erfolgt über Eier und ist vom Wasser unabhängig.	☐	☐	☐	☐
Die Organismen der Tierklasse sind gleichwarm.	☐	☐	☐	☐

Einblick in die Biodiversität der wirbellosen Tiere

Auch wenn die dargestellten Tiere sehr unterschiedlich aussehen und aufgebaut sind, so besitzen sie doch eine kennzeichnende Gemeinsamkeit: Aufgrund der fehlenden Wirbelsäule werden die Tierstämme bzw. Tierklassen, denen sie angehören, zur Gruppe der Wirbellosen zusammengefasst und dadurch vom Tierstamm der Wirbeltiere abgegrenzt.
Von links oben nach rechts unten: Ohrenqualle (Stamm: Nesseltiere), Garten-Bänderschnecke (Stamm: Weichtiere), Regenwurm (Stamm: Ringelwürmer), Honigbiene (Stamm: Gliederfüßer; Klasse: Insekten), Große Winkelspinne (Stamm: Gliederfüßer; Klasse: Spinnentiere), Nordseegarnele (Stamm: Gliederfüßer; Klasse: Krebstiere)

1 Hohltiere – Der Tierstamm der Nesseltiere

1.1 Charakteristische Merkmale der Hohltiere

Allen Vertretern der **Hohltiere** (wissenschaftliche Bezeichnung *Coelenterata*) ist ein mehr oder weniger kreisförmiger Querschnitt des Körpers, also eine **radiärsymmetrische Körperform**, gemeinsam. Das ist gut zu erkennen, wenn man die Tiere von oben betrachtet. Der Körper ist relativ einfach und sackartig gebaut. Er besteht aus einem **zentralen Hohlraum** und besitzt nach außen hin nur **eine Körperöffnung**, die gleichzeitig als Mund und als After dient (siehe Abb. 39).

Außerdem ist der gesamte Körper lediglich von einem lockeren (diffusen) **Nervennetz** ohne ein besonderes Zentrum durchzogen (siehe Abb. 38) und nur aus **zwei Zellschichten** aufgebaut: Die äußere Schicht, das **Ektoderm**, ist von der inneren Schicht, dem **Entoderm**, nur durch eine gallertartige **Stützschicht** getrennt. Die Schichten umgeben den zentralen Hohlraum, den Magen-Darm-Raum, in dem die Verdauung der Nahrung stattfindet. Darin aufgenommene Beuteorganismen werden mithilfe von Enzymen außerhalb der Zellen, also extrazellulär, verdaut. Erst dann werden die freigesetzten Nährstoffe durch die Zellmembran hindurch in die Zellen aufgenommen.

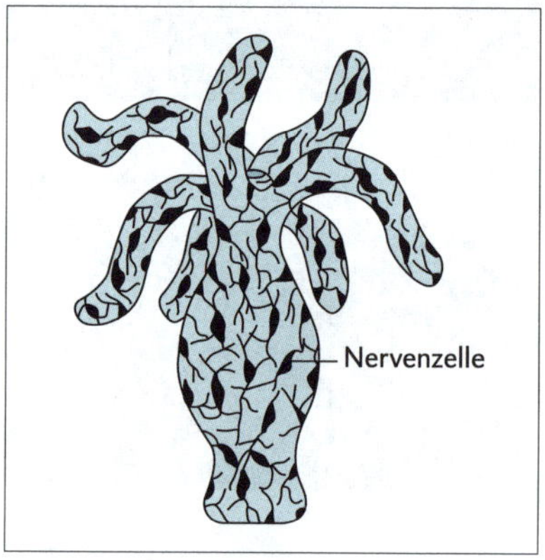

Abb. 38: Schematische Abbildung des diffusen Nervensystems eines Hohltieres

Hohltiere sind **wechselwarm**, ihre Körpertemperatur ist also abhängig von der Außentemperatur.

Hohltiere besitzen …
- einen **ungegliederten Körper** mit einem **zentralen Hohlraum**, der als Magen-Darm-Raum dient und in dem eine **extrazelluläre Verdauung** stattfindet.
- nur eine **Körperöffnung**, die als Mund und After dient.
- eine **Körperhülle** aus zwei Zellschichten, die durch eine Stützschicht getrennt sind.
- ein **lockeres (diffuses) Nervennetz**.

1.2 Nesseltiere des Süßwassers – Der Süßwasserpolyp *Hydra*

Süßwasserpolypen sind bis zu drei Zentimeter große Hohltiere, die vor allem in sauberen, sauerstoff- und nährstoffreichen Gewässern leben. Die meist bräunlich-grün gefärbten Tiere haften mit der klebrigen **Fußplatte (Fußscheibe)** an Wasserpflanzen oder Steinen und lassen ihre fünf bis sieben dünnen **Fangarme**, die sogenannten **Tentakel**, passiv durch die Wasserströmung hin und her bewegen. Mithilfe von **Nesselzellen** erjagen die *Hydren* kleine Wassertiere wie Wasserflöhe, Hüpferlinge und winzige Jungfische. Sobald ein Beutetier den Auslösestift einer Nesselzelle berührt, explodiert diese und aus der Nesselkapsel wird ein Nesselschlauch mit einem Stilettapparat herausgeschleudert. Das Stilett, eine dolchartige Struktur, durchdringt die Körperhülle der Beute und ein Nesselgift lähmt oder tötet das Opfer. Anschließend wird das Beutetier mit den Tentakeln durch die Körperöffnung, die in diesem Fall als Mund dient, in den **Magen-Darm-Raum** befördert, der vom **Entoderm** ausgekleidet ist. Die Nahrung wird durch die Verdauungssäfte der **Drüsenzellen** zersetzt. **Nährzellen** nehmen die Nährstoffe auf. Die unverdaulichen Reste werden durch die Körperöffnung, die in diesem Fall als After dient, ausgestoßen.

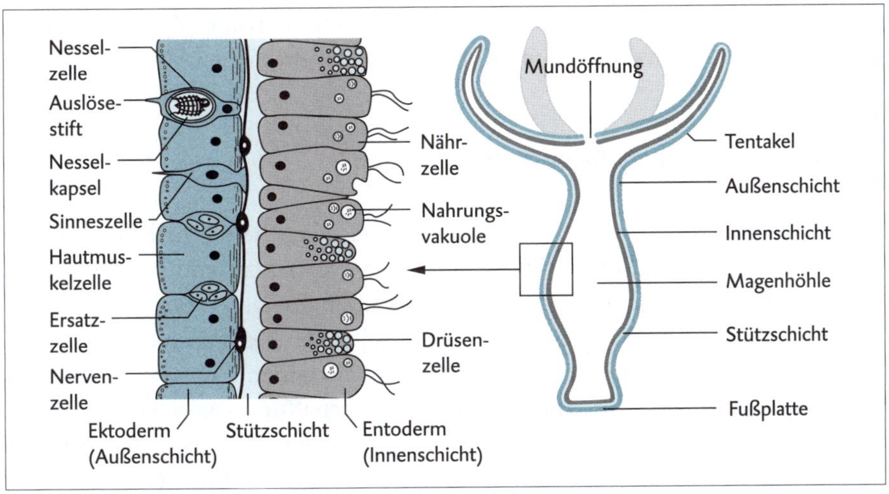

Abb. 39: Aufbau einer Hydra im Längsschnitt (rechts) und Ausschnittsvergrößerung der Körperwand (links)

Das Entoderm ist durch eine dünne, gallertartige, stark wasserhaltige **Stützschicht** vom Ektoderm abgegrenzt. In diese elastische Schicht sind Nervenzellen eingelagert, die zu einem einfachen Nervennetz ohne Zentrum (siehe Abb. 38) verknüpft sind. Das **Ektoderm** besteht hauptsächlich aus **Sinneszellen, Nesselzellen** und **Hautmuskelzellen**. *Hydra* enthält außerdem über den ganzen Körper verteilt sogenannte **Ersatzzellen**. Diese Zellen können durch Spezialisierung alle anderen Zelltypen nachbilden.

Die Polypen sind zumeist festsitzend, können jedoch ihren Standort verlassen, indem sie ihre Tentakel nach einer Seite neigen. Sobald diese den Untergrund berühren, explodieren Nesselkapseln und halten das Tier somit fest. Anschließend löst sich die Fußscheibe, der Polyp führt langsam eine Bewegung aus, die einem Handstandüberschlag gleicht, und heftet dann den Fuß wieder an.

Die Fortpflanzung erfolgt bei *Hydra* auf zwei unterschiedlichen Wegen:

- **ungeschlechtlich:** Sind die Lebensbedingungen günstig, entstehen am unteren Ende der Tiere seitliche Ausstülpungen, die innerhalb weniger Tage zu jungen Polypen heranwachsen. Nach dem Ablösen vom Elterntier leben die Jungtiere selbstständig weiter. Diesen Vorgang der ungeschlechtlichen Vermehrung bezeichnet man als **Knospung**.
- **geschlechtlich:** Unter ungünstigen Bedingungen bilden die zwittrigen Tiere aus den Ersatzzellen nacheinander weibliche und männliche Geschlechtszellen. Diese werden zu unterschiedlichen Zeiten ins Wasser abgegeben, wo die äußere Befruchtung mit den Geschlechtszellen eines Artgenossen stattfindet. Durch die Verschmelzung zur befruchteten Eizelle (Zygote) entsteht ein Lebewesen mit einer neuen Kombination an elterlichen Merkmalen.

1.3 Nesseltiere des Salzwassers – Quallen

Die am Meeresboden festsitzenden Nesseltiere leben häufig nicht als Einzellebewesen, sondern in **Tierstöcken** aus vielen Polypen zusammen. Diese Stöcke entstehen durch Knospung und sind aus einer einzigen Larve hervorgegangen. Dabei stehen die Magen-Darm-Räume aller Polypen miteinander in Verbindung und es erfolgt eine Spezialisierung der einzelnen Polypen:

- **Fresspolypen:** Sie sind auf die Nahrungsbeschaffung spezialisiert. Je nach Art handelt es sich bei den Meerwassernesseltieren um Tier- oder Pflanzenfresser. Der Nahrungserwerb erfolgt wie bei *Hydra* mithilfe der Nesselkapseln.
- **Geschlechtspolypen:** Sie sind auf die Abschnürung der durch Knospung entstehenden Medusen spezialisiert. Diese Medusen, die umgangssprachlich auch als Quallen bezeichnet werden, dienen der Verbreitung und der geschlechtlichen Fortpflanzung (siehe Abb. 40).

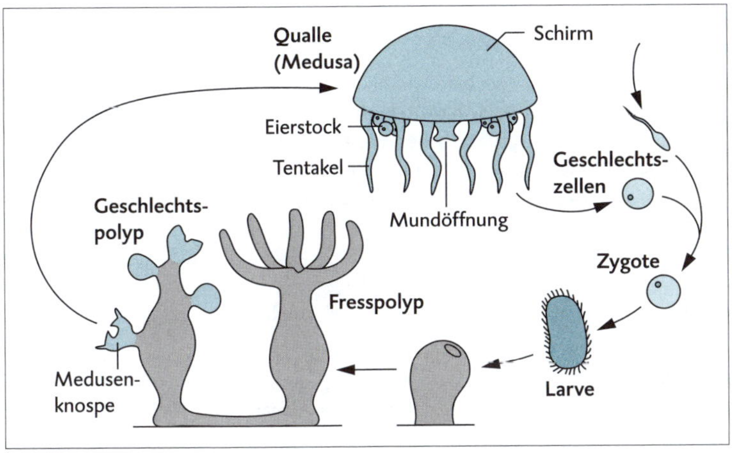

Abb. 40: Generationswechsel eines Salzwassernesseltieres

Die im Freiwasser schwimmenden **Medusen** ähneln vom Körperaufbau her einer umgedrehten *Hydra*, allerdings ist bei ihnen die Stützschicht deutlich zu einer zähen, durchscheinenden **Gallerte** verdickt. Durch das ruckartige Anspannen eines Ringmuskels zieht sich der Schirm der Tiere, der von den Tentakeln gebildet wird, rasch zusammen und das darunter befindliche Wasser wird nach unten gepresst. Dies ergibt einen Rückstoß, der die Meduse vorwärts treibt. Anschließend erschlafft der Ringmuskel wieder und der Schirm kehrt in seine Ausgangsstellung zurück. Unter dem Schirm befinden sich außerdem die Geschlechtsorgane. Die Geschlechtszellen werden ins Wasser abgegeben, wo die äußere Befruchtung erfolgt. Aus den befruchteten Eiern entwickeln sich **Larven**, die sich an einer geeigneten Stelle festsetzen und zum Polypen heranwachsen. Durch **Knospung** entsteht anschließend wieder ein neuer Tierstock.
Diesen regelmäßig aufeinanderfolgenden Wechsel von geschlechtlicher Fortpflanzung durch die Medusengeneration und ungeschlechtlicher Fortpflanzung durch die Polypengeneration bezeichnet man als **Generationswechsel** (siehe auch S. 48).

Zusammenfassung

Der **ungegliederte** Körper der **wechselwarmen** Hohltiere ist von einem **diffusen Netz aus Nervenzellen** durchzogen und umfasst einen **zentralen Hohlraum**, den Magen-Darm-Raum. Die **Körperhülle** wird von zwei Zellschichten gebildet, die durch eine Stützschicht voneinander getrennt sind und einige unterschiedlich spezialisierte Zelltypen enthalten.

Ektoderm (äußere Zellschicht)	**Entoderm (innere Zellschicht)**
• Sinneszellen: Reizaufnahme • Hautmuskelzellen: Bewegung • Nesselzellen: Verteidigung, Jagd und Fortbewegung	• Drüsenzellen: Produktion von Verdauungssäften • Nährzellen: Aufnahme der Nahrung

Die **Nesseltiere**, die als meist festsitzende **Polypen** und als frei bewegliche **Quallen** auftreten können, haben in der Regel die Möglichkeit zur geschlechtlichen und zur ungeschlechtlichen Fortpflanzung.
Eine Besonderheit der Salzwassernesseltiere ist der Generationswechsel, das heißt die regelmäßige Abfolge von geschlechtlicher und ungeschlechtlicher Fortpflanzung.

26 In der traditionellen Systematik stellten die Hohltiere einen Tierstamm dar. Heute spricht man jedoch eher vom Überstamm der Hohltiere, der die beiden Tierstämme der Nesseltiere und der Rippenquallen zusammenfasst.

a Nenne vier gemeinsame Kennzeichen aller Hohltiere.

b Ergänze den folgenden tabellarischen Vergleich des Körperbaues von Nesseltieren und Wirbeltieren.

	Wirbeltiere	**Nesseltiere**
Körpergliederung	Kopf, Rumpf und Extremitäten	
Extremitäten	zwei Paar	
Körperbedeckung	Haut	
Anzahl der Verdauungsöffnungen	zwei	
Innere Organe	unterschiedlich spezialisiert	

27 Beschrifte den folgenden Längsschnitt durch die Körperoberfläche des Süßwasserpolypen *Hydra* vollständig. Gib außerdem die Aufgaben der jeweiligen Zelltypen an.

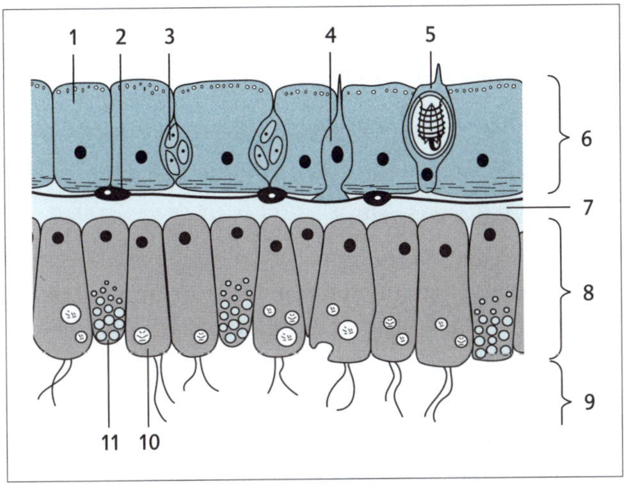

28 Experimente haben ergeben, dass man eine 2 cm große *Hydra* in etwa 200 Scheiben schneiden kann und sich jedes der kleinen Stücke anschließend wieder zu einem vollständigen Tier regeneriert.
Erkläre diese Beobachtung.

Hydra

29 Ergänze den folgenden Lückentext zum Nahrungserwerb der Nesseltiere.

Sobald ein Beutetier den ______________ einer ______________ berührt, wird aus der Nesselkapsel ein ______________ herausgeschleudert. Ein ______________ dringt durch die äußere Körperhülle der Beute und ______________ lähmen oder töten sie. Anschließend wird das Beutetier mit den ______________ durch die Körperöffnung, die in diesem Fall als ______________ dient, in den ______________ befördert. Die Nährstoffe aus der durch die Verdauungssäfte der ______________________________ zersetzten Nahrung werden über die ______________________ aufgenommen. Die nicht verwertbaren Reste werden durch ______________ ____________________ wieder ausgeschieden, durch die die Nahrung in den Körper gelangt ist. In diesem Fall dient sie als ______________________.

30 Viele Nesseltiere können ihren Standort aktiv wechseln.

a Beschreibe die folgende Abbildung zur aktiven Fortbewegung von *Hydra*.

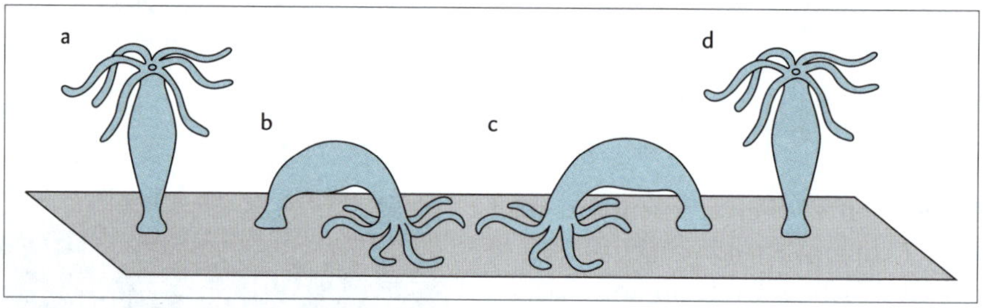

b Beschreibe die aktive Fortbewegung einer Meduse.

31 Süßwasserpolypen können sich geschlechtlich und ungeschlechtlich fortpflanzen. Erläutere jeweils die Vorteile der beiden Möglichkeiten.

32 Medusen entsprechen vom Aufbau her einem umgedrehten Süßwasserpolypen.

a Benenne die durch Zahlen gekennzeichneten Strukturen in der Abbildung.

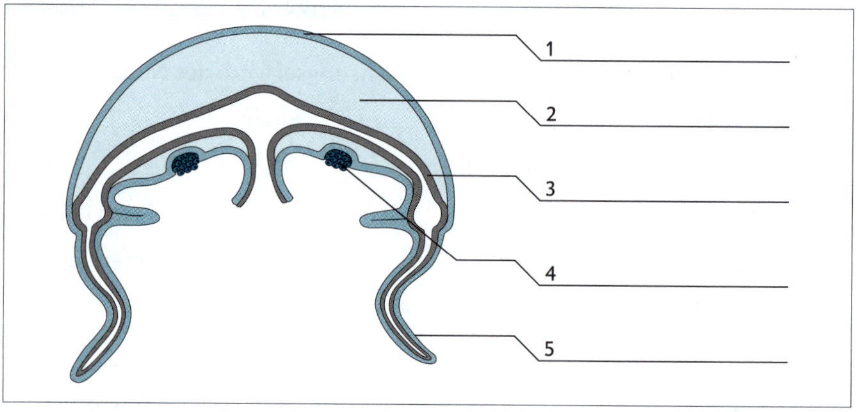

b Trage stichwortartig die Unterschiede und Gemeinsamkeiten im Bauplan von Süßwasserpolyp und Meduse in die Tabelle ein.

Struktur	Süßwasserpolyp	Meduse
1		
2		
3		
4		
5		

33 Definiere den Begriff Generationswechsel.

34 **Schwämme** sind festsitzende, vielzellige Tiere, die sowohl im Salz- als auch im Süßwasser vorkommen. Sie unterscheiden sich von anderen Tieren dadurch, dass sie keine Sinnes-, Nerven- oder Muskelzellen ausbilden. Ihr Skelett kann aus unterschiedlichen Materialien bestehen z. B. aus Kalk oder Kieselsäure. Sogenannte Kragengeißelzellen erzeugen eine Wasserströmung, durch die kleine Nahrungsteilchen durch Poren in der Körperwand der Tiere nach innen gestrudelt werden. Trotz eines zentralen Hohlraumes besitzen die Schwämme kein zentrales Verdauungssystem. Schwämme vermehren sich meist ungeschlechtlich durch Knospung. Eine geschlechtliche Fortpflanzung ist jedoch ebenfalls möglich.

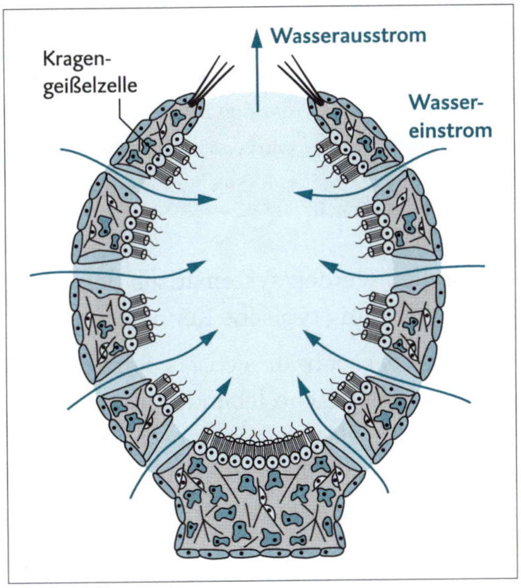

Längsschnitt durch einen Schwamm

Stelle eine begründete Hypothese darüber auf, ob die Schwämme systematisch den Hohltieren zugeordnet werden können.

35 In einem Online-Nachschlagewerk findet sich folgende Beschreibung der Tiergruppe der **Korallen:**

WIKIPEDIA
Die freie Enzyklopädie

Korallen

Die Hirnkoralle zählt zu den Steinkorallen

Als **Korallen** (v. griech. *korállion*) werden festsitzende, koloniebildende Tiere bezeichnet. Die verschiedenen Gruppen von Korallen sind nicht näher miteinander verwandt. Am bekanntesten sind die Steinkorallen, die den Hauptanteil an der Entstehung der Korallenriffe haben, da sie durch Einlagerungen von Kalk Skelette bilden.
Korallenbänke oder ein Korallenriff entstehen, da totes Skelettmaterial fortwährend von lebendigem Gewebe überwuchert wird.
Ein Steinkorallenpolyp ist becherförmig aufgebaut und wird von zwei Zellschichten gebildet, dem äußeren Ektoderm und dem Entoderm, das den zentralen Magen-Darm-Raum umgibt. Die Mundöffnung wird von sechs oder einem Vielfachen von sechs mit Nesselzellen versehenen Tentakel umgeben.

a Korallen werden systematisch den Nesseltieren zugeordnet. Markiere in der Beschreibung typische Kennzeichen, die diese Einordnung rechtfertigen.

b Korallen ernähren sich als Filtrierer von Plankton. Viele der in Nähe der Wasseroberfläche lebenden Korallen besitzen jedoch auch in die Polypenzellen eingelagerte Symbiosealgen.
Definiere den Begriff Symbiose und erläutere diese Besonderheit konkret anhand des Beispiels.

2 Der Tierstamm der Weichtiere

2.1 Charakteristische Merkmale der Weichtiere

Der Stamm der **Weichtiere** (wissenschaftliche Bezeichnung *Mollusca*) umfasst mehr als 130 000 bekannte Arten, die in mehrere Klassen eingeordnet werden. Die bekanntesten von ihnen sind die **Schnecken**, die **Muscheln** und die **Kopffüßer**. Der Grundbauplan des Tierstammes (siehe Abb. 42) ist bei den verschiedenen Weichtierklassen in charakteristischer Weise abgewandelt.

Abb. 41: Vertreter der Klasse der Schnecken (links, Weinbergschnecke), der Muscheln (Mitte, Miesmuschel) und der Kopffüßer (rechts, gewöhnlicher Krake)

Allen Vertretern dieses Tierstammes ist jedoch gemeinsam, dass der Körper aus den folgenden Abschnitten besteht:

- dem kleinen, bei manchen Arten auch fehlenden **Kopf**,
- dem muskulösen **Fuß**,
- dem **Eingeweidesack**, der die meisten inneren Organe enthält, und
- dem **Mantel**, eine Hautfalte, die den Eingeweidesack umgibt und nach außen hin mit der Mantelhöhle einen Hohlraum bildet.

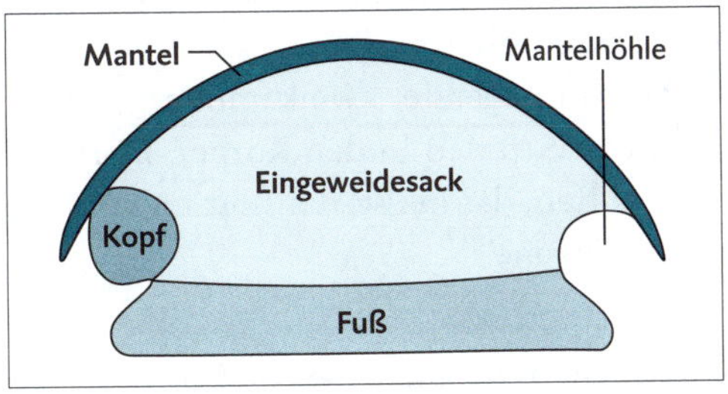

Abb. 42: Schematischer Grundbauplan der Weichtiere

Der Körper der Weichtiere ist, wie der Name des Tierstammes schon sagt, weich. Sie besitzen weder ein Innen- noch ein Außenskelett, welches den Körper festigt. Die Körperform wird hauptsächlich durch den Druck der Körperflüssigkeiten aufrechterhalten. Die Tiere sind jedoch sehr häufig durch eine harte **Schale** aus Kalk vor Fressfeinden geschützt. Diese wird vom Mantel mithilfe von Kalk abscheidenden Zellen hergestellt und härtet aus. Die Schale muss deshalb ständig mit ihrem Träger mitwachsen. Weichtiere sind **wechselwarm**, das heißt, ihre Körpertemperatur ist abhängig von der Außentemperatur.

Der Körper der Weichtiere ist …
- gegliedert in **Fuß, Eingeweidesack, Mantel** und meist auch noch den **Kopf**.
- weich und **ohne Skelett**. Die Haut wird meist durch eine **Kalkschale** geschützt.

Trotz der charakteristischen Abwandlungen des Grundbauplans und der großen Artenvielfalt ist die innere Organisation aller Weichtiere sehr ähnlich. Fast alle inneren Organe sind im Eingeweidesack enthalten.
Die Atmung erfolgt bei den landlebenden Arten durch eine einfach gebaute **Lunge**. Bei den wasserbewohnenden Weichtieren sind in der Regel **Kiemen** vorhanden. Die Atmungsorgane liegen in der **Mantelhöhle**, der Gastransport erfolgt durch das Blut.
Das **Verdauungssystem** beginnt mit einem Mund, der bei vielen Arten zur Nahrungsaufnahme eine **Raspelzunge** enthält, und ist gegliedert in den Schlund, den Magen, den langen Darm und den After, der in die Mantelhöhle mündet. Auch die gelösten Abfallprodukte des Stoffwechsels, die vom Blut transportiert werden, gibt ein Ausscheidungsorgan in die Mantelhöhle und damit nach außen ab.
Die meisten Weichtiere sind **getrenntgeschlechtig**. Bei den Schnecken und den Muscheln gibt es jedoch einige **zwittrige** Arten. Die männlichen und weiblichen Geschlechtsorgane liegen ebenfalls im Eingeweidesack und münden über einen Ausführungsgang in die Mantelhöhle.
Das meist am Rücken in einem **Herzbeutel** liegende, zweikammerige **Herz** pumpt das sauerstoffreiche Blut durch kurze Arterien in den Körper. Dort enden bei den meisten Arten die Blutgefäße offen, das heißt, das Blut umspült in einem **offenen Blutkreislaufsystem** alle Organe.

Von einem **offenen Blutkreislauf** spricht man, wenn das Blut vom Herz aus frei in den gesamten Körper fließt und alle Organe umspült.

Das **Nervensystem** ist bei den verschiedenen Tierklassen der Weichtiere sehr unterschiedlich ausgeprägt. Es besteht jedoch einheitlich aus großen, den Schlund ringförmig umschließenden **Nervenknoten (Ganglien)**. Diese leistungsfähigen Gehirnganglien verarbeiten alle Signale aus den Sinnesorganen. Vom Kopf aus ziehen Nervenbahnen nach hinten durch den gesamten Körper. Bei Arten ohne Kopf sind kleinere Ganglien über den gesamten Körper verteilt.

2.2 Die Klasse der Schnecken

Die mit etwa 110 000 Arten größte Weichtierklasse sind die Schnecken (wissenschaftlicher Name *Gastropoda,* Übersetzung: Bauchfüßer). Die meisten Arten leben im Meer, es gibt jedoch auch zahlreiche Süßwasser- und Landschnecken. Außer bei den sogenannten Nacktschnecken ist immer eine **einteilige Schale als Gehäuse** vorhanden. Dieses Gehäuse ist häufig durch eine charakteristische Spirale, die entweder rechts oder links gewunden ist, gekennzeichnet. Landschnecken sind **Feuchtlufttiere** und müssen sich vor Austrocknung schützen. Landlebende Gehäuseschnecken haben dabei die Möglichkeit, ihren Körper durch einen gut ausgeprägten **Rückziehmuskel** vollständig und innerhalb kürzester Zeit in das Gehäuse zurückzuziehen und die Öffnung mit eintrocknendem Schleim zu verschließen. Bei den landlebenden **Nacktschnecken** ist die Schale jedoch reduziert und bietet deshalb keinen Schutz vor Austrocknung. Diese Tiere sondern daher reichlich vor Verdunstung schützenden **Schleim** ab und meiden sonnige Lebensräume. Der Schleim ist bei vielen Nacktschneckenarten ungenießbar oder sogar giftig und bietet dadurch zusätzlich auch noch Schutz vor Fressfeinden. Gehäuseschnecken können sich durch das schnelle Zurückziehen des Körpers in das Gehäuse vor Bedrohung schützen.

Wie im Grundbauplan der Weichtiere liegen alle inneren Organe im Eingeweidesack. Dieser befindet sich entweder im Gehäuse oder bei den Nacktschnecken innerhalb des Fußes.

Der lange, muskulöse Fuß dient der **Fortbewegung** und besitzt an der Unterseite eine breite Kriechsohle. Durch abwechselndes Zusammenziehen der im Fuß vorhandenen **Längs-** und **Quermuskeln** schieben sich Schnecken wellenförmig auf einem **Schleimband** vorwärts. Dieses wird durch Schleimdrüsen gebildet und dient sowohl als Gleit- als auch als Haftmittel. Bei manchen Wasserschnecken ist der Fuß zu einem Flossensaum umgebildet und ermöglicht dadurch eine schwimmende Fortbewegung.

Daneben sind im Fuß auch noch **Sinneszellen** für den Tast-, Geruchs-, Feuchtigkeits- und Temperatursinn enthalten. Damit ist der Fuß neben den zwei Paar **Fühlern** des Kopfes ein wichtiges **Sinnesorgan**. Während das hintere längere Fühlerpaar an der Spitze einfach gebaute Linsenaugen trägt, besitzen die vorderen kürzeren Fühler Tast-, Geschmacks- und Geruchssinneszellen.

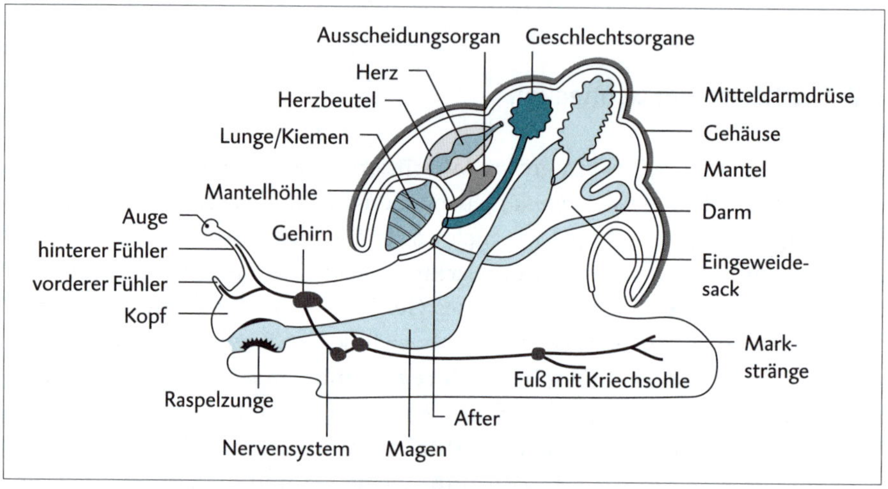

Abb. 43: Grundbauplan einer Schnecke, am Beispiel einer Gehäuseschnecke

Der Mund enthält eine **Raspelzunge** zum Abschaben von Nahrungsteilchen. Sie ist mit Tausenden von kleinen Chitinzähnchen besetzt, die die Nahrung mithilfe einer hornhaltigen Reibeplatte am Mundhöhlendach zerkleinern und in den Schlund hineinreiben. Neben den reinen Pflanzenfressern gibt es auch zahlreiche Schneckenarten, die sich räuberisch ernähren.
Viele Schnecken paaren sich im Frühjahr. Bei den **zwittrigen** Arten übertragen sich die Geschlechtspartner gegenseitig Spermien in ihre Körper. Erst einige Zeit nach der Paarung reifen die Eier heran, die dann durch die gespeicherten Spermien befruchtet werden. Bei den Weinbergschnecken (siehe Abb. 41 links, S. 71) dauert es bis zur Befruchtung etwa vier Wochen. Anschließend legen die Tiere etwa 30 bis 60 befruchtete Eier ab. Nach zwei- bis vierwöchiger Entwicklungszeit schlüpfen bei Landschnecken die Jungtiere. Bei wasserlebenden Arten entwickeln sich zuerst frei schwimmende Larven, die erst als junge Schnecken den Gewässerboden aufsuchen.

2.3 Die Klasse der Muscheln

Die meisten Arten der Weichtierklasse der Muscheln (wissenschaftliche Bezeichnung *Bivalvia*, Übersetzung: Zweischaler) leben im Meer. Einige Spezies sind aber auch im Süßwasser zu finden. Abweichend vom Grundbauplan der Weichtiere **fehlt** bei den Muscheln ein **Kopf** und die **zentralen Gehirnganglien** sind **zurückgebildet**. Bei manchen Arten sitzen am Mantelrand gut entwickelte Augen sowie Tast- und Geschmackssinneszellen.
Im Unterschied zu den Schnecken besitzen Muscheln eine **zweiteilige Schale**. Die Muschelschale wird vom Mantel gebildet und ist aus drei Schichten aufgebaut:

- der pergamentartigen äußeren Hüllschicht,
- der dicken mittleren Kalkschicht und
- der silberweiß glänzenden inneren Perlmutterschicht (Perlmuttschicht).

Manche Muscheln können in die Schale gelangte Fremdkörper durch Absonderungen ihres Mantels mit Perlmuttschichten umgeben. Dadurch entstehen **Perlen**.

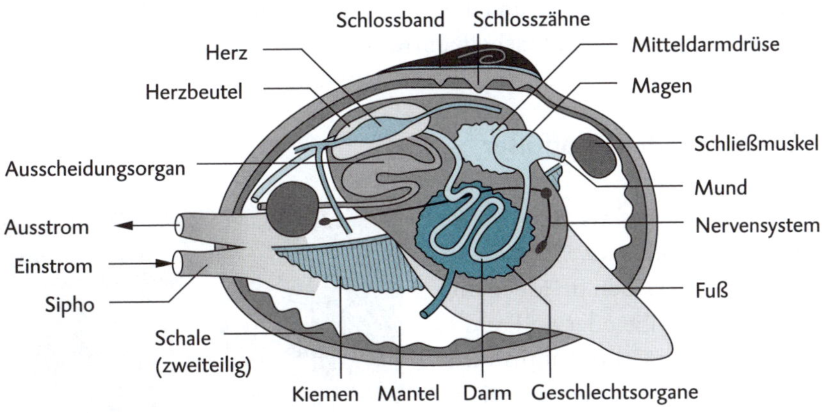

Abb. 44: Grundbauplan einer Muschel

Die beiden Schalenhälften umschließen den gesamten Körper und sind durch ein elastisches **Schlossband** beweglich verbunden. **Schlosszähne** bilden eine Art Scharniergelenk, sodass die Schalenhälften nicht seitlich verrutschen können. Durch zwei kräftige **Schließmuskeln** kann die Schale je nach Bedarf geöffnet oder geschlossen werden. Dieser besondere Schutz vor Fressfeinden und Austrocknung hat sich als Anpassung an eine vorwiegend **ortsfeste Lebens-**

weise entwickelt. Der fingerförmige und muskulöse **Fuß** dient dabei zum Anhaften bzw. Einbohren bei steinigem Untergrund oder zum Eingraben in sandige Gewässerböden.
Muscheln ernähren sich als Filtrierer von im Wasser treibenden Nahrungsteilchen. Das Innere der Mantelhöhle und der **Kiemen** ist mit Millionen **Wimperhärchen** besetzt, die das Wasser durch die Einströmöffnung des **Siphos**, eines schlauchförmigen Muskelfortsatzes, in die Mantelhöhle wirbeln. Die Nahrungsteilchen werden durch die feinen Wimperhärchen aus dem Wasser gefiltert und bleiben an der Schleimschicht der Kiemen haften. Der **Nahrungsschleim** wird dann durch Wimpernbewegung zum Mund transportiert und gelangt somit in das Verdauungssystem. Außerdem wird durch die Kiemen der im Wasser gelöste Sauerstoff ins Blut aufgenommen und Kohlenstoffdioxid ins Wasser abgegeben. Durch die Ausströmöffnung des Siphos werden sowohl das verbrauchte Atemwasser als auch die unverdaulichen Stoffwechselendprodukte ausgeschieden.
Die meist **getrenntgeschlechtigen** Tiere geben die Keimzellen über die Mantelhöhle ins freie Wasser ab, wo eine zufällige Befruchtung erfolgt. Aus den befruchteten Eiern entwickeln sich überwiegend frei schwimmende Larven, die sich erst nach dem Anheften an einen geeigneten Untergrund zu meist ortsfesten, bodenbewohnenden Muscheln entwickeln.

2.4 Die Klasse der Kopffüßer

Abb. 45: Nautilus

Alle Kopffüßer (wissenschaftliche Bezeichnung *Cephalopoda*, Übersetzung: Kopffüßer) leben im Meer entweder in Bodennähe oder im Freiwasser. Anders als im Grundbauplan der Weichtiere ist die **Schale** zumeist **zurückgebildet**. Bei den **Tintenfischen** ist im Inneren des Körpers nur noch eine kleine, flache Kalkplatte, der sogenannte **Schulp**, vorhanden. Die Vertreter der kleinen Familie der **Perlboote**, zu denen beispielsweise Nautilus gehört (siehe Abb. 45), verfügen jedoch über eine ausgeprägte Schale.

Der hintere Teil des Fußes ist bei den Kopffüßern zu **Fangarmen** umgebildet. Je nach Art gibt es acht, zehn oder über 90 von ihnen. Sie tragen Tast- und Geruchssinneszellen und umgeben die Mundöffnung. Oft sind die Fangarme muskulös und mit zahlreichen **Saugnäpfen** besetzt. Mit ihrer Hilfe werden Krebse, Schnecken, Muscheln oder Fische erbeutet und in die Mundöffnung gestopft. Ober- und Unterkiefer, die schnabelartig geformt sind, zerkleinern die Beutetiere und die Raspelzunge zerreibt diese anschließend.
Der vordere Teil des Fußes ist zu einem **Trichter** umgebildet. Atemwasser fließt in die Mantelöffnung und strömt dabei an den reich durchbluteten **Kiemen** vorbei, die den im Wasser gelösten Sauerstoff aufnehmen und Kohlenstoffdioxid abgeben. Das mit Kohlenstoffdioxid angereicherte Wasser wird durch den Trichter in einem Strahl gebündelt und herausgepresst. Der dabei entstehende Rückstoß dient gleichzeitig der **Fortbewegung**. Am Boden bewegen sich die Kopffüßer mithilfe der Fangarme kriechend vorwärts. Bei Gefahr können die Tintenfische eine dunkelbraune bis schwarze Flüssigkeit in das auszupressende Atemwasser abgeben und damit Angreifern die Sicht nehmen.

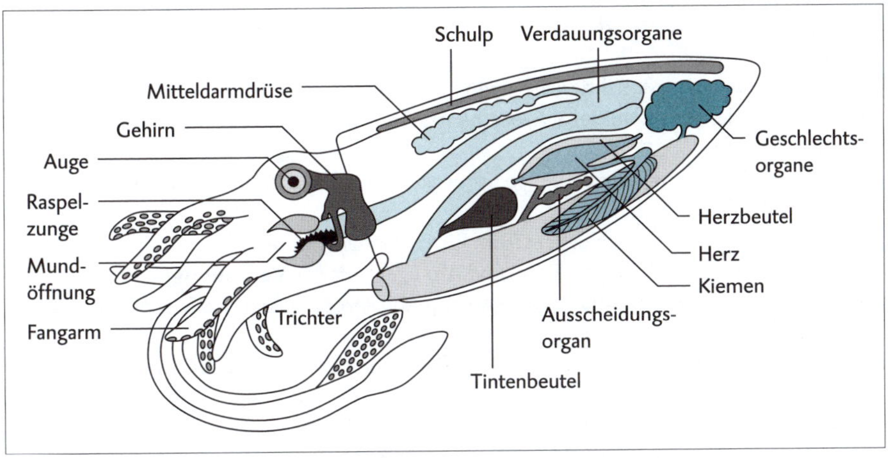

Abb. 46: Grundbauplan eines Kopffüßers, am Beispiel eines Tintenfisches

Der Bauplan der Kopffüßer weist einige weitere Besonderheiten auf. So besitzen die Tiere am Kopf zwei leistungsfähige **Linsenaugen**, die über ein komplexes Nervensystem mit einem hoch entwickelten **Gehirn** verbunden sind. Auch das Blutkreislaufsystem ist sehr leistungsfähig. Das durch die **Kiemen** mit Sauerstoff angereicherte Blut wird vom zweikammerigen Herz in einem **geschlossenen Blutkreislaufsystem** ausschließlich in Adern durch den Körper gepumpt.

Von einem **geschlossenen Blutkreislauf** spricht man, wenn das Blut ausschließlich in Blutgefäßen fließt.

Tintenfische haben die Möglichkeit, sich mithilfe zahlreicher farbstoffhaltiger Hautzellen farblich weitestgehend an den Untergrund anzupassen und sich dadurch gut zu tarnen.
Die **getrenntgeschlechtigen** Tintenfische paaren sich meist im Frühjahr. Dabei deponiert das Männchen seine Spermien mit den Fangarmen in der Mantelhöhle des Weibchens. Das Weibchen gibt die Eizellen ebenfalls in die Mantelhöhle ab, wo die Befruchtung stattfindet. Beim gemeinen Tintenfisch, auch *Sepia* genannt, heften die Weibchen anschließend die etwa 150 bis 250 schwarz gefärbten Eier in flacheren Küstengewässern an Meerespflanzen.

Zusammenfassung

Die bekanntesten Weichtierklassen sind die **Schnecken**, die **Muscheln** und die **Kopffüßer**.
Die **wechselwarmen** Weichtiere besitzen …

- einen **Fuß**, den **Eingeweidesack**, den **Mantel** und außer den Muscheln auch noch einen **Kopf**.
- einen weichen Körper, der bei vielen Schneckenarten und allen Muschelarten durch eine **Kalkschale** geschützt wird.
- als Atmungsorgane je nach Lebensraum **Lungen** oder **Kiemen**.
- ein in Mund, Schlund, Magen, Darm und After gegliedertes **Verdauungssystem**.
- ein nierenartiges **Ausscheidungsorgan**, um Abfallprodukte des Stoffwechsels aus dem Blut zu filtern.
- ein **Nervensystem**, bei dem bei den Kopffüßern und Schnecken das Gehirnganglion den Schlund ringförmig umschließt.
- je nach Lebensweise sehr unterschiedliche **Sinnesorgane**.
- meist einen **offenen Blutkreislauf**. Nur bei den Kopffüßern ist er geschlossen.

36 Vergleiche anhand der folgenden Kriterien den Stamm der Weichtiere tabellarisch mit dem Stamm der Wirbeltiere:
Körpergliederung – Extremitäten – Körperbedeckung – Skelett – Mundwerkzeuge – Blutkreislauf – Herz – Blut – Reinigung des Blutes – Atmungsorgan – Nervensystem

37 Beschrifte den folgenden Längsschnitt des Grundbauplanes der Weichtiere vollständig.

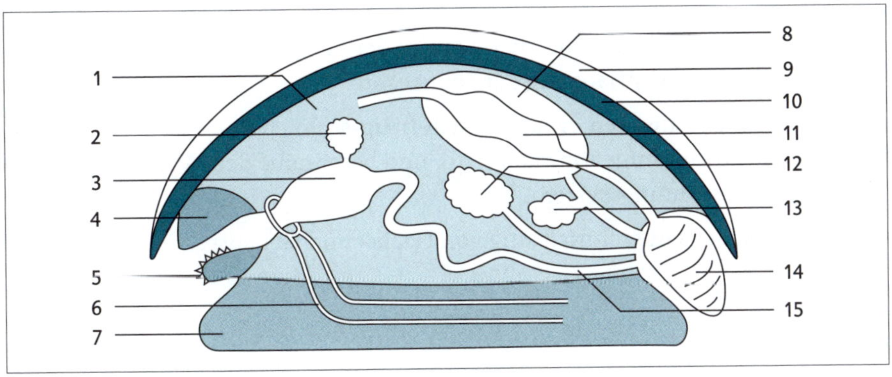

38 Der artenreiche Tierstamm der Weichtiere lässt bei allen Vertretern trotz der großen Vielfalt einen gemeinsamen Grundbauplan mit typischen Kennzeichen erkennen.

a Nenne die typischen Kennzeichen der Weichtiere.

b Ordne die folgenden Aussagen/Begriffe den unterschiedlichen Weichtierklassen zu, indem du die Kästen mit den Abbildungen verbindest.

- Getrenntgeschlechtig
- Zwittrig
- Geschlossener Blutkreislauf
- Offener Blutkreislauf
- Augen
- Fühler
- Fangarme
- Fuß
- Kiemen
- Lunge
- Gehirnganglion

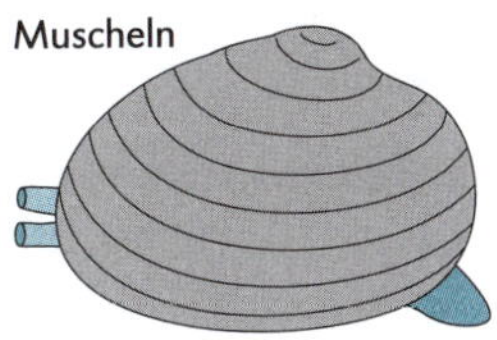

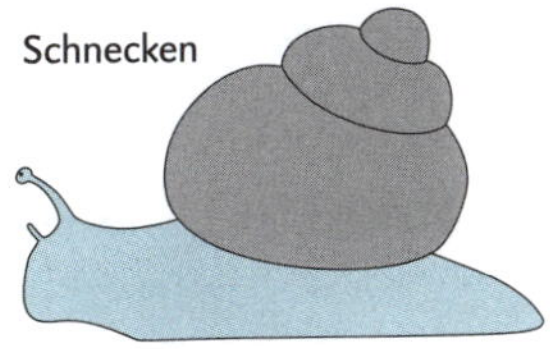

39 Die meisten Vertreter der Weichtiere können ihren Standort aktiv wechseln. Beschreibe die aktive Fortbewegung einer Klasse deiner Wahl.

40 Schnecken sind eine Klasse aus dem Stamm der Weichtiere.

a Beschreibe die Fortpflanzung der Schnecken.

b Die meisten Schnecken ernähren sich hauptsächlich von Pflanzen. Erkläre, wie die Nahrung aufgenommen wird, und beschreibe den Weg der Nahrung durch das Verdauungssystem.

c Nenne je eine Schutzeinrichtung von Nackt- und Gehäuseschnecken.

3 Der Tierstamm der Ringelwürmer

3.1 Charakteristische Merkmale der Ringelwürmer

Der gliedmaßenlose, röhrenartige Körper der Ringelwürmer (wissenschaftliche Bezeichnung *Annelida*) ist in viele Körperringe, sogenannte **Segmente**, gegliedert. Diese Segmentierung ist als namensgebendes Kennzeichen charakteristisch für alle Vertreter der Ringelwürmer.

Abb. 47: Ringelwürmer: Die Klassen der Egel (links, medizinischer Blutegel), der Wenigborster (Mitte, Regenwurm) und der Vielborster (rechts, *Nereis succinea*)

Ringelwürmer sind **wechselwarm**, das heißt, ihre Körpertemperatur ist abhängig von der Außentemperatur. Die Körperhülle wird von einer drüsenreichen Haut gebildet, die von einer kollagenhaltigen (also eiweißhaltigen) **Cuticula** bedeckt ist. Zusammen mit der Längs- und der Ringmuskulatur der Tiere (siehe Abb. 49, S. 83) wird ein **Hautmuskelschlauch** gebildet, der den Ringelwürmern eine wellenförmig kriechende Fortbewegung ermöglicht.

Die außen liegende, eiweißhaltige Körperschicht der Ringelwürmer wird als **Cuticula** bezeichnet.

3.2 Der Regenwurm

Äußerer Körperbau und Fortbewegung

Der langgestreckte Körper des Regenwurmes ist am Vorderende dunkler gefärbt und zugespitzt, am Hinterende abgeflacht und etwas verbreitert. Er besteht bei einer Länge von bis zu 30 Zentimetern aus etwa 150 bis 180 Segmen-

ten, wobei jedes Segment den nahezu gleichen Grundaufbau aufweist (siehe Abb. 49). Die äußerste Körperschicht, die Cuticula, ist nackt, weich und wird durch Schleimdrüsen ständig feucht gehalten. Regenwürmer besitzen an jedem Körpersegment acht kurze, steife **Chitinborsten**.
Die **Fortbewegung** erfolgt durch das Zusammenspiel von Ringmuskulatur, Längsmuskulatur und Chitinborsten: Die Chitinborsten verhaken sich bei der Fortbewegung im Untergrund und verhindern dadurch eine Zurückrutschen des Tieres. Mit ihrer Hilfe kann der Regenwurm sowohl vorwärts als auch rückwärts kriechen. Durch das Zusammenziehen der innen liegenden Längsmuskulatur verkürzt sich das Tier etwas. Durch das Zusammenziehen der äußeren Ringmuskeln wird es dünn und lang. Werden beispielsweise die Ringmuskeln des Vorderendes zusammengezogen, so wird dieses dünner und länger, während die Borsten die hinteren Segmente im Boden verankern. Dadurch schiebt sich der vordere Körperabschnitt des Regenwurms über den Boden nach vorne. Nun verankern die Chitinborsten das Vorderende im Boden und durch das Zusammenziehen der Längsmuskeln werden diese Segmente wieder dicker und kürzer. Auf diese Weise wird der restliche Körper nachgezogen und der Regenwurm hat sich ein Stück nach vorne bewegt **(peristaltische Bewegung)**.

Nervensystem

Das Nervensystem durchzieht als **Bauchmark** auf der Bauchseite den gesamten Körper. Jedes Körpersegment besitzt zwei Nervenverdickungen, die Ganglien, die sowohl untereinander als auch mit denen der benachbarten Segmente durch Nervenstränge verbunden sind. In der Regel sind die paarigen Ganglien eines Segments sogar miteinander verschmolzen (siehe Abb. 48). Wegen seiner besonderen Bauform, die einer Strickleiter ähnelt, wird das Bauchmark auch als **Strickleiternervensystem** bezeichnet. Auffällig sind die besonders großen und fast vollständig verschmolzenen Nervenknoten im Kopfbereich. Diese werden als

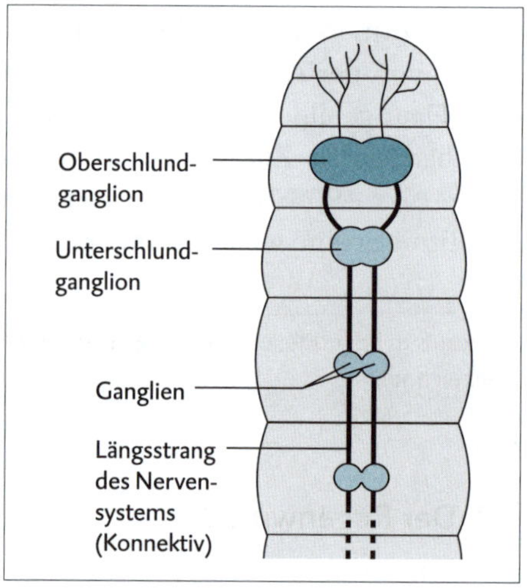

Abb. 48: Das Bauchmark als Strickleiternervensystem (Sicht von oben): Längs verlaufende Nervenfasern entsprechen den Seilen einer Strickleiter, während die Ganglien als Querverbindungen die Sprossen bilden

Oberschlund- bzw. **Unterschlundganglion** bezeichnet und übernehmen Gehirnfunktionen. Regenwürmer besitzen keine Sinnesorgane. Sinneszellen in der Körperoberfläche ermöglichen es ihnen jedoch, Temperatur- und Helligkeitsunterschiede, chemische Reize sowie Erschütterungen und Berührungen wahrzunehmen.

> Beim **Strickleiternervensystem** sind zwei Ganglien über Querverbindungen miteinander verbunden. Längs verlaufende Nervenfasern stellen die Verbindungen zu den Ganglienpaaren der benachbarten Segmente her.

Atmung und Blutkreislauf

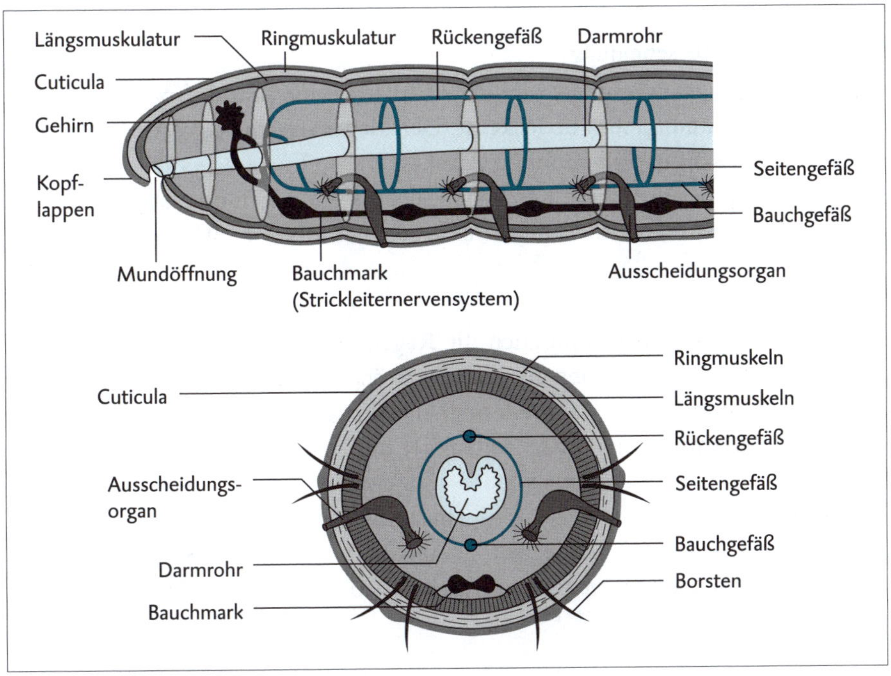

Abb. 49: Längs- (oben) und Querschnitt (unten) durch den Regenwurm

Beim Regenwurm erfolgt die Sauerstoffaufnahme wie bei den meisten Ringelwürmern durch **Hautatmung**. Nur wenige Ringelwurmarten besitzen Kiemen. Eine wesentliche Voraussetzung für einen Gasaustausch über die Haut ist, dass diese feucht ist. Den Transport der Atemgase sowie der Nähr- und Abfallstoffe im Körper übernimmt das Blut. Es fließt in zwei Hauptgefäßen, dem Rücken- und dem Bauchgefäß, die den kompletten Körper durchziehen (siehe

Abb. 49). Diese beiden großen Gefäße sind durch zahlreiche Seitengefäße, auch Ringgefäße genannt, miteinander verbunden. Angetrieben wird der **geschlossene Blutkreislauf** von kräftig gebauten Seitengefäßen (Seitenherzen) in den Körpersegmenten sieben bis elf. Diese können sich zusammenziehen und so das Blut wie ein Herz durch das Bauchgefäß von vorne nach hinten durch den Körper pumpen. Auch das gesamte Rückengefäß ist kontraktil und pumpt so das Blut durch Zusammenziehen aus den hinteren Körperregionen wieder nach vorne.

Von einem **geschlossenen Blutkreislauf** spricht man, wenn das Blut ausschließlich in Blutgefäßen fließt.

Verdauung und Ausscheidung

Das **Verdauungssystem** beginnt am Kopf mit der Mundöffnung, die vom Kopflappen (Mundlappen) bedeckt ist. Der Magen-Darm-Kanal verläuft durch den gesamten Körper und endet im After.
Jedes Segment besitzt kleine Kanälchen, die als Ausscheidungsorgane im Blut gelöste Abfallprodukte des Stoffwechsels aus dem Körper entfernen.

Fortpflanzung

Wie viele Ringelwürmer sind auch die Regenwürmer **Zwitter**. Das bedeutet, dass jedes Tier sowohl Hoden als auch Eierstöcke besitzt. Die Geschlechtsorgane befinden sich in den Segmenten 9–15 der Tiere. Zuerst werden in den Hoden die Spermien und einige Zeit später in den Eierstöcken die Eizellen gebildet.
Bei der Paarung heften sich zwei Würmer mit der Bauchseite aneinander und tauschen Spermien aus. Diese werden in den sogenannten Spermientaschen im Körper der Tiere gespeichert, bis die Eizellen ausgereift sind und befruchtet werden können.

Die **zwittrigen** Regenwürmer paaren sich zur Fortpflanzung mit einem Geschlechtspartner, wobei jedes Tier die für die geschlechtliche Fortpflanzung nötigen Eizellen und Spermien bildet.

Im vorderen Körperdrittel geschlechtsreifer Regenwürmer fällt eine hell gefärbte, verdickte Stelle auf, der **Gürtel**. In eine von dieser drüsenreichen Körperregion abgesonderte **Schleimmanschette** werden die Eier abgegeben.

Beim Abstreifen der Manschette werden die Eier mit den bei der Paarung gespeicherten Spermien aus der Spermientasche befruchtet. Nach dem Abstreifen härtet das Gebilde an der Luft aus und bildet einen festen **Kokon**. Aus diesem Kokon schlüpfen nach ungefähr zehn Wochen die etwa einen Zentimeter langen, fast durchsichtigen Jungtiere.

Bedeutung als Bodenverbesserer

Regenwürmer sind nachtaktiv und ernähren sich als Pflanzenfresser überwiegend von abgestorbenen Pflanzenresten wie Gräsern oder Blättern. Diese werden nachts mithilfe des Mundes in die Erde gezogen, um sie dort verrotten zu lassen. Später wird das von Mikroorganismen bereits teilweise zersetzte Pflanzenmaterial zusammen mit den organischen Bestandteilen der Erde gefressen und im Darm verdaut. Die unverdaulichen Reste werden als mineralstoffreicher Kot ausgeschieden. Regenwürmer spielen also als **Destruenten** (siehe Abb. 18, S. 26) eine wesentliche Rolle im Stoffkreislauf. Da sich die Regenwürmer bis zu 2 m tief kreuz und quer in einem weitverzweigten Röhrensystem durch die Bodenschichten fressen, wird der Untergrund dadurch zusätzlich noch durchmischt und gelockert. Die Röhren der Regenwürmer verbessern dabei die Durchlüftung des Bodens und ermöglichen das raschere Versickern von Regenwasser auch in tiefere Bodenschichten.

Zusammenfassung

Die **wechselwarmen** Ringelwürmer besitzen …

- einen **segmentierten Körper**.
- eine **Cuticula** als äußerste Körperschicht.
- eine **feuchte Körperoberfläche**, um damit **Hautatmung** zu betreiben.
- einen **Hautmuskelschlauch** zur Fortbewegung.
- ein **Strickleiternervensystem** an der Bauchseite.
- einen **geschlossenen Blutkreislauf** ohne echtes Herz.
- ein **Verdauungssystem** aus Mund, Magen-Darm-Kanal und After.
- ein **Ausscheidungssystem** für die im Blut gelösten Abfallprodukte des Stoffwechsels.

Regenwürmer sind **Zwitter**, das heißt, sie besitzen sowohl männliche als auch weibliche Geschlechtsorgane. Zur geschlechtlichen Fortpflanzung findet eine Paarung statt, bei der Spermien ausgetauscht und in einer Spermientasche gespeichert werden.
Regenwürmer spielen eine wichtige Rolle als **Bodenverbesserer**.

41 Ordne die Informationen der Textschnipsel in einer Tabelle so an, dass sie einen Vergleich des Tierstammes der Wirbeltiere mit dem Tierstamm der Ringelwürmer ergeben. Die Vergleichskriterien sind:
Extremitäten – Blut – Atmungsorgan – Skelett – Blutkreislauf – Körperbedeckung – Körpergliederung – Sinnesorgane – Herz – Nervensystem – Mundwerkzeuge – Reinigung des Blutes

42 Beschrifte den folgenden Längsschnitt durch den Körper eines Regenwurms. Gib außerdem die Aufgaben der jeweiligen Körperbestandteile an.

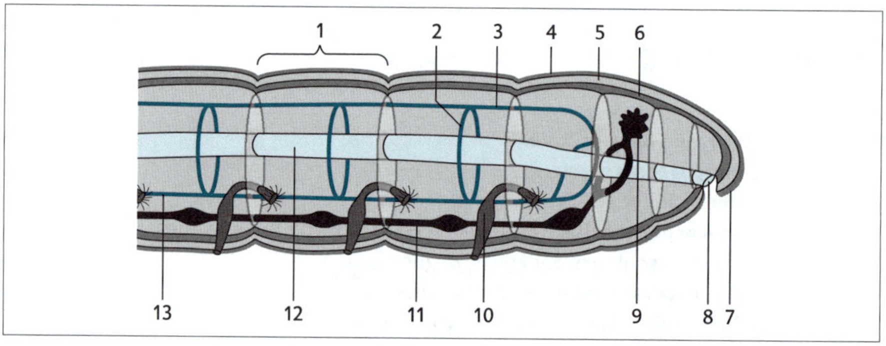

43 Regenwürmer sind im Boden lebende Tiere. Im Untergrund bewegen sie sich in Röhren vorwärts. Auch die Fortbewegung an der Erdoberfläche bereitet ihnen jedoch kaum Probleme.

a Beschreibe die Art der Fortbewegung beim Regenwurm.

b Nach starken Regenfällen verlassen die Regenwürmer ihre Röhren, suchen sie nach dem Ende der Regenfälle jedoch sofort wieder auf. Begründe diese Verhaltensweisen der Tiere.

44 Vervollständige und beschrifte die schematische Abbildung des Kreislaufsystems des Regenwurms. Zeichne außerdem mit Pfeilen die Richtung des Blutflusses ein.

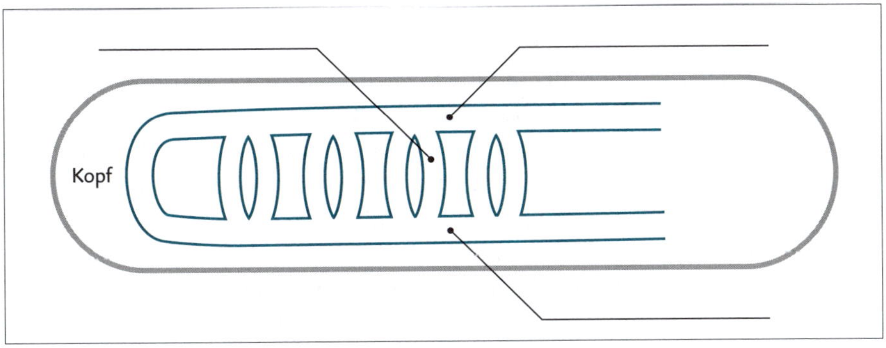

45 Regenwürmer sind proterandrische Zwitter. Das bedeutet, dass bei ihnen zuerst die Spermien und danach erst die Eizellen reifen.

a Erläutere den Begriff „Zwitter".

b Welchen Vorteil bietet es, dass die Geschlechtszellen zu unterschiedlichen Zeiten heranreifen? Stelle eine Hypothese auf und erläutere diese.

46 Die extremitätenlosen **Fadenwürmer** sind meist in feuchten Lebensräumen zu finden, wie im nassen Boden, in feuchtem Pflanzengewebe oder in Körperflüssigkeiten bzw. Geweben von Tieren. Der langgestreckte Körper der Würmer mit dem stumpfen Vorderende läuft am Hinterende spitz zu und ist nicht segmentiert. Die äußere Körperhülle, bedeckt von einer Cuticula, umgibt die Körperhöhle, die zwar einen einfachen durchgehenden Darm, aber kein Kreislaufsystem enthält. Die Atmung erfolgt durch die Haut. Die schlängelnde Fortbewegung wird durch das abschnittsweise Zusammenziehen der Längsmuskulatur erreicht, eine Ringmuskulatur fehlt.

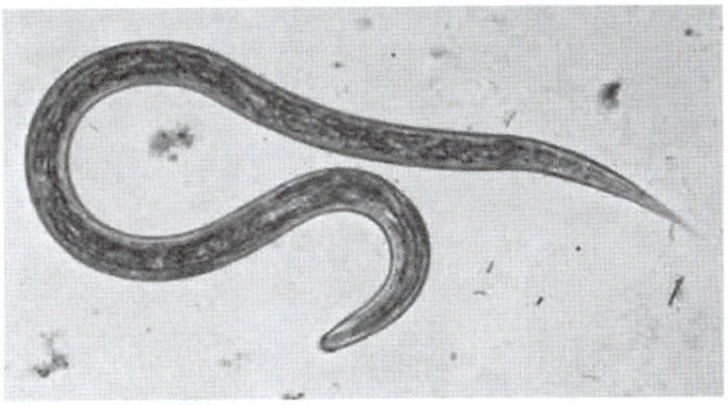
Fadenwurm

Stelle eine begründete Hypothese darüber auf, ob die Fadenwürmer systematisch den Ringelwürmern zugeordnet werden können.

4 Insekten – eine Tierklasse des Stammes der Gliederfüßer

Die Klasse der Insekten (wissenschaftlich: *Insecta*) gehört ebenso wie die Tierklassen der Tausendfüßer, der Spinnen (siehe S. 120 ff.) und der Krebstiere (siehe S. 131 ff.) zum Tierstamm der **Gliederfüßer** (wissenschaftlich: *Arthropoda*). Die ersten Vertreter dieses Tierstammes traten vermutlich bereits vor etwa 600 Millionen Jahren auf. Insekten gibt es seit ca. 300 Millionen Jahren.
Die Schätzungen zufolge mehr als eine Million Insektenarten sind in allen Klimazonen der Erde verbreitet und besiedeln außer dem offenen Meer alle Lebensräume. Trotz der unendlichen Formenvielfalt der Insektenarten (siehe Abb. 50) lassen sich alle auf einen gemeinsamen Bauplan zurückführen.

Abb. 50: Die bekanntesten Insektenordnungen; von links oben nach rechts unten: Die Ordnungen der Schmetterlinge (Schwalbenschwanz), Zweiflügler (Schmeißfliege), Pflanzenläuse (Blattlaus), Wanzen (Grüne Stinkwanze), Käfer (Maikäfer), Hautflügler (Honigbiene), Langfühlerschrecken (Grünes Heupferd) und Termiten *(Coptotermes formosanus)*

4.1 Der äußere Körperbau

Wie bei allen Gliederfüßern wird der Körper der Insekten von einer harten, widerstandsfähigen, aber gleichzeitig auch in gewissem Maße elastischen und verformbaren Körperhülle aus **Chitin** bedeckt. Dieser Chitinpanzer, die **Cuticula**, schützt den Insektenkörper vor Verletzungen, vor dem Eindringen von Parasiten und Krankheitserregern, vor Sonneneinstrahlung und vor Austrocknung. Nachteilig an der Cuticula ist jedoch, dass sie den Körper nicht besonders gut isoliert und ihn deshalb kaum vor Wärmeverlusten schützt. Unter anderem aus diesem Grund handelt es sich bei den Insekten um **wechselwarme** Tiere. Das bedeutet, dass ihre Körpertemperatur abhängig von der Außentemperatur ist.
Ein weiterer Nachteil der Cuticula ist, dass sie nicht mit dem restlichen Insektenkörper mitwachsen kann, da sie aus totem Material besteht. Bei allen Gliederfüßern und damit auch bei Insekten ist Wachstum daher immer auch mit **Häutungen** verbunden. Wird die Chitinhülle wachstumsbedingt zu klein, bildet sich unter dem alten Panzer eine neue, anfangs noch sehr weiche und dehnungsfähige Cuticula. Erst dann platzt die zu klein gewordene alte Schutzhülle an einigen Stellen auf und wird abgestreift. Das Aushärten der neuen Cuticula kann anschließend einige Stunden dauern. Ist auch diese Körperhülle nach einer gewissen Zeit zu eng geworden, wiederholt sich der Vorgang.

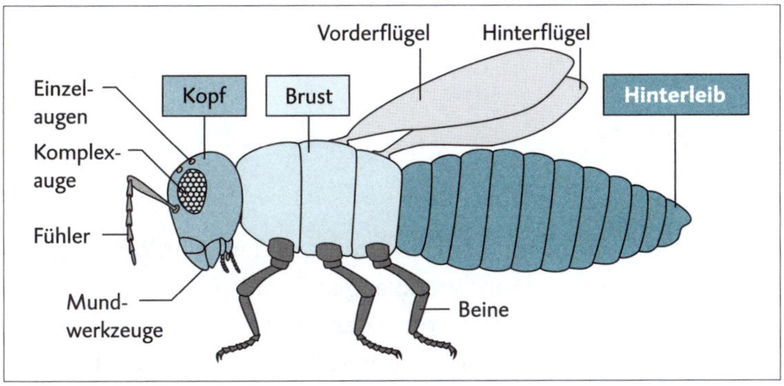

Abb. 51: Äußerer Körperbau und Gliederung des Insektenkörpers

Die Cuticula stabilisiert als **Außenskelett** den Körper und dient außerdem als Ansatzstelle für die darunterliegenden Muskeln. Der gesamte Insektenkörper ist wie bei allen Gliederfüßern in einzelne Körperringe untergliedert, die **Segmente**. Diese sind durch dünne Chitinhäutchen, sogenannte Gelenkhäutchen, gelenkig miteinander verbunden. Einzelne Segmente können auch miteinander verschmolzen sein.

Die chitinhaltige Körperhülle der Insekten wird als **Cuticula** bezeichnet. Bei der Cuticula handelt es sich um ein **Außenskelett**.

Bei allen Insekten fallen zwei deutliche Einschnürungen auf, die den Körper in drei Abschnitte gliedern (siehe Abb. 51). Diese Einschnürungen sind das namensgebende Kennzeichen der Insekten (von lat. *insectus* eingeschnitten), die auch als Kerbtiere bezeichnet werden.

- **Kopf:** Die Kopfkapsel ist durch Verschmelzung mehrerer Segmente entstanden und enthält mit den **Augen** und den **Fühlern** bzw. **Antennen** die wichtigsten Sinnesorgane. Außerdem befindet sich hier die Mundöffnung mit den **Mundwerkzeugen**.
- **Brust:** Der Brustteil wird von drei verwachsenen Segmenten gebildet. An jedem Segment setzt ein Beinpaar an, sodass die für alle Insekten typische Zahl von **sechs Beinen** erreicht wird. Außerdem trägt die Brust bei den meisten Insektenarten **zwei Flügelpaare**.
- **Hinterleib:** Der Hinterleib wird je nach Insektenart von neun bis elf Segmenten gebildet und enthält den größten Teil der inneren Organe. Bis auf wenige Ausnahmen tragen die Hinterleibssegmente keine Gliedmaßen.

Der Körper der Insekten ist in **Kopf, Brust** (mit drei Beinpaaren und häufig zwei Flügelpaaren) und **Hinterleib** gegliedert.

4.2 Der innere Körperbau

Verdauung und Ausscheidung

Das **Verdauungssystem** beginnt im Kopfabschnitt mit der Mundöffnung, die von den nach außen gerichteten Mundwerkzeugen (siehe S. 97 ff.) umgeben ist. Die aufgenommene Nahrung gelangt vom Schlund durch den Vorderdarm mit dem Kaumagen, in dem die Nahrung weiter zerkleinert wird, in den Mitteldarm. Hier findet die eigentliche Verdauung statt. Anschließend werden die unverdaulichen Reste durch den Enddarm über den After ausgeschieden. Zwischen Mittel- und Enddarm befinden sich einige blinddarmartige Schläuche, die sogenannten **Malpighischen Gefäße**, die als **Ausscheidungsorgane** dienen.

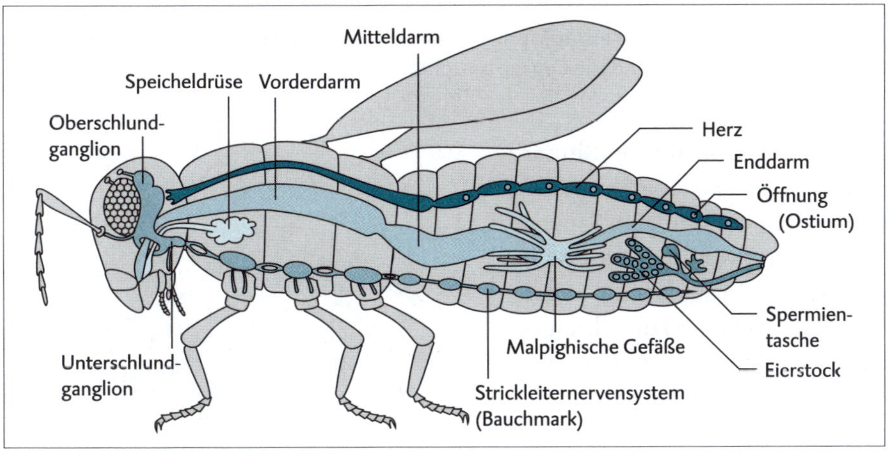

Abb. 52: Innere Organisation des Insektenkörpers im Längsschnitt

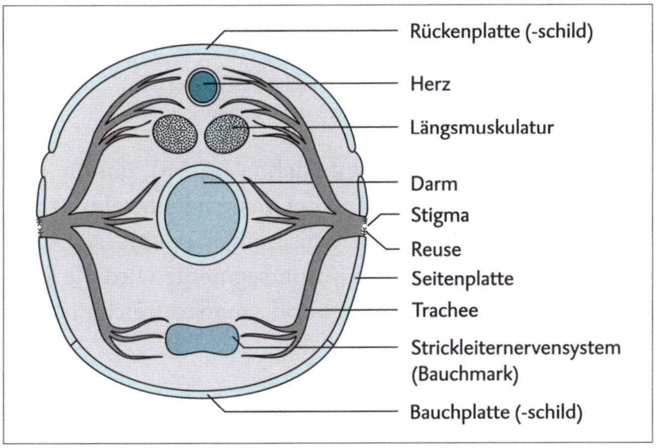

Abb. 53: Innere Organisation des Insektenkörpers im Querschnitt

Blutkreislauf und Atmung

Der **Blutkreislauf** der Insekten ist wie bei allen Gliederfüßern **offen** und wird von einem am Rücken liegenden **Röhrenherz** angetrieben. Dieses pumpt das farblose bis gelbliche Blut (Hämolymphe) frei durch das Körperinnere in Richtung Kopf, wo als Erstes das Nervensystem und die Sinnesorgane mit Nährstoffen versorgt werden. Vom Kopf aus fließt das Blut dann in Brust und Hinterleib, wo es durch die Darmwand hindurch mit Nährstoffen angereichert wird. Mithilfe der Malpighischen Gefäße wird das Insektenblut von Stoffwechselendprodukten gereinigt. Aus dem Hinterleib wird das Blut durch die seitlichen Öffnungen des Röhrenherzens, die sogenannten Ostien (Einzahl: Ostium), wieder angesaugt und erneut in Richtung Kopf gepumpt.

Von einem **offenen Blutkreislauf** spricht man, wenn das Blut vom Herz aus in den gesamten Körper fließt und alle Organe umspült.

Da fast allen Insekten ein Blutfarbstoff (wie z. B. Hämoglobin) fehlt, kann durch das Blut kein Sauerstoff transportiert werden. Das **Tracheensystem**, ein stark verzweigtes Netz extrem feiner Luftröhren (siehe Abb. 53 und 54), das durch Einstülpung der Cuticula entstanden ist, versorgt sämtliche Körperzellen direkt mit Sauerstoff. Der innere Gasaustausch findet durch die dünnen Wände der Tracheen statt, der äußere durch kleine, seitlich an den Körpersegmenten liegende Poren, die Atemlöcher oder **Stigmen**.

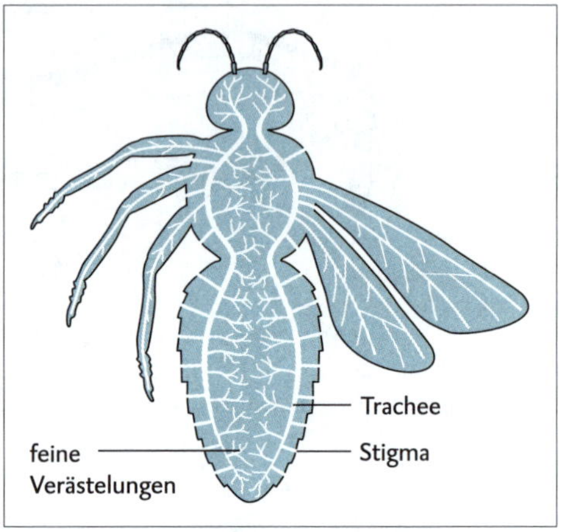

Abb. 54: Schematische Darstellung des Tracheensystems der Insekten

Die Stigmen besitzen am Eingang häufig **Reusen** (siehe Abb. 53), um die einströmende Luft von Staubteilchen zu reinigen. Bei manchen Insektenarten kann das Tracheensystem mit ihrer Hilfe auch vollständig verschlossen werden. Durch rhythmische Pumpbewegungen der Körpersegmente wird die kohlenstoffdioxidreiche Luft aus dem Körper gepresst und sauerstoffreiche Luft in den Körper gesaugt.

Das **Tracheensystem** dient der Atmung. Durch die Stigmen erfolgt der Gasaustausch. Der Gastransport erfolgt durch feinste **Chitinröhrchen**, die den ganzen Körper durchziehen.

Nervensystem

Auf der Bauchseite verläuft wie bei allen Gliederfüßern das **Nervensystem** als **Bauchmark**. Dabei besitzt jedes Segment zwei Nervenknoten (Ganglien), die durch Nervenstränge miteinander quer und durch sogenannte Konnektive mit den Nervensträngen der benachbarten Segmente längs verbunden sind. Aufgrund dieser besonderen Anordnung als Doppelstrang bezeichnet man das Bauchmark auch als **Strickleiternervensystem** (siehe Abb. 55 und Abb. 48, S. 82). Bei den meisten Insekten sind die paarigen Ganglien eines Segments stark angenähert oder sogar miteinander verschmolzen. Im Kopfabschnitt befindet sich ein stark vergrößertes Ganglienpaar über dem Vorderdarm. Dieses Oberschlundganglion verarbeitet alle Sinneseindrücke von Augen und Fühlern. Unterhalb des Vorderdarms befindet sich im Kopfabschnitt das Unterschlundganglion, das über Nervenstränge die Mundwerkzeuge steuert.

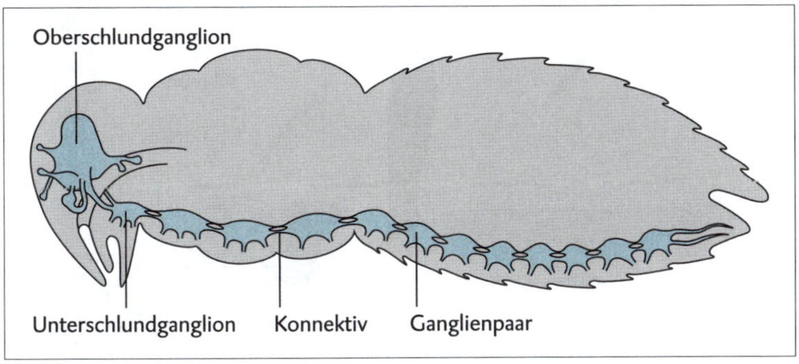

Abb. 55: Das Bauchmark eines Insekts als Strickleiternervensystem

Beim **Strickleiternervensystem** sind jeweils zwei Ganglien über Querverbindungen miteinander verknüpft bzw. teilweise verschmolzen. Längs verlaufende Nervenfasern stellen die Verbindungen zu den Ganglienpaaren der benachbarten Segmente her.

4.3 Fortbewegung

Insektenbeine

Ein charakteristisches Merkmal aller Gliederfüßer ist die **Gliederung der Extremitäten** in einzelne Abschnitte, die gelenkig miteinander verbunden sind (siehe Abb. 56). Die drei Brustsegmente der Insekten tragen je ein Beinpaar. Aufgrund der charakteristischen Anzahl von sechs Gliedmaßen werden die Insekten auch als **Hexapoda** (altgriech. *hexa* sechs; lat. *podes* Füße) bezeichnet.

Insekten besiedeln die unterschiedlichsten Lebensräume. Somit können die **Insektenbeine** an die verschiedensten Fortbewegungsarten und Tätigkeiten angepasst und daher sehr unterschiedlich gestaltet sein. Alle Beintypen sind jedoch nach einem einheitlichen Muster aus gegliederten und durch Gelenkhäutchen verbundenen Chitinröhren aufgebaut, an deren Innenseiten die Muskulatur ansetzt.

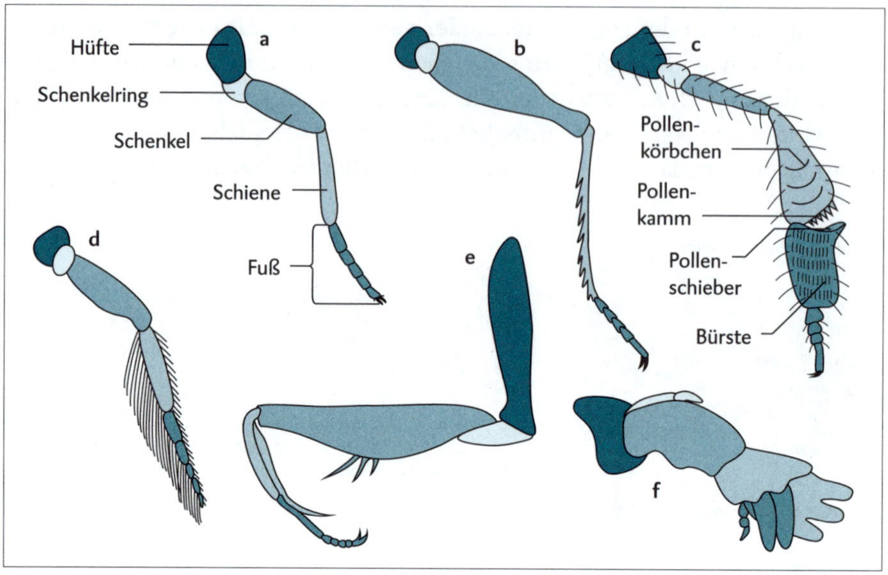

Abb. 56: Grundbauplan des Insektenbeines (a: Laufbein) und Beispiele für verschiedene Abwandlungen; b: Sprungbein, c: Sammelbein, d: Schwimmbein, e: Fangbein, f: Grabbein

- Die **Laufbeine** von Laufkäfern (siehe Abb. 56 a) entsprechen nahezu ohne Abwandlung dem Grundtyp. Über die Hüfte sind die Beine mit dem jeweiligen Brustsegment verbunden. Auf den Schenkelring, den Schenkel und die Schiene folgt der mehrgliedrige Fuß, der am Endglied entweder paarige Krallen und Häkchen zum Festhalten oder wie bei den Fliegen Haftballen aufweist.
- Heuschrecken sind gute Springer. Dies verdanken sie der Tatsache, dass das hinterste Beinpaar als **Sprungbeine** (siehe Abb. 56 b) ausgebildet ist. Diese sind gekennzeichnet durch deutlich verlängerte und teilweise auch verdickte Beinglieder (wie z. B. beim Schenkel gut zu erkennen), in denen kräftige Sprungmuskeln sitzen.
- **Sammelbeine** lassen sich z. B. bei den Arbeiterinnen der Honigbienen finden (siehe Abb. 56 c). Am hintersten Beinpaar der Tiere fällt das stark vergrößerte 1. Fußglied auf. An seiner Innenseite sind mehrere Reihen Härchen zu einer Bürste angeordnet. Nach oben hin bildet das 1. Fußglied einen Pollenschieber. An der darüberliegenden Schiene befindet sich innen der Pollenkamm aus steifen Borsten und außen das Körbchen, eine Art Tragetasche für den Pollen.

- Das hinterste Beinpaar des Rückenschwimmers, einer wasserlebenden Wanzenart, ist zu ruderartigen **Schwimmbeinen** umgestaltet (siehe Abb. 56 d). Dies stellt eine Anpassung an das Leben im Wasser dar. Alle Beinabschnitte sind paddelartig abgeflacht. Die vergrößerten Fußglieder sind ebenso wie die Schiene mit dicht stehenden Borsten zur Vergrößerung der Ruderfläche besetzt.
- Mit den stark verlängerten und mit spitzen Chitindornen besetzten **Fangbeinen**, dem ersten Beinpaar etwa bei der Gottesanbeterin (siehe Abb. 56 e), lassen sich hervorragend andere Insekten erbeuten.
- Bei der Maulwurfsgrille ist das erste Beinpaar als kurzes und kräftiges **Grabbein** (siehe Abb. 56 f) ausgebildet. Bei diesem sind Schenkel, Schiene und die ersten beiden Fußglieder durch schaufelartige Verbreiterungen zu einem Grabwerkzeug umgestaltet, das zum Aushöhlen von unterirdischen Gängen dient.

Insekten gehören zum Stamm der Gliederfüßer (Arthropoda). Ihre Extremitäten sind gegliedert in die gelenkig miteinander verbundenen Bestandteile …
- **Hüfte**,
- **Schenkelring**,
- **Schenkel**,
- **Schiene** und
- **Fuß** (fünfgliedrig).

Anhand der Extremitäten kann man erkennen, wie sich Insektenarten fortbewegen oder wie sie ihre Nahrung erbeuten.

Flügel

Abb. 57: Schwingkölbchen bei der gemeinen Stubenfliege (links, Kreis) und Marienkäfer mit aufgeklappten Deckflügeln kurz vor dem Abheben (rechts)

Die meisten Insektenarten besitzen am Brustabschnitt zwei Paar **Flügel** und können mit ihrer Hilfe fliegen. Die Flügel sind jedoch keine Abwandlungen von Extremitäten, sondern werden durch Cuticula-Ausstülpungen des zweiten und dritten Brustsegments gebildet. Die dünnen Chitinhäutchen sind mit Tracheen durchzogen und können je nach Insektenart sehr unterschiedlich ausgebildet sein. Bei den Käfern sind beispielsweise die Vorderflügel zu kräftig gebauten, oft farbigen **Deckflügeln** (siehe Abb. 57 rechts) umgebildet, die die Brust mit dem hinteren Flügelpaar und den Hinterleib schützen. Die Hinterflügel der Zweiflügler (z. B. der Fliegen, siehe Abb. 57 links) sind dagegen zu sogenannten **Schwingkölbchen** reduziert und stabilisieren den Flug.
Die Flügel ermöglichen es den Insekten, aktiv zu fliegen. Die dafür benötigte Flugmuskulatur arbeitet nach dem Gegenspielerprinzip als Heber und Senker. Die Bewegung der Flügel kann dabei auf unterschiedliche Art und Weise erfolgen:

- **direkt:** Die für die Flügelbewegung zuständigen Muskeln setzen direkt am Flügelgelenk an (**direkte Flugmuskulatur**, siehe Abb. 58). Ziehen sich die beiden Heber zusammen, erschlaffen die beiden Senker und die Flügel werden angehoben. Ziehen sich dagegen die Senker zusammen, erschlaffen die Heber und die Flügel werden nach unten gezogen.

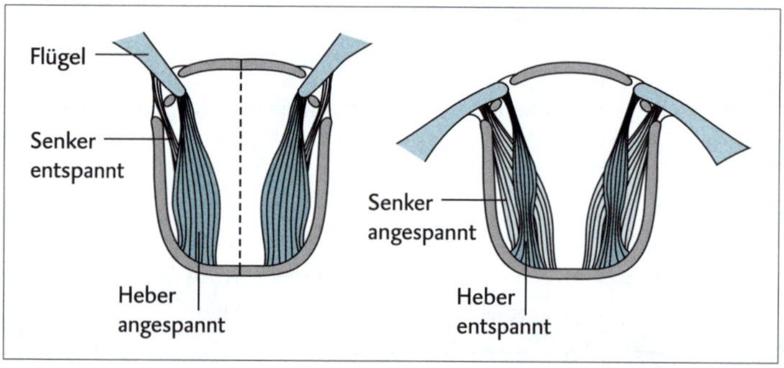

Abb. 58: direkte Flugmuskulatur

- **indirekt:** Die für die Flügelbewegung zuständigen Muskeln setzen nicht direkt an den Flügeln an, sondern am Außenskelett des Brustabschnitts (**indirekte Flugmuskulatur**, siehe Abb. 59). Ziehen sich die beiden Heber zusammen, die zwischen Rücken- und Bauchplatte verlaufen, erschlaffen die beiden Senker. Dadurch flacht sich der Körper ab und die Flügel werden durch die nach unten gezogene Rückenplatte nach oben gedrückt. Ziehen sich dagegen die beiden Senker, die längs verlaufen, zusammen, erschlaffen die Heber. Dadurch verkürzt sich der Körper und die Rückenplatte wölbt sich nach oben. Die Flügel werden nach unten bewegt.

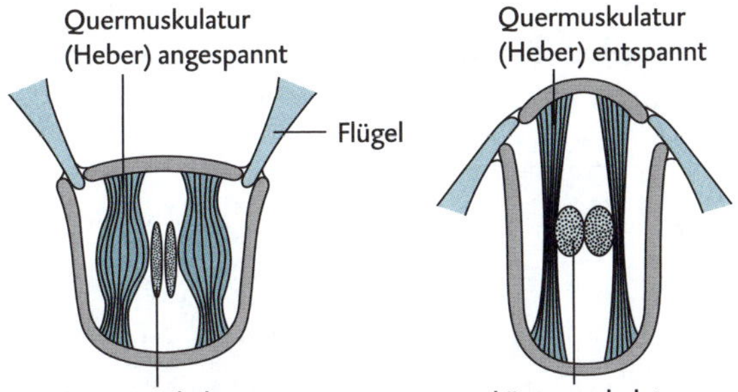

Abb. 59: indirekte Flugmuskulatur

Die **Flügelbewegung** erfolgt entweder **direkt** (die Muskeln setzen am Flügelgelenk an) oder **indirekt** (die Muskeln setzen am Außenskelett an). In beiden Fällen arbeiten Heber und Senker als **Gegenspieler**.

4.4 Ernährungsstrategien

Ein typisches Stammesmerkmal der Gliederfüßer sind die **gegliederten Mundwerkzeuge** (siehe Abb. 60).
Bei den verschiedenen Insektenarten lassen sich sehr **unterschiedliche Ernährungsstrategien** erkennen. Manche Insekten ernähren sich als Jäger, Parasiten oder Aasfresser von tierischer Nahrung. Andere dagegen sammeln als Pflanzenfresser Samen oder Früchte, fressen Pollen, trinken Nektar, schneiden Stücke aus Blättern oder verholzten Pflanzenteilen, nagen an Wurzeln, saugen zuckerhaltigen Pflanzensaft aus den Leitbündeln oder fressen den Kot von Säugetieren.
Aufgrund der unterschiedlichen Nahrungsquellen können die nach außen gerichteten und größtenteils aus Chitin bestehenden Mundwerkzeuge sehr unterschiedlich gestaltet und stark spezialisiert sein. Sie sind jedoch immer nach einem einheitlichen Grundmuster aufgebaut und bestehen aus vier Teilen:

- **Oberkiefer**
- **Unterkiefer**
- **Oberlippe**
- **Unterlippe**

Die Mundwerkzeuge haben sich aus den ursprünglichen Gliedmaßen der Kopfsegmente gebildet und umgeben die Mundöffnung. Dahinter befinden sich die Zunge und die Speicheldrüsen.

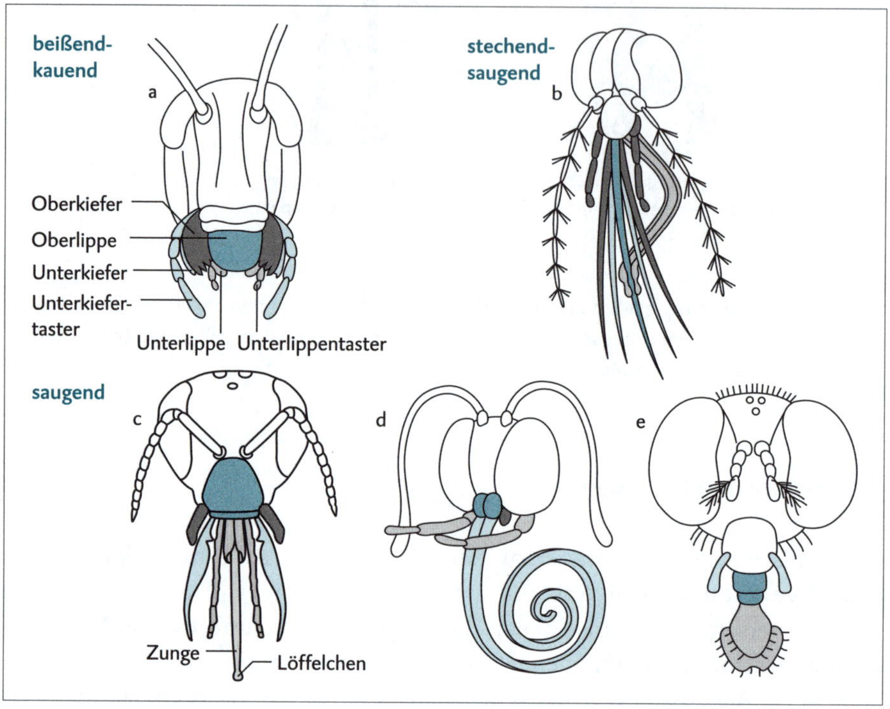

Abb. 60: Beispiele für verschiedene Abwandlungen der Mundwerkzeuge der Insekten; a: beißend-kauend (z. B. Heuschrecken), b: stechend-saugend (z. B. Stechmücken), saugend (z. B. c: Honigbiene, d: Schmetterlinge, e: Fliegen)

Beißend-kauende Mundwerkzeuge

Da sich die Vorfahren der Insekten wahrscheinlich als Bodenbewohner von Tier- und Pflanzenresten ernährten, handelt es sich bei den **beißend-kauenden Mundwerkzeugen** vermutlich um den Grundtyp (siehe Abb. 60 a). Dieser findet sich bei den Heuschrecken sowie bei vielen Käfern und deren Larven. Das Grüne Heupferd (siehe Abb. 50, S. 88) prüft mit seinen paarigen Unterkiefer- und Unterlippentastern die Genießbarkeit der Nahrung und beißt dann mit seinen kräftigen Oberkiefern große Stücke aus seiner Nahrung, hauptsächlich Blätter, heraus. Diese werden mit den kleineren Unterkiefern festgehalten und weiter zerkleinert. Anschließend wird die Nahrung mithilfe der Unterlippe in den Schlund geschoben.

Die **Mundwerkzeuge** der Insekten gliedern sich allgemein in die gelenkig miteinander verbundenen **Ober-** und **Unterkiefer** sowie die **Ober-** und die **Unterlippe**. Der Grundtyp der Insektenmundwerkzeuge ist der beißend-kauende Typ. Alle anderen Formen haben sich aus diesem Grundtyp entwickelt. Anhand der Mundwerkzeuge kann man Rückschlüsse auf die Ernährungsweise der Insektenarten ziehen.

Saugende Mundwerkzeuge

Die **saugenden Mundwerkzeuge** der Bienen, Hummeln und Schmetterlinge sind besonders gut zur Aufnahme von Nektar geeignet. Der Oberkiefer ist bei den Schmetterlingen weitgehend zurückgebildet (siehe Abb. 60 d). Die Unterkiefer dagegen sind stark verlängert und zu zwei Halbröhren gebogen, die ein Saugrohr bilden. Wenn er gerade nicht gebraucht wird, ist dieser lange Saugrüssel zusammengerollt und befindet sich zwischen den Unterlippentastern. Bei der Honigbiene bildet die lange Unterlippe zusammen mit dem Unterkiefer einen röhrenförmigen Saugrüssel (siehe Abb. 60 c). Im Saugrüssel befindet sich eine lange, behaarte Zunge. Diese besitzt am Ende eine als Löffelchen bezeichnete Struktur, mit der die Nahrung aufgeleckt wird. Die Oberkiefer sind zum kräftigen Beißen, aber auch zum Kneten von Wachsplättchen geeignet.
Stubenfliegen nutzen dagegen ihre Unterlippe als Saugorgan (siehe Abb. 60 e). Diese dient auch gleichzeitig als Tupfer, da die Nahrung mithilfe von Verdauungssekreten außerhalb des Körpers verflüssigt und dann aufgetupft wird.

Stechend-saugende Mundwerkzeuge

Bei Stechmücken bilden die lang und dünn gestalteten Mundteile das **stechend-saugende Mundwerkzeug** (siehe Abb. 60 b). Männliche Stechmücken ernähren sich ausschließlich von zuckerhaltigen Pflanzensäften und Nektar. Weibliche Stechmücken benötigen dagegen auch eiweißreiches tierisches Blut, um Eier produzieren zu können.
Die Ober- und Unterkiefer sind als Stechborsten ausgebildet. Die gezähnten Oberkiefer bohren ein Loch in die Haut der Opfer und die hakenbesetzten Unterkiefer treiben einen Kanal in das darunter liegende Gewebe. Mit der röhrenförmigen Oberlippe wird das Blut aufgesaugt. Damit es nicht gerinnt, wird gerinnungshemmender Speichel in die Wunde injiziert. Die Unterlippe bildet eine Scheide, um die Stech- und Saugwerkzeuge zu verpacken und damit zu schützen.

4.5 Sinnesleistungen

Um sich orientieren zu können, müssen Insekten wie auch alle anderen Tiere Reize aus der Umwelt aufnehmen und verarbeiten. Insekten können mit ihren unterschiedlichen Sinnesorganen unter anderem Reize wie Schallwellen, Schwerkraft, Geruchs- und Geschmacksstoffe sowie Licht registrieren. Die aufgenommenen Reize werden in elektrische Signale umgewandelt und zur Verarbeitung zu den Ganglien des Bauchmarks weitergeleitet.

Augen

Am Kopf der meisten Insekten befinden sich seitlich zwei große, halbrund geformte **Komplexaugen**, auch **Netz-** oder **Facettenaugen** genannt (siehe Abb. 61). Das Komplexauge ist aus einer Vielzahl sechseckiger Einzelaugen zusammengesetzt und dient der Wahrnehmung von Bewegungen, Formen und bei manchen Insektenarten wie der Honigbiene auch von Farben. Die Anzahl der Einzelaugen pro Komplexauge ist arttypisch und liegt zwischen mehreren Hundert und etwa 35 000.

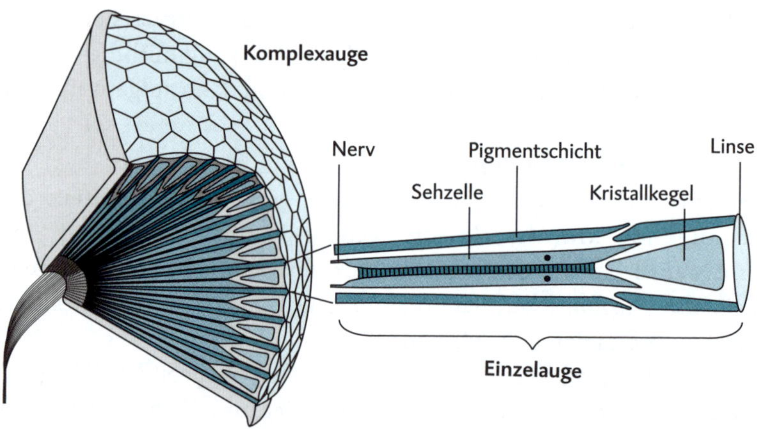

Abb. 61: Aufbau eines Komplexauges aus Einzelaugen

Jedes **Einzelauge** wird nach außen hin von einer durch die Cuticula gebildeten Chitinlinse abgegrenzt, unter der sich ein Kristallkegel befindet. Durch diesen erfolgt die Lichtbündelung. Das gebündelte Licht wird durch einen Kanal auf eine Gruppe lichtempfindlicher Zellen (Sehzellen) geleitet. Jedes Einzelauge ist durch eine lichtundurchlässige Pigmentschicht von den benachbarten Einzel-

augen abgeschirmt. Die elektrischen Signale werden nach der Reizung des lichtempfindlichen Farbstoffes der Lichtsinneszellen durch Nervenfortsätze zum Oberschlundganglion geleitet.
Durch die gewölbte Anordnung der Einzelaugen im Komplexauge und die seitliche Lage der Sinnesorgane am Kopf ist das Sehfeld der Insekten sehr groß. Jedes Einzelauge bildet dabei einen etwas anderen Ausschnitt aus der Umgebung ab. Aus den vielen einzelnen kleinen Bildausschnitten setzt das Oberschlundganglion ein mosaikartiges Gesamtbild zusammen.
Neben den Komplexaugen befinden sich am Kopf vieler fliegender Insekten meist drei zusätzliche Einzelaugen, sogenannte **Punktaugen**. Diese ermöglichen nur eine Hell-Dunkel-Wahrnehmung und erlauben den Tieren dadurch eine rasche Reaktion auf Veränderungen der Lichtstärke. Beispielsweise helfen die Punktaugen fliegenden Insekten vermutlich bei der Kontrolle schneller Flugbewegungen.

Fühler und weitere Sinnesorgane

Je nach Insektenart befinden sich am Kopf unterschiedlichst gestaltete **Fühler** oder **Antennen**, die der Aufnahme von Geruchsstoffen, aber auch dem Tasten dienen. Die Fühler sind aus gelenkig verbundenen Teilgliedern aufgebaut. Auch die über den gesamten Insektenkörper verteilten **Härchen** dienen dem Tastsinn. Durch Berührungen werden sie verformt und diese Reizung wird über ein elektrisches Signal an die Ganglien des jeweiligen Körpersegments gemeldet. **Geschmackssinneszellen** befinden sich auf den Mundwerkzeugen und an der Mundöffnung, bei einigen Insekten wie den Schmetterlingen und den Fliegen daneben aber auch noch an den Fußgliedern. Der **Hörsinn** ist bei den meisten Insektenarten nicht ausgeprägt. Einige Insekten besitzen jedoch sehr leistungsfähige und kompliziert gebaute Organe zur Wahrnehmung des Schalls. Bei Stechmücken beispielsweise finden sie sich in den Antennen und bei Heuschrecken in den Schienen ihrer Vorderbeine.

Insekten sind zur Aufnahme unterschiedlicher Reize fähig, sie besitzen also verschiedene Sinne. Zur Reizwahrnehmung verfügen sie über eine Vielzahl an spezialisierten Sinneszellen:
- **Lichtsinn:** Lichtsinneszellen der Komplex- oder Punktaugen
- **Tastsinn:** Tastsinneszellen an den Fühlern oder an den Tasthärchen
- **Geruchssinn:** Geruchssinneszellen an den Fühlern
- **Geschmackssinn:** Geschmackssinneszellen an den Mundwerkzeugen, an der Mundöffnung oder an den Fußgliedern
- **Hörsinn:** Hörsinneszellen an den Fühlern oder an der Schiene

4.6 Fortpflanzung und Entwicklung

Vollkommene und unvollkommene Verwandlung

Die Insekten sind **getrenntgeschlechtig**, das heißt, es gibt Männchen und Weibchen, die sich häufig in Größe und Färbung voneinander unterscheiden. Bei vielen Insektenarten ist jedoch auch eine Entwicklung aus unbefruchteten Eiern möglich.

Bei der Paarung werden die Spermien des Männchens in den Körper des Weibchens übertragen. Es handelt sich also um eine **innere Befruchtung**. Die Entwicklung vom Ei zum fortpflanzungsfähigen Vollinsekt, der **Imago** (Mehrzahl Imagines), kann auf zwei unterschiedlichen Wegen erfolgen, die man als **unvollkommene** und als **vollkommene Verwandlung (Metamorphose)** bezeichnet (siehe Abb. 62).

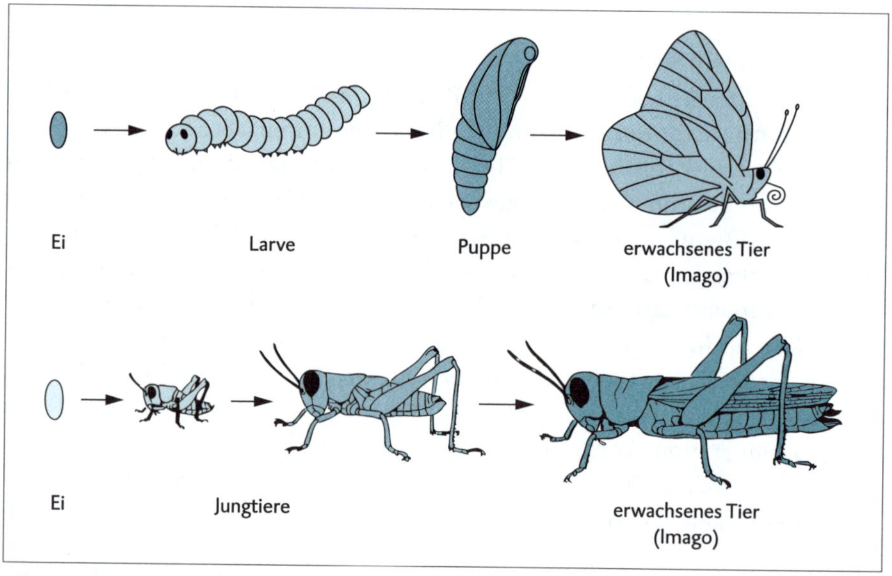

Abb. 62: Vollkommene Verwandlung bei einem Schmetterling (oben) und unvollkommene Verwandlung bei einer Heuschrecke (unten)

- **Unvollkommene Verwandlung:** Nach dem Schlüpfen aus dem Ei werden die Jungtiere einiger Insektengruppen, z. B. der Libellen, der Schaben und der Heuschrecken, den Imagines mit jeder Häutung immer ähnlicher.
- **Vollkommene Verwandlung:** Nach dem Schlüpfen aus dem Ei nehmen die Larven, z. B. der Käfer, der Schmetterlinge und der Zweiflügler, meist große Mengen an Nahrung zu sich und häuten sich mehrmals. Im letzten

Larvenstadium (Juvenilstadium) verpuppen sich die Tiere. Während der **Puppenruhe** erfolgt der Umwandlungsprozess zur Imago. Aus der Puppe schlüpft nach einer gewissen Zeit das fortpflanzungsfähige Vollinsekt.

Insekten sind **getrenntgeschlechtig** und pflanzen sich **geschlechtlich** fort.
Als **Verwandlung (Metamorphose)** bezeichnet man die Entwicklung vom Ei über jugendliche Entwicklungsstadien und eventuell ein Puppenstadium zur Imago. Mit der **vollkommenen** und der **unvollkommenen Verwandlung** unterscheidet man zwei unterschiedliche Metamorphoseformen.

Die unvollkommene Verwandlung des Grünen Heupferds

Die Weibchen des zu den **Laubheuschrecken** zählenden **Grünen Heupferds** (siehe Abb. 50, S. 88) legen im Herbst nach der Paarung über einen kräftigen, säbelförmigen Legestachel 80 bis 100 befruchtete Eier in den Boden ab. Nach der Eiablage sterben die erwachsenen Heuschrecken ab und nur die Eier überwintern. Im Frühjahr schlüpfen die kleinen, flügellosen Jungtiere und kriechen sofort an die Erdoberfläche. Sie sehen den fertigen Imagines bereits sehr ähnlich, es fehlen jedoch noch die Flügel und die Geschlechtsorgane. Im Laufe von fünf Häutungen erfolgt bis zum Spätsommer die **unvollkommene Verwandlung** zur geschlechtsreifen Imago. Nach der dritten Häutung entwickeln sich die Flügelanlagen, die sich danach zu den Flügeln vergrößern. Nach der letzten Häutung sind die Fortpflanzungsorgane ausgereift und funktionsfähig. Das Grüne Heupferd ist eine der größten Laubheuschrecken Mitteleuropas und wird etwa 3 bis 4 cm lang. Sowohl im Juvenilstadium als auch als Imago ernähren sich die Tiere hauptsächlich räuberisch von kleineren Insekten und deren Larven. Sie nutzen aber auch verschiedene Pflanzen als Nahrungsquelle.

Die vollkommene Verwandlung des Schwalbenschwanzes

Das Weibchen des **Schwalbenschwanzes** (siehe Abb. 50, S. 88) legt im Mai etwa 200 befruchtete Eier auf den Blättern von Dill, Fenchel, Petersilie, Karotte und anderen Doldenblütengewächsen ab, jedoch nur zwei bis drei Eier pro Blatt. Nach etwa einer Woche schlüpfen die kleinen, wurmähnlichen Larven, die man bei den Schmetterlingen auch als Raupen bezeichnet. Die Raupen besitzen einen walzenförmigen Körper, der am Brustabschnitt drei Paar Beine und am Hinterleib noch sogenannte Bauchfüße aufweist. Am Hinterende befindet sich mit dem Nachschieber ein Fortsatz, der als Haftorgan dient. Am Kopf der Raupe finden sich weder Antennen noch Komplexaugen, jedoch beißend-kauende Mundwerkzeuge zum Fressen der Blätter der Doldenblütengewächse. Die Chitinhülle der Tiere ist zwar noch relativ elastisch und verformbar, wächst aber nicht mit. Unermüdlich fressen die Raupen und werden deshalb rasch größer und dicker. Wird der Chitinpanzer zu eng, ist eine Häutung nötig. Die Körperhülle platzt am Rücken auf und wird abgestreift, während sich unter der alten Haut bereits eine neue und größere Chitinhülle gebildet hat, die nun an der Luft aushärtet. Nach vier bis fünf Häutungen verpuppt sich die Raupe. Dazu hängt sie sich mit dem Hinterende beispielsweise an einem Blatt auf und befestigt zusätzlich den Kopf mit einem durch ihre Spinndrüse gebildeten Faden. Während der etwa 20-tägigen Puppenruhe erfolgt die **vollkommene Verwandlung** zur Imago, einem geflügelten, geschlechtsreifen Schmetterling, der sich mit saugenden Mundwerkzeugen von Nektar ernährt.

4.7 Staatenbildung

Einige Insektenarten wie **Honigbienen, Wespen, Hummeln, Ameisen** und **Termiten** bilden große Gemeinschaften, sogenannte **Insektenstaaten**. In diesen Staaten leben viele Tiere auf engstem Raum zusammen. Wesentliche Kennzeichen für staatenbildende Insekten sind das Vorhandensein einer strengen **Hierarchie (Rangfolge)**, die Möglichkeit zur **Kommunikation** sowie eine vielfältige **Arbeitsteilung** und dadurch eine gegenseitige Abhängigkeit.

Von **Insektenstaaten** spricht man, wenn viele Insekten der gleichen Art, die miteinander kommunizieren, auf engem Raum zusammenleben und dieses Zusammenleben durch eine strenge Hierarchie und vielfältige Arbeitsteilung gekennzeichnet ist.

Ziel der Gemeinschaft ist es, möglichst optimale Bedingungen für die Erhaltung und Vermehrung des Staates und seiner Mitglieder zu schaffen. Viele Bienenarten (z.B. die Honigbienen), Ameisen und Termiten bilden sogenannte **Dauerstaaten**, das heißt Gemeinschaften, die mehrere Jahre überdauern.

Der Staat der Honigbienen

Ein Volk der **Honigbienen** wird aus ca. 20 000 bis 80 000 Mitgliedern gebildet und lebt in einem Nest. Dieses befindet sich bei wild lebenden Honigbienen häufig in Hohlräumen wie z. B. Baumhöhlen. Bienenvölkern, die zur Honigproduktion gehalten werden, wird vom Imker ein Bienenstock zur Verfügung gestellt. Neben einer Königin, die vom Frühjahr bis zum Herbst eines Jahres etwa 120 000 Eier legt und durch die **Königinnensubstanz**, eine als

Botenstoff wirkende Pheromonmischung, den Staat leitet, sowie einigen Hundert stachellosen Drohnen, das heißt fortpflanzungsfähigen Männchen, besteht der Bienenstaat hauptsächlich aus den unfruchtbaren Arbeiterinnen (siehe Abb. 63).

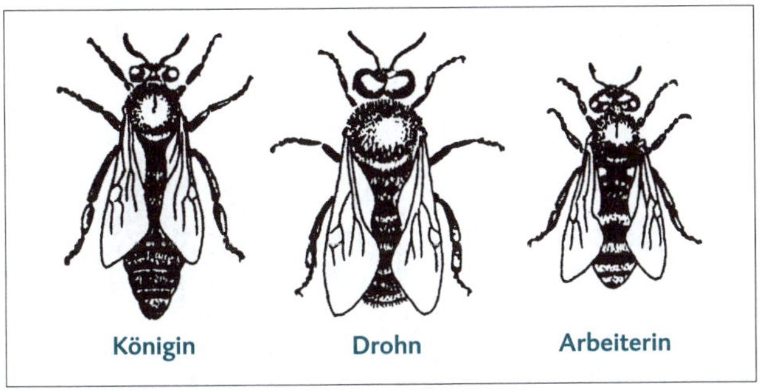

Abb. 63: Die Mitglieder eines Honigbienenstaates
Abbildung nach Karl Weiß

Als Imagines übernehmen die Arbeiterinnen alle anfallenden Arbeiten. Je nach Lebensalter werden die unterschiedlichsten Aufgaben wie das Reinigen des Bienenstocks (z. B. von toten Artgenossen), das Füttern und die Pflege der Larven, das Bauen von Waben, das Kühlen des Bienenstocks, das Verteidigen des Stockes gegen Eindringlinge (Mitglieder werden am Nestgeruch erkannt), das Verarbeiten der eingetragenen Nahrung sowie das Sammeln von Pollen und Nektar in einer festgelegten Reihenfolge durchgeführt (siehe Abb. 64).

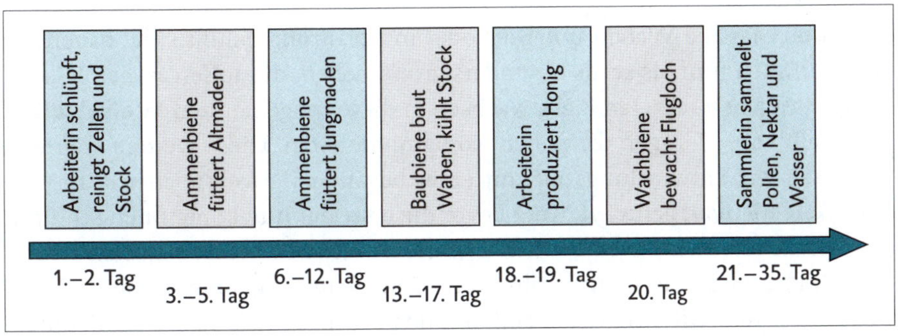

Abb. 64: Die Tätigkeiten einer Arbeiterin vom Schlüpfen aus der Puppenhülle bis zu ihrem Tod

Die Königin, die an ihrem deutlich vergrößerten Hinterleib erkennbar ist, legt täglich bis zu 2 000 Eier. In die sechseckigen **Wabenzellen** wird jeweils ein Ei abgelegt. In der Fachsprache spricht man davon, dass die Waben mit einem Ei **bestiftet** werden. Sind die Larven (siehe Abb. 65), die bei den Bienen auch als **Maden** bezeichnet werden, aus den Eiern geschlüpft, werden sie von Ammenbienen mit einem Futtersaft gefüttert, der in speziellen **Futterdrüsen** hergestellt wird. Nach etwa sechs Tagen werden die Brutzellen von den Ammen mit einem Deckel verschlossen und die Larven verpuppen sich. Es handelt sich also um eine **vollkommene Verwandlung**. Während des Puppenstadiums reifen die Tiere zu den fertigen Bienen heran. Innerhalb von 24 Tagen entwickeln sich aus unbefruchteten Eiern in größeren Zellen am Rand der Waben Drohnen, aus befruchteten Eiern innerhalb von 21 Tagen unfruchtbare Arbeiterinnen.

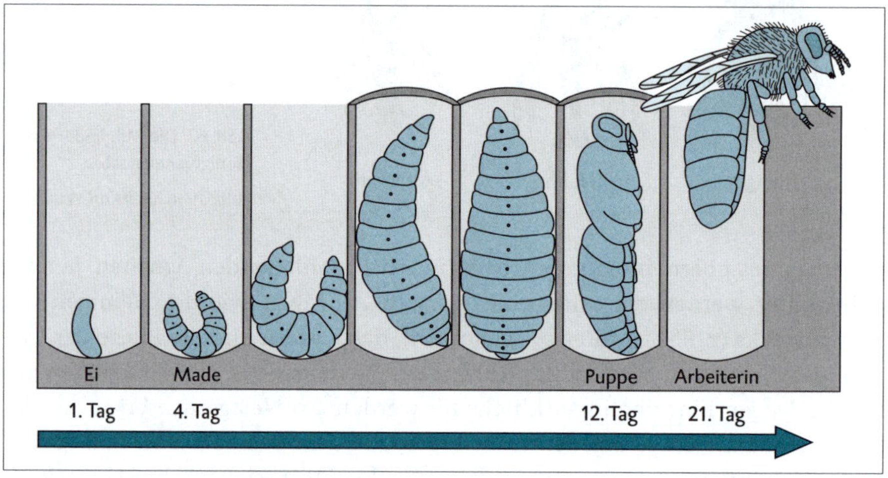

Abb. 65: Entwicklung einer Arbeiterin

Wenn im Mai alle Waben mit Brut oder mit Nahrung gefüllt sind, bauen die Arbeiterinnen fünf bis sechs besonders große Zellen, die außen an den Waben hängen. Aus befruchteten Eiern wachsen in diesen sogenannten **Weiselzellen** innerhalb von 17 Tagen die neuen Königinnen heran. Diese werden während der gesamten Entwicklungszeit mit einer besonders eiweißreichen Nahrung, dem **Gelée Royal**, gefüttert. Kurz bevor die erste der Jungköniginnen schlüpft, verlässt die alte Königin mit einem Teil des Volkes den Stock. Sie **schwärmen aus** und suchen eine neue Wohnhöhle. Die erste Jungkönigin, die schlüpft, tötet mit ihrem Giftstachel die anderen noch nicht schlupfreifen Königinnen. Schon nach wenigen Tagen ist die Jungkönigin geschlechtsreif und verlässt den Stock. Während dieses **Hochzeitsfluges** wird die junge Königin von mehreren Drohnen begattet und speichert einen Vorrat an einigen Millionen Spermien in ihrer Spermientasche. Nach dem Hochzeitsflug werden die Drohnen, da sie nun nicht mehr benötigt werden, während der sogenannten Drohnenschlacht von den Arbeiterinnen nicht mehr gefüttert, aus dem Stock gedrängt oder getötet.

Nur die Arbeiterinnen der letzten Brut überwintern zusammen mit der Königin im Stock, indem sie sich dicht zu einer Traube zusammendrängen und sich gegenseitig durch Muskelzittern wärmen. Für diese Winterruhe werden die im Sommer und Herbst angelegten Honigvorräte benötigt.

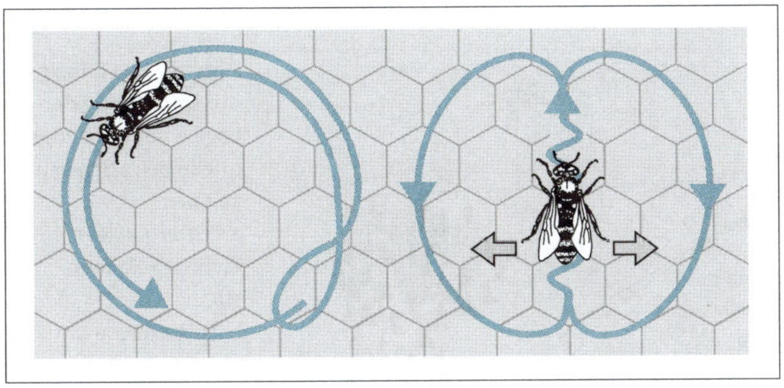

Abb. 66: Tanzfiguren bei der Tanzsprache; links: Rundtanz, rechts: Schwänzeltanz

Bienen-Abbildung nach Karl Weiß

Die perfekte Organisation und Koordination aller Abläufe bzw. Arbeiten im Bienenstaat wird durch den ständigen Austausch von Informationen erreicht. Neben Berührungssignalen, Lauten und Duftstoffen steht den Honigbienen dazu eine angeborene **Tanzsprache** zur Verfügung. Mit ihrer Hilfe geben Kundschafterinnen Auskünfte über aufgespürte Nahrungsquellen an andere Sammelbienen weiter. Dabei können relativ genaue Informationen vermittelt werden:

- Die **Art** der Nahrungsquelle wird über mitgebrachte Geruchs- und Geschmacksproben dargestellt.
- Die **Entfernung** der Nahrungsquelle wird über die Bewegungsfigur (Rund- oder Schwänzeltanz, siehe Abb. 66) und die Länge des Tanzes vermittelt.
- Die **Lage** der Nahrungsquelle wird beim Schwänzeltanz über die Veränderung des Tanzwinkels dargestellt (siehe Abb. 67).
- Die **Ergiebigkeit** der Nahrungsquelle wird über die Anzahl der Wiederholungen der Bewegungsfiguren vermittelt.

Als Orientierungspunkte dienen den Honigbienen neben der Nahrungsquelle der Bienenstock, der Stand der Sonne sowie die Schwerkraft.
Die Tanzfiguren werden von der Sammlerin, die die Nahrung entdeckt hat, im dunklen Stock auf einer der senkrecht aufgehängten Waben aufgeführt. Um die benötigten Informationen zu erhalten, tanzen die anderen Sammlerinnen hinterher und berühren die Kundschafterin dabei mit ihren Fühlern.
Läuft die Kundschafterin auf einem kleinen Fleck mehrere kreisförmige Figuren abwechselnd nach links und nach rechts, dann übermittelt sie mit dem

Rundtanz (siehe Abb. 66) den anderen Sammelbienen die Information, dass sich die Nahrungsquelle innerhalb von 100 Metern um den Stock herum befindet. Die mitgebrachten Geruchs- und Geschmacksproben ermöglichen es den Sammelbienen, die Nahrungsquelle mithilfe ihres feinen Geruchssinnes zu finden.

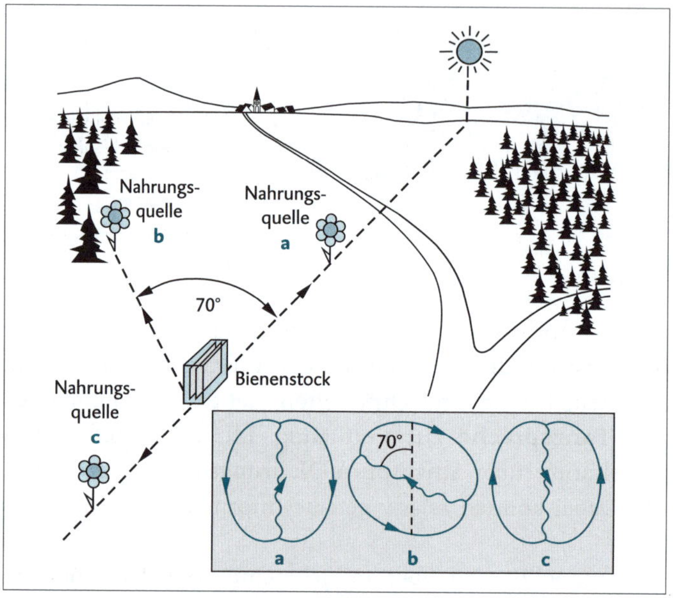

Abb. 67: Das Prinzip der Darstellung der Lage einer Nahrungsquelle beim Schwänzeltanz;
a: Futterquelle in Richtung Sonnenstand,
b: Futterquelle um 70° von der Richtung des Sonnenstands abweichend,
c: Futterquelle entgegengesetzt zum Sonnenstand

Läuft die Kundschafterin jedoch auf der Wabe senkrecht nach oben, also entgegen der Schwerkraft, wobei sie den Hinterleib ständig schnell hin und her bewegt, dann tanzt sie den **Schwänzeltanz** (siehe Abb. 66). Mit diesem teilt sie mit, dass sich die Nahrungsquelle in mehr als 100 Metern Entfernung befindet und zwar in diesem Fall in der Richtung des derzeitigen Sonnenstands (siehe Abb. 67 a). Weicht die Sammlerin um einen bestimmten Tanzwinkel von der Senkrechten ab, wie z. B. in Abbildung 67 b um 70° nach links, so bedeutet dies, dass auch die Position der Nahrungsquelle um genau diesen Winkel von 70° von der Sonnenrichtung abweicht und zwar ebenfalls nach links.
Je langsamer die Arbeiterin die Schwänzelstrecke tanzt, desto weiter ist der Weg zur Futterquelle. Am Ende der Schwänzelstrecke wendet sie sich nach rechts und läuft im Halbkreis zum Beginn der geraden Tanzstrecke zurück. Sie wiederholt den Tanz und wendet sich dieses Mal nach links. Je intensiver und häufiger die Sammlerin tanzt, desto ergiebiger ist die Nahrungsquelle.

Der Staat der Kleinen Roten Waldameise

Die **Kleine Rote Waldameise** legt bis zu zwei Meter tief in den Boden reichende Nester mit auffälligen, bis zu 1,5 Meter hohen Hügeln an (siehe Abb. 68). Der kegelförmige Nesthügel, der meist um einen morschen Baumstumpf herum errichtet wird, besteht hauptsächlich aus dürren Zweigen und Nadeln und besitzt zahlreiche Öffnungen. Diese dienen als Luftschächte sowie als Ein- und Austrittswege und stehen mit einem weitverzweigten Gangsystem in Verbindung. Im Nest lebt der aus mehreren Hunderttausend Tieren bestehende Staat, dessen Mitglieder sich am speziellen Nestgeruch erkennen. Im Zentrum des Nestes und damit besonders gut geschützt befindet sich die Königinnenkammer. Diese ist von den **Ei-, Larven-, Puppen-** und **Vorratskammern** umgeben.

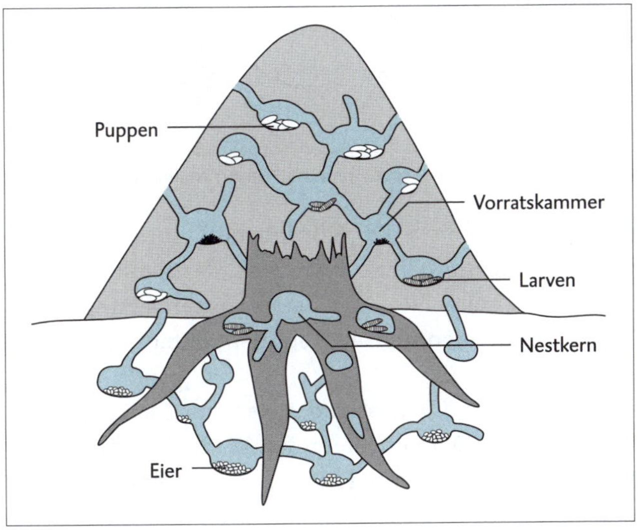

Abb. 68: Nest der Kleinen Roten Waldameise

Die Verständigung der Tiere untereinander erfolgt durch das gegenseitige Betrillern (Abtasten) mit den Fühlern und über eine Vielzahl von Duftstoffen.
Wie bei den Honigbienen lassen sich auch bei den Ameisen verschiedene Gruppen von Staatenmitgliedern unterscheiden (siehe Abb. 69). **Wächterinnen**, eine spezielle Gruppe von **Arbeiterinnen**, besitzen kräftigere Kiefer als die übrigen Tiere. Sie bewachen das Nest und verteidigen es durch Verspritzen einer ätzenden Säure, der Ameisensäure, gegen Eindringlinge. Die Nahrung, vor allem andere Insekten bzw. deren Larven, Aas und sogenannter Honigtau wird durch Arbeiterinnen, die als **Sammlerinnen** tätig sind, herbeigeschafft. Beim Honigtau handelt es sich um die süßen Ausscheidungen von Rinden-

und Blattläusen. Manche Arbeiterinnen kümmern sich als Pflegerinnen um die Eier, Larven und Puppen. Ameisen durchlaufen demnach eine **vollkommene Metamorphose**. Die unterschiedlichen Entwicklungsstadien werden immer an diejenigen Stellen des Nestes geschafft, die die für die weitere Entwicklung günstigsten Temperaturen bieten. Weitere Arbeiterinnen sorgen durch das Anlegen oder Schließen von Öffnungen oder durch das Aufwärmen ihrer Körper in der Sonne für konstante Temperaturen im Nest. Alle diese Tiere sind unfruchtbare Weibchen, die außerhalb der Fortpflanzungszeit aus befruchteten Eiern entstehen. Einem Volk können bis zu 1 Million Arbeiterinnen angehören.

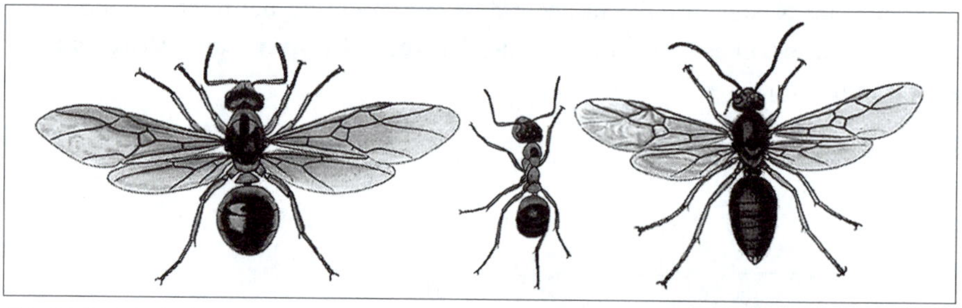

Abb. 69: Die Mitglieder eines Ameisenstaates; Königin (links), Arbeiterin (Mitte), Männchen (rechts)

Nur im Frühjahr legen die etwa 100 bis 5 000 **Königinnen** eines Staates befruchtete Eier, aus denen fortpflanzungsfähige Weibchen, das heißt Königinnen, hervorgehen, und unbefruchtete Eier, aus denen fortpflanzungsfähige Männchen entstehen. Männchen können sich auch aus befruchteten Eiern entwickeln, die der Kälte ausgesetzt waren.

Die Geschlechtstiere sind geflügelt und verlassen das Nest zur Paarung. Kurze Zeit danach sterben die Männchen. Die von mehreren Männchen begatteten Weibchen kehren ins Nest zurück, werfen ihre Flügel ab und beginnen mit der Eiablage.

Wie die Honigbienen bilden auch die Kleinen Roten Waldameisen **mehrjährige Staaten**. Im Winter sinkt auch im unterirdischen Teil des Nestes die Temperatur häufig unter 0 °C und die Ameisen verfallen in eine Winterstarre.

Der Staat der Wespen

Im Unterschied zu den mehrjährigen Staaten der Honigbienen und der Ameisen bilden Hummeln und Wespen **Sommerstaaten**, die den Winter nicht überdauern. Im Frühjahr beginnt die **Wespenkönigin** mit dem Nestbau, indem sie stockwerkartig übereinanderliegende Waben aus einer papierartigen Masse aus **zerkautem Holz** herstellt. Darin werden Eier abgelegt, die durch einen Spermienvorrat aus der Spermientasche befruchtet werden. Zunächst

schlüpfen ausschließlich Weibchen, die von der Königin versorgt werden und die auch nach der Verpuppung **(vollkommene Verwandlung)** unfruchtbar sind. Diese **Arbeiterinnen** bauen neue Waben und übernehmen die Aufzucht bzw. die Fütterung der weiteren Brut mit Beuteinsekten. Ausgewachsene Wespen ernähren sich dagegen von zuckerhaltigen Früchten und Nektar. Die Königin legt nun nur noch Eier.
Im Spätsommer entwickeln sich aus unbefruchteten Eiern fortpflanzungsfähige **Männchen** und, aufgrund einer verbesserten Versorgung der Larven, aus den befruchteten Eiern fortpflanzungsfähige Weibchen (Königinnen). Nach der Begattung dieser Weibchen stirbt der Wespenstaat ab. Nur die begatteten Weibchen verfallen in eine Winterstarre und überwintern in frostsicheren Höhlen oder Baumritzen. Im Frühjahr beginnen die Königinnen jeweils mit der Gründung eines neuen Staates.

4.8 Vielfalt der Insekten

Im Moment sind etwa 1 Million Insektenarten bekannt, die in ca. 32 verschiedene Ordnungen aufgeteilt werden. Die Einordnung erfolgt hauptsächlich anhand besonderer Merkmale der Beine, Flügel und Mundwerkzeuge, die durch Abwandlungen im Grundbauplan entstanden sind. Aufgrund vieler noch nicht eindeutig geklärter Merkmale variiert die systematische Einteilung jedoch. Im Folgenden werden einige wichtige Ordnungen kurz vorgestellt.

Ordnung	Hauptmerkmale	Bekannte Vertreter
Schmetterlinge (ca. 150 000 Arten) 	• zwei Paar häutige, mit zumeist farbenprächtigen Chitinschuppen bedeckte, großflächige Flügel • ernähren sich mithilfe saugender Mundwerkzeuge zumeist von Nektar und Pflanzensäften • vollkommene Verwandlung	Pfauenauge (Abb.), Schwalbenschwanz, Admiral
Zweiflügler (ca. 120 000 Arten) 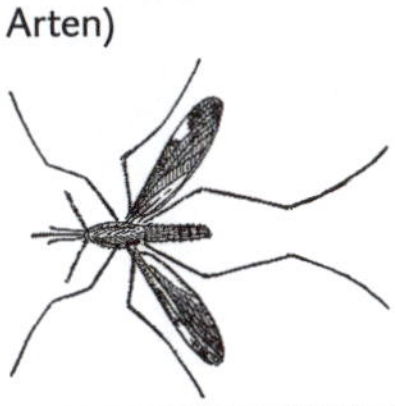	• ein Paar dünne, häutige Vorderflügel, hinteres Flügelpaar ist zu flugstabilisierenden Schwingkölbchen umgebildet • saugen außerhalb des Körpers verflüssigte Nahrung auf oder saugen Blut (Mundwerkzeuge: saugend oder stechend-saugend) • vollkommene Verwandlung	Anopheles-Mücke (Abb.), Schmeißfliege, Stubenfliege

Flöhe (ca. 1 200 Arten) 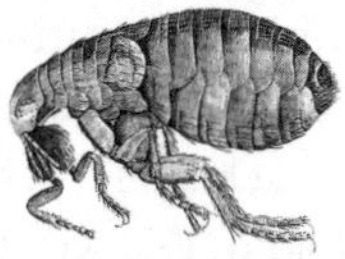	• kleine, flügellose Tiere mit kräftigen Sprungbeinen • ernähren sich durch stechend-saugende Mundwerkzeuge vom Blut ihrer Wirte • vollkommene Verwandlung	Hundefloh (Abb.), Menschenfloh
Wanzen (ca. 50 000 Arten) 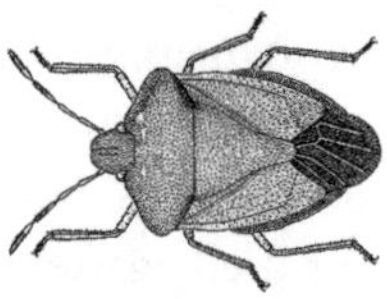	• meist zwei Paar Flügel; Vorderflügel im vorderen Bereich verhärtet • „Schildchen" zwischen den Flügeln • großer Stechrüssel; ernähren sich durch stechend-saugende Mundwerkzeuge von Pflanzensäften, anderen Insekten oder von Blut • unvollkommene Verwandlung	Grüne Stinkwanze (Abb.)
Pflanzenläuse (ca. 10 000 Arten) 	• Flügel oft zurückgebildet • schnelle Vermehrung durch „Jungfernzeugung": Weibchen können auch ohne Befruchtung Eier ablegen, aus denen sich der Nachwuchs entwickelt • Ernährung durch stechend-saugende Mundwerkzeuge von Pflanzensäften	Blattläuse (Abb.)
Käfer (ca. 500 000 Arten) 	• Vorderflügel schützen als dicke, harte Deckflügel den ganzen Körper • häutige Hinterflügel sind faltbar und dienen zum Fliegen • Ernährung über beißend-kauende Mundwerkzeuge • vollkommene Verwandlung	Maikäfer (Abb.), Marienkäfer, Kartoffelkäfer
Hautflügler (ca. 120 000 Arten) 	• zwei durchsichtige, häutige Flügelpaare • viele Arten staatenbildend • Ernährung über saugende oder beißend-kauende Mundwerkzeuge • vollkommene Verwandlung	Wespen (Abb.), Honigbienen, Hummeln, Ameisen
Langfühlerschrecken (ca. 8 000 Arten) 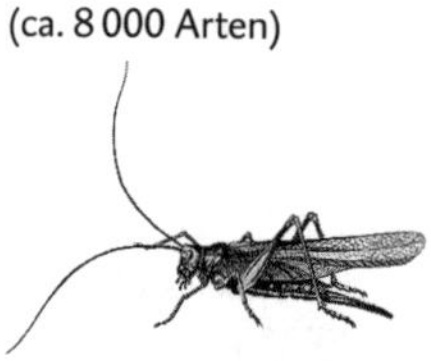	• zwei Flügelpaare, wobei das vordere als Deckflügel dient • hinterstes Beinpaar als kräftige Sprungbeine ausgebildet • lange bis sehr lange Fühler • Ernährung über beißend-kauende Mundwerkzeuge • unvollkommene Verwandlung	Grünes Heupferd (Abb.)
Termiten (ca. 2 000 Arten) 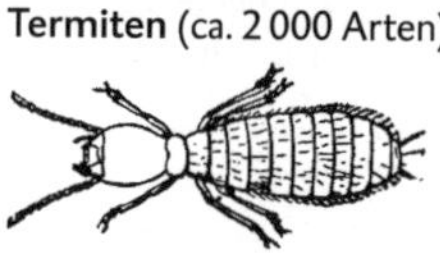	• Zwei Flügelpaare, jedoch häufig mit flügellosen Stadien • Ernährung über beißend-kauende Mundwerkzeuge • unvollkommene Verwandlung	

Tab. 1: Übersicht über einige wichtige Insektenordnungen

Zusammenfassung

Der Körper der Insekten ist in **Kopf, Brust** und **Hinterleib** gegliedert. Diese Abschnitte sind weiter in **Segmente** unterteilt. Der gesamte Körper ist von einer **Chitinhülle** bedeckt, die als **Außenskelett** dient.

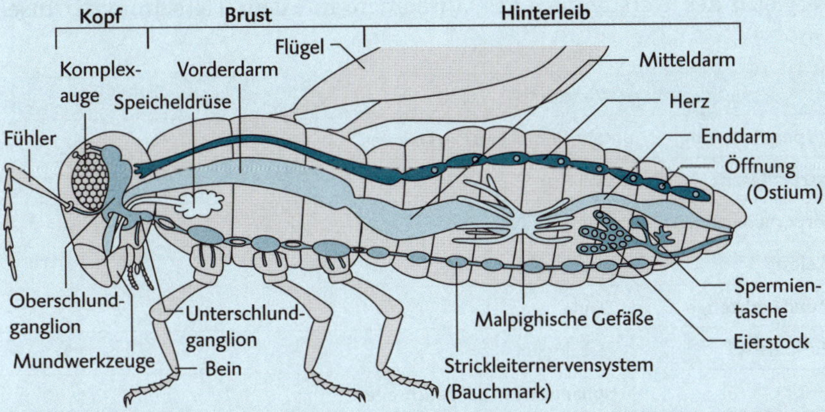

- Am Kopf befinden sich zwei große **Komplexaugen**, die paarigen **Fühler** sowie die je nach Nahrungsquelle unterschiedlich gestalteten **Mundwerkzeuge**.
- Am Brustteil setzen meist zwei Paar **Flügel** an, die entweder direkt oder indirekt bewegt werden, und **drei gegliederte Beinpaare**, die je nach Anpassung an den Lebensraum unterschiedlich gestaltet sein können.
- Der Hinterleib enthält den Großteil der inneren Organe.

Das Blut der Insekten übernimmt im **offenen Blutkreislauf**, der von einem **Röhrenherz** am Rücken angetrieben wird, nur den Transport von Nähr- und Abfallstoffen. Als Ausscheidungsorgan dienen die **Malpighischen Gefäße**. Die Atmung und der Transport der Atemgase im Körper erfolgt mithilfe eines **Tracheensystems**.
Das **Strickleiternervensystem** mit dem „Gehirn" aus Oberschlund- und Unterschlundganglion verarbeitet die von den Sinnesorganen (z. B. Komplexaugen, Fühlern) kommenden Informationen und steuert die Körperfunktionen.
Die **Metamorphose (Verwandlung)** der Insekten vom Ei über eine Larve zur Imago erfolgt entweder **vollkommen**, also mit Puppenstadium, oder **unvollkommen** ohne Puppenstadium.
Manche Insektenarten wie Bienen, Ameisen und Wespen leben in **Tierstaaten**. Das Zusammenleben in solchen Verbänden ist gekennzeichnet durch Arbeitsteilung, aber auch durch gegenseitige Abhängigkeit.

47 Die ersten Vertreter des Stammes der Gliederfüßer traten bereits vor etwa 600 Millionen Jahren auf. Heute unterteilt man diesen Tierstamm in die Klasse der Insekten, der Tausendfüßer, der Spinnen und der Krebstiere.

a Nenne vier gemeinsame Kennzeichen aller Gliederfüßer.

b Übernimm die folgende Tabelle auf ein Blatt Papier und vervollständige den Vergleich des Tierstammes der Wirbeltiere mit dem Tierstamm der Insekten.

	Wirbeltier	Insekt
Körpergliederung	Kopf, Rumpf und Extremitäten	
Extremitäten	zwei Paar	
Körperbedeckung	Haut	
Skelett	Innenskelett	
Mundwerkzeuge	Zähne	
Blutkreislauf	geschlossen	
Herz	Hohlmuskel an der Bauchseite	
Blut	Transport von Nährstoffen, Abfallstoffen, Sauerstoff und Kohlenstoffdioxid	
Reinigung des Blutes	Nieren	
Atmungsorgan	Lunge oder Kiemen	
Nervensystem	Gehirn, Rückenmark	
Augen	Linsenaugen	

48 Extremitäten dienen hauptsächlich der Fortbewegung.

a Beschrifte den Grundbauplan der Insektengliedmaßen.

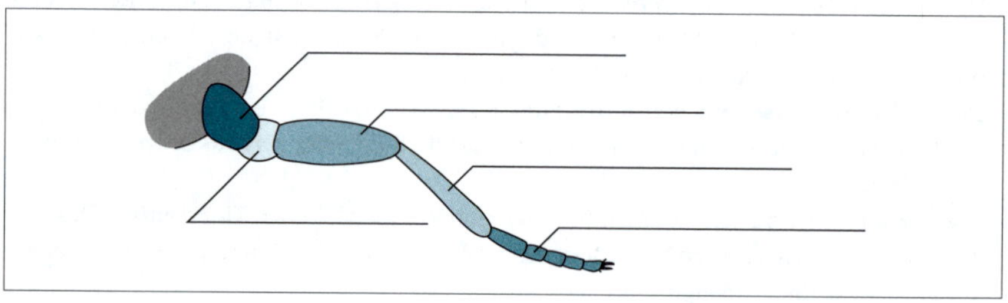

b Insekten werden häufig auch als Hexapoden bezeichnet. Erkläre, warum dies so ist.

c Die Extremitäten von Insekten und Säugetieren weisen einige Unterschiede auf. Ordne die Begriffe, die du im folgenden Buchstabengitter findest, den beiden Tierklassen zu, indem du sie mit unterschiedlichen Farben markierst (z. B. blau für Säugetiere und grau für Insekten). Die insgesamt acht Begriffe sind von oben nach unten, von links nach rechts und diagonal zu lesen.

I	A	S	D	F	H	J	A	K	R	ß	Z	U	I	O	C	J	K	L	A	S	G
N	K	O	U	Q	A	I	U	L	P	Z	D	V	B	Ä	L	H	J	H	F	H	E
N	R	T	U	K	Ö	Ä	ß	A	F	H	V	J	L	Z	R	E	I	W	Q	I	L
E	P	A	D	G	E	L	E	N	K	K	N	O	C	H	E	N	W	T	R	X	E
N	A	S	F	J	K	O	N	X	C	B	M	A	Y	D	K	Ö	W	R	I	T	N
S	A	S	D	D	F	R	S	L	U	R	N	R	T	W	F	P	X	E	P	N	K
K	E	N	K	S	P	O	K	F	A	O	N	Ü	V	A	Q	G	U	V	G	J	H
E	Ä	G	J	I	N	N	E	N	M	U	S	K	U	L	A	T	U	R	Y	F	Ä
L	S	O	W	R	S	I	L	R	F	S	Z	U	N	V	K	U	F	K	Z	E	U
E	Ü	A	N	U	A	Y	E	D	E	Q	Z	G	Z	O	D	S	A	F	V	T	T
T	D	R	J	Q	I	P	T	E	H	X	E	P	H	Ä	C	N	V	F	Ü	O	C
T	Y	E	Z	G	O	X	T	G	Ä	S	F	U	A	S	N	H	J	R	I	U	H
G	S	S	D	K	H	G	Ä	P	A	J	H	K	P	Q	E	Z	E	D	Z	Ö	E
A	U	ß	E	N	M	U	S	K	U	L	A	T	U	R	D	H	V	N	Y	R	N

49 Insekten sind an ihre jeweiligen Lebensräume angepasst. Dies lässt sich auch an ihren Extremitäten erkennen.

a Benenne die in der oberen Abbildung mit den Ziffern 1–5 gekennzeichneten Strukturen.

b Erläutere die Anpassungen und Abwandlungen eines Beintyps deiner Wahl.

c Kopfläuse besitzen den in der unteren Abbildung dargestellten Beintyp. Beschreibe die Abwandlungen vom Grundbauplan und erläutere deren wahrscheinliche Funktion.

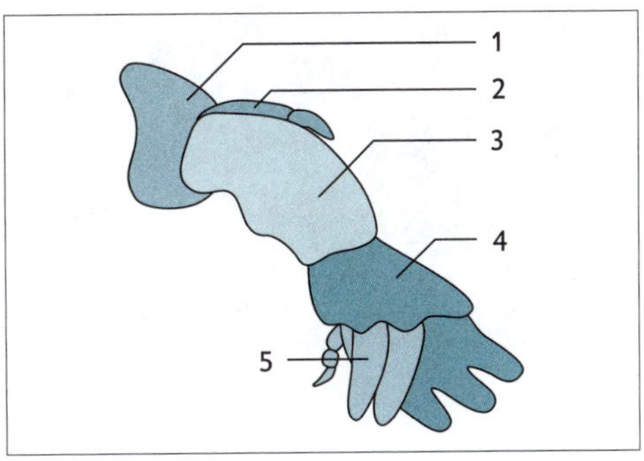

50 Die Mundwerkzeuge der Insekten sind an verschiedene Ernährungsweisen angepasst.

a Benenne den Grundtyp der Insektenmundwerkzeuge und fertige eine beschriftete Skizze an.

b Ordne den folgenden Nahrungsquellen die jeweils passende Art von Mundwerkzeug zu. Nenne zusätzlich jeweils ein Beispiel für eine Insektengruppe, die diese Nahrungsquelle mithilfe ihrer Mundwerkzeuge nutzen könnte.

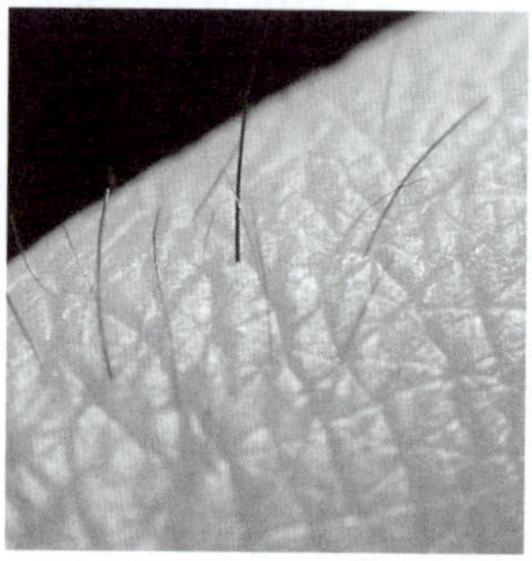

c Erläutere den Ablauf der Nahrungsaufnahme bei einer weiblichen Mücke und gib die dabei beteiligten Mundteile an.

d Ergänze den folgenden Lückentext zur Aufnahme von Nahrung bei der Stubenfliege sinnvoll.

Die Stubenfliege besitzt als Mundwerkzeug einen ____________________.

Die ____________________ ist stark verbreitert und kann auf den Untergrund aufgesetzt werden. Zur ______________________ ______________

Nahrungsbestandteile gibt die Fliege aus ______________________

______________________ ab, die die Nahrung ______________

des Körpers verflüssigen.

51 Insekten besitzen Komplexaugen, die aus vielen kleinen Einzelaugen aufgebaut sind.

a Benenne die in der linken Abbildung mit den Ziffern 1–5 gekennzeichneten Strukturen und ordne ihnen die folgenden Funktionen zu:
Meldung an das Gehirn – Schutz – lichtundurchlässige Schicht – Lichtbündelung – lichtempfindliche Schicht

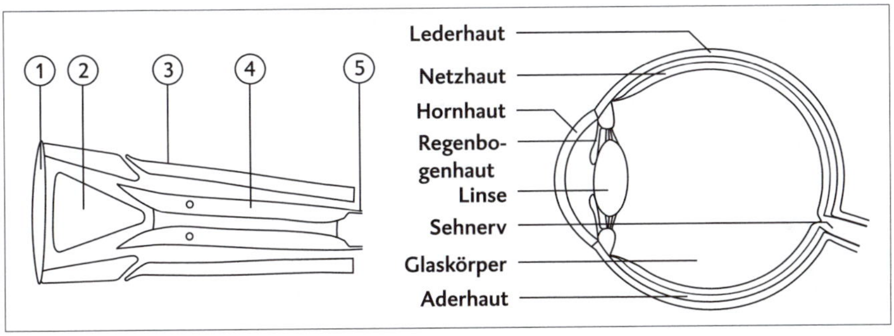

1 ______________ Funktion: ______________________

2 ______________ Funktion: ______________________

3 ______________ Funktion: ______________________

4 ______________ Funktion: ______________________

5 ______________ Funktion: ______________________

b Markiere beim Einzelauge der Insekten und beim menschlichen Auge die sich in ihrer Funktion entsprechenden Strukturen in der Abbildung mit der gleichen Farbe.

c Begründe, warum das Insektenauge nicht beweglich sein muss.

52 Die Entwicklung der Insekten vom Ei zur Imago verläuft indirekt, also über mehrere Larvenstadien.

a Definiere den Begriff „Metamorphose“.

b Vervollständige die folgenden Zeichnungen der Larven- und der Imagoform des Schwalbenschwanzes hinsichtlich der Merkmale Mundwerkzeuge, Augen, Fühler, Flügel und Beine.

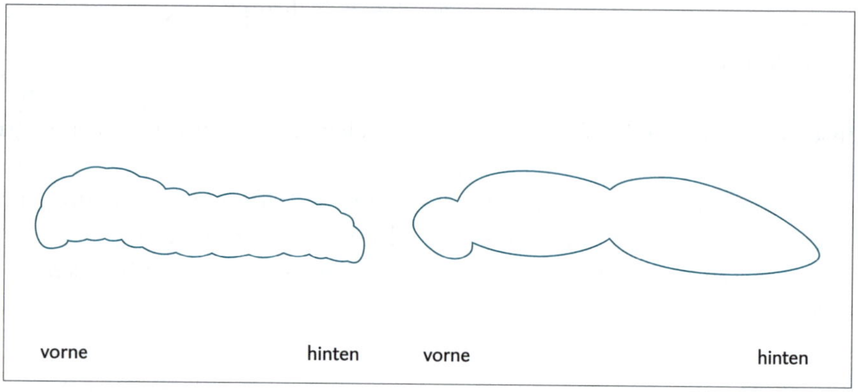

53 An einem Spätnachmittag kehren 5 Sammelbienen in ihren Stock zurück und zeigen folgende Tänze:

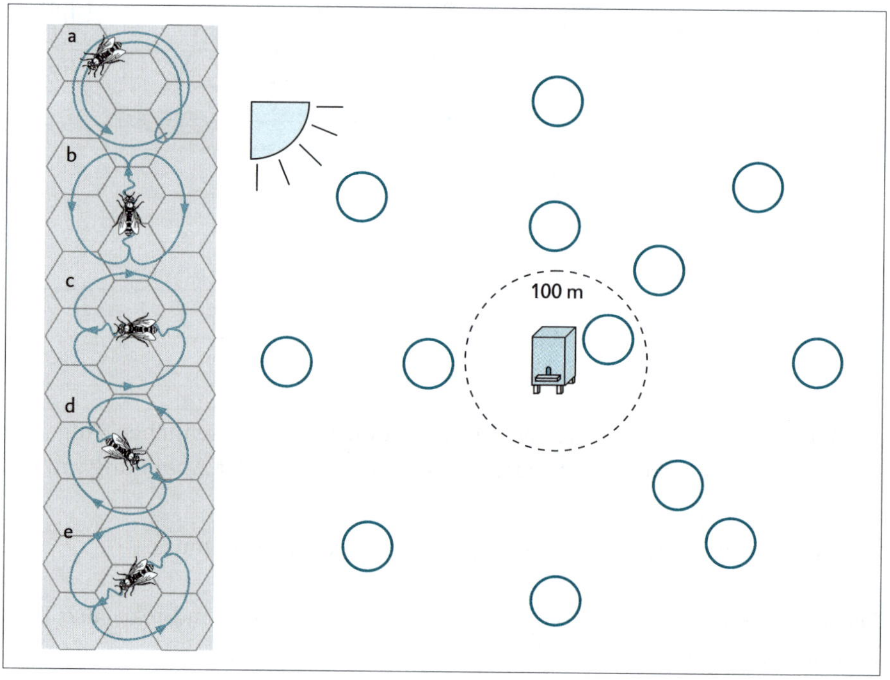

Markiere die Futterquellen (Kreise) in der Abbildung mit den Buchstaben der Bienen, die sie besucht haben.

54 Die Kleine Rote Waldameise vertilgt viele Schädlinge und ist deshalb als wichtiger Nützling geschützt.

a Beschreibe den Aufbau eines Nestes der Kleinen Roten Waldameise.

b Nenne zwei Möglichkeiten, wie die Verständigung der Tiere untereinander erfolgt.

c Erläutere, aus welchen Eiern sich die unterschiedlichen Mitglieder des Ameisenstaates entwickeln.

55 Kennzeichne diejenigen Aussagen mit einem **A**, die auf den **A**meisenstaat zutreffen, diejenigen mit einem **B**, die auf den **B**ienenstaat zutreffen, und die, die auf den **W**espenstaat zutreffen, mit einem **W**. Sollte eine Aussage auf keinen der genannten Insektenstaaten zutreffen, dann ist dies mit einem **X** zu kennzeichnen.

Im Staat gibt es in der Regel nur eine Königin.	☐	☐	☐
Im Staat gibt es viele Königinnen.	☐	☐	☐
Die Männchen werden als Drohnen bezeichnet.	☐	☐	☐
Zur Feindabwehr wird eine Säure verspritzt.	☐	☐	☐
Die Feindabwehr erfolgt mithilfe eines Stachels.	☐	☐	☐
Zur Ernährung dienen hauptsächlich Nektar und Pollen.	☐	☐	☐
Früchte und Insekten sind eine wichtige Nahrungsgrundlage.	☐	☐	☐
Aas, Insekten und Honigtau werden gesammelt.	☐	☐	☐
Die Überwinterung erfolgt in Winterstarre.	☐	☐	☐
Die Überwinterung erfolgt in Winterruhe.	☐	☐	☐
Alle Mitglieder des Staates überwintern.	☐	☐	☐
Nur die Königin des Staates überwintert.	☐	☐	☐
Königin und Arbeiterinnen überwintern.	☐	☐	☐

5 Spinnentiere – eine Tierklasse des Stammes der Gliederfüßer

Die Klasse der Spinnentiere (wissenschaftlich: *Arachnida*) gehört ebenso wie die Tierklassen der Insekten (siehe S. 88 ff.), der Krebstiere (siehe S. 131 ff.) und der Tausendfüßer zum Tierstamm der **Gliederfüßer** (wissenschaftlich: *Arthropoda*). Die ersten Vertreter dieses Tierstammes sind vermutlich bereits vor 600 Millionen Jahren aufgetreten. Spinnentiere gibt es auf der Erde seit etwa 300 Millionen Jahren. Die Individuen der über 75 000 verschiedenen Arten sind heute in allen Klimazonen der Erde verbreitet und besiedeln sämtliche Lebensräume bis auf das offene Meer.

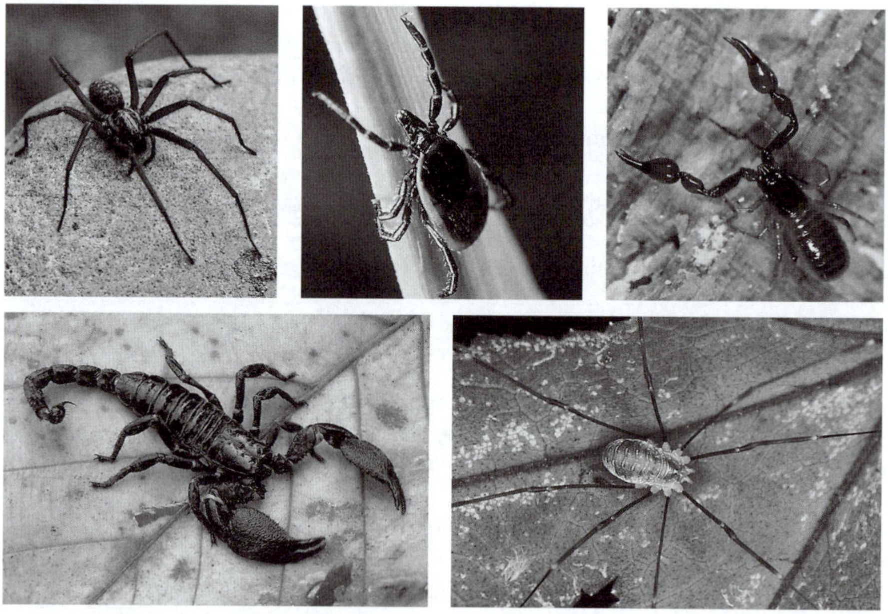

Abb. 70: Die bekanntesten Spinnentierordnungen; von links oben nach rechts unten: Webspinnen (Große Winkelspinne), Milben (Zecke, Gemeiner Holzbock), Pseudoskorpione (Moosskorpion), Skorpione (Kaiserskorpion) und Weberknechte *(Phalangium opilio)*

5.1 Äußerer und innerer Körperbau

Äußerer Körperbau

Der Körper der Spinnentiere wird wie der aller Gliederfüßer durch eine harte, widerstandsfähige, aber gleichzeitig auch begrenzt elastische Körperhülle aus **Chitin** bedeckt. Diese **Cuticula** (siehe Cuticula der Insekten, S. 89 f.) schützt den Körper vor Verletzungen und anderen schädlichen Umwelteinflüssen wie z. B. Sonneneinstrahlung und Austrocknung. Wie bei den Insekten ist auch bei den Spinnentieren eine regelmäßige Häutung notwendig, um das Körperwachstum zu ermöglichen. Die Cuticula stabilisiert den Körper und dient als Ansatzstelle für die Körpermuskulatur der Tiere. Man bezeichnet sie deshalb als **Außenskelett**.

Spinnentiere sind **wechselwarm**, das heißt, ihre Körpertemperatur ist abhängig von der Außentemperatur.

Das chitinhaltige Außenskelett der Spinnentiere wird als **Cuticula** bezeichnet.

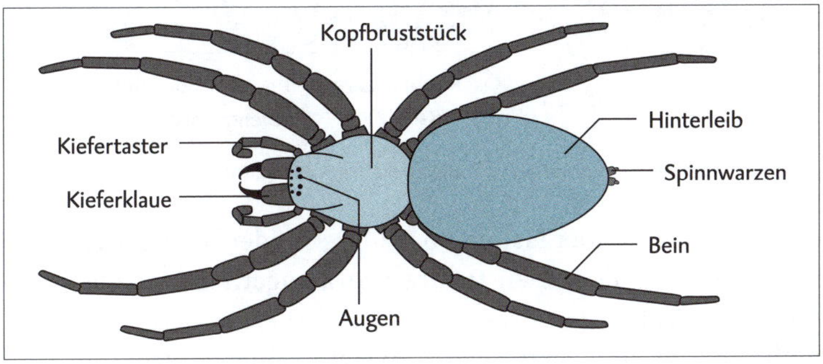

Abb. 71: Gliederung des Spinnentierkörpers am Beispiel einer Webspinne

Wie bei allen Gliederfüßern ist auch der Körper der Spinnentiere gegliedert. Allerdings sind die beiden Abschnitte, die durch das Verschmelzen einzelner Körperringe **(Segmente)** entstanden sind, nicht immer deutlich zu erkennen:

- **Kopfbruststück (Kopfbrustteil):** Am Kopfbruststück befinden sich je nach Art **6 bis 14 Einzelaugen**, die in zwei Reihen angeordnet sind. Außerdem sitzen hier die Mundöffnung mit zwei Paar **Mundwerkzeugen (Kiefertaster und Kieferklauen)** sowie **vier** meist lange **Laufbeinpaare**.
- **Hinterleib:** Der Hinterleib enthält den größten Teil der inneren Organe.

Der Körper der Spinnentiere ist in ein **Kopfbruststück** mit **vier Beinpaaren** und den **Hinterleib** gegliedert.

Innerer Körperbau

Das **Verdauungssystem** beginnt im Kopfabschnitt mit der Mundöffnung, die von den **Mundwerkzeugen**, den paarigen Kieferklauen und Kiefertastern, umgeben ist. Die **außerhalb des Körpers** mithilfe von Enzymen des Verdauungssaftes vorverdaute Nahrung wird durch den kräftigen Saugmagen des Vorderdarms aufgenommen. Über den Mitteldarm gelangt der Nahrungsbrei in den Enddarm. Die unverdaulichen Reste werden über den After ausgeschieden. Am Mitteldarm befinden sich blinddarmartige Schläuche, die sogenannten **Malpighischen Gefäße**, die als **nierenartige Ausscheidungsorgane** dienen.

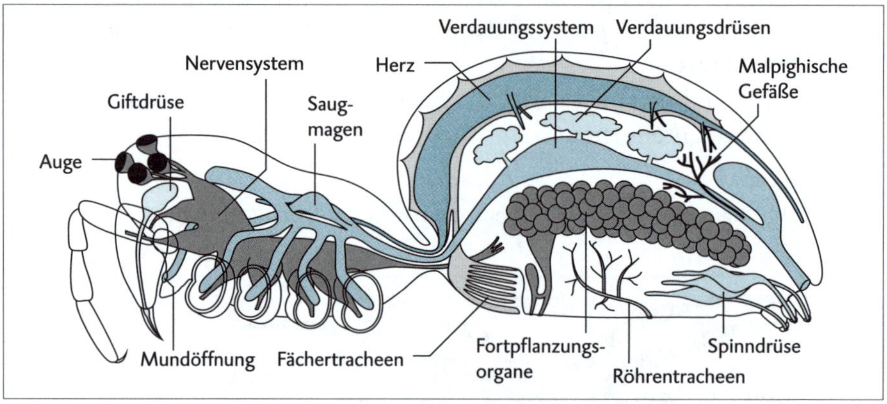

Abb. 72: Innere Organisation des Spinnentierkörpers am Beispiel einer Webspinne

Der **Blutkreislauf** der Spinnentiere ist wie bei allen Gliederfüßern **offen** und wird von einem am Rücken liegenden **Röhrenherz** angetrieben (siehe Blutkreislauf der Insekten, S. 91).

Die **Röhrentracheen**, ein stark verzweigtes System feiner Luftröhren, sind durch Einstülpung der Cuticula entstanden und versorgen jede einzelne Körperzelle mit Sauerstoff. Der innere Gasaustausch findet durch die dünnen Wände der Tracheen statt, der äußere durch **Stigmen (Atemlöcher)**, die seitlich an den Körpersegmenten liegen. Daneben besitzen einige Spinnentiergruppen auch noch **Fächertracheen (Fächerlungen)**, die ebenfalls der Atmung dienen. Allerdings werden diese vom Blut (Hämolymphe) umspült. Somit findet hier ein Gasaustausch mit dem Blut statt.

Das **Tracheensystem** dient der Atmung. Durch die Stigmen der **Röhrentracheen** erfolgt der Gasaustausch mit der Umgebungsluft. Der Gastransport erfolgt durch feinste Chitinröhrchen, die den ganzen Körper durchziehen. Bei den **Fächertracheen** findet der Gastransport durch das Blut statt.

Auf der Bauchseite des Kopfbruststücks verläuft das **Nervensystem** als **Bauchmark** (**Strickleiternervensystem**; siehe Abb. 55, S. 93). Da vor allem die Längsverbindungen zwischen den Nervenknoten (Ganglien) stark verkürzt und die Ganglien vergrößert sind, ist das Nervensystem der Spinnentiere auffallend verdichtet. Meist ist außer dem stark vergrößerten ersten Ganglienpaar, dem Oberschlundganglion, nur noch das Unterschlundganglion vorhanden. Diese beiden Zentren verarbeiten alle Sinneseindrücke von Augen bzw. Kiefertastern und steuern die Mundwerkzeuge.

Die Spinnentiere verfügen über ein **Bauchmark (Strickleiternervensystem)**. Die Ganglien des Bauchmarks befinden sich nur im Kopfbruststück.

5.2 Fortbewegung

Das Kopfbruststück trägt vier lange Laufbeinpaare, die den Spinnentieren eine rasche Fortbewegung am Boden ermöglichen. Die Extremitäten sind siebengliedrig (siehe Abb. 73) und lassen sich unterteilen in:

- **Hüfte**
- **Schenkelring**
- **Schenkel**
- **Knie**
- **Schiene**
- **Ferse**
- **Fuß**

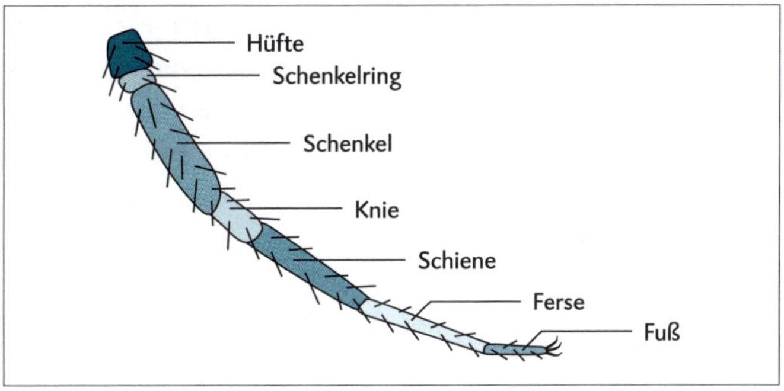

Abb. 73: Grundbauplan des Laufbeines einer Webspinne

Bei den Webspinnen befinden sich am letzten Fußglied drei bewegliche Klauen. Diese ermöglichen das Greifen und Festhalten der Spinnfäden, das Knüpfen des Spinnennetzes und das Laufen auf den Netzfäden.
Im Unterschied zu den Insekten fehlen bei allen Spinnentieren Flügel.

Spinnentiere gehören zum Stamm der **Gliederfüßer**. Die Extremitäten sind gegliedert in die gelenkig miteinander verbundenen Bestandteile **Hüfte, Schenkelring, Schenkel, Knie, Schiene, Ferse** und **Fuß**.

5.3 Ernährungsstrategien

Die unterschiedlichen Arten der verschiedenen Spinnentierordnungen ernähren sich auf sehr unterschiedliche Art und Weise:

- Als **Parasiten** fressen **Milben** Tier- und Pflanzenreste oder saugen (wie z. B. die Zecken) Blut von Wirtstieren.
- **Skorpione** ernähren sich **räuberisch** und jagen Insekten sowie andere Spinnen- und Kleintiere. Dabei halten sie die Beute mithilfe ihrer zu kräftigen Kieferscheren umgebildeten Kiefertaster fest und töten sie durch ihren Giftstachel. Dieser befindet sich am schmalen, gut beweglichen Hinterleib.
- Die Vertreter der **Webspinnen** (oft einfach als Spinnen bezeichnet), die sich ebenfalls als **Jäger** ernähren, besitzen im Kopfbereich Giftdrüsen. Die darin produzierten Gifte werden über die Kieferklauen in die Beute injiziert.
  Einige Spinnen, aber bei Weitem nicht alle, stellen zum Beutefang **Spinnennetze** her. Dazu produzieren sie mithilfe mehrerer Spinndrüsen feine Fäden. Die Spinndrüsen sitzen am Ende des Hinterleibes und münden in beweglichen Spinnwarzen nach außen. Spinnen können verschiedene Spinndrüsentypen besitzen, die unterschiedliche Fäden erzeugen. Neben den Klebefäden (siehe Fangspirale in Abb. 74) zum Beutefang gibt es auch nicht klebrige Lauf- und Spannfäden (Rahmenfäden, Speichen, Hilfsspirale in Abb. 74). Die Hilfsspirale stabilisiert das Netz und dient der Spinne als Lauffaden zwischen den Speichen. Von außen her wird abschließend die Fangspirale angelegt und gleichzeitig die Hilfsspirale wieder abgebaut.

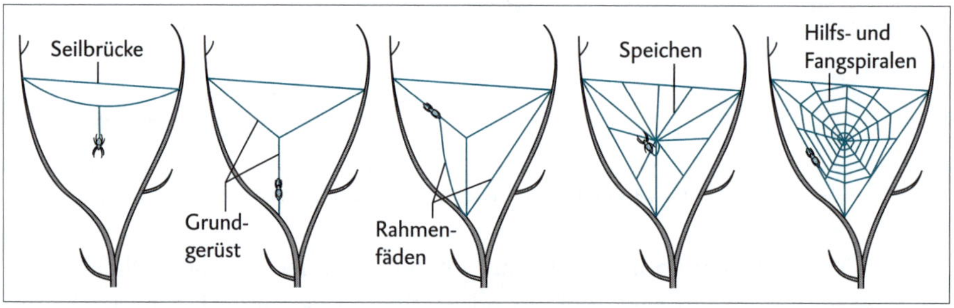

Abb. 74: Konstruktion des Spinnennetzes einer Kreuzspinne

Spinnentiere ernähren sich häufig **parasitär** oder **räuberisch**. Einige Spinnen aus der Ordnung des Webspinnen bauen zum Beutefang Netze.

Wie besprochen, sind die paarigen **Mundwerkzeuge** der Spinnentiere je nach Ernährungsweise klauen- oder scherenartig ausgebildet. Sie dienen hauptsächlich dem Fangen und Ergreifen der Beutetiere und nicht so sehr dem Zerkleinern. Aufgrund der sehr engen Mundöffnung können die Beutetiere auch nicht stückweise verzehrt werden. Über Speicheldrüsen werden deshalb Verdauungssäfte mit Verdauungsenzymen in das Beutetier abgegeben. Dadurch beginnt die Zersetzung der Nahrung bereits **außerhalb** des Spinnenkörpers. Durch den kräftigen Saugmagen erfolgt dann die Aufnahme des Nahrungsbreis.

Die Verdauung von Nahrung durch Enzyme außerhalb des Körpers bezeichnet man als **Außenverdauung**.

5.4 Sinnesleistungen

Spinnentiere können wie alle Tiere Reize aus der Umwelt aufnehmen und verarbeiten. Am Kopf der meisten Spinnentiere befinden sich 6 bis 14 einzelne Augen. Durch die Anordnung dieser **Punktaugen** in zwei Reihen ist das Sichtfeld vergrößert. Im Unterschied zu den Insekten sind keine Komplexaugen (siehe S. 100 f.) vorhanden.
Spinnentiere besitzen zwar keine Fühler oder Antennen, jedoch enthalten die **Kiefertaster** Tastsinneszellen. Auch die je nach Art über den gesamten Körper verteilten **Härchen** oder **Stacheln** dienen dem Tastsinn. Durch Berührungen, Erschütterungen oder Luftbewegungen werden sie verformt oder gebogen. Diese Reizung wird vom Nervensystem registriert.
An den Kiefertastern und an den **Laufbeinen** befinden sich Geschmacks- und Geruchssinneszellen, an den Laufbeinen zusätzlich auch noch Sinneszellen des Schweresinns (Gleichgewichtssinn).

Die Spinnentiere sind zur Aufnahme unterschiedlicher Reize fähig. Dazu besitzen sie eine Vielzahl spezialisierter Sinneszellen:
- **Lichtsinn:** Lichtsinneszellen der Punktaugen
- **Geruchs- und Geschmackssinn:** Geruchs- und Geschmackssinneszellen an den Kiefertastern und an den Laufbeinen
- **Tastsinn:** Tastsinneszellen an den Kiefertastern oder Tasthärchen
- **Schweresinn (Gleichgewichtssinn):** Schweresinneszellen an den Laufbeinen

5.5 Fortpflanzung und Entwicklung

Die Spinnentiere sind **getrenntgeschlechtig**, das heißt, es gibt Männchen und Weibchen. Die beiden Geschlechter unterscheiden sich häufig deutlich in

ihrer Färbung und vor allem in ihrer Größe. Alle Spinnentiere pflanzen sich **geschlechtlich** fort.
Bei den Webspinnen erstellt das Männchen vor der Paarung ein Paket, das aus einem Spermientropfen besteht und von einem kleinen Netz umgeben ist. Bei der Paarung wird dieses Spermienpaket mithilfe der Kiefertaster vom Männchen in die Geschlechtsöffnung des Weibchens übertragen. Es handelt sich also um eine **innere Befruchtung**. Nach der Ablage werden die Eier vom Weibchen in einen Kokon eingesponnen und häufig bewacht oder sogar am Körper befestigt. Die Entwicklung verläuft zumeist **direkt**, also nicht über eine Metamorphose wie bei den Insekten (siehe S. 102 f.). Aus den Eiern schlüpfen die voll entwickelten Jungspinnen, die allerdings noch heranwachsen. Da die Chitinhülle aus totem Material besteht und deshalb nicht mit dem Körper mitwächst, erfolgt das Wachstum nicht kontinuierlich, sondern schubweise nach Häutungen.

Spinnentiere sind **getrenntgeschlechtig** und pflanzen sich **geschlechtlich** fort. Die Entwicklung verläuft in der Regel direkt.

Einige Spinnentiergruppen wie beispielsweise die Skorpione bringen lebende Junge zur Welt, das heißt, sie sind lebend gebärend. Bei den Milben ist oft eine Metamorphose (siehe S. 102 f.) zu beobachten.

5.6 Vielfalt der Spinnentiere

Die derzeit etwa 80 000 bekannten Spinnentierarten werden in 9 verschiedene Ordnungen eingeteilt. Im Folgenden werden einige wichtige Ordnungen kurz vorgestellt.

Ordnung	Hauptmerkmale	Bekannte Vertreter
Webspinnen (ca. 30 000 Arten) 	• räuberische Ernährung • meist gut erkennbare Einschnürung zwischen Kopfbrustteil und Hinterleib • Spinndrüsen erzeugen Spinnfäden für Beutefang • Giftklauen	Große Winkelspinne (Abb.), Gartenkreuzspinne, Vogelspinne

Weberknechte (ca. 3 200 Arten) 	• im Verhältnis zum kleinen Körper auffallende lange und dünne Beine • keine Einschnürung zwischen Kopfbrustteil und Hinterleib erkennbar • Spinn- und Giftdrüsen fehlen	*Phalangium opilio* (Abb.)
Skorpione (ca. 1 000 Arten) 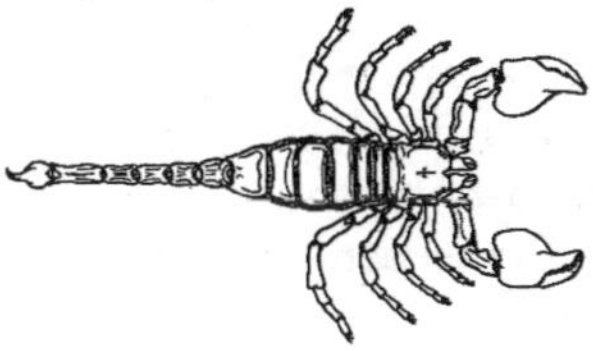	• meist nachtaktive Jäger mit einem Giftstachel an der Hinterleibsspitze • keine Einschnürung zwischen Kopfbrustteil und Hinterleib erkennbar, aber deutliche Segmentierung • Kiefertaster als große, kräftige, waagerecht getragene Kieferscheren ausgebildet • lebend gebärend	Kaiserskorpion (Abb.)
Pseudoskorpione (ca. 2 000 Arten) 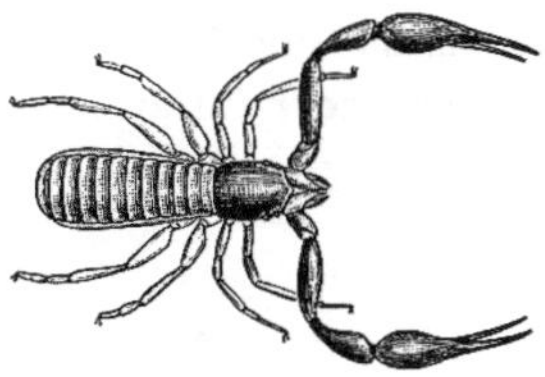	• wenige Millimeter große, stark abgeplattete Tiere • Kiefertaster als große, waagerecht getragene Kieferscheren ausgebildet • Giftdrüsen münden in Kieferscheren	
Milben (ca. 50 000 Arten) 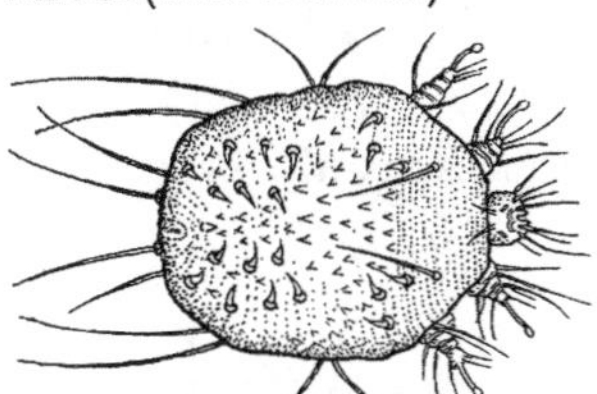	• 0,1 mm bis wenige cm große, aufgrund ihrer unterschiedlichen Lebensweise stark unterschiedlich aussehende Tiere • Ernährung je nach Art von Pflanzen, Tieren, Aas, abgestorbenem Gewebe oder parasitär • selten Körpergliederung erkennbar, aber zweigeteilt • Laufbeine in zwei Gruppen am Vorder- und Hinterende • Mundwerkzeuge je nach Ernährungsweise sehr vielgestaltig • bei einigen Arten Metamorphose	Gemeiner Holzbock (Zecke), Krätzemilbe (Grabmilbe; Abb.)

Tab. 2: Übersicht über einige wichtige Spinnentierordnungen

Zusammenfassung

Der Körper der **wechselwarmen** Spinnentiere ist in ein **Kopfbruststück** und den **Hinterleib** gegliedert und von einer als Außenskelett dienenden **Chitinhülle** bedeckt.

- Am Kopfbruststück befinden sich die paarigen **Kieferklauen** und **Kiefertaster** sowie 6 bis 14 Einzelaugen und **vier Paar Laufbeine**.
- Der Hinterleib enthält den Großteil der inneren Organe. Er ist grundsätzlich frei von Extremitäten.

Das Blut der Spinnentiere übernimmt im **offenen Blutkreislaufsystem**, der von einem am Rücken liegenden **Röhrenherz** angetrieben wird, den Transport der Nähr- und Abfallstoffe sowie bei Spinnentieren mit **Fächertracheen** auch den der Atemgase. Ansonsten findet der Gastransport in den feinen Chitinröhren des **Röhrentracheen-Systems** statt. Als Ausscheidungsorgan dienen die **Malpighischen Gefäße**.
Das **Strickleiternervensystem** mit dem „Gehirn" aus Oberschlund- und Unterschlundganglion verarbeitet die von den Sinnesorganen (z. B. Einzelaugen, Tasthaare) kommenden Informationen und steuert die Körperfunktionen.
Die **getrenntgeschlechtigen** Spinnentiere pflanzen sich **geschlechtlich** fort. Die Entwicklung verläuft zumeist direkt, wobei das Wachstum immer mit einer **Häutung** verbunden ist.

56 Spinnentiere sind mit den Insekten verwandt. Wie diese gehören sie zum Stamm der Gliederfüßer.

a Nenne vier Merkmale im Körperbau, die beide Tierklassen aufweisen.

Gemeinsamkeiten

b Grenze die beiden Tierklassen hinsichtlich der folgenden Merkmale voneinander ab:

Körpergliederung – Anzahl der Beinpaare – Art der Verdauung – Atmungsorgan und Transport der Atemgase – Lichtsinnesorgane – Tastsinnesorgane – Nervensystem – Fortpflanzung und Entwicklung

57 Beschreibe den Grundbauplan eines Spinnentierbeines und vergleiche diesen mit dem Grundbauplan des Insektenbeines.

58 Lies dir den folgenden Artikel zur Gartenkreuzspinne genau durch.

Die Gartenkreuzspinne

Die durch eine auffällig weiße kreuzähnliche Zeichnung auf dem braungelb gefärbten Hinterleib leicht zu erkennende Gartenkreuzspinne lebt bevorzugt in Hecken. Wie bei vielen Spinnentieren lassen sich auch bei dieser Art das Kopfbruststück und der Hinterleib deutlich unterscheiden.
Am Hinterleib der Kreuzspinne finden sich die Spinnwarzen, aus denen der von den Spinndrüsen hergestellte, flüssige Spinnstoff abgegeben wird. Dieser wird zu langen Fäden gezogen und härtet an der Luft aus. Die Gartenkreuzspinne spinnt bis zu 50 cm große, eng geflochtene Radnetze. Auffällig ist die Fähigkeit der Tiere, verschiedene Arten von Spinnfäden herzustellen:

- klebrige Fäden für die Fangnetze
- feste, trockene Fäden zur Befestigung der Netze
- trockene Fäden als Hilfsfäden

Als Lauerjägerin verharrt die Gartenkreuzspinne die meiste Zeit des Tages bewegungslos in ihrer Warte. Sobald ein Opfer, oft handelt es sich dabei um Fliegen oder andere Insekten, im Netz zappelt, eilt sie herbei und überprüft die Beute mit ihren Kiefertastern auf ihre Genießbarkeit. Danach stößt sie ihre Kieferklauen in die Beute. Diese sind hohl und spitz und dienen dazu, Gift zu injizieren. Je nach Größe der Beutetiere führt das Gift der Gartenkreuzspinne zu Lähmungen oder zum Tod des Opfers. Gleichzeitig werden Verdauungssäfte in das Beutetier abgegeben, sodass sich die essbaren Bestandteile innerhalb der Körperhülle langsam auflösen. Im Anschluss spinnt die Kreuzspinne ihren Fang ein und transportiert ihn zur Warte, wo der Nahrungsbrei mithilfe des kräftigen Saugmagens verzehrt wird.

a Gartenkreuzspinnen sind Nützlinge. Nimm zu dieser Aussage begründet Stellung.

b In einer Versuchsreihe soll getestet werden, welcher Reiz die Gartenkreuzspinne dazu veranlasst, ihre Warte zu verlassen. Werte das folgende Versuchsprotokoll aus.

Angebotene Beute	Verlassen der Warte
Lebende Fliege	+
Fleischstückchen	–
Käsestückchen	–
Brotstückchen	–
Sich im Wind bewegende Blätter	+
Tote Fliege	–

+ = Gartenkreuzspinne verlässt die Warte

– = Gartenkreuzspinne verlässt die Warte nicht

c Die Verdauung der Spinnen wird als äußere Verdauung bezeichnet. Beschreibe diesen Vorgang.

6 Krebstiere – eine Tierklasse des Stammes der Gliederfüßer

Die Klasse der Krebstiere (wissenschaftlich: *Crustacea*) gehört ebenso wie die Tierklassen der Tausendfüßer, der Insekten (siehe S. 88 ff.) und der Spinnentiere (siehe S. 120 ff.) zum Tierstamm der **Gliederfüßer** (wissenschaftlich: *Arthropoda*). Die ersten Krebstiere traten vermutlich bereits vor etwa 600 Millionen Jahren auf. In nahezu jeder Klimazone der Erde findet man mindestens eine der mehr als 35 000 verschiedenen Arten. Einige Krebstiere wie z. B. die Asseln haben sogar das Land als Lebensraum erobert.

Abb. 75: Die bekanntesten Ordnungen der Krebstiere; von links oben nach rechts unten: Zehnfußkrebse (Reitkrabbe, Europäischer Hummer), Wasserflöhe (Daphnia), Rankenfußkrebse (Seepocken), Asseln (Mauerassel)

6.1 Äußerer und innerer Körperbau

Äußerer Körperbau

Der Körper der Krebstiere ist wie bei allen Gliederfüßern von einem Außenskelett aus **Chitin** bedeckt. Zusätzlich zum Chitin ist bei den Krebstieren auch

noch Kalk in die **Cuticula** (siehe auch S. 89 f.) eingelagert, die dadurch als sehr fester Panzer den Körper vor Verletzungen, dem Eindringen von Parasiten bzw. Krankheitserregern, Sonneneinstrahlung und Austrocknung schützt.
Krebstiere sind **wechselwarm**, das heißt, ihre Körpertemperatur ist abhängig von der Außentemperatur.

Die chitin- und kalkhaltige Körperhülle der Krebstiere wird als **Cuticula** bezeichnet. Bei der Cuticula handelt es sich um ein Außenskelett.

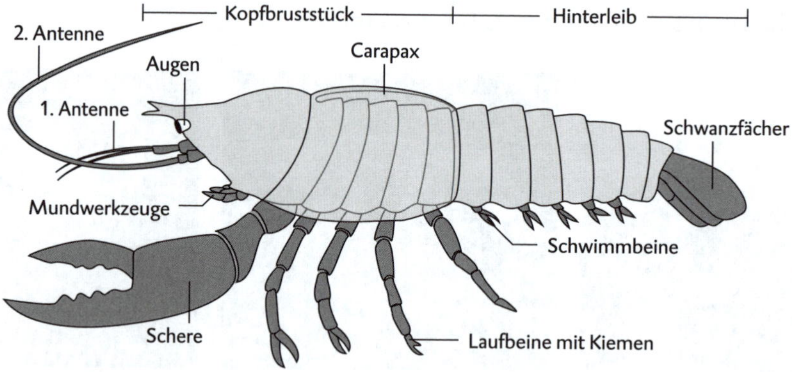

Abb. 76: Gliederung eines Krebstierkörpers am Beispiel eines Hummers

Bei den einzelnen Krebstierarten ist der Körper oft sehr unterschiedlich ausgebildet. Wie bei allen Gliederfüßern ist er jedoch immer segmentiert (siehe Abb. 76). Durch das Verschmelzen einzelner Körperringe **(Segmente)** sind zwar größere Körperabschnitte (Kopf, Brust und Hinterleib) entstanden, diese lassen sich jedoch wie etwa bei den Krabben nicht immer deutlich erkennen und können auch wiederum untereinander verwachsen sein. Häufig ist der Körper in zwei Abschnitte gegliedert:

- **Kopfbruststück (Kopfbrustteil):** Das Kopfbruststück ist durch eine chitinhaltige panzerartige Hautfalte, den sogenannten **Carapax**, geschützt und enthält die oft auf beweglichen Stielen sitzenden **Augen** sowie die **Laufbeinpaare**. Außerdem finden sich hier **zwei Paar Antennen** sowie die Mundöffnung mit den drei Paar **Mundwerkzeugen**.
- **Hinterleib:** Der bewegliche Hinterleib ist durch Chitinspangen geschützt, die über Gelenkhäute beweglich miteinander verbunden sind. Am Hinterleib befinden sich ebenfalls Beinpaare, die sogenannten **After- oder Schwimmbeine**.

Krebstiere …
- sind häufig in ein **Kopfbruststück** und den **Hinterleib** gegliedert.
- sind gekennzeichnet durch das Vorhandensein von **zwei Paar Antennen**.

Innerer Körperbau

Das **Verdauungssystem** beginnt im Kopfabschnitt mit der auf der Körperunterseite liegenden Mundöffnung, die von den drei Paar Mundwerkzeugen umgeben ist. Der Darmkanal zieht sich durch den ganzen Körper und endet mit dem After. Im Bereich des Mitteldarms befindet sich die große Mitteldarmdrüse, die Verdauungsenzyme in den Darmtrakt abgibt. Drüsen, die beim 2. Antennenpaar oder dem 3. Mundwerkzeugpaar nach außen führen, dienen als **Ausscheidungsorgane**.

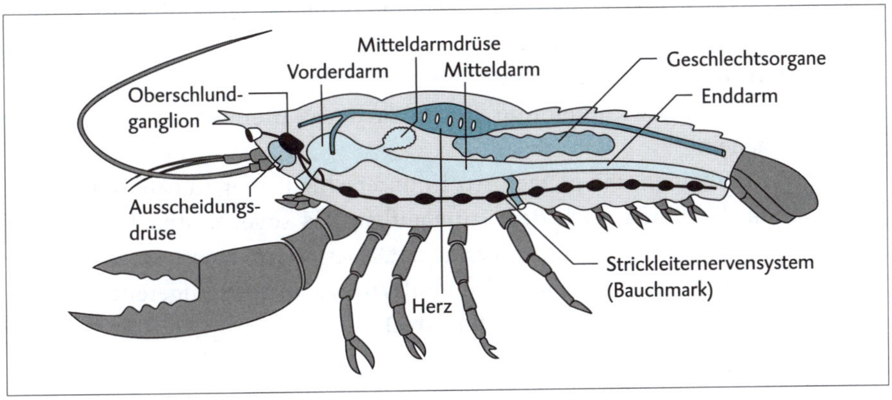

Abb. 77: Innere Organisation des Krebstierkörpers

Den Gasaustausch betreiben kleinere Krebstierarten über Körperbereiche, an denen die Cuticula dünn genug dafür ist. Die meisten Krebstiere besitzen jedoch **Kiemen**, die sich als fadenförmige Anhänge am oberen Teil der Beine befinden. Somit liegen diese **Kiemenbüschel (Büschelkiemen)** geschützt unter der seitlichen Ausbuchtung des über den Körper hinausragenden Panzers.

Die **Büschelkiemen** dienen der Atmung. Durch diese fadenförmigen Anhänge an den Beinen der Tiere erfolgt der Gasaustausch. Der Gastransport erfolgt über das Blut.

Wie alle Gliederfüßer besitzen die Krebstiere ein als **Bauchmark** ausgebildetes Nervensystem (**Strickleiternervensystem**; siehe Abb. 55, S. 93) und einen vom am Rücken liegenden **Röhrenherz** angetriebenen **offenen Blutkreis-**

lauf (siehe Blutkreislauf der Insekten, S. 91 f.). Das Röhrenherz pumpt das sauerstoffreiche Blut (Hämolymphe) in Richtung Kopf, wo als Erstes das Nervensystem und die Sinnesorgane mit Nährstoffen und Sauerstoff versorgt werden. Vom Kopfbruststück aus fließt das Blut in den Hinterleib, wo es durch die Darmwand hindurch mit Nährstoffen und in den Kiemen mit Sauerstoff angereichert wird. Durch die seitlichen Öffnungen des Röhrenherzens wird das Blut anschließend wieder angesaugt.

6.2 Fortbewegung

Gliedmaßen können an allen Segmenten der zwei bis drei Körperabschnitte vorkommen und je nach Lage und Gestalt verschiedene Aufgaben übernehmen. Beispielsweise können sie zu Mundwerkzeugen, zu kräftigen Scheren oder zu Antennen umgewandelt sein.
Die **Schwimmbeine (Afterbeine)**, die an der Unterseite des Hinterleibes sitzen, helfen beim Schwimmen und dienen dazu, das Atemwasser zur Kiemenregion zu fächeln.
Bei den Schreitbeinen, die je nach Art in unterschiedlicher Anzahl vorhanden sein können, lässt sich noch der Grundaufbau des sogenannten **Spaltfußes** (siehe Abb. 78) der Krebstiere erkennen. Dieser ist in einen fünfgliedrigen **Laufbeinast** und einen zweigliedrigen **Schwimmbeinast** aufgeteilt. Die beiden Äste besitzen ein gemeinsames **Basisteil**.

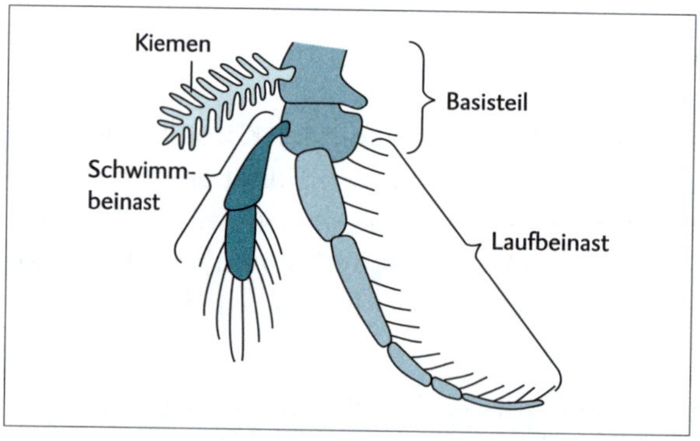

Abb. 78: Grundbauplan des Spaltfußes

Krebstiere gehören zum Stamm der **Gliederfüßer**. Bei den Laufbeinen ist der Grundbauplan des **Spaltfußes** zu erkennen: Von einem gemeinsamen **Basisteil** gehen sowohl der fünfgliedrige **Laufbeinast** als auch der zweigliedrige **Schwimmbeinast** ab.

Bei einigen Krebstieren wie z. B. beim Flusskrebs, beim Hummer und bei den Langusten dient auch der kräftige **Schwanzfächer** als Antrieb. Dazu wird der Fächer kräftig gegen den Bauch geschlagen und dadurch ein Rückstoß erzeugt.

6.3 Ernährungsstrategien

Die verschiedenen Krebstierarten ernähren sich auf sehr unterschiedliche Art und Weise: **räuberisch, parasitär** oder auch als **Filtrierer**.
Je nach Ernährungsweise sind die drei Paar Mundwerkzeuge sehr unterschiedlich ausgebildet. Neben den kieferartigen Mundwerkzeugen sind häufig auch noch die Extremitäten der nächsten beiden Körpersegmente an der Nahrungsaufnahme beteiligt.

6.4 Sinnesleistungen

Auch die Krebstiere müssen, um überleben zu können, Reize aus der Umwelt aufnehmen, in elektrische Signale umwandeln und zu den Ganglien des Bauchmarks weiterleiten. Mit ihren unterschiedlichen Sinnesorganen können sie Reize wie Geruchs- und Geschmacksstoffe, Schwerkraft sowie Licht aufnehmen.
Am Kopf vieler Krebstiere befinden sich seitlich zwei große, halbrundförmige **Komplexaugen** (Netzaugen, Facettenaugen; siehe Komplexaugen der Insekten, S. 100 f.). Diese können entweder unbeweglich am Kopf oder auf beweglichen Stielen sitzen. Durch die beweglichen Stiele bzw. durch die gewölbte Anordnung der Einzelaugen und die seitliche Lage am Kopf ist das Sehfeld der Krebstiere sehr groß.
Krebstiere besitzen **zwei Paar Antennen**, auf denen sich Tast-, Geschmacks- und Geruchssinneszellen befinden.

Die Krebstiere sind zur Aufnahme unterschiedlicher Reize fähig. Zu deren Wahrnehmung verfügen sie über eine Vielzahl an spezialisierten Sinneszellen:

- **Lichtsinn:** Lichtsinneszellen der Komplexaugen
- **Tast-, Geruchs-** und **Geschmackssinn:** Tast-, Geruchs- und Geschmackssinneszellen an den Antennen

6.5 Fortpflanzung und Entwicklung

Die meisten Krebstiere sind **getrenntgeschlechtig**, das heißt, es gibt männliche und weibliche Individuen.
Bei manchen Arten der Krebstiere werden Spermien und Eizellen einfach ins Wasser abgegeben, man spricht von einer **äußeren Befruchtung**. Bei anderen Arten klebt das Männchen bei der Paarung mithilfe der vordersten Afterbeine ein Spermienpaket an die Geschlechtsöffnung des Weibchens. In diesen Fällen findet also eine **innere Befruchtung** statt.
Die Entwicklung verläuft bei einigen Arten direkt. Aus den Eiern schlüpfen in diesen Fällen voll entwickelte Jungkrebse, die allerdings noch heranwachsen. Da der Chitinpanzer der Krebstiere aus totem Material besteht und deshalb nicht mitwächst, muss die Körperhülle durch **Häutungen** regelmäßig erneuert werden. Das Wachstum erfolgt nicht kontinuierlich, sondern schubweise nach den Häutungen. Meistens ist die Entwicklung jedoch eine **indirekte**, also über eine Metamorphose wie bei den Insekten (siehe S. 102 ff.). Aus dem Ei schlüpft dann eine Larve, die über einige Larvenstadien zum erwachsenen Krebstier heranwächst.

Krebstiere sind **getrenntgeschlechtig** und pflanzen sich **geschlechtlich** fort.
Die **Entwicklung** verläuft bei manchen Arten **direkt**, meistens jedoch **indirekt** über eine **Metamorphose**.

6.6 Vielfalt der Krebstiere

Je nach Systematik werden die weltweit etwa 35 000 vorkommenden Krebstierarten in etwa 32 verschiedene Ordnungen eingeteilt. Im Folgenden werden einige wichtige Ordnungen kurz vorgestellt.

Ordnung	Hauptmerkmale	Bekannte Vertreter
Zehnfußkrebse (ca. 10 000 Arten) 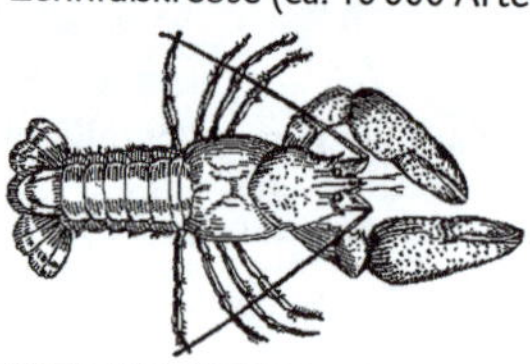	• Gliederung in Kopfbruststück und Hinterleib • erste drei Brustbeinpaare zu Kieferfüßen umgewandelt, darauffolgendes Beinpaar als große Scheren ausgebildet • Allesfresser	Reitkrabbe, Europäischer Hummer (Abb.), Europäischer Flusskrebs

Wasserflöhe (ca. 650 Arten) 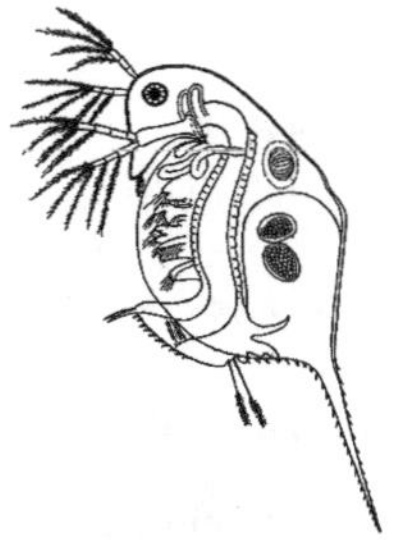	• meist sehr kleine Tiere • Körper von einer zweiteiligen Schale umgeben • 2. Antennenpaar zu kräftigen Ruderfüßen umgebildet • leben als Filtrierer oder Räuber ausschließlich im Süßwasser	Daphnia (Abb.)
Rankenfußkrebse (ca. 800 Arten) 	• Körperbau je nach Lebensweise sehr stark abgewandelt • Hinterleib stark reduziert • Filtrierer oder Parasiten	Seepocken (Abb.)
Asseln (ca. 4000 Arten) 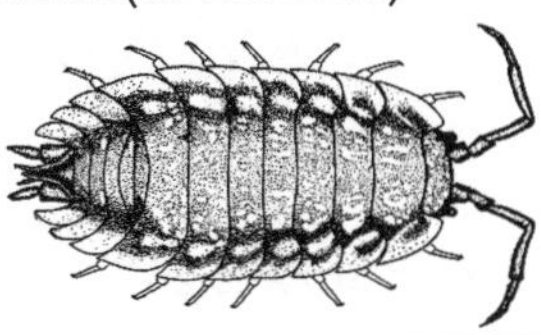	• meist abgeflachte, deutlich segmentierte Tiere • 7 Beinpaare • auch landlebende Arten betreiben Kiemenatmung • zumeist Pflanzenfresser	Mauerassel (Abb.), Kellerassel

Tab. 3: Übersicht über einige wichtige Krebstierordnungen

Zusammenfassung

Der Körper der **wechselwarmen** Krebstiere ist häufig in ein **Kopfbruststück** und den **Hinterleib** gegliedert. Er wird von einer **Chitinhülle** bedeckt, in die Kalk eingelagert ist und die als Außenskelett dient.

- Am Kopfbruststück befinden sich **zwei Paar Antennen**, drei Paar **Mundwerkzeuge** und eine unterschiedliche Anzahl an **Schreitbeinen**.
- Der Hinterleib trägt Extremitäten in Form von **Afterbeinen (Schwimmbeinen)**.

Das Blut der Krebstiere übernimmt im **offenen Blutkreislaufsystem**, das von einem **Röhrenherz** am Rücken angetrieben wird, den Transport der Atemgase sowie der Nähr- und Abfallstoffe. Als Ausscheidungsorgan dienen verschiedene Drüsen. Die meisten Krebstiere atmen über **Kiemen**, die sich als **Büschelkiemen** an den Beinen befinden.
Das **Strickleiternervensystem** mit dem „Gehirn" aus Oberschlund- und Unterschlundganglion verarbeitet die von den Sinnesorganen (z. B. Komplexaugen, Antennen) kommenden Informationen und steuert die Körperfunktionen.
Die **getrenntgeschlechtigen** Krebstiere pflanzen sich **geschlechtlich** fort. Die Entwicklung verläuft meistens **indirekt**. Wachstum ist immer mit einer **Häutung** verbunden.

59 Krebstiere sind mit den Insekten verwandt. Wie diese gehören sie zum Stamm der Gliederfüßer.

a Nenne vier Merkmale im Körperbau, die beide Tierklassen aufweisen.

b Grenze die beiden Tierklassen hinsichtlich Körpergliederung, Außenskelett, Anzahl der Beine, Ausscheidungsorgan, Atemorgan und Transport der Atemgase, Fortpflanzung und Entwicklung voneinander ab.

60 Die Bestandteile des Krebstierbeins sind in der folgenden Abbildung etwas durcheinandergeraten.

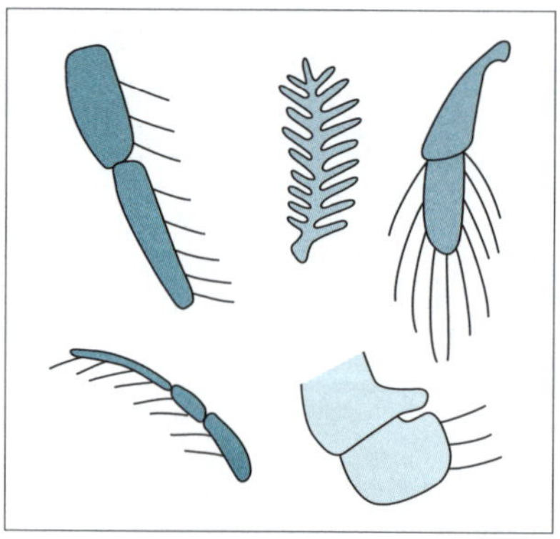

a Ordne die Strukturen zeichnerisch so an, dass sie einen funktionstüchtigen Spaltfuß bilden, und beschrifte deine Skizze.

b Vergleiche den Grundbauplan des Spaltfußes mit dem des Insektenbeines.

61 In einem Aquarium findest du die folgende Infotafel.

Der Europäische Flusskrebs
(Astacus astacus)

Die dämmerungs- und nachtaktiven europäischen Flusskrebse sind in sauberen Fließgewässern mit nicht allzu starker Strömung heimisch, die in Ufernähe gute Versteckmöglichkeiten bieten. Die zwei Paar Antennen dienen mit ihren Tast- und Riechsinneszellen der Orientierung. Alle Flußkrebsarten sind durch eine ähnliche Gliederung des Körpers in Kopfbruststück und gegliederten Hinterleib gekennzeichnet.

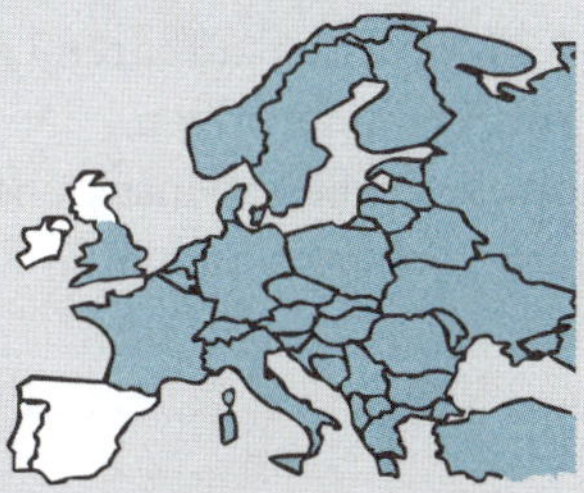

Am Kopfbruststück befinden sich fünf Brustbeinpaare, wobei nur vier der gegliederten Beinpaare als Laufbeine dienen. An ihnen hängen die Kiemen, mit denen der Flusskrebs atmet. Mithilfe ihrer Beine können sich die Krebse nur sehr langsam fortbewegen. Müssen sie sich schnell in Sicherheit bringen, schlagen die Tiere ihren Schwanzfächer kräftig gegen den Bauch und erzeugen so einen Rückstoß.

Flusskrebse sind Allesfresser. Sie ernähren sich von Aas und Wasserpflanzen, erbeuten aber auch Wasserinsekten, Würmer, Schnecken, Muscheln sowie kleinere Molche, Frösche und sogar Fische. Das vorderste Beinpaar, das zu großen Scheren umgebildet ist, dient dem Packen und Zerlegen der größeren Beutetiere. Die Kieferbeine zerkleinern die größeren Beutestücke noch weiter und führen sie zum Mund. Kleinere Beutetiere werden von den Mundwerkzeugen festgehalten und bei Bedarf noch zerkleinert.

Der bewegliche Hinterleib der Flusskrebse ist in mehrere Segmente gegliedert, an denen sich je ein Paar Afterbeine (Schwimmbeine) befinden. Diese sind meistens unter den Hinterleib geklappt und fächeln Wasser zur Kiemenregion.

Die Cuticula der Flusskrebse kann (wie die aller Gliederfüßer) nicht mitwachsen und muss deshalb durch Häutungen gewechselt werden. Dabei platzt der Panzer an einer vorbestimmten Nahtstelle am Rücken auf und die Körperhülle wird abgestreift. Die darunterliegende neue Cuticula ist noch weich und härtet innerhalb von etwa 10 Tagen zum Panzer aus. Solange verbergen sich die schutzlosen Krebse, die in dieser Zeit Butterkrebse genannt werden, vor ihren Fressfeinden.

a Nenne zwei Anpassungen des Flusskrebses an seinen Lebensraum.

b Die Extremitäten des Flusskrebses erfüllen je nach Lage und Gestalt verschiedenartige Aufgaben.
Beschrifte die fünf unterschiedlichen Extremitätengruppen und gib ihre jeweiligen Aufgaben an.

c Auf der Speisekarte eines Restaurants werden Butterkrebse angeboten. Erläutere den Begriff.

d Erläutere die Möglichkeiten zur Fortbewegung des Flusskrebses.

e Als Zeigerorganismen oder Bioindikatoren bezeichnete Lebewesen reagieren auf Einflüsse des Menschen auf ihren Lebensraum mit Veränderungen.
Erläutere, ob es sich beim Flusskrebs um einen Zeigerorganismus handelt.

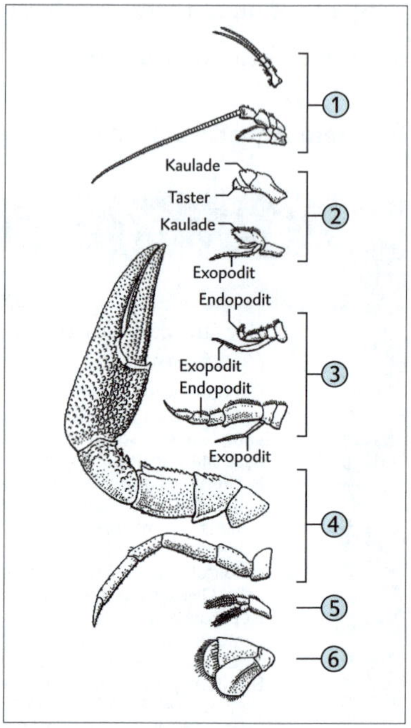

Die Evolutionstheorie – eine naturwissenschaftliche Erklärung zur Entstehung der Arten

Mit der HMS Beagle unternahm Charles DARWIN eine fünfjährige Forschungsreise (27. 12. 1831 – 2. 10. 1836), die ihn zu seiner „Theorie der natürlichen Auslese“ inspirierte.

1 Belege des evolutionären Wandels

In allen Religionen und Kulturen existieren Schöpfungsmythen, in denen die Erschaffung der Erde und die Entstehung der Vielfalt der Lebewesen auf einen Schöpfer zurückgeführt werden. Naturwissenschaftler formulierten dagegen aufgrund vieler verschiedener Erkenntnisse aus den Bereichen der Physik, der Chemie, der Biologie und der Geologie Theorien zum evolutionären Wandel und entwickeln diese ständig weiter (siehe S. 162 ff.).

Unter **Evolution** versteht man die allmählich fortschreitende Entwicklung bei Lebewesen, von einfachen zu komplexeren Formen.

Die **Evolutionsforschung** beschäftigt sich jedoch nicht nur mit dem Evolutionsvorgang, sondern auch mit den Abstammungsverhältnissen der Lebewesen und den Verwandtschaftsgraden unterschiedlicher Organismengruppen.

1.1 Historische Entwicklung der Evolutionstheorie

Spätestens seit der Antike beschäftigten sich Menschen mit der Frage, wie die unglaubliche Vielfalt der Tier- und Pflanzenarten entstanden sein könnte.

Von Aristoteles bis Cuvier

Der griechische Philosoph ARISTOTELES (384–322 v. Chr.) formulierte im 4. Jahrhundert vor Christus die Theorie, dass alle Arten von Lebewesen von Anfang an vorhanden waren, ewig existieren und unveränderlich bleiben. Diese Theorie der **„Konstanz der Arten“** wurde von den meisten Weltreligionen wie Christentum, Judentum und Islam übernommen. Laut deren Lehrmeinung entwickelten sich die Arten jedoch nicht auf natürliche Weise, sondern wurden in einem Schöpfungsakt durch Gott erschaffen.

Abb. 79: ARISTOTELES

Carl von LINNÉ (1707–1778), der schwedische Naturforscher und Urheber der natürlichen Systematik (siehe S. 15 f.), vertrat die Theorie der Artkonstanz noch im 18. Jahrhundert.
Der französische Zoologe und Begründer der Paläontologie, der Wissenschaft von den Lebewesen vergangener Erdzeitalter, **Georges CUVIER** (1769–1832) war ebenfalls ein Anhänger der Artkonstanz. Er erkannte bei seinen Untersuchungen, dass in unterschiedlichen geologischen Gesteinsschichten die Überreste ganz verschiedener Tierformen zu finden sind, die so nicht mehr existieren. Er erklärte diese Tatsache mit der **Katastrophentheorie:** Im Verlauf der Erdgeschichte waren zu verschiedenen Zeitpunkten Naturkatastrophen über die Erde hereingebrochen und hatten dadurch viele der zum Zeitpunkt der Katastrophe existierenden Lebewesen vernichtet. Die ausgestorbenen Arten wurden seiner Ansicht nach durch neue Arten ersetzt.

Abb. 80: Carl VON LINNÉ (oben) und Georges CUVIER (unten)

Jean Baptiste DE LAMARCK

An der Pariser Akademie der Wissenschaften erstellte der französische Botaniker und Zoologe **Jean Baptiste DE LAMARCK** (1744–1829) als Erster Stammbäume auf der Basis der Verwandtschaft der Organismen. Dabei erkannte LAMARCK die Veränderlichkeit der Arten und entwickelte darauf aufbauend eine ausformulierte **Evolutionstheorie**. Diese ging von einer schrittweisen und **aktiven Anpassung** der Arten an neue Umweltbedingungen aus. Er setzte dabei voraus, dass alle Lebewesen einen **Vervollkommnungstrieb** besitzen. Seiner Theorie nach verändern sich Organe durch den

Abb. 81: Jean Baptiste DE LAMARCK

Gebrauch bzw. den Nichtgebrauch, das heißt, sie werden verbessert bzw. zurückgebildet. Die **erworbenen Eigenschaften** werden von den betreffenden Lebewesen direkt an ihre Nachkommen vererbt.
Lamarck begründete seine Theorie anhand mehrerer Beispiele. Unter anderem führte er die Kängurus an, die als Beuteltiere ihre Jungen in einem Hautbeutel am Unterleib tragen. Laut Lamarck hatten sich die Kängurus angewöhnt, aufrecht zu stehen und sich hüpfend fortzubewegen, da dies den Jungtieren im Beutel mehr Sicherheit und Komfort bietet. Aus dieser aufrechten Fortbewegung und dem dadurch einhergehenden Nichtgebrauch der Vorderbeine resultierte deren Rückbildung. Die hinteren Gliedmaßen hingegen wurden durch die vermehrte Nutzung sehr stark ausgebildet. Auch der Schwanz ist sehr kräftig und voll ausgebildet, da er aufgrund des aufrechten Ganges zum Stützen des ganzen Körpers dient.
Aus heutiger Sicht wird an Lamarcks Evolutionstheorie kritisiert, dass diese davon ausgeht, dass individuell erworbene Eigenschaften vererbt werden. Das würde aber bedeuten, dass sich durch den Gebrauch oder den Nichtgebrauch von Organen die DNS als Träger der Erbinformation (siehe S. 227) in den Geschlechtszellen der betreffenden Organismen verändern müsste. Dies ist aber nach unserem heutigen Kenntnisstand nicht der Fall.

Charles Darwin

Auf einer fünfjährigen Forschungsreise um die Welt an Bord des Schiffes HMS Beagle sammelte der britische Naturforscher **Charles Darwin** (1809–1882) Material aus der Tier- und Pflanzenwelt und wertete seine Beobachtungen mehr als 20 Jahre lang aus. Seine Erkenntnisse fasste er in der **Theorie der natürlichen Auslese** zusammen und veröffentlichte sie 1859 in seinem Buch *„On The Origin of Spezies“* („Über die Entstehung der Arten“). Er ging von einer allmählichen **passiven Angepasstheit** der Arten an sich ändernde Umweltbedingungen aus. Eine der Grundlagen der Theorie war die Tatsache, dass alle Lebewesen Nachkommen im Überschuss erzeugen und diese untereinander nicht alle gleich sind. Diese zufälligen Unterschiede führen bei sich verändernden Umweltbedingungen eventuell dazu, dass einige Individuen Vorteile im Wettbewerb um Lebensraum, Nahrung oder Ge-

Abb. 82: Charles Darwin

schlechtspartner haben. Dadurch können sie sich stärker vermehren als ihre Artgenossen. Aufgrund dieser **natürlichen Auslese** werden die Erbanlagen, auf denen die zufälligen Unterschiede basieren, an eine große Zahl von Nachkommen weitergegeben. Die Erbanlagen für die vorteilhafteren Angepasstheiten sind deshalb in der nächsten Generation vermehrt anzutreffen, was dazu führt, dass die Individuen einer Art im Laufe von Generationen besser an ihre Umwelt angepasst werden.

Darwin war der Ansicht, dass er seine Theorie nur durch züchterische Forschung belegen konnte. Er entschied sich für die Tiergruppe der Haustauben und beschaffte sich die unterschiedlichsten Rassen (siehe Abb. 83).

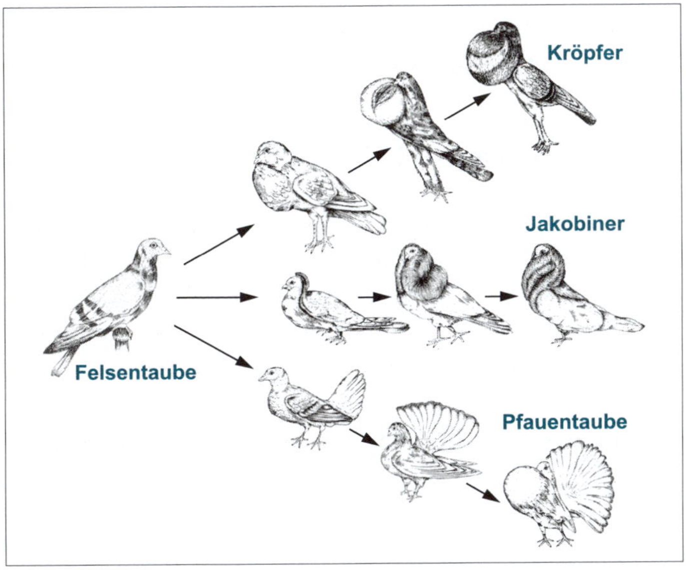

Abb. 83: Verschiedene Taubenrassen lassen sich auf die Felsentaube als Stammart zurückführen

Darwin war überzeugt, dass diese Taubenrassen, trotz der großen Unterschiede zwischen ihnen, alle von der Felsentaube *(Columba livia)* abstammten. Durch gezielte Kreuzungen unterschiedlicher Rassen und der gezielten Auslese unter den unterschiedlichen Nachkommen gelang es Darwin, neue Rassen zu züchten und dadurch die Abstammung von einer gemeinsamen Stammart zu beweisen.

Darwin übertrug die durch seine Arbeit als Taubenzüchter gewonnenen Erkenntnisse auf die Natur und schuf damit die Grundlagen für die Selektionstheorie. Diese wurde seither durch neue Forschungsergebnisse aus der Genetik, der Verhaltensbiologie und der Ökologie zur **Synthetischen Theorie der Evolution** erweitert (siehe S. 162 ff.).

Lange Zeit ging man von der Konstanz der Arten aus. Erst die **Evolutionstheorien** von **LAMARCK** (= aktive Anpassung der Lebewesen an sich ändernde Umweltbedingungen durch Gebrauch oder Nichtgebrauch von Organen und Vererbung dieser erworbenen Merkmale) und von **DARWIN** (= passive Steigerung der Angepasstheit der Lebewesen an sich ändernde Umweltbedingungen durch die effektivere Vermehrung von zufällig besser angepassten Individuen) enthielten die Erkenntnis von der Veränderlichkeit der Arten.

Der Prozess der Evolution als allmählich fortschreitende Entwicklung der Lebewesen ist aufgrund vieler Belege, wie Fossilienfunde, Brückentiere, Homologien und Analogien sowie Rudimente und Atavismen, das zentrale Prinzip der modernen Biologie und liefert eine fundierte Erklärung für die Vielfalt des Lebens auf der Erde. Die wichtigsten Beweise für die Evolution der Organismen werden in den folgenden Kapiteln dargestellt.

1.2 Spuren aus der Vergangenheit – die Fossilien

In den Gesteinsschichten unterschiedlicher geologischer Zeitalter sind Versteinerungen der Körper von Lebewesen, aber auch Fußabdrücke und Ausscheidungen der Organismen zu finden. Manchmal werden **Fossilien** auch eingefroren im Eis, ausgetrocknet in der Wüste, als konservierte Reste in Mooren oder in Bernstein, das heißt in versteinertem Baumharz, gefunden.

Als **Fossilien** bezeichnet man konservierte Überreste und Spuren von Lebewesen aus der Vergangenheit.

Fossilisation

Die Entstehung von Fossilien, die sogenannte Fossilisation, hängt von verschiedenen Umweltbedingungen ab. Nach dem Tod eines Organismus beginnt normalerweise sehr schnell der **Verwesungsprozess**, ein bakterieller Abbau unter aeroben Bedingungen. Manchmal unterbleibt dieser Prozess jedoch aufgrund von **Sauerstoffmangel**. Wenn der Körper des toten Organismus z. B. auf den Boden eines Sees absinkt, bleibt die **Verwesung unvollständig** (siehe Abb. 84 a–c). Im Laufe der Jahre kann nun der Körper durch **Ablagerungen** zugedeckt (siehe Abb. 84 d) und unter **Druck** verfestigt werden. Durch die **Einlagerung** von **Mineralien** in das organische Material entstehen Versteinerungen (siehe Abb. 84 e). Meist fossilisieren nur harte Bestandteile des Körpers wie Zähne, Schalen, Chitinpanzer oder Knochen. Von Weichteilen existieren bis auf sehr seltene Fälle nur Abdrücke.

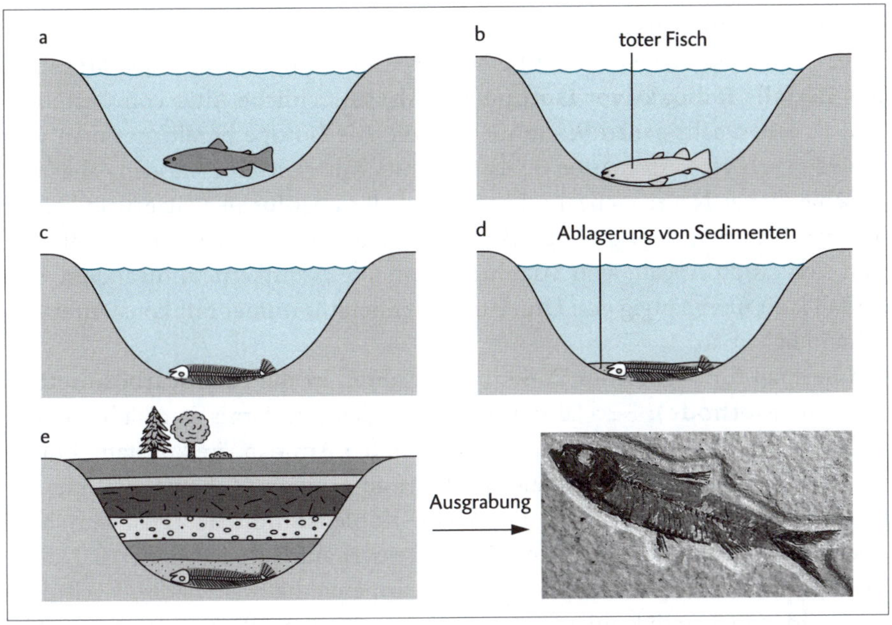

Abb. 84: Bildung einer Versteinerung

Altersdatierung

Im Normalfall sind die oben liegenden Gesteinsschichten geologisch jünger als die weiter unten liegenden. Dadurch ist es möglich, das Alter von Fossilien abzuleiten: Die Fossilien der unteren Schichten sind älter, die der oberen jünger. Da man in diesem Fall das Alter der Fossilien indirekt anhand des Alters der Gesteinsschicht abschätzt, in der sie gefunden wurden, spricht man hier von einer **relativen Altersbestimmung**.
Problematisch ist dabei, dass ältere Gesteine zum Teil im Laufe der Zeit durch Bewegungen der Erdkruste emporgehoben oder Gesteinsschichten übereinandergefaltet werden können. Dadurch wird die relative Datierung erschwert. In diesen und anderen schwierigen Fällen ist es manchmal möglich, das Alter einer Gesteinsschicht und damit auch der darin enthaltenen Überreste anhand des Vorkommens charakteristischer Fossilienarten zu bestimmen, deren Alter ungefähr bekannt ist. Man bezeichnet solche Fossilien als **Leitfossilien**.

Die für ein bestimmtes Erdzeitalter charakteristischen Fossilien werden als **Leitfossilien** bezeichnet und dienen neben dem Fundort in der Schichtenfolge des Gesteins der **relativen Altersbestimmung** von Fundstücken.

Für die Evolutionsforschung ist jedoch eine möglichst genaue Bestimmung des Alters von Fossilien von entscheidender Bedeutung. Mithilfe der **Messung des Zerfalls radioaktiver Isotope** kann das tatsächliche Alter von Gesteinen und Fossilien sehr genau bestimmt werden. Als Isotope bezeichnet man verschieden schwere Atomarten eines Elements mit gleicher Protonen- aber unterschiedlicher Neutronenzahl. Diese Form der **absoluten Datierung** beruht auf der Tatsache, dass die Atomkerne der radioaktiven Isotope instabil sind und sich durch Abgabe von Strahlung in andere Atomkerne umwandeln. Der Zerfall läuft unabhängig von Druck und Temperatur immer mit konstanter Geschwindigkeit ab.
Ein Beispiel für ein solches Datierungsverfahren ist die **Radiocarbonmethode (^{14}C-Methode):** Seit Jahrtausenden ist das Verhältnis von radioaktiven (schweren) ^{14}C-Isotopen zu ^{12}C-Isotopen in der Atmosphäre konstant. Ein lebender Organismus nimmt daher leichte und schwere Kohlenstoffatome im immer gleichen Verhältnis in Form von Kohlenstoffdioxid (Pflanzen) oder über die Nahrung (Pflanzen- und Fleischfresser) auf. Folglich findet sich auch im Körper des Lebewesens das gleiche Isotopenverhältnis wieder. Nach dem Tod wird jedoch kein Kohlenstoff mehr in den Körper aufgenommen. In 5 730 Jahren zerfällt die Hälfte der radioaktiven ^{14}C-Isotope unter Abgabe von Elektronen, der sogenannten β-Strahlung. Man nennt diesen Wert die **Halbwertszeit**.

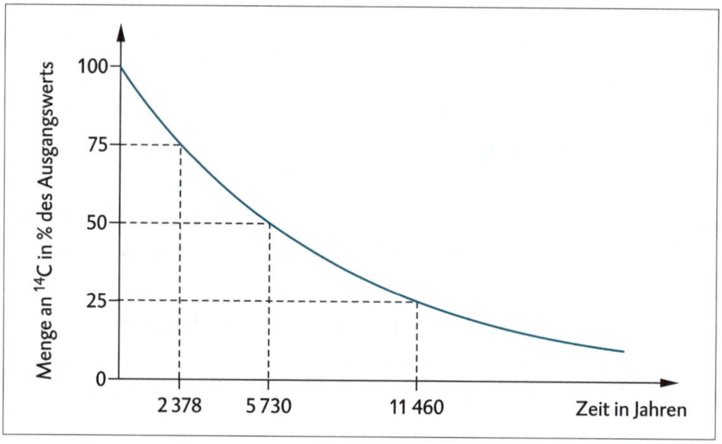

Abb. 85: Zerfallskurve des radioaktiven ^{14}C-Isotops

Nach weiteren 5 730 Jahren ist wieder die Hälfte der noch vorhandenen ^{14}C-Isotope zerfallen, sodass nun nur noch 25 % der ursprünglichen ^{14}C-Menge vorhanden ist. Bei einem 17 190 Jahre alten Fossil sind es demnach z. B. nur noch 12,25 %. Durch den konstanten Zerfall wird der Anteil an radioaktiven ^{14}C-Isotopen in dem Fossil im Laufe der Zeit also immer geringer. Dadurch kann die Radiocarbonmethode für eine Altersbestimmung bis maximal 50 000 Jahre verwendet werden. Manche anderen radioaktiven Isotope haben jedoch längere Halbwertszeiten. Ältere Proben lassen sich z. B. mit der **Kalium-Argon-Datierung** bestimmen, da hier die Halbwertszeit mit 1,3 Milliarden Jahren wesentlich länger ist.

Unter der **Halbwertszeit** versteht man die Anzahl von Jahren, in der die Hälfte eines vorhandenen Isotops zerfallen ist. Der Zerfall von radioaktiven Isotopen wird zur **absoluten Altersbestimmung** genutzt.

Durch vergleichende Untersuchungen mit heute lebenden Organismen und Altersbestimmungen versuchen **Paläontologen**, also die Wissenschaftler der Fossilienlehre, das zeitliche Auftreten und die geografische Verbreitung früherer Lebewesen zu erforschen. Dabei haben sie festgestellt, dass einmal ausgestorbene Formen zu späteren Zeiten nie wieder in identischer Weise aufgetreten sind.
Die Forschungsergebnisse der Paläontologen zeigen deutlich die Gemeinsamkeiten und die Unterschiede zwischen Lebewesen aus der Vorzeit und noch heute lebenden Organismen. Allgemein ist festzustellen, dass ältere Fossilien stärker vom Bauplan heute lebender Organismen abweichen als jüngere.

Fossile Funde zeigen den Artwandel und ermöglichen es, den **Evolutionsverlauf** zu rekonstruieren.

Eine besondere Stellung unter den Fossilien nehmen die **lebenden Fossilien** ein (siehe S. 150 f., lebende Brückentiere).

1.3 Brückentiere als Übergangsformen

Charles DARWIN beschrieb die **Evolution** als allmählich fortschreitende Entwicklung von einfachen zu komplexeren Lebensformen. Deshalb suchte er nach Übergangsformen, den sogenannten *Missing Links* („fehlende Bindeglieder", auch: Übergangs-, Zwischen-, Mosaik- und Brückenformen), als Beweis für den Übergang zwischen systematisch benachbarten Gruppen von Lebewesen.

Als **Übergangs-** oder **Zwischenformen** bezeichnet man Lebewesen, die eine Kombination von Merkmalen stammesgeschichtlich älterer und jüngerer Gruppen von Lebewesen aufweisen.

Der *Archaeopteryx*

Eine der bekanntesten Übergangsformen, der Urvogel *Archaeopteryx*, wurde erstmals 1861 in Jura-Kalkstein aus Solnhofen in Bayern gefunden. Das etwa 150 Millionen Jahre alte Fossil zeigt neben dem namensgebenden Federkleid (altgriech. *archaios* uralt, *pteryx* Feder, Flügel), einem typischen Vogelschädel, dem Gabelbein, einem Greiffuß und den zum Lauf verwachsenen Mittelfußknochen bereits einige Merkmale der stammesgeschichtlich jüngeren Gruppe der **Vögel**. Andere Merkmale wie der bezahnte Kiefer, die freien Fingerendglieder mit Krallen und die lange Schwanzwirbelsäule sind jedoch typisch für die stammesgeschichtlich ältere Gruppe der **Reptilien**.

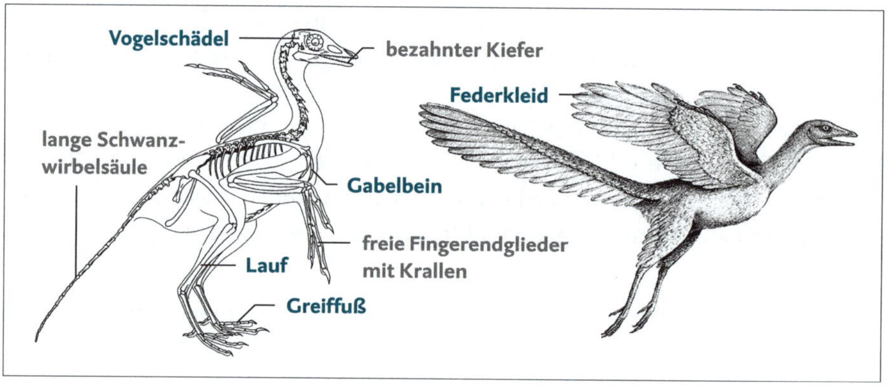

Abb. 86: Skelett (links) und Lebendrekonstruktion (rechts) des Urvogels *Archaeopteryx*;
blau: Vogelmerkmale, **grau:** Reptilienmerkmale

Lebende Brückentiere

Eine Besonderheit unter den Übergangsformen bilden die **lebenden Brückentiere** wie das Schnabeltier und der Quastenflosser.

- Das in Australiens Süßgewässern vorkommende **Schnabeltier** (siehe Abb. 87) säugt seine Jungen wie ein Säugetier über Milchdrüsen auf der Bauchseite, besitzt ein Fell und weist mit 32 °C eine zwar niedrige, aber doch gleichwarme Körpertemperatur auf. Die nachtaktiven Fleischfresser suchen ihre Nahrung (Krabben, Würmer, Insektenlarven) unter Wasser mit ihrem entenähnlichen Schnabel. Im Wasser bewegen sie sich mit einem abgeplatteten Schwanz und mithilfe der Schwimmhäute zwischen den Vorder- und Hinterbeinen vorwärts. Wie Reptilien legen Schnabeltiere etwa 3 weichschalige Eier und bebrüten diese dann etwa 10 Tage lang wie Vögel.

- Die in den tiefen Gewässern vor den Komoren lebenden **Quastenflosser** (siehe Abb. 87) weisen immer noch sehr große Ähnlichkeit mit ihren vor etwa 400 bis 70 Millionen Jahren ausgestorbenen Verwandten auf. Auffällig sind vor allem die paarigen und sehr muskulösen Brust- und Bauchflossen. Da die Flossen in ihrem Bau den Gliedmaßen von Landwirbeltieren ähneln und die fossilen Funde der ausgestorbenen Vorfahren eine zur Atmung umgebildete Schwimmblase vermuten lassen, werden die Quastenflosser als „Urahnen" der Landwirbeltiere und damit als Übergangsform zwischen der Gruppe der Fische und der Gruppe der Amphibien angesehen.

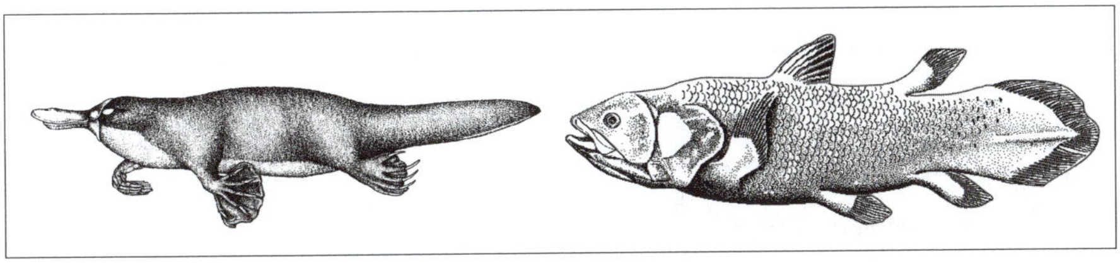

Abb. 87: Schnabeltier (links) und Quastenflosser (rechts)

1.4 Homologie und Analogie

Homologie

Alle Lebewesen werden nach Carl von Linné aufgrund abgestufter Ähnlichkeiten **systematisch** in Verwandtschaftsgruppen eingeteilt (siehe S. 15 f.). Allerdings müssen Ähnlichkeiten zwischen Lebewesen unterschiedlicher systematischer Gruppen nicht zwangsläufig bedeuten, dass die beiden Lebewesen einen gemeinsamen Vorfahren haben. Nur diejenigen Gemeinsamkeiten, die sich auf eine gemeinsame Erbinformation zurückführen lassen, beruhen auf Verwandtschaft und werden als **Homologien** bezeichnet.

Homologien weisen aufgrund gemeinsamer Erbinformationen auf gemeinsame Vorfahren hin. **Homologe Organe** und Strukturen lassen sich also auf einen gemeinsamen Grundbauplan zurückführen.

Da homologe Organe trotz ihres gemeinsamen Ursprungs sehr unterschiedlich aussehen und völlig verschiedene Aufgaben erfüllen können, sind sie nicht immer sofort klar und eindeutig zu erkennen. Dies zeigt das folgende Beispiel: Alle heutigen Wirbeltierklassen (Fische, Amphibien, Reptilien, Vögel und Säugetiere) stammen von einem gemeinsamen Vorfahren, einer Art „Urfisch", ab. Im Laufe der stammesgeschichtlichen Entwicklung fand bekanntermaßen zuerst der Übergang vom Wasser zum Land (siehe dazu S. 53 f.) und später sogar die Besiedelung des Lebensraumes Luft statt. Dabei erfuhren die Vorderextremitäten der verschiedenen Wirbeltiere eine Funktionsänderung (siehe Abb. 88). Das heißt, sie erfüllen zum Teil ganz unterschiedliche Funktionen wie Schwimmen, Laufen, Fliegen, Greifen und Graben und sehen daher oft sehr unterschiedlich aus, obwohl sie auf einen gemeinsamen Grundbauplan zurückgehen.

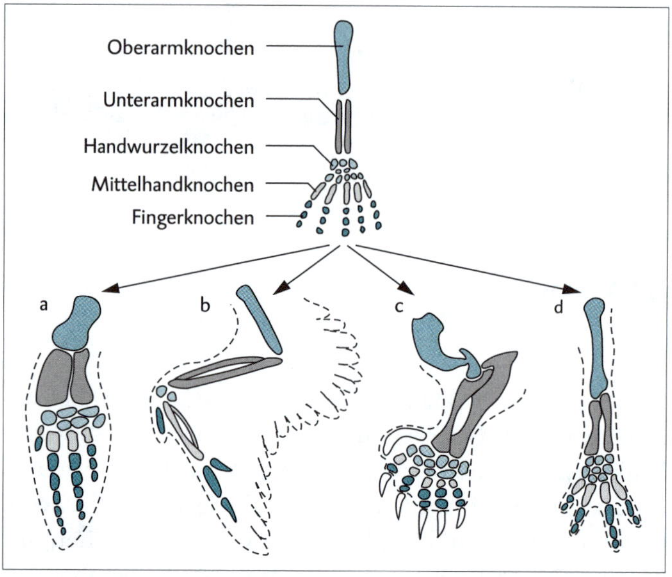

Abb. 88: Die Vorderextremitäten unterschiedlicher Wirbeltiere lassen sich auf einen Grundbauplan zurückführen und als Abwandlungen erkennen; a: Delfin, b: Vogel, c: Maulwurf, d: Amphib

Um zu überprüfen, ob eine Homologie vorliegt, werden drei Kriterien herangezogen:

- **Kriterium der Lage:** Das Kriterium der Lage lässt sich am Beispiel der Vorderextremitäten der Wirbeltiere gut erklären: Die Vorderextremitäten befinden sich im Gesamtskelett aller Wirbeltiere an vergleichbarer Stelle und sind in gleicher Anzahl vorhanden. Außerdem liegen Einzelmerkmale wie spezielle Knochen, z. B. der Oberarmknochen und die Unterarmknochen Elle und Speiche, im Skelett der Vorderextremitäten an ähnlichen Positionen. So können alle Abwandlungen, trotz der zum Teil sehr unterschiedlichen Funktionen und der damit auch sehr vielfältigen äußeren Erscheinungsbilder, einem gemeinsamen Grundbauplan zugeordnet werden.

- **Kriterium der spezifischen Qualität:** Bei sehr komplexen Organen wie den Vorderextremitäten der Wirbeltiere werden zahlreiche Einzelmerkmale wie der Knochenaufbau, die Gelenktypen oder auffällige Rundungen an Einzelknochen zur genaueren Beurteilung herangezogen.
- **Kriterium der Stetigkeit:** Aufgrund fossiler Funde lassen sich durch Zwischenformen die Weiterentwicklungen von verschiedenen Organen und Strukturen zurückverfolgen und dadurch Übereinstimmungen zwischen ihnen erkennen. Beispielsweise zeigt die stammesgeschichtliche Entwicklung des steppenbewohnenden Fluchttieres Pferd *(Equus)*, das nur noch über eine Zehe verfügt, die stetige Abnahme der Zehenzahl seit dem waldbewohnenden hasengroßen Urpferd *(Hyracotherium)*. Dies ist ein Beweis dafür, dass es sich bei den Füßen des Urpferdes und des heutigen Pferdes um homologe Organe handelt.

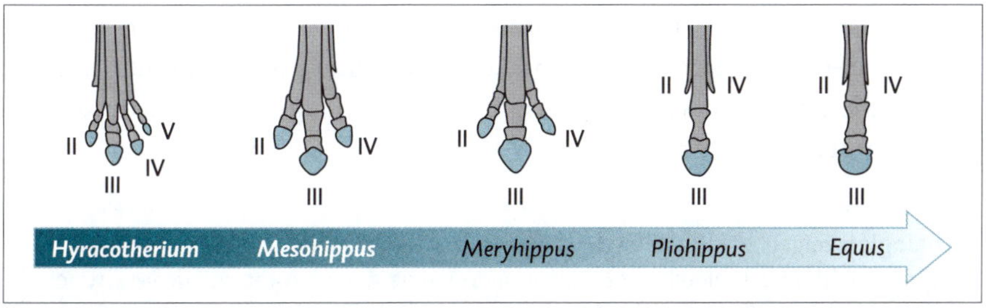

Abb. 89: Die stammesgeschichtliche Entwicklung des Pferdevorderfußes: Von den ehemals 4 Zehen (II bis V) blieb nur die immer kräftiger werdende Zehe III übrig, die restlichen bildeten sich zu den sogenannten Griffelbeinen zurück.

Von **homologen Organen** spricht man, wenn mindestens eines der drei Homologiekriterien, also das der Lage, der spezifischen Qualität oder der Stetigkeit, erfüllt ist.

Obwohl klare Kriterien existieren, ist es oft sehr schwer, homologe Organe eindeutig zu erkennen. Wesentlich ist meistens, dass die stammesgeschichtliche Entwicklung der zu vergleichenden Lebewesen bekannt ist, da nur so die Abwandlung homologer Organe und Strukturen in einen sinnvollen Gesamtzusammenhang gestellt werden kann. Je mehr Übereinstimmungen sich ergeben und je mehr Merkmale ähnlich zueinander sind, desto näher sind Lebewesen miteinander verwandt.

Analogie

Auch zwischen den Extremitäten einiger Wirbeltiere und Insekten lassen sich Gemeinsamkeiten erkennen (siehe Abb. 90).

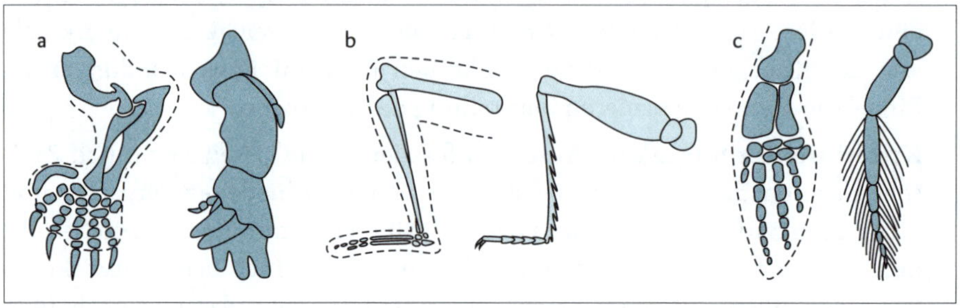

Abb. 90: Vorderextremitäten des Maulwurfs und der Maulwurfsgrille (a, Grabbeine); Hinterextremitäten des Kängurus und der Heuschrecke (b, Sprungbeine); Extremitäten des Delfins und des Rückenschwimmers (c, Schwimmbeine)

Trotz dieser äußeren Ähnlichkeiten sind Wirbeltiere und Insekten jedoch nicht näher miteinander verwandt. Die Ähnlichkeiten und vor allem die gleichen Funktionen (z. B. Graben, Springen und Schwimmen) lassen sich als Ergebnisse der Angepasstheit nicht näher verwandter Arten an einen vergleichbaren Lebensraum bzw. ähnliche Umweltbedingungen erklären und werden als **Analogien** bezeichnet.

Analogien zeigen Ähnlichkeiten im äußeren Erscheinungsbild und in der Funktion, aber aufgrund sehr unterschiedlicher Erbinformationen deutliche Unterschiede im Grundbauplan. **Analoge Organe** oder Strukturen lassen sich also nicht verwandtschaftlich voneinander ableiten.

Die Entwicklung, die zu Übereinstimmungen im äußeren Erscheinungsbild und in der Funktion von Strukturen und Organen bei nicht näher verwandten Arten führt, wird als **konvergente Entwicklung (Konvergenz)** bezeichnet.

Konvergenz, also die Entstehung analoger Organe, ist das Ergebnis vergleichbarer Umweltbedingungen in ähnlichen Lebensräumen.

Beispiel: Maulwurfsgrille und Maulwurf sind an das Leben in der Erde angepasst. Die Vorderextremitäten sind bei beiden Tierarten als Grabbeine mit deutlich verbreiterten Grabschaufeln gestaltet (siehe Abb. 90 a), obwohl sich die Grundbaupläne des Insekten- und des Wirbeltierbeines eindeutig voneinander unterscheiden. Die ähnliche Gestalt und die identische Funktion sind in diesem Fall also nicht auf Abstammung und damit auch nicht auf Verwandtschaft zurückzuführen, sondern auf eine Angepasstheit an den gleichen Lebensraum (Erdboden). Die Entwicklung, die zur Entstehung der beiden analogen Organe geführt hat, wird als konvergente Entwicklung bezeichnet.

1.5 Rudimente und Atavismen

Bei vielen Lebewesen finden sich Reste ehemals funktionstüchtiger Strukturen oder Organe, die für die Organismen jedoch entweder überflüssig sind oder eine völlig andere Aufgabe haben als die ursprüngliche. Diese sogenannten **Rudimente** (siehe Abb. 91 a) können jedoch Hinweise auf Verwandtschaft und damit auch auf die Abstammung geben.
Bei einzelnen Individuen kann es vorkommen, dass die im Normalfall rückgebildeten Reste voll ausgeprägt sind. In diesem Fall spricht man von einem **Atavismus** (siehe Abb. 91 b).

Relikte, also zum Teil oder vollständig funktionslose Reste ehemals funktionstüchtiger Organe und Strukturen, werden als **Rudimente** bezeichnet. Ein zufälliges Auftreten einer Struktur oder eines Organs in seiner ursprünglichen Form nennt man **Atavismus**.

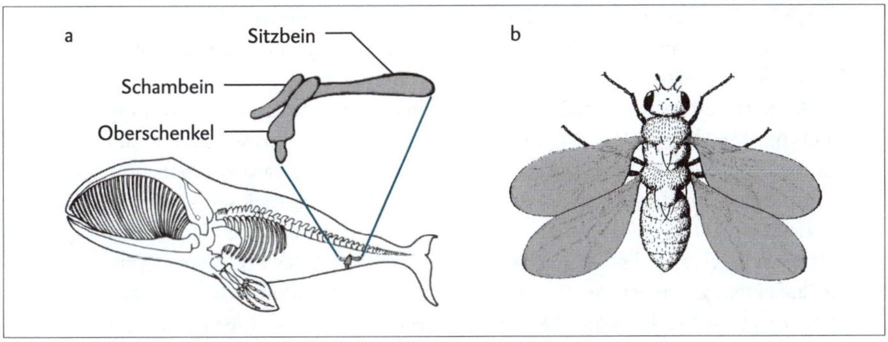

Abb. 91: Rudimentäres Becken eines Wals (a); atavistisches zweites Flügelpaar bei einer Fliege (b)

Beispiele für Rudimente:

- Das zurückgebildete Becken der Wale (siehe Abb. 91 a), das bei den landlebenden Vorfahren der Tiere den Rumpf mit den Hinterextremitäten verbunden hat.

- Das Steißbein des Menschen, das als Rudiment der Schwanzwirbelsäule gilt.
- Die Reste des Blinddarms mit Wurmfortsatz im menschlichen Körper. Der Blinddarm diente bei unseren Vorfahren zum Nutzbarmachen schwer verdaulicher Nahrung.

Beispiele für Atavismen:
- Bei Pferden können die eigentlich rückgebildeten Zehen (siehe Abb. 89, S. 153) als verlängerte Griffelbeine mit Zehenknochen und Hufen auftreten.
- Beim Menschen sind manchmal ein stark verlängertes schwanzartiges Steißbein, eine ausgeprägte Behaarung des gesamten Körpers oder überzählige Brustwarzen zu beobachten.

Zusammenfassung

Unter **Evolution** versteht man die allmählich fortschreitende Entwicklung bei Lebewesen von einfachen zu komplexeren Formen. Verschiedene Belege weisen darauf hin, dass im Laufe der Jahrmillionen eine stammesgeschichtliche Entwicklung stattgefunden hat:
- **Fossilien** sind konservierte Überreste bzw. Spuren von Lebewesen aus früheren Erdzeitaltern. Sie dokumentieren dadurch den Artwandel und den Evolutionsverlauf. Die **Altersbestimmung** der Funde erfolgt entweder **absolut**, also über den Zerfall radioaktiver Isotope, oder **relativ** über den Fundort in der Schichtenfolge des Gesteins bzw. durch **Leitfossilien**. Als Leitfossilien werden die fossilen Überreste von für ein bestimmtes Erdzeitalter charakteristischen Lebewesen bezeichnet.
- **Brückentiere (Brückenformen)** weisen Merkmale von verschiedenen Organismengruppen auf und zeigen dadurch den Übergang zwischen der stammesgeschichtlich älteren und der stammesgeschichtlich jüngeren Gruppe. Neben den ausgestorbenen Brückenformen existieren auch einige lebende Beispiele.
- Bei **Ähnlichkeiten** zwischen Lebewesen unterscheidet man zwischen **Analogien**, also Ähnlichkeiten, die auf einer Angepasstheit an einen vergleichbaren Lebensraum beruhen und keinerlei Hinweise auf einen gemeinsamen Vorfahren geben, und den **Homologien**, bei denen sich die Ähnlichkeiten auf einen gemeinsamen Grundbauplan, das heißt auf gemeinsame Vorfahren zurückführen lassen. Anhand der **3 Homologiekriterien** (Lage, spezifische Qualität und Stetigkeit) lässt sich erkennen, ob die Ähnlichkeit auf einem gemeinsamen Vorfahren und damit auf Verwandtschaft beruht.
- Unter den Begriffen **Rudimente** und **Atavismen** werden Organe und Strukturen zusammengefasst, die für das jeweilige Individuum in der Regel funktionslos sind, aber Abstammungshinweise liefern.

Aufgrund dieser Belege gilt die **Evolutionstheorie** vom Wandel der Arten durch natürliche Auslese in der modernen Wissenschaft als anerkannte Erklärung dafür, wie sich das Leben auf der Erde von der Urzelle zu den komplexen Organismen allmählich fortschreitend entwickelt hat.

62 Giraffenmännchen erreichen eine Körperhöhe von bis zu 6 Metern. Die Schulterhöhe der Tiere liegt meist zwischen 2,5 und 3 Metern. Weibchen sind in der Regel etwas kleiner. Die Halswirbelsäule besteht wie bei fast allen Säugetieren aus nur sieben Halswirbeln, die jedoch außergewöhnlich stark verlängert sind. Die Evolutionstheorien von DARWIN und LAMARCK erklären die Entstehung des langen Giraffenhalses auf unterschiedliche Art und Weise.

a Die folgenden Bilder und Texte stellen die Entstehung der langen Hälse bei den Giraffen anhand der beiden Evolutionstheorien dar. Ordne den jeweiligen Bildern die passenden Texte zu.

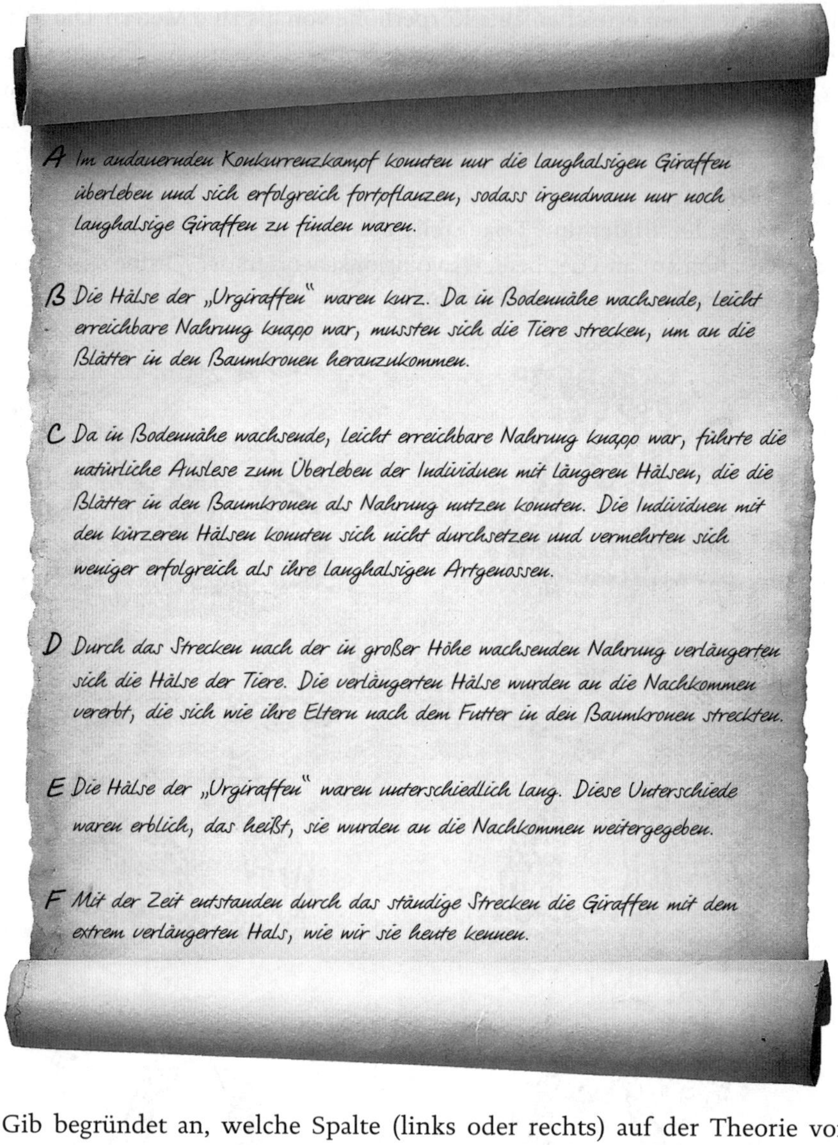

A Im andauernden Konkurrenzkampf konnten nur die langhalsigen Giraffen überleben und sich erfolgreich fortpflanzen, sodass irgendwann nur noch langhalsige Giraffen zu finden waren.

B Die Hälse der „Urgiraffen“ waren kurz. Da in Bodennähe wachsende, leicht erreichbare Nahrung knapp war, mussten sich die Tiere strecken, um an die Blätter in den Baumkronen heranzukommen.

C Da in Bodennähe wachsende, leicht erreichbare Nahrung knapp war, führte die natürliche Auslese zum Überleben der Individuen mit längeren Hälsen, die die Blätter in den Baumkronen als Nahrung nutzen konnten. Die Individuen mit den kürzeren Hälsen konnten sich nicht durchsetzen und vermehrten sich weniger erfolgreich als ihre langhalsigen Artgenossen.

D Durch das Strecken nach der in großer Höhe wachsenden Nahrung verlängerten sich die Hälse der Tiere. Die verlängerten Hälse wurden an die Nachkommen vererbt, die sich wie ihre Eltern nach dem Futter in den Baumkronen streckten.

E Die Hälse der „Urgiraffen“ waren unterschiedlich lang. Diese Unterschiede waren erblich, das heißt, sie wurden an die Nachkommen weitergegeben.

F Mit der Zeit entstanden durch das ständige Strecken die Giraffen mit dem extrem verlängerten Hals, wie wir sie heute kennen.

b Gib begründet an, welche Spalte (links oder rechts) auf der Theorie von LAMARCK und welche auf der Theorie von DARWIN beruht.

63 Fossilien sind wichtige Belege für die Evolutionstheorie.

a Definiere den Begriff „Fossil“.

b Nenne vier verschiedene Umstände oder Bedingungen, unter denen sich Fossilien bilden können.

64 Bei den **Ammoniten** handelt es sich um eine ausgestorbene Kopffüßergruppe. Vor circa 400 bis 65 Millionen Jahren war diese artenreiche Gruppe weltweit verbreitet. Zu bestimmten eng umgrenzten Zeiten traten einige Ammonitenarten massenhaft auf.

a Definiere den Begriff „Leitfossil".

b Erläutere anhand der Informationen die Bedeutung dieser Leitfossilien.

Versteinerter Ammonit

65 Auf Grönland wurden die etwa 360 bis 370 Millionen Jahre alten Überreste des 1,5 m langen *Ichthyostega*, eines der ältesten bekannten Landwirbeltiere, gefunden.

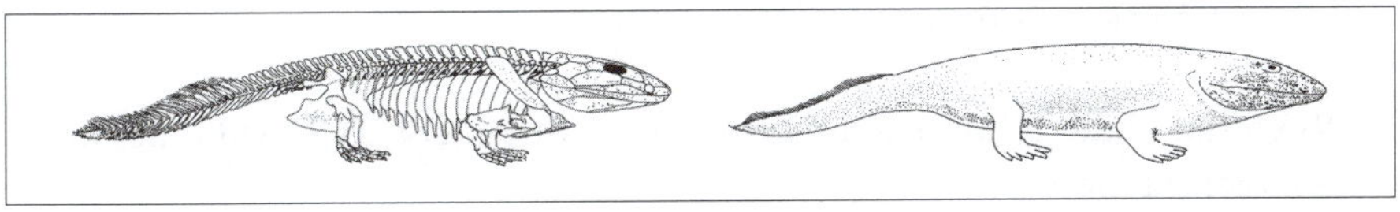

Ichthyostega

Fossil erhalten sind unter anderem die paddelförmigen Hinterbeine, die an einem großen und kräftigen Beckengürtel ansetzen und aus Oberschenkelknochen, Schien- und Wadenbein, Fußwurzelknochen und sieben Zehenknochen bestehen. Auffällig im Schädelskelett sind Kiemenbögen und hohle Kammern. Die Kammern enthielten vermutlich Hörorgane, die zum Hören unter Wasser ausgezeichnet geeignet waren. Daneben besaß *Ichthyostega* ein Seitenliniensystem. Zum Schwimmen diente der fischartig gebaute Schwanz aus knöchernen Flossenstrahlen.

a Erkläre, was man unter einem Brückentier versteht.

b Erläutere die Bedeutung von *Ichthyostega* für die Forschung.

c Ergänze die folgende Tabelle, indem du die fischtypischen und die landwirbeltiertypischen Merkmale von *Ichthyostega* aufführst.

Typisch für Fische	Typisch für Landwirbeltiere
•	•
•	•
•	•
•	

66 Die absolute Altersbestimmung von Fossilien erfolgt nach einem physikalischen Prinzip.

a Gib den Namen einer auf diesem Prinzip beruhenden Methode an.

b Wie lange dauert es, bis von 4 g radioaktiven Kohlenstoffes noch 0,5 g vorhanden sind?
Leite dein Ergebnis her.

67 1878 wurde in der fränkischen Alb bei Eichstätt ein etwa 150 Millionen Jahre altes Fossil gefunden.
Beschrifte die Abbildung rechts und gib den Namen dieses Tieres an.

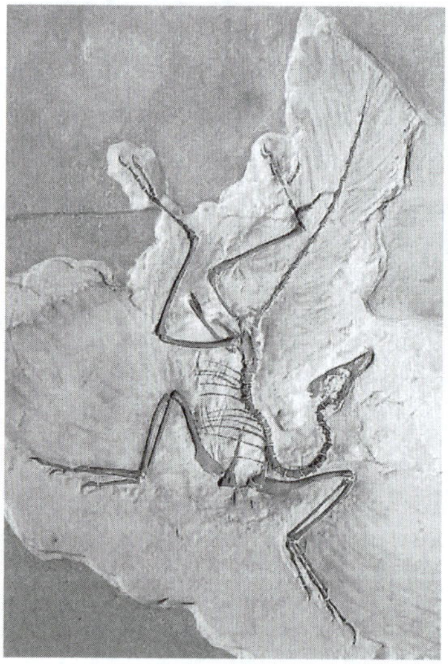

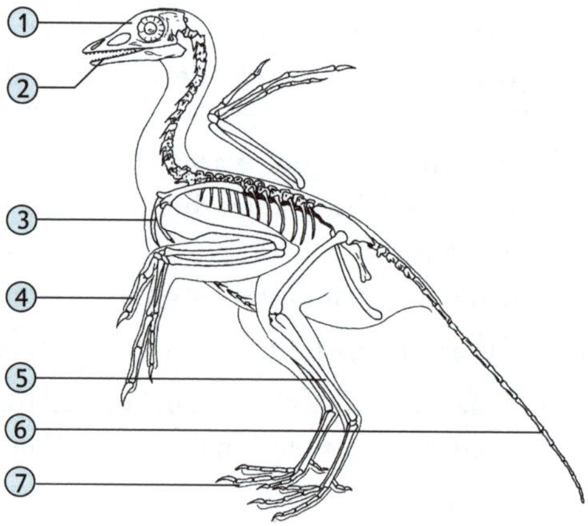

68 Gib anhand deines Wissens und anhand der folgenden Informationen begründet an, welche der folgenden Merkmalspaare/Gruppen homolog bzw. analog sind.

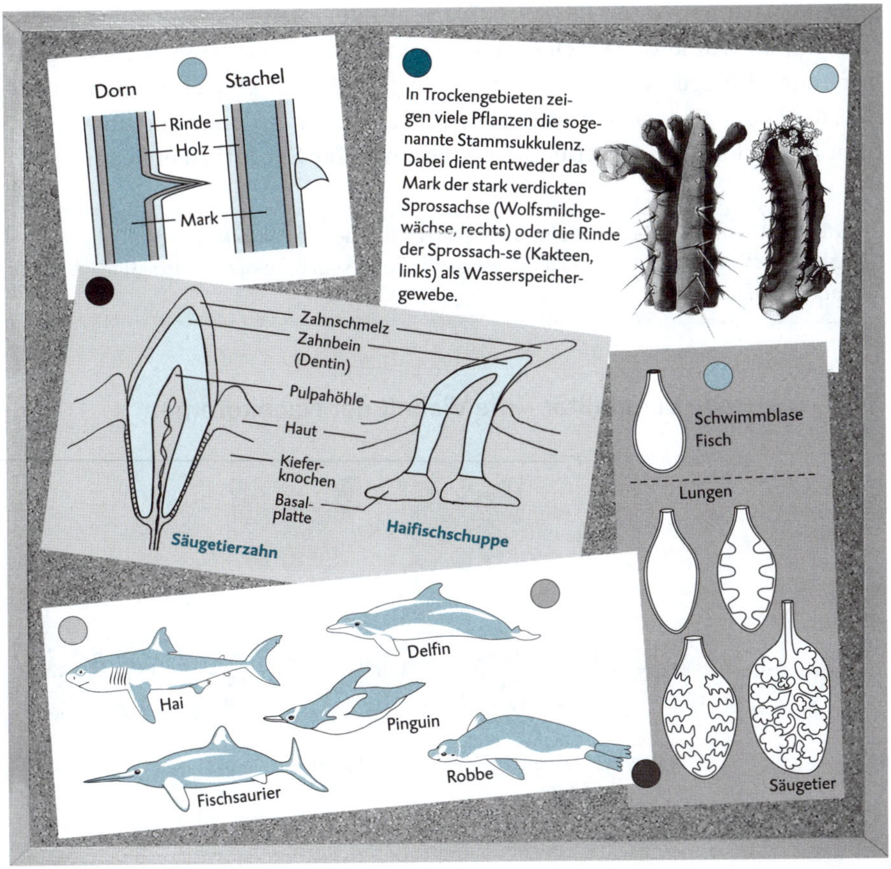

	analog	homolog
a Schulp von Tintenfisch, Schneckengehäuse und Muschelschale	☐	☐
b Kakteen und Wolfsmilchgewächse	☐	☐
c Haifischschuppen und Säugetierzähne	☐	☐
d Stacheln und Dornen von Pflanzen	☐	☐
e Schwimmblase und Lunge	☐	☐
f Körperformen von Wassertieren	☐	☐

2 Die Evolutionsfaktoren

Die von Charles DARWIN entwickelte Evolutionstheorie der natürlichen Auslese ist heute unter Naturwissenschaftlern allgemein anerkannt. In den letzten Jahrzehnten wurde sie jedoch durch Erkenntnisse aus weiteren Forschungsgebieten der Biologie wie etwa aus der Embryologie, der vergleichenden Anatomie, der Ökologie, der Molekulargenetik, der Verhaltensforschung und der Populationsbiologie zur **Synthetischen Theorie der Evolution** erweitert.

Die Synthetische Theorie der Evolution erweitert die Theorie DARWINS um die fünf **Evolutionsfaktoren** Mutation und Rekombination (Neukombination), Isolation, Gendrift und Selektion.

2.1 Genetische Variabilität – die Vielfalt der Nachkommen

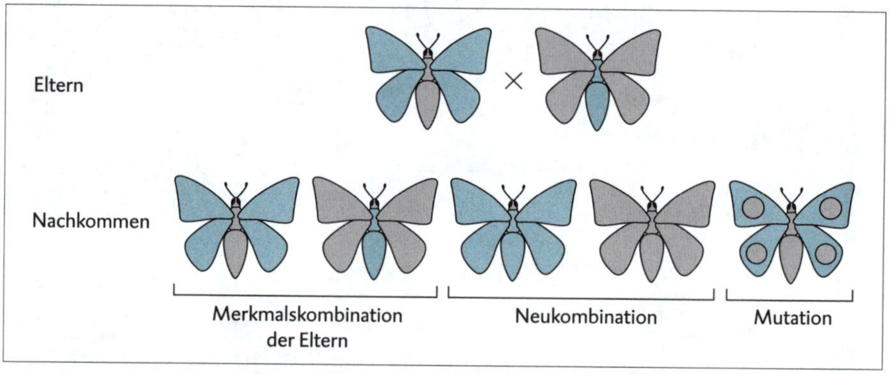

Abb. 92: Genetische Variabilität aufgrund von Neukombination und Mutation (x = Paarung, Kreuzung)

Bereits DARWIN erkannte, dass Lebewesen Nachkommen im Überschuss erzeugen und dass sich die Nachkommen geringfügig, aber individuell in ihren Merkmalen unterscheiden. Die Grundlage für diese zufälligen Unterschiede, nämlich unterschiedliche Erbinformationen (unterschiedliche Gene), war DARWIN jedoch noch nicht bekannt. Die **genetische Variabilität** beruht auf zwei Ursachen:

- **Rekombination (Neukombination)** der elterlichen Erbinformationen während der geschlechtlichen Fortpflanzung (siehe Abb. 28, S. 44 und Abb. 92). Dabei entstehen bei den Nachkommen keine neuen Merkmalsvarianten, sondern nur Neukombinationen der elterlichen Merkmale.

- **Mutationen** (siehe Abb. 92) sind ungerichtete und zufällige Veränderungen der Erbinformationen. Durch die Veränderungen in den DNS-Molekülen werden neue Merkmale ausgebildet, die zumeist nachteilig, manchmal aber auch vorteilhaft für das jeweilige Lebewesen sind, vor allem bei sich plötzlich verändernden Umwelt- und Lebensbedingungen.

Die genetische Variabilität der Nachkommen erhöht die Wahrscheinlichkeit für zufällig vorteilhafte Angepasstheiten bei geänderten Lebensbedingungen und ermöglicht dadurch erst die natürliche Auslese.

Die genetische Variabilität der Individuen beruht auf **Rekombination (Neukombination)** der elterlichen Merkmale bei der geschlechtlichen Fortpflanzung und auf **Mutationen**.

2.2 Isolation – die Unterbrechung des Genflusses

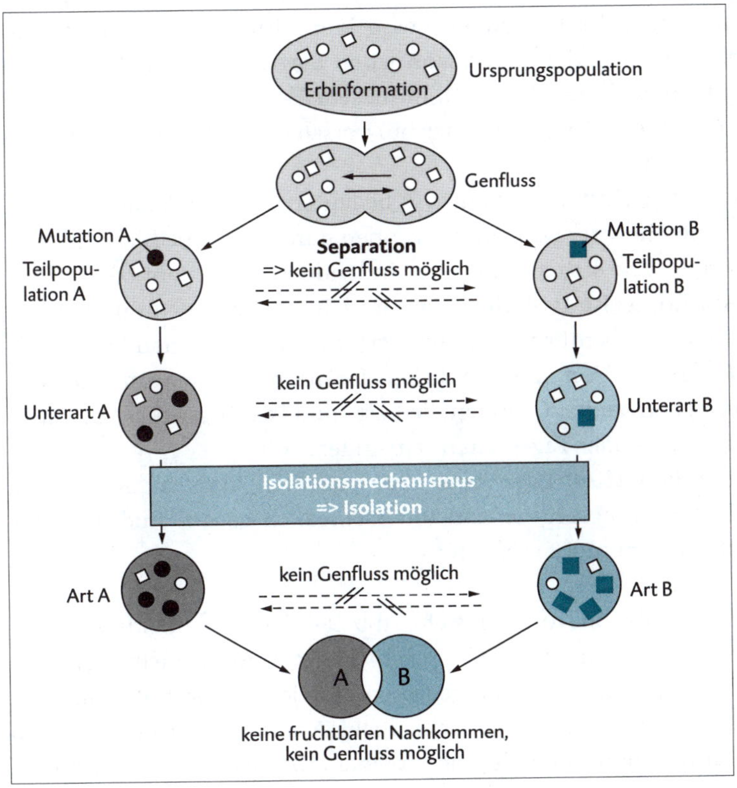

Abb. 93: Prozess der Artaufspaltung aus einer gemeinsamen Population

Eine Gruppe von Individuen einer Art, die zur gleichen Zeit in einem Gebiet lebt, bezeichnet man als **Population**. Laut biologischem Artbegriff (siehe S. 16) bedeutet dies, dass sie sich paaren und fruchtbare Nachkommen erzeugen können.
Werden die Mitglieder einer Population zufällig durch unüberwindliche Hindernisse räumlich getrennt, dann kann zwischen den Organismen der entstandenen **Teilpopulationen** keine Paarung und damit auch kein Austausch von Erbinformationen mehr stattfinden. Man spricht davon, dass der **Genfluss** gestört ist. Zu einer solchen Trennung, die als **Separation** bezeichnet wird, kann es beispielsweise durch Naturereignisse bzw. Naturkatastrophen wie Erdbeben, Vulkanausbrüche, Waldbrände, Überschwemmungen oder durch die Bildung von Kältegebieten während Eiszeiten kommen.
Zufällig auftretende Mutationen oder auch vorteilhafte Neukombinationen elterlicher Merkmale werden also nur noch innerhalb der jeweiligen Teilpopulation weitergegeben. Je länger die Separation andauert, desto stärker unterscheiden sich die Individuen der beiden Teilpopulationen in Aussehen oder Verhalten, es haben sich zwei **Unterarten** gebildet. Die Entwicklung kann sogar so weit führen, dass sich die Individuen der beiden Gruppen auch nach dem Wegfall der für die Separation verantwortlichen Barriere nicht mehr untereinander paaren können (siehe Abb. 93). In diesem Fall spricht man von einer **Isolation**. Eine solche Isolation lässt sich auf verschiedene **Isolationsmechanismen** zurückführen:

- **Ökologische Isolation:** Dies kann z. B. bedeuten, dass die beiden aus den Teilpopulationen hervorgegangenen Gruppen nun unterschiedliche Lebensräume bewohnen und sich die einzelnen Individuen nicht mehr begegnen.
- **Verhaltensbiologische Isolation:** Dies ist z. B. der Fall, wenn in den beiden Gruppen unterschiedliche Balz- und Paarungsrituale entstanden sind.
- **Zeitliche Isolation:** Von einer zeitlichen Isolation spricht man beispielsweise, wenn in den beiden Gruppen die Balz- und Paarungsrituale zu unterschiedlichen Jahres- oder Tageszeiten stattfinden.
- **Mechanische Isolation:** Dies kann z. B. bedeuten, dass in den beiden Gruppen die Begattungsorgane nun unterschiedlich gebaut sind und eine Paarung deshalb nicht mehr möglich ist.

Beispiel für einen Isolationsvorgang (siehe Abb. 94): Während der letzten Eiszeit wurde eine Population von Kleibern (etwa 15 cm große Klettervögel) in zwei Teilpopulationen separiert. Infolgedessen entwickelten sich im Laufe der Zeit aus einer Ursprungsart zwei unterschiedliche Arten: Der hauptsächlich im südöstlichen Europa vorkommende Felsenkleiber *(Sitta neumayer)* klettert auf

der Suche nach Nahrung hauptsächlich an Felsen und unterscheidet sich von dem im östlichen Asien lebenden Klippenkleiber *(Sitta tephronota)* durch das Fehlen der weißen Schwanzunterseite, die Schnabellänge und die Stimme.
An diesem Beispiel lassen sich zwei verschiedene Isolationsmechanismen erkennen. Die ökologische Isolation ist durch das Bewohnen zweier unterschiedlicher Regionen gegeben. Sollten sich die beiden Kleiberarten jedoch zufälligerweise im Bereich des Schwarzen bzw. des Kaspischen Meeres begegnen, sind sie aufgrund ihres unterschiedlichen Aussehens und ihrer unterschiedlichen Stimme verhaltensbiologisch isoliert.

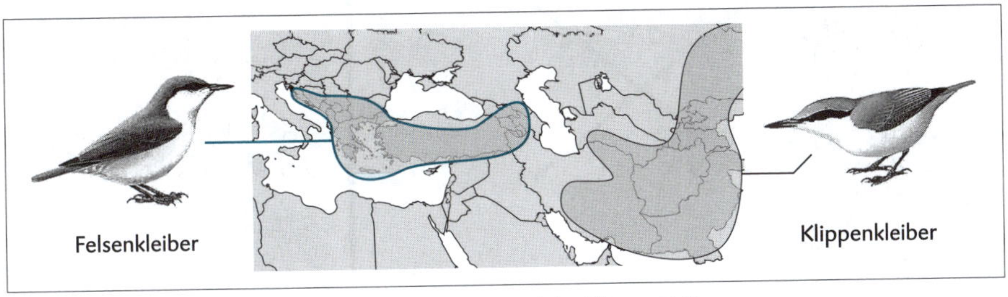

Abb. 94: Die Verbreitungsgebiete des Felsenkleibers und des Klippenkleibers

Wenn Isolationsmechanismen verhindern, dass sich die Individuen zweier Teilpopulationen paaren und fruchtbare Nachkommen zeugen, dann sind aus den beiden Populationen einer Art im Laufe eines langen Zeitraumes erst zwei Unterarten und schließlich sogar zwei neue Arten entstanden. Es hat also eine **Artaufspaltung** stattgefunden.

Von einer **Artaufspaltung** spricht man, wenn sich Populationen in Teilpopulationen separieren und aufgrund von Isolationsmechanismen kein Genfluss mehr stattfindet.

2.3 Gendrift – die zufällige Auslese

Je kleiner die Population ist, desto bedeutender ist die Rolle der zufälligen Auslese, der sogenannten **Gendrift**. Aufgrund von Naturereignissen bzw. Katastrophen wie Erdbeben, Vulkanausbrüchen, Waldbränden, Wirbelstürmen oder auch Überschwemmungen werden zu-

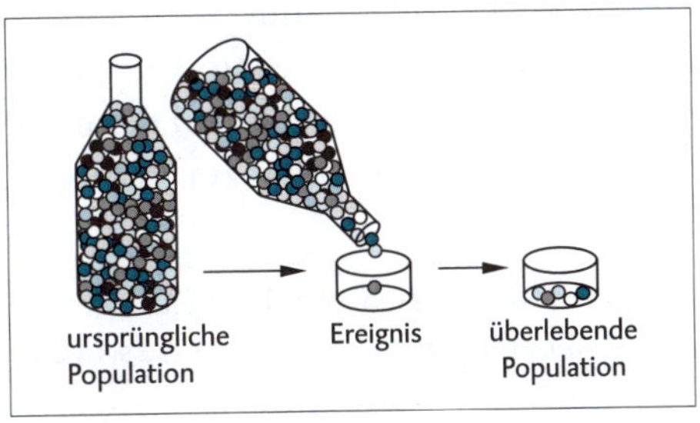

Abb. 95: Modellvorstellung zur Gendrift

fällig einzelne Individuen getötet oder von der Ursprungspopulation getrennt, wodurch auch deren Erbinformationen aus der Population verschwinden.

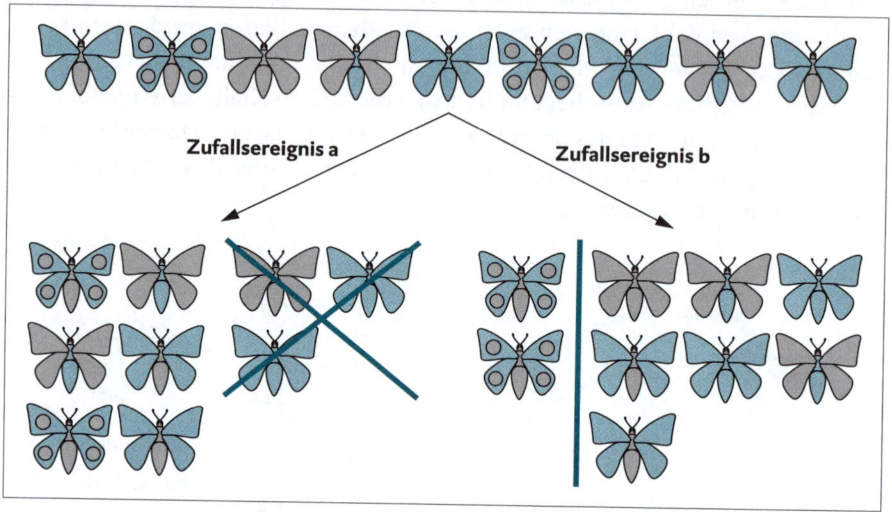

Abb. 96: Zufallsereignis Gendrift

Beispiel: Aufgrund eines Naturereignisses werden zufälligerweise nur einfarbige Individuen getötet (siehe Abb. 96 a), sodass diese Merkmalskombination aus der überlebenden Population verschwindet. Es könnte jedoch auch der Fall eintreten, dass durch das Naturereignis zufälligerweise ungepunktete von gepunkteten Individuen separiert, also abgetrennt werden (siehe Abb. 96 b). Dadurch würden sich beispielsweise in der einen Population nur noch gepunktete Individuen fortpflanzen. Die diesem Merkmal zugrundeliegenden Erbinformationen würden sich also innerhalb der Population anreichern.
Durch Gendrift können einzelne vielleicht sogar vorteilhafte Merkmale und damit auch die zugrundeliegenden Erbinformationen zufällig aus einer Population verschwinden. Dies kann dazu führen, dass sich eventuell sogar nachteilige Merkmale und damit auch die entsprechenden Erbinformationen sehr schnell anreichern. In jedem Fall nimmt jedoch die genetische Variabilität innerhalb der Population ab und damit steht für die Selektion kein so vielfältiges „Merkmalsangebot" mehr zur Verfügung.

Gendrift bedeutet, dass sich die Zusammensetzung der Erbinformationen innerhalb von Populationen durch Zufallsereignisse schnell verändert. Dadurch verringert sich die genetische Variabilität.

2.4 Selektion – die natürliche Auslese

Auf seiner Forschungsreise mit der HMS Beagle erkannte DARWIN, dass alle Lebewesen in jeder Generation so viele Nachkommen zeugen, dass ihre Zahl ständig zunehmen müsste. Da die Anzahl der Lebewesen unter natürlichen Bedingungen jedoch in der Regel nahezu konstant bleibt, folgerte DARWIN, dass die Lebewesen einer Art um sehr viele unterschiedliche Lebensbedingungen wie Nahrung, Lebensraum und Geschlechtspartner konkurrieren und dass nur die am besten Angepassten diesen Konkurrenzkampf überstehen und sich fortpflanzen können. Neben der Konkurrenz bewirken beispielsweise auch noch Krankheiten und Fressfeinde, dass die Individuen einer Art auf natürliche Weise ausgelesen, also **selektiert**, werden.

Selektion (natürliche Auslese) bedeutet, dass sich die Zusammensetzung der Erbinformationen innerhalb von Populationen durch Angepasstheit an die Umwelt verändert. Die Selektion betrifft immer das einzelne Individuum, bewirkt jedoch, dass sich die Häufigkeit von Merkmalen und damit auch die zugrundeliegende Zusammensetzung der Erbinformationen innerhalb von Populationen oder Arten verändern.

Ein sehr starker Selektionsdruck wird von Fressfeinden auf ihre Beute ausgeübt. Um dieser Selektion zu entgehen, haben sich bei den Beutetieren verschiedene Strategien herausgebildet (siehe Abb. 97):

- **Tarnung:** Sie erfolgt entweder aktiv wie z. B. bei einigen Kopffüßern, indem die Tiere durch Pigmentzellen der Haut die Körperfarbe so verändern, dass sie in der jeweiligen Umgebung schwer zu erkennen sind, oder passiv durch **Mimese**. Bei der Mimese imitieren die Tiere durch Haltung, Körperform oder Körperfärbung einen Teil ihrer natürlichen Umgebung nahezu perfekt und können dadurch von Raubtieren kaum entdeckt werden.
- **Schrecktracht:** Manche Schmetterlinge besitzen auf ihren Flügeloberseiten sogenannte Augenflecken. Durch das ruckartige, manchmal von einem zischenden Geräusch begleitete Auseinanderklappen der Flügel sollen diese den Fressfeinden gegenüber den Eindruck erwecken, dass es sich bei dem Falter um ein großes Tier handelt. Dadurch wird versucht, die Fressfeinde abzuschrecken.
- **Warntracht:** Die Warntracht signalisiert möglichen Fressfeinden, dass es sich bei ihrem Träger um ein wehrhaftes oder ungenießbares Tier handelt. In der Regel beruht die Warnwirkung auf der Kombination auffälliger Farben wie schwarz, gelb oder rot.

- **Mimikry:** Mit diesem Begriff wird die Erscheinung bezeichnet, dass ungefährliche Tiere die Warntracht wehrhafter Tiere nachahmen und eventuell nicht angegriffen werden, da der Fressfeind vielleicht bereits schlechte Erfahrungen mit der imitierten wehrhaften Art gemacht hat.

Abb. 97: Schutz vor dem Gefressenwerden (von links oben nach rechts unten): Durch Mimese ist das Wandelnde Blatt zwischen Laubblättern perfekt passiv getarnt, die Sepien (eine Kopffüßergruppe) passen ihre Körperfärbung aktiv an ihre natürliche Umgebung an, das Tagpfauenauge klappt bei Gefahr seine Flügel ruckartig auseinander und zeigt eine augenförmige Flügelzeichnung, die auffällige gelbschwarze Färbung der Wespe signalisiert ein wehrhaftes Tier mit einem Stachel, diese Warntracht wird durch die ungefährlichen stachellosen Schwebfliegen nachgeahmt.

Umgekehrt haben sich aufgrund der Selektion auch bei Raubtieren Tarntrachten herausgebildet. Jagende Großkatzen beispielsweise, wie Geparden, Leoparden und Löwen, lassen sich aufgrund ihrer Fellfärbung kaum von den braunen Steppengräsern ihres Lebensraumes unterscheiden und werden deshalb von ihren Beutetieren häufig nicht oder zu spät erkannt. Dadurch erhöht sich der Jagderfolg der Tiere.

Tarnung, Schreck- bzw. **Warntrachten** und **Mimikry** bieten den Organismen einen Selektionsvorteil, wenn sie dadurch eine größere Überlebenschance und damit auch einen höheren Fortpflanzungserfolg haben.

Durch den Selektionsvorteil vererben sich die Erbinformationen der betreffenden Merkmale mit größerer Wahrscheinlichkeit auf die Nachkommen und reichern sich dadurch in der Population an.

Zusammenfassung

Nach der Synthetischen Evolutionstheorie wirken auf einzelne Individuen einer Population fünf **Evolutionsfaktoren:**

- **Mutation**
- **Neukombination (Rekombination)**
- **Isolation**
- **Gendrift**
- **Selektion**

Bei der geschlechtlichen Fortpflanzung ermöglicht die Veränderung von DNS-Molekülen durch **Mutationen** und die **Neukombination** der elterlichen Erbinformationen die genetische Variabilität der Nachkommen. Dadurch sind manche Individuen besser und andere schlechter an die herrschenden Umweltbedingungen angepasst. Auf diese Variabilität können nun **Gendrift** und **Selektion** einwirken. Die besser angepassten Individuen setzen sich im Konkurrenzkampf durch und haben einen größeren Fortpflanzungserfolg. Dadurch nimmt die Anzahl der Individuen mit den vorteilhafteren Merkmalen innerhalb einer Art langsam zu. Durch **Isolation** erfolgt innerhalb langer Zeiträume die Aufspaltung einer Ausgangsart in Arten, die unterschiedliche Merkmale besitzen.
Die fünf Evolutionsfaktoren wirken nie einzeln, sondern immer in unterschiedlichen Kombinationen von mehreren Faktoren auf die Individuen einer Population ein.

69 Ordne die folgenden Begriffe den jeweiligen Textstellen zu (Tipp: Es sind mehr als die benötigten Begriffe angegeben):

ökologisch · Neukombinationen · zufällig · Mutationen · Überschuss · gerichtet · abgeändert · genetische Variabilität · Veränderungen · Gendrift · natürliche Auslese · ungerichtet · Neukombination · Separation · alten · Isolation · kombiniert · Population · DNS-Moleküle · neuen

Bereits Charles DARWIN erkannte, dass alle Lebewesen Nachkommen im ______________________________ erzeugen und dass sich diese Nachkommen geringfügig, aber individuell in ihren Merkmalen unterscheiden. Die ____________________________ erhöht die Wahrscheinlichkeit für ____________ vorteilhafte Angepasstheiten. Sie beruht auf zwei Ursachen und ermöglicht dadurch erst die ______________________:

- __________________ sind ungerichtete und zufällige Veränderungen der Erbinformationen.
- __________________ der elterlichen Erbinformationen während der geschlechtlichen Fortpflanzung.

Im Unterschied zu den Mutationen werden bei der Neukombination die den elterlichen Erbinformationen zugrundeliegenden ____________________ nur neu __________________ und nicht ____________________. Damit entstehen bei den Nachkommen keine ______________ Merkmalsvarianten, sondern nur ___________________________ der elterlichen Merkmale.

70 Überprüfe die nachfolgenden Behauptungen und entscheide, ob diese richtig oder falsch sind. Korrigiere die falschen Aussagen.

	richtig	falsch
Als Separation bezeichnet man Naturkatastrophen. ____	☐	☐
Isolationsmechanismen verhindern die Paarung und die Zeugung fruchtbarer Nachkommen bei Individuen zweier ehemaliger Teilpopulationen. ____	☐	☐
Diese Individuen gehören deshalb zu zwei unterschiedlichen Rassen. ____	☐	☐

Gendrift bedeutet die schnelle Veränderung von Erbinformationen innerhalb von Populationen und eine Erhöhung der genetischen Variabilität.	☐	☐
Gendrift und Selektion sind Zufallsereignisse.	☐	☐
Die Selektion wirkt auf die Variabilität ein, da die besser angepassten Individuen einen höheren Fortpflanzungserfolg haben.	☐	☐

71 Mit dem deutschen Namen Stabheuschrecken werden Gespenstschrecken bezeichnet, die mit ihren extrem langen und dünnen Körpern Zweige oder Äste ihres Lebensraumes nachahmen.

a Benenne dieses Phänomen mit einem Fachbegriff und definiere diesen.

b Unterscheide das in Aufgabe a beschriebene Phänomen von der Mimikry.

72 Der **Birkenspanner** *(Biston betularia)* ist ein Nachtfalter von weißer Grundfärbung mit schwarzer Zeichnung und gehört zur Familie der Spanner. Aufgrund seiner Färbung ist dieser Schmetterling tagsüber auf der Rinde von Birken sehr gut getarnt und von Vögeln, seinen Fressfeinden, kaum zu erkennen.

Birkenspanner; helle Form (links) und dunkle Form (rechts)

a Erkläre am Beispiel des Birkenspanners den Sinn einer Tarntracht aus evolutionsbiologischer Sicht.

b Aufgrund von Mutationen kann es bei einzelnen Individuen, sogenannten Mutanten, zu einer verstärkten Produktion des dunklen Farbstoffes Melanin kommen. Stelle eine begründete Hypothese zum Fortpflanzungserfolg dieser Mutanten auf.

c Starke Luftverschmutzung in Regionen mit hohem Verkehrsaufkommen und großer Industriedichte führt zu Ablagerung von Ruß und Staub auch auf Birkenrinden. Welche Auswirkungen könnte das auf die Birkenspannerpopulation im Laufe der nächsten Generationen haben? Erläutere ausführlich.

73 Die Abbildung zeigt einen Hornissen-Glasflügler. Diese harmlosen Schmetterlinge haben größtenteils durchsichtige Flügel und erreichen eine Flügelspannweite von 30 bis 45 Millimetern. Mit ihrem gelbschwarzen Hinterleib ähneln sie einem ihrer Fressfeinde, der Hornisse. Beschreibe den Vorteil dieser Mimikry.

Hornissen-Glasschwärmer

3 Die stammesgeschichtliche Entwicklung des Menschen

Bereits Carl VON LINNÉ ordnete den Menschen in das von ihm entwickelte natürliche System der Lebewesen ein (siehe S. 15 f.). Als Lebewesen, das sich von anderen Lebewesen ernährt, wurde er dem Reich der **Tiere** und aufgrund seines Körperbaus (z. B. Wirbelsäule als Innenskelett, 2 Paar Gliedmaßen) dem Stamm der **Wirbeltiere** zugeordnet. Als typischer Lungenatmer, dessen oberste Hautschicht teilweise mit Haaren besetzt ist und dessen lebend geborene Nachkommen über Milchdrüsen gesäugt werden, gehört der Mensch zur Klasse der **Säugetiere**. Innerhalb der Säugetierordnung der **Primaten (Herrentiere)** wird er zusammen mit den Meerkatzenverwandten, den Gibbons und den anderen Menschenaffen zur Unterordnung der **Altweltaffen** (siehe Abb. 98) zusammengefasst. Gemeinsam mit seinen engsten Verwandten, den Schimpansen, den Gorillas und den Orang-Utans bildet der Mensch die Familie der **Menschenaffen**.

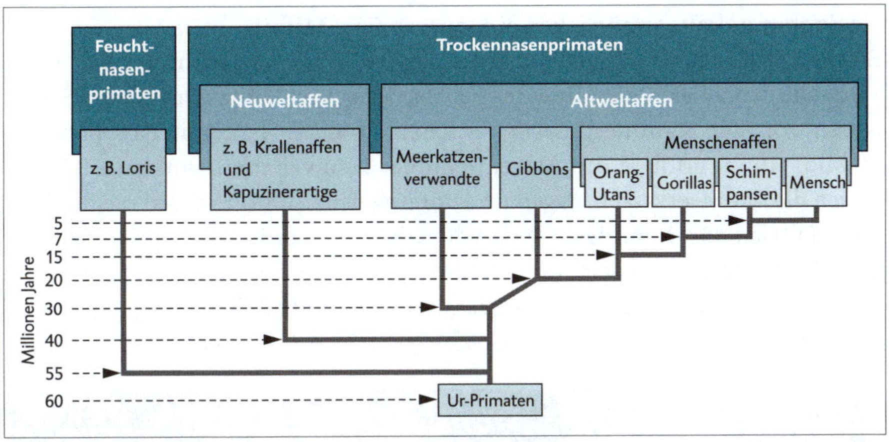

Abb. 98: Stammbaum der Säugetierordnung der Primaten

> Der Mensch gehört innerhalb des Tierreiches zum Stamm der Wirbeltiere, zur Klasse der Säugetiere und zur Ordnung der **Primaten**.

3.1 Verwandtschaft zwischen dem Menschen und den übrigen Menschenaffen

Gemeinsamkeiten

Der Körperbau aller Primaten zeigt deutliche Anzeichen einer **Anpassung an einen gemeinsamen Lebensraum**. Als ursprünglich den Wald bewohnende Lebewesen verfügen die Primaten über …

- **Greiffüße** (außer beim Menschen) und **Greifhände** mit **abspreizbaren Großzehen** bzw. **Daumen** zum Umgreifen von Ästen.
- eine gute **Beweglichkeit der Arme** in alle Richtungen, die durch das kräftig ausgebildete Schulterblatt gewährleistet wird.
- **flache, kurze Finger- und Zehennägel**, die das Fassen kleinerer Gegenstände, Früchte und Blätter ermöglichen.
- **nach vorne gerichtete, relativ große Augen**, die ihnen ein gutes räumliches Sehen ermöglichen.

Die Verständigung erfolgt über **vielfältige Laute** und die gut entwickelten **Gesichtsmuskeln** ermöglichen eine ausgeprägte **Mimik**.
Fossile Funde zeigen, dass die ersten Primaten schon vor etwa 60 Mio. Jahren auftraten, wobei sich die Linie der Feuchtnasenaffen bereits vor über 55 Mio. Jahren von der Stammeslinie der anderen Primaten getrennt hat. Vor circa 40 Mio. Jahren erfolgte die Abtrennung der Neuweltaffen, vor etwa 30 Mio. Jahren die der Meerkatzenartigen und vor ungefähr 20 Mio. Jahren die der Gibbons. Da sich die Orang-Utans erst vor ca. 15, die Gorillas erst vor etwa 7 und die Schimpansen sogar erst vor ca. 5 Mio. Jahren von der Entwicklungslinie hin zum Menschen abgespalten haben, lassen sich innerhalb der Gruppe der Menschenaffen viele Gemeinsamkeiten aufzeigen (siehe Abb. 99 und Abb. 100).

Abb. 99: Die nicht-menschlichen Menschenaffen (von links nach rechts): Orang-Utan, Gorilla, Schimpanse

Die **Primaten** sind als Anpassung an den ursprünglichen gemeinsamen Lebensraum Wald durch Greifhände (und Greiffüße), die gute Beweglichkeit der Arme, die mit flachen, kurzen Nägeln versehenen Finger bzw. Zehen und die nach vorne gerichteten Augen gekennzeichnet.

Der Vergleich des Körperbaus und des Erbguts ergibt deutliche Belege dafür, dass der Mensch und die übrigen Menschenaffen von gemeinsamen Vorfahren abstammen und dass der **Schimpanse** der nächste Verwandte des Menschen ist:

- Der Schädel der nicht-menschlichen Menschenaffen und der Menschen ist charakterisiert durch eine **relativ kurze, wenig ausgeprägte Schnauze** und enthält ein im Vergleich zu anderen Säugetieren sehr großes Gehirn.
- Die **Gesichtsbehaarung** ist im Vergleich zu den übrigen Primaten deutlich rückgebildet.
- Der Mensch hat zwar 46 Chromosomen, während alle anderen Menschenaffen 48 Chromosomen besitzen, ein Vergleich der Chromosomen zeigt aber, dass viele Details gleich sind und die **genetische Übereinstimmung** z. B. zwischen Mensch und Schimpanse bei über 98 Prozent liegt.

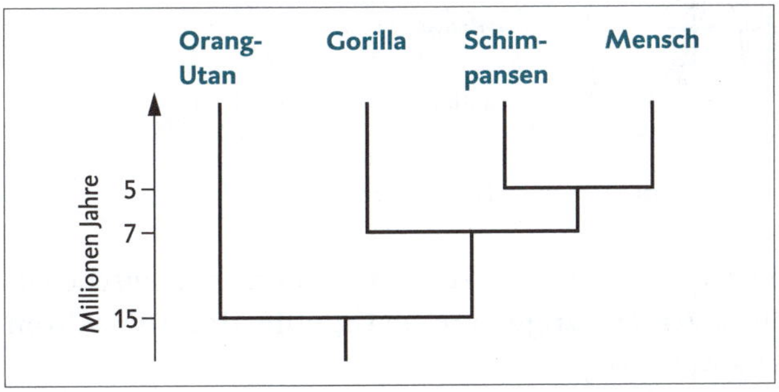

Abb. 100: Verwandtschaftsbeziehungen zwischen den Menschenaffen

Neben der Ähnlichkeit im Körper- und Chromosomenbau zeigt eine im Vergleich zu den anderen Primaten verminderte Gesichtsbehaarung die nahe Verwandtschaft zwischen Mensch und nicht-menschlichen Menschenaffen. Der Schimpanse ist der nächste Verwandte des Menschen.

Unterschiede

Viele körperliche Unterschiede zwischen dem Menschen und den übrigen Menschenaffen hängen direkt oder indirekt mit der Art der Fortbewegung zusammen. Schimpansen und auch Gorillas sind **Knöchelgänger**, die sich, wenn sie nicht kletternd in den Bäumen unterwegs sind, beim Gehen am Boden auf allen vieren fortbewegen und sich dabei mit den langen Armen auf den Fingerknöcheln der Hände abstützen. Auch Orang-Utans können sich auf allen vieren gehend auf dem Boden fortbewegen. Dabei stützen sie sich nicht auf die Knöchel, sondern in der Regel auf die Fäuste. Sie sind jedoch noch stärker an das Leben in den Bäumen angepasst, wo sie sich durch **Schwinghangeln** fortbewegen. Neben den Greifhänden besitzen alle Menschenaffen außer dem Menschen auch noch Greiffüße mit abspreizbaren Großzehen, die das Festhalten im Geäst erleichtern.

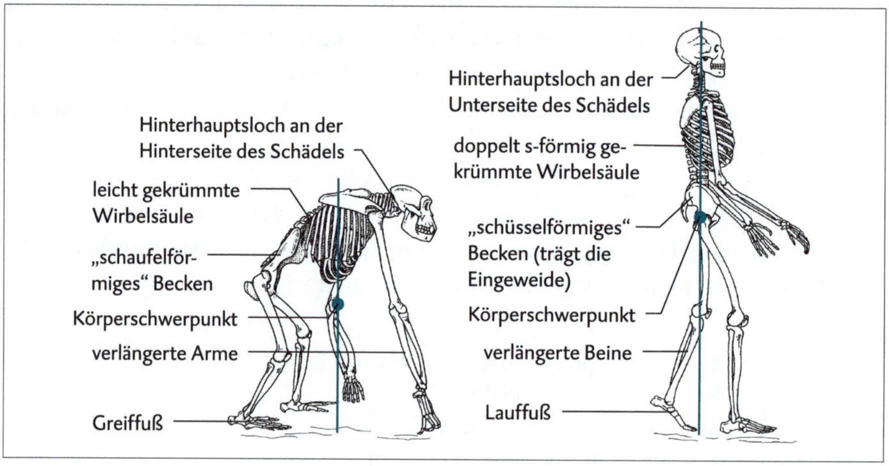

Abb. 101: Vergleich des Skeletts von Schimpanse (links) und Mensch (rechts)

Das Skelett des Menschen zeigt im Vergleich zu dem der übrigen Menschenaffen einige Besonderheiten als **Anpassungen an die Bipedie, den aufrechten zweibeinigen Gang** (siehe Abb. 101):

- **Füße:** Der Fuß des Menschen ist gewölbt. Damit dämpft er als Lauffuß hervorragend die Erschütterungen beim Gehen und ermöglicht einen federnden Gang. Außerdem ist die Großzehe nicht mehr wie beim Greiffuß der übrigen Menschenaffen abspreizbar, sondern nach vorne gerichtet. Dies dient der Stabilisierung der Körperhaltung.
- **Beine:** Die Beine des Menschen sind deutlich verlängert und ermöglichen dadurch eine schnelle Fortbewegung. Durch den speziellen Bau der Kniegelenke und die Anordnung der Gelenkpfanne am Becken stehen die Beine senkrecht unter dem Körper.
- **Becken:** Das Becken des Menschen ist kurz und breit. Durch seinen schüsselförmigen Bau kann das Gewicht der inneren Organe beim aufrechten

Gang besser in den Schwerpunkt gebracht werden, der auf der Körperachse liegt. Das bedeutet, dass der gesamte Körperschwerpunkt zu den Beinen hin verlagert ist.

- **Wirbelsäule:** Die Wirbelsäule ist beim Menschen doppelt s-förmig gekrümmt. Die charakteristische Vorwölbung im Lendenbereich dämpft beim Gehen auftretende Erschütterungen und bewirkt, dass der Körperschwerpunkt auf der Körperachse liegt. Außerdem schließt die Wirbelsäule unten an den Kopf an, da das Hinterhauptsloch an die Unterseite des Schädels verlagert ist. Dadurch lastet das Gewicht des Kopfes auf der Wirbelsäule.

Durch den dauerhaft aufrechten Gang werden die Arme und Hände beim Menschen nicht mehr für die Fortbewegung benötigt. Der Daumen ist nicht nur abspreizbar, sondern er ist den anderen Fingern der Hand gegenübergestellt. Dadurch ist es möglich, auch kleine Gegenstände mithilfe des sogenannten **Präzisionsgriffs** vorsichtig zwischen den Fingerkuppen zu halten.

Als **Bipedie** bezeichnet man die Fortbewegung auf zwei Beinen, also den aufrechten Gang. Ein gewölbter Fuß, längere Beine, ein kurzes und breites Becken, eine doppelt s-förmig gekrümmte Wirbelsäule und das Hinterhauptsloch an der Unterseite des Schädels sind Anpassungen des menschlichen Skeletts an diese Art der Fortbewegung.
Der **Präzisionsgriff** ist möglich, da der Daumen den anderen Fingern der Hand gegenübergestellt ist.

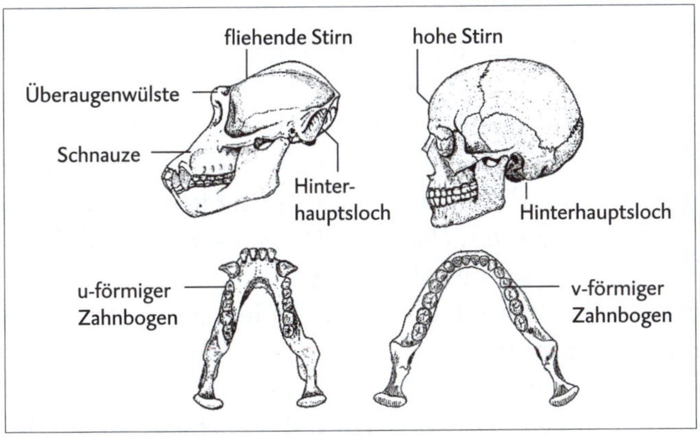

Abb. 102: Vergleich der Schädelmerkmale eines Schimpansen (links) und eines Menschen (rechts)

Der **Schädel** des Menschen zeigt einen im Vergleich zu dem des Schimpansen wesentlich vergrößerten Gehirnschädel und ermöglicht dadurch ein deutlich höheres Gehirnvolumen. Am Schimpansen-Schädel fallen die Überaugenwülste, knöcherne Vorwölbungen oberhalb der Augenhöhle, und der relativ

große und vorspringende Gesichtsschädel auf. Der Unterkiefer zeigt, dass die Backenzähne beim Schimpansen parallel und beim Menschen bogenförmig (= parabolisch) angeordnet sind. Die Eckzähne des Schimpansen sind deutlich größer als die des Menschen. Außerdem findet sich im Schimpansen-Kiefer eine Lücke zwischen den Schneide- und den Eckzähnen, das sogenannte Diastema.
Ein wesentlicher Unterschied zeigt sich auch in der Lage des **Kehlkopfes**. Er liegt bei den nicht-menschlichen Menschenaffen im oberen Halsbereich. Die Luftröhre wird durch den Kehlkopfdeckel zur Speiseröhre hin so abgedeckt, dass gleichzeitiges Schlucken und Atmen möglich ist. Beim Menschen dagegen liegt der Kehlkopf tiefer. Somit ist zwar das gleichzeitige Schlucken und Atmen nicht mehr möglich, allerdings sind dadurch die Voraussetzungen für Stimmbildung und Sprache gegeben.

Neben den Anpassungen an den aufrechten Gang weist das menschliche Skelett einige weitere **Unterschiede** im Vergleich zum Skelett seiner nächsten Verwandten auf: einen deutlich vergrößerten Gehirnschädel (und damit ein höheres Gehirnvolumen), keine Überaugenwülste, keine Schnauzenpartie, einen parabolischen Zahnbogen ohne Diastema und eine tiefere Lage des Kehlkopfes.

3.2 Die humane Phase

Charles Darwin vermutete schon vor über 150 Jahren in Afrika die „Wiege der Menschheit“, allerdings wurde seine Vermutung, dass der Mensch von diesem Kontinent stammt, erst 1924 mit dem Fund des ältesten aufrecht gehenden Vormenschen, eines *Australopithecus*, gefestigt. Die ausgestorbene Gattung der Australopithecinen und die Gattung *Homo*, in die unter anderem die ausgestorbenen Arten *Homo erectus*, *Homo habilis*, *Homo neanderthalensis* und als einzige heute noch vorkommende Art der *Homo sapiens* (weiser Mensch), also der Jetztmensch, eingeordnet werden, bilden die systematische Gruppierung der Hominini, der Menschen.
Viele weitere fossile Funde bestätigen, dass der Ursprung des *Homo sapiens* in Afrika liegt. Nach der sogenannten **„Out-of-Africa“-Hypothese** begann der moderne Mensch vor etwa 200 000 Jahren damit, von Afrika nach Asien und Europa auszuwandern (etwa 1,8 Millionen Jahre nach *H. erectus*). Er erreichte Eurasien vor ca. 100 000 Jahren. Von dort gelangte er auch nach Australien und Amerika (siehe Abb. 103).

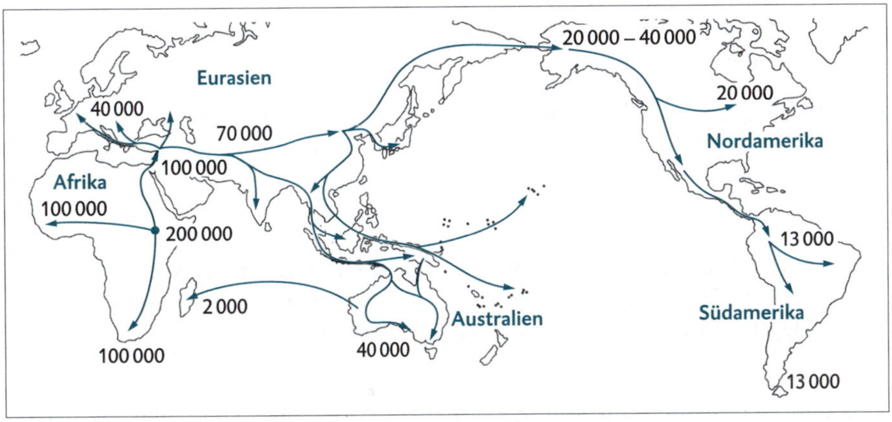

Abb. 103: Die weltweite Ausbreitung der Art *Homo sapiens* begann vor etwa 200 000 Jahren in Ostafrika

Nach der **„Out-of-Africa"-Hypothese** liegt der Ursprung des *Homo sapiens* in Afrika. Von dort auswandernde Gruppen besiedelten alle Kontinente.

Trotz einiger, allerdings oft schlecht erhaltener, fossiler Funde und den Ergebnissen moderner Forschungstechniken ist der Stammbaum des Menschen noch immer lückenhaft und damit nicht endgültig geklärt. Nach der **„Eva-Hypothese"**, nach der alle Menschen von einer einzigen „Urmutter" abstammen, begann die Entwicklung zum Menschen und damit der typisch menschlichen Kennzeichen, wie aufrechter Gang, vielseitiger Gebrauch der Hand sowie Werkzeugbenutzung, in Ostafrika. Der Prozess der Menschwerdung wird als **Hominisation** bezeichnet. Sie wurde laut einer nicht unumstrittenen Hypothese beeinflusst durch Klimaveränderungen und die damit einhergehenden Veränderungen in der Umweltnutzung (Lebensraum, Ernährung, Fortbewegung usw.): Aufgrund klimatischer Veränderungen wurde der Waldbestand während des Tertiärs (vor 65–2,6 Mio. Jahren) deutlich lichter, der Urwald wurde also zurückgedrängt und es entwickelten sich vermehrt Savannen. Die offene Landschaft als Lebensraum erforderte veränderte Anpassungen:

- Die Fähigkeit den Körper aufzurichten, um die Umgebung über das hohe Steppengras hinweg überblicken zu können.
- Den aufrechten Gang um möglichst effektiv längere Strecken auf dem Boden zurücklegen zu können.
- Die Verwendung der Hände, um beispielsweise Nahrung transportieren, Werkzeuge benutzen und Waffen (z. B. in Form von Steinen und Stöcken) bei der Verteidigung sowie beim Angriff bzw. bei der Jagd einsetzen zu können.

- Die Ausbildung von Schweißdrüsen und die Rückbildung des Fells zur Regulation der Körpertemperatur.

Die Hominisation erfolgte ganz allmählich. Vermutlich trat der gemeinsame Vorfahre aller Jetztmenschen erstmals vor etwa 200 000 Jahren in Äthiopien auf.

Der evolutive Ablauf der Menschwerdung wird als **Hominisation** bezeichnet. Aufgrund vieler Forschungsergebnisse nimmt man nach der **„Eva-Hypothese“** einen relativ jungen gemeinsamen Ursprung aller modernen Menschen an.

Wie bereits erwähnt, sind die nicht-menschlichen Menschenaffen die nächsten Verwandten des modernen Menschen. An der stammesgeschichtlichen Gabelung zwischen den nicht-menschlichen Menschenaffen und den Hominini stehen vermutlich die Dryopithecinen. Die ältesten Skelettfunde sind zwischen 20 und 12 Mio. Jahre alt und unterscheiden sich von den Nicht-Menschenaffen unter anderem durch den fehlenden Schwanz.

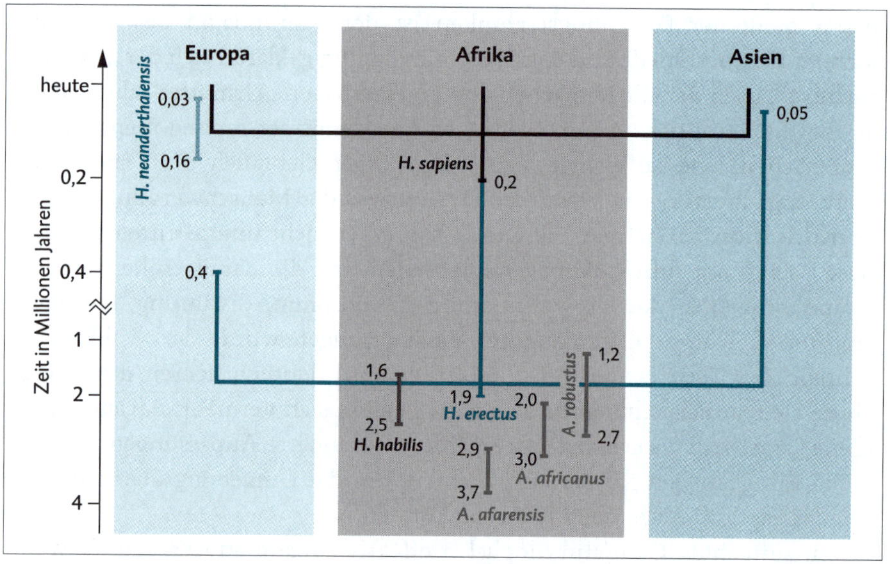

Abb. 104: Hypothetischer Stammbaum der Hominini; wie genau die einzelnen Arten auseinander hervorgegangen sind, lässt sich nach heutigem Wissensstand in vielen Punkten noch nicht genau sagen

Mit den **Vormenschen**, den Australopithecinen, begann vor ca. 3,7 Mio. Jahren der Zweig der Hominini (siehe Abb. 104 und Tab. 4). Skelettfunde eines breiten Beckens weisen ebenso auf eine zweibeinige, aufrecht gehende Fortbewegungsweise hin wie die Lage des Hinterhauptsloches von verschiedenen Schädelfunden. Außerdem belegen die Funde bereits menschenähnliche Gebisse und Hände. Vor etwa 2,2 Mio. Jahren nahm mit den Vertretern der Gattung *Homo*, den **Frühmenschen**, die Entwicklung zum **Jetztmenschen** *Homo sapiens* ihren Anfang. Vor etwa 200 000 Jahren wanderten vermutlich die Vorfahren des Neandertalers *(Homo neanderthalensis)* aus Afrika aus, etwa 100 000 Jahre später dann die Vorfahren des *Homo sapiens*. Die beiden Menschenarten besiedelten vor etwa 50 000 Jahren zusammen den gleichen Lebensraum, bis der Neandertaler vor etwa 30 000 Jahren verschwand.

Name	Alter (in Mio. Jahren)	Körpergröße und Hirnvolumen	Wichtige Errungenschaften der Hominisation
Australopithecus afarensis 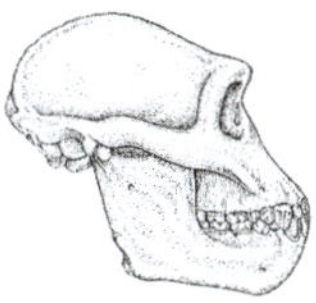	3,7–2,9	bis 1,50 m ca. 375–550 cm^3	aufrechter Gang sowohl durch in vulkanischer Asche konservierte Fußspuren als auch durch fossile Knochenreste belegt
Australopithecus africanus	3,0–2,0	bis 1,40 m ca. 430–500 cm^3	aufrechter Gang geht aus Lage des Hinterhauptsloches und Form des Oberschenkelknochens hervor
Australopithecus robustus	2,7–1,2	bis 1,40 m ca. 500 cm^3	aufrechter Gang geht aus Lage des Hinterhauptsloches und Form des Oberschenkelknochens hervor
Homo habilis 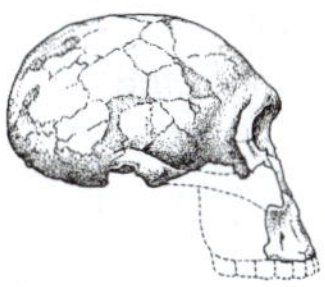	2,5–1,6	ca. 1,45 m ca. 500–650 cm^3	Herstellung von Steinwerkzeugen in der sogenannten Geröllgeräte-Kultur durch viele die Fossilien begleitende Funde belegt
Homo erectus 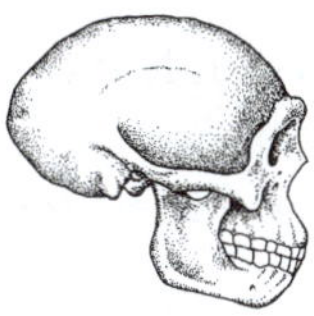	1,9–0,05	ca. 1,65 m ca. 800–1200 cm^3	viele Funde weisen auf Herstellung von einfachen Faustkeilen aus Stein hin; einige spärliche Funde belegen Gebrauch des Feuers; verließ vermutlich als erste Menschenform Afrika und besiedelte Europa und Asien

Homo neanderthalensis 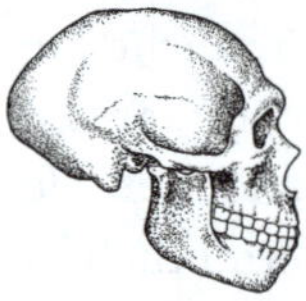	0,16–0,03	ca. 1,60 m 1200–1750 cm^3	Herstellung verfeinerter Werkzeuge aus Feuerstein-Abschlägen und Verwendung von Holzspeeren als Waffen belegt; Tote wurden mit Grabbeigaben bestattet; Anfertigung von Felszeichnungen belegt; vermutlich Verwendung von einfacher Sprache mit wenige Worte umfassendem Wortschatz
Homo sapiens 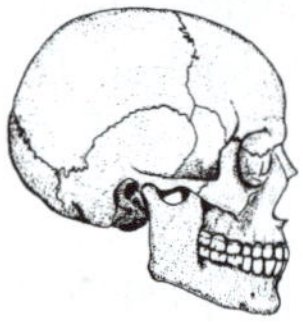	0,2–heute	in der Regel > 1,60 m 1200–1700 cm^3	Werkzeuge, Ausrüstungsgegenstände und Waffen schon früh auffallend hoch entwickelt; umfassendes Gedächtnis mit enormer Lernfähigkeit; komplexe Wortsprachen ermöglichen zusammen mit Schriftsprache detaillierte Verständigung und Weitergabe von Erfahrungen von Generation zu Generation; Beginn einer umfassenden kulturellen und wissenschaftlichen Entwicklung; Arbeitsteilung, Kooperation und Zusammenarbeit ermöglichen effektive Erledigung von Aufgaben auch mithilfe technischer Neuentwicklungen

Tab. 4: Übersicht über wichtige Vertreter der Hominini

Zusammenfassung

Der Mensch gehört innerhalb des Tierreiches zum Stamm der **Wirbeltiere**, zur Klasse der **Säugetiere** und zur Ordnung der **Primaten**. Ähnlichkeiten im **Körperbau**, wie Greifhände, nach vorne gerichtete Augen, Finger und Zehen mit flachen Nägeln und ein deutlich vergrößertes Gehirn, sowie im **Chromosomenbau** zeigen die Verwandtschaft zwischen dem Menschen und den nicht-menschlichen Menschenaffen.
Auf dem Weg zum modernen *Homo sapiens* lassen sich zwei Entwicklungsstufen erkennen:

- Mit den Australopithecinen tritt vor ca. 3,7 Mio. Jahren die Familie der Hominiden auf.
- Mit der Gattung *Homo* beginnt vor etwa 2,5 Mio. Jahren die Entwicklung zum *Homo sapiens.*

Alle heute lebenden Menschen gehören zur Art *Homo sapiens.*

74 Unter den Menschenaffen sind die Schimpansen die nächsten Verwandten des modernen Menschen.

a Nenne 4 typische Anpassungen im menschlichen Skelett an den aufrechten Gang.

b Ordne die folgenden Merkmale den beiden abgebildeten Skeletten von Schimpanse und Mensch zu, indem du die Elemente mit Linien verbindest.

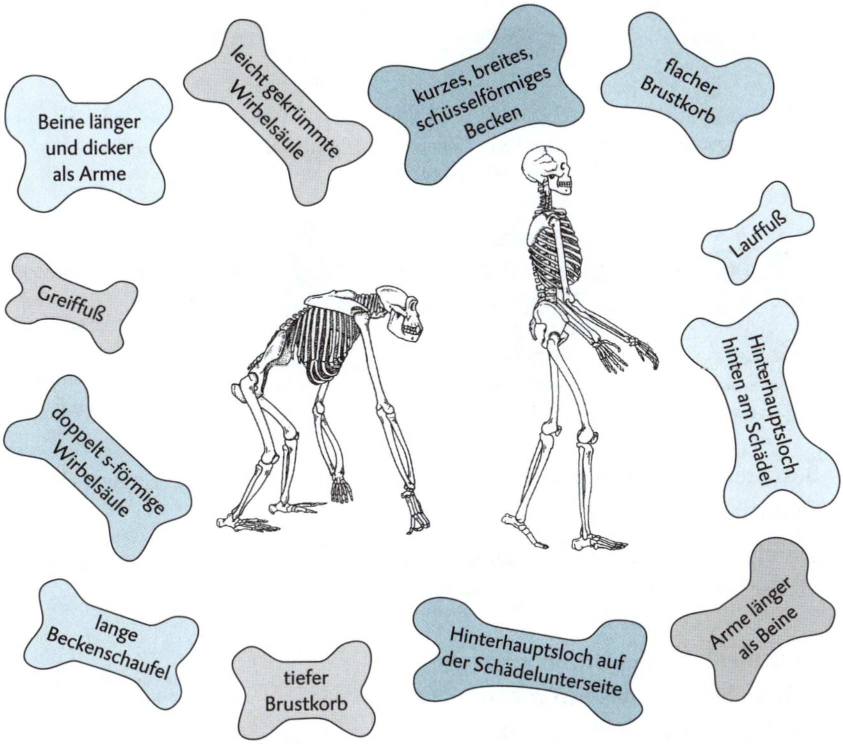

75 Vervollständige die Einordnung des Menschen in das natürliche System der Organismen.

Reich: ______________________

Stamm: ______________________

Klasse: ______________________

Ordnung: ______________________

Familie: ______________________

Gattung: ______________________

Art: ______________________

76 Mit der Entwicklung des Menschen von den Anfängen bis zum Jetzt-Menschen beschäftigen sich hauptsächlich die Paläoanthropologen, die sich bei ihren Forschungen vor allem auf fossile Funde stützen. Über Messungen des Schädelvolumens von gefundenen Skeletten lassen sich Rückschlüsse auf die Gehirngröße der Individuen ziehen.

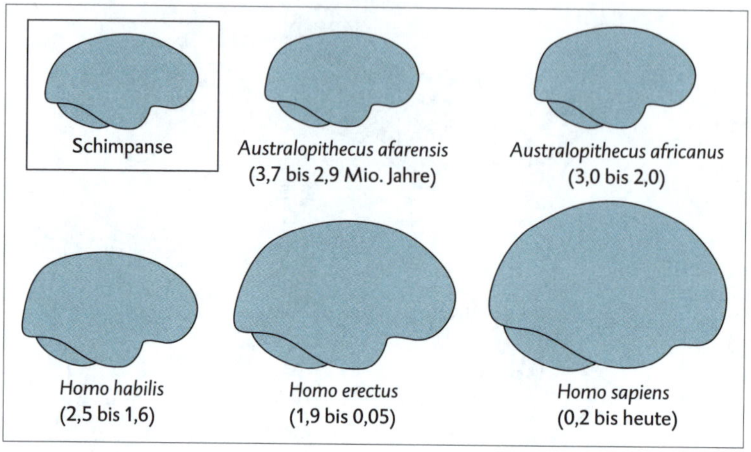

Entwicklung des Gehirnvolumens; Schimpansengehirn zum Vergleich

a Beschreibe die in der schematischen Grafik dargestellte Entwicklung des Gehirnvolumens.

b Erstelle anhand der Grafik eine Hypothese über den evolutiven Verlauf der Menschwerdung.

77 Die Schädel bzw. die Unterkiefer des Menschen und des Schimpansen weisen deutliche Unterschiede auf.

a Ein Autor soll einen wissenschaftlichen Artikel über die Evolution des Menschen verfassen. Bei einigen Fakten ist er sich jedoch noch unsicher. Hilf ihm, zu entscheiden, welche Aussagen richtig sind, indem du die korrekten Antworten ankreuzt.

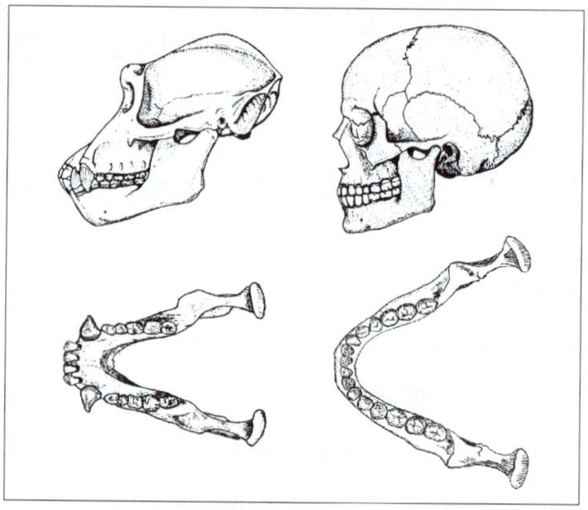

Schädel und Unterkiefer eines Schimpansen (links) und eines Menschen (rechts)

Der Menschenschädel zeigt einen im Vergleich zum Schimpansenschädel …

- ☐ deutlich verkleinerten Gehirnschädel und ermöglicht dadurch ein deutlich größeres Gehirnvolumen.
- ☐ deutlich vergrößerten Gehirnschädel und verhindert dadurch ein deutlich größeres Gehirnvolumen.
- ☐ deutlich vergrößerten Gehirnschädel und ermöglicht dadurch ein deutlich größeres Gehirnvolumen.

Am Schimpansenschädel fallen die …

- ☐ Übernasenwülste, knöcherne Vorwölbungen oberhalb der Nasenhöhle,
- ☐ Überaugenwülste, knöcherne Vorwölbungen oberhalb der Augenhöhle,
- ☐ Überohrenwülste, knöcherne Vorwölbungen oberhalb der Ohren,

und der …

- ☐ sehr große und vorspringende
- ☐ eher kleine, aber vorspringende
- ☐ sehr große und flache

Gesichtsschädel auf.

An den Unterkiefern kann man erkennen, dass die Backenzähne beim Menschen bogenförmig und beim Schimpansen …

- ☐ parallel angeordnet sind.
- ☐ parabolisch angeordnet sind.
- ☐ elliptisch angeordnet sind.

Die Eckzähne des Schimpansen sind im Vergleich zu denen des Menschen …

- ☐ etwa gleich groß.
- ☐ deutlich größer.
- ☐ deutlich kleiner.

b In Kenia wurden auf der Insel Rusinga im Viktoriasee mehrere Fossilienfunde gemacht, die zur Gattung Proconsul gerechnet werden.
Stelle eine Hypothese auf, an welcher Stelle im Stammbaum der Menschen die Gattung Proconsul einzuordnen ist. Begründe deine Hypothese anhand der gefundenen Fossilien.

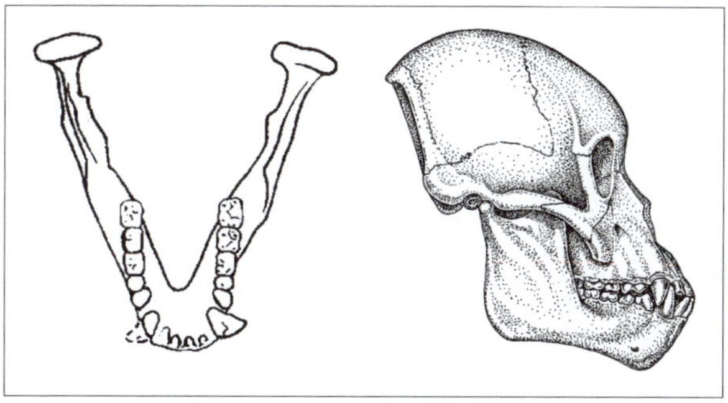

Unterkiefer und Schädel eines Vertreters der Gattung Proconsul

Sexualität, Fortpflanzung und Entwicklung des Menschen

Auch die moderne Wissenschaft kann noch immer nicht genau erklären, warum sich zwei Menschen füreinander entscheiden. Aus der Sicht der Biologen geht es bei dieser Entscheidung vor allem um den Nachwuchs.

1 Biologische Grundlagen der Entstehung menschlichen Lebens

Im engeren biologischen Sinn dient die **Sexualität** (Geschlechtlichkeit) den Lebewesen dazu, die Erbinformationen in der nächsten Generation durch die geschlechtliche Fortpflanzung neu zu kombinieren. Im weiteren Sinne versteht man unter Sexualität auch das umfangreiche und sehr vielfältige geschlechtliche Verhalten zwischen Geschlechtspartnern. Beim Menschen unterliegt sie neben den persönlichen Bedürfnissen und gesellschaftlichen Einstellungen auch bewussten Entscheidungen. Menschen drücken ihre Gefühle, Liebe und sexuelle Anziehung zum Partner auf unterschiedliche Art und Weise aus. Dazu zählen Nähe, zärtliche Berührungen und Worte sowie verschiedene umwerbende Verhaltensweisen.

Unter **Sexualität** versteht man das geschlechtliche Verhalten zweier Geschlechtspartner.

Beim Menschen ist die **Heterosexualität**, also eine Paarbeziehung zwischen Partnern unterschiedlichen Geschlechts zwar am weitesten verbreitetet, jedoch gibt es durchaus weitere sexuelle Orientierungen. Dazu gehört z. B. die **Homosexualität**, eine sexuelle Orientierung, bei der das gefühlsmäßige und sexuelle Verlangen auf Personen des gleichen Geschlechts gerichtet ist. Daneben gibt es auch die **Bisexualität**, die sich auf beide Geschlechter richtet. Warum manche Menschen eine sexuelle Vorliebe für das gleiche Geschlecht oder beide Geschlechter haben, ist unklar.

1.1 Pubertät

Frau und Mann unterscheiden sich wie bereits Mädchen und Jungen durch die Geschlechtsmerkmale. Die Geschlechtsorgane sind bereits vor der Geburt angelegt und werden als **primäre Geschlechtsmerkmale** bezeichnet. Zu diesen Organen, die direkt der Fortpflanzung dienen, gehören beim Mann der Penis, die Hoden, die Nebenhoden und die Spermienwege. Bei der Frau zählen dazu die Scheide, die Gebärmutter, die Eileiter und die Eierstöcke.

Der Zeitraum, in dem sich der Körper eines Kindes zum Körper eines jungen Erwachsenen entwickelt, dadurch dass sich die **sekundären Geschlechtsmerkmale** (z. B. Bartwuchs beim Mann und die weibliche Brust bei der Frau) ausbilden und die primären Geschlechtsmerkmale vollständig heranreifen, nennt man **Geschlechtsreife** oder **Pubertät**. Beginn und Dauer dieses Entwicklungszeitraumes sind nicht eindeutig festzulegen, jedoch findet die Pubertät in der Regel …

- bei Mädchen zwischen dem 10. und dem 17. Lebensjahr statt.
- bei Jungen zwischen dem 12. und dem 20. Lebensjahr statt.

Innerhalb der etwa 4 bis 6 Jahre andauernden Reifezeit kann es zwischen Jugendlichen aufgrund des unterschiedlichen Beginns und der unterschiedlichen Dauer der Pubertät zu erheblichen Entwicklungsunterschieden kommen, die jedoch am Ende dieser Phase normalerweise wieder ausgeglichen sind.
Durch die Aktivität zahlreicher **Hormondrüsen** (siehe Abb. 105) werden chemische Botenstoffe ins Blut freigesetzt, die in geringsten Mengen lang andauernd wirken. Mit diesen **Hormonen** werden die im Körper der pubertierenden Jugendlichen ablaufenden Entwicklungsvorgänge gesteuert. Sind diese Vorgänge abgeschlossen, haben sich die Jugendlichen zu **fortpflanzungsfähigen** Erwachsenen entwickelt, sie sind geschlechtsreif.

Die **Pubertät** ist ein Entwicklungszeitraum, in dem durch Hormone geregelt die primären und die sekundären Geschlechtsmerkmale reifen. Dadurch entwickeln sich Kinder zu fortpflanzungsfähigen Erwachsenen.

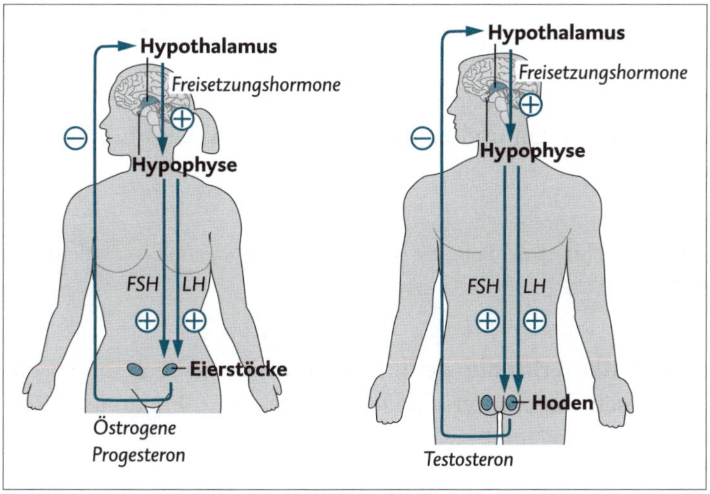

Abb. 105: Schematische Übersicht über die wichtigsten Geschlechtshormone *(kursiv)* und ihre Ausschüttung durch Hormondrüsen **(fett)**: + bedeutet Anregung der Ausschüttung; – bedeutet Hemmung der Ausschüttung

Zu Beginn der Pubertät gibt der Hypothalamus, das Sexualzentrum des Zwischenhirns, sogenannte Freisetzungshormone ab und veranlasst über diese die

Hypophyse (Hirnanhangsdrüse) dazu, mit den Gonadotropinen (FSH und LH) ebenfalls Hormone in die Blutbahn abzusondern (siehe Abb. 105). Diese Hormone regen ...

- bei Mädchen die Eierstöcke dazu an, mit den Östrogenen und dem Progesteron die weiblichen Geschlechtshormone zu bilden.
- bei Jungen die Hoden dazu an, die männlichen Geschlechtshormone (Androgene) wie etwa das Testosteron zu bilden.

Die weiblichen und männlichen Geschlechtshormone gelangen über das Blutgefäßsystem zu den verschiedensten Zielzellen und bewirken während der Pubertät neben einem kräftigen Wachstumsschub die Ausbildung der sekundären und die vollständige Entwicklung der primären Geschlechtsmerkmale (siehe Tab. 5). Außerdem reifen von nun an in den Geschlechtsorganen funktions- und damit fortpflanzungsfähige Keimzellen heran.

Sekundäre Geschlechtsmerkmale der Frau	Sekundäre Geschlechtsmerkmale des Mannes
• schmale Schultern • wenig muskulöser Körperbau • wenig Körperbehaarung • wenig ausgeprägte Schambehaarung • Achselbehaarung • weibliche Brust • breites Becken	• breite Schultern • muskulöser Körperbau • relativ starke Körperbehaarung • ausgeprägte Schambehaarung • Achselbehaarung • Bartwuchs • relativ schmales Becken • Stimmbruch durch Wachstum des Kehlkopfes

Tab. 5: Sekundäre Geschlechtsmerkmale des weiblichen und des männlichen Geschlechts

Neben den körperlichen Entwicklungsvorgängen setzen während der Pubertät auch Veränderungen im Denken und bei den Gefühlen ein. Dies führt häufig zu Verhaltensänderungen.

> Die **körperliche Reifung** während der Pubertät geht sehr häufig einher mit Änderungen von **Verhaltensweisen**.

Als **tertiäre Geschlechtsmerkmale** werde individuell erworbene, oft gesellschaftlich geprägte Geschlechterunterschiede wie Kleidung, Frisur und Verwendung von Schminke bezeichnet.

1.2 Bau und Funktion der männlichen Geschlechtsorgane

Die Geschlechtsorgane des Mannes

Die männlichen Geschlechtsorgane (siehe Abb. 106), die primären Geschlechtsmerkmale des Mannes, sind bereits vor der Geburt angelegt.

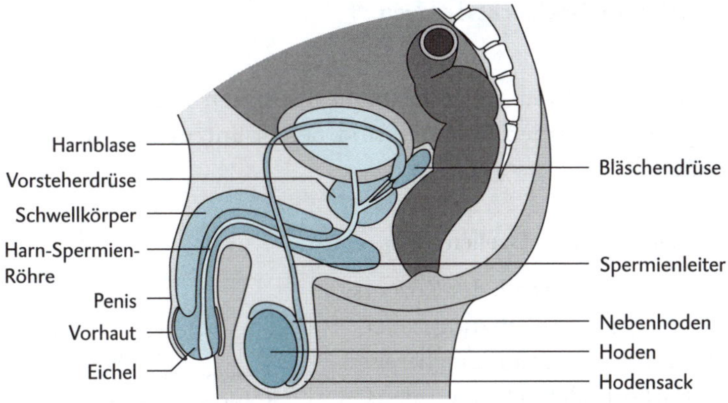

Abb. 106: Die Lage der Geschlechtsorgane des Mannes

Die männlichen Keimdrüsen, die beiden eiförmigen, etwa pflaumengroßen **Hoden**, befinden sich außerhalb des Körpers im Hodensack und sind durch Bindegewebskapseln geschützt. Jeder der beiden Hoden ist in ca. 250 Läppchen unterteilt. In jedem dieser Läppchen befinden sich bis zu 1 000 Hodenkanälchen, in deren Gewebe mit Beginn der Pubertät täglich bis zu 250 Millionen Spermien (Samen; siehe Abb. 107) heranreifen. Anschließend reifen die Spermien in den Gängen der **Nebenhoden** vollständig aus und können dort etwa einen Monat lang gespeichert werden. Erfolgt innerhalb dieser Zeit kein Spermienerguss (Ejakulation), werden die Spermien wieder abgebaut, also vom Körper resorbiert, oder der Körper entledigt sich der Spermien durch Pollution, den nächtlichen und unbewussten Spermienerguss. Die Zellen zwischen den Hodengängen produzieren Androgene, die männlichen Geschlechtshormone. Dazu gehört auch das männliche Sexualhormon Testosteron, das die Ausprägung und Erhaltung der sekundären männlichen Geschlechtsmerkmale steuert. Die Spermien bilden zusammen mit den von **Bläschendrüse** und **Prostata** (Vorsteherdrüse) abgesonderten Sekreten das Sperma. Von den Hoden führen die Spermienleiter in die Harn-Spermien-Röhre des **Penis** (männliches Glied). Dieser dient neben der Ausscheidung von Harn auch der Übertragung der Spermien in den weiblichen Geschlechtstrakt und damit als Begattungsorgan.

Unter der verschiebbaren Vorhaut liegt geschützt die berührungsempfindliche Eichel. Um die Harn-Spermien-Röhre herum befinden sich 3 Schwellkörper, die bei sexueller Erregung verstärkt durchblutet werden. Dadurch kommt es zur Erektion: Der Penis wird steif und richtet sich auf.

Hoden, Nebenhoden, Spermienleiter, Bläschendrüse und Prostata gehören wie der Penis zu den **männlichen Geschlechtsorganen**.

Die männlichen äußeren Geschlechtsorgane sollten regelmäßig mit Wasser und Seife gereinigt werden. Dadurch sind sie vor Entzündungen und Infektionen geschützt.

Die männlichen Geschlechtszellen

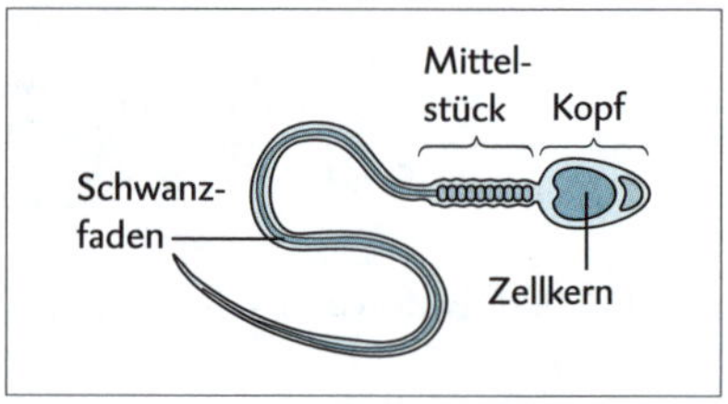

Abb. 107: Die männliche Keimzelle – das Spermium

Die Hoden liegen außerhalb des Körpers, da die männlichen Fortpflanzungszellen für den Reifungsvorgang aus den bereits vor der Geburt gebildeten Urspermienzellen Temperaturen benötigen, die etwa 2–5 °C unterhalb der Körpertemperatur liegen. Jede Urspermienzelle führt dabei nacheinander zwei Reifeteilungen (siehe S. 241 ff.) durch und bildet 4 haploide (siehe S. 7) **Spermien**. Die nur etwa 0,06 mm großen Keimzellen sind in einen ca. 1 µm großen **Kopf**, der den Zellkern mit der haploiden Erbinformation enthält, und einen **Schwanzteil** gegliedert. Dieser besteht wiederum aus dem **Mittelstück** (Hals), das die Mitochondrien enthält, die die zur Fortbewegung benötigte Energie liefern, und dem etwa 50 µm langen **Schwanzfaden**. Die Spermien können sich durch das Schlagen dieses Schwanzfadens mit einer Geschwindigkeit von etwa 4 mm/min bewegen.

Das **Spermium** ist die bewegliche männliche Keimzelle, die mit Beginn der Pubertät in den Hoden durch Reifeteilungen aus den **Urspermienzellen** gebildet wird.

Mit Beginn der Pubertät beginnt die Reifung von Spermienzellen. Da diese von jenem Zeitpunkt an im Normalfall während des ganzen Lebens gebildet werden, bedeutet dies, dass ein Mann sein ganzes Leben lang fortpflanzungsfähig ist.

1.3 Bau und Funktion der weiblichen Geschlechtsorgane

Die Geschlechtsorgane der Frau

Wie die männlichen sind auch die weiblichen Geschlechtsorgane (siehe Abb. 108) als primäre Geschlechtsmerkmale bereits vor der Geburt angelegt.

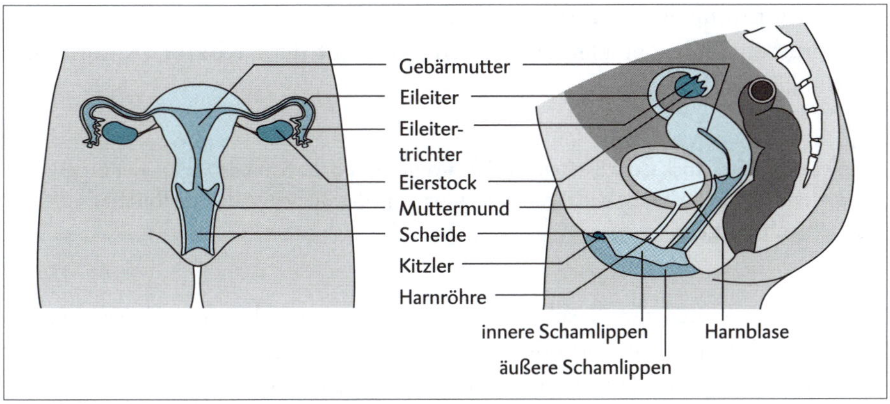

Abb. 108: Die Lage der Geschlechtsorgane der Frau

Die weiblichen Geschlechtsorgane liegen gut geschützt im unteren Teil des Beckenraumes. Sie bestehen aus den beiden walnussgroßen **Eierstöcken** (Ovarien), bei denen es sich um die weiblichen Keimdrüsen handelt, den beiden etwa 15 cm langen schlauchähnlichen **Eileitern** (Ovidukten), der **Gebärmutter** (Uterus), der **Scheide** (Vagina) sowie den **Schamlippen** (Vulven). Die Gebärmutter ist ein etwa faustgroßer, mit einer stark dehnbaren Muskelwand umgebener Hohlraum, dessen Volumen sich während der Schwangerschaft von wenigen Millilitern auf mehrere Liter vergrößert und damit die Entwicklung des ungeborenen Kindes ermöglicht. Der Gebärmutterhals geht über den Muttermund in die **Scheide** über, die die Grenze zwischen den inneren und den äußeren Geschlechtsorganen bildet. Der Muttermund wird zumeist von einem Schleimpfropf verschlossen, um die inneren Geschlechtsorgane vor eindringenden Krankheitserregern zu schützen. Die Scheide ist ein 8 bis 11 cm langer, schlauchförmiger, mit einer Schleimhaut ausgekleideter Hohlmuskel. In der Scheide lebende Milchsäurebakterien, die sogenannte Scheidenflora, wandeln stärkeähnliche Zuckermoleküle der Schleimhaut in Milchsäure um und schaffen dadurch ein saures Milieu. Dieses saure Scheidenmilieu schützt die inneren Geschlechtsorgane, da es bakterielle Krankheitserreger abtötet. Beim Geschlechtsverkehr nimmt die Scheide den Penis und auch die bei der Ejakulation freigesetzten Spermien auf, außerdem ist sie der natürliche Geburtskanal (siehe S. 203). Der Scheideneingang wird von einem elastischen Hautring, dem Jungfernhäutchen (Hymen), umrahmt und teilweise überdeckt. Die **Schamlippen**, Hautfalten, die von Bindegewebe und Muskelfasern durchsetzt sind, werden in die jeweils paarigen äußeren großen und die inneren kleinen Schamlippen unterteilt. Diese umschließen sowohl den Scheideneingang als auch die Öffnung der Harnröhre. Von den Schamlippen verdeckt, befindet sich am vorderen Ende der kleinen Schamlippen mit dem **Kitzler** (Klitoris) der Schwellkörper der Frau.

Die paarigen Eierstöcke, die Eileiter, die Gebärmutter und die Scheide liegen im Körperinneren und gehören ebenso wie die Schamlippen und der Kitzler zu den **weiblichen Geschlechtsorganen**.

Die weiblichen äußeren Geschlechtsorgane sollten regelmäßig mit Wasser gereinigt werden und zwar von der Scheide zum After hin. Dadurch sind sie vor Entzündungen und Infektionen durch Keime geschützt.

Die weiblichen Geschlechtszellen

Bereits in der dritten Schwangerschaftswoche bilden sich im weiblichen Embryo durch viele Reifeteilungen (siehe S. 241 ff.) etwa 5 bis 6 Millionen Ureizellen. Die meisten davon gehen jedoch zugrunde. Bei der Geburt verharren nur noch etwa 40 000 sogenannte Eimutterzellen in einem Ruhezustand in den beiden Eierstöcken. Mit Beginn der Pubertät reift in den beiden Eierstöcken abwechselnd etwa alle vier Wochen eine der Eimutterzellen in einem kugeligen Eibläschen, dem Follikel, zu einer funktionsfähigen **Eizelle** (siehe Abb. 109) heran. Die etwa 0,2 mm große unbewegliche Eizelle ist im Follikel von Hilfszellen und zwei Bindegewebsschichten umgeben. In den ersten 14 Tagen der Eireifung vergrößert sich der Follikel auf einen Durchmesser von 2–3 cm und bildet dabei das Hormon Östrogen. Dieses ist für die Ausprägung der primären und sekundären weiblichen Geschlechtsmerkmale zuständig. Nach der vollständigen Reifung platzt der Follikel und die Eizelle wird in den fransenförmigen Eileitertrichter ausgestoßen. Diesen Vorgang bezeichnet man als Eisprung (Ovulation, siehe auch S. 196).

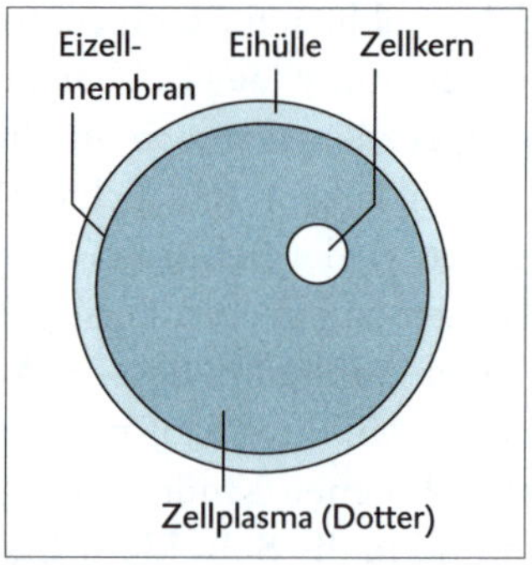

Abb. 109: Die Eizelle

Die reife Eizelle enthält im Zellkern die haploide (siehe S. 7) Erbinformation. Den größten Teil der Eizelle nimmt der Dotter ein, der der Speicherung von Nährstoffen für die erste Zeit der Entwicklung dient.

Die **Eizelle** ist die unbewegliche, dotterreiche weibliche Keimzelle, die mit Beginn der Pubertät in regelmäßigen periodischen Zyklen in den Eierstöcken durch Reifeteilungen aus den **Eimutterzellen** gebildet wird.

Die Reifung von Eizellen beginnt mit der Pubertät. Im Laufe der Jahre verläuft das Heranreifen jedoch immer unregelmäßiger und bleibt schließlich ab dem sogenannten **Klimakterium** ganz aus. Diese auch als **Wechseljahre** bezeichnete Phase setzt etwa um das 45. bis 50. Lebensjahr herum ein. Ab diesem Zeitpunkt können Frauen auf natürlichem Wege keine Kinder mehr bekommen.
Nachdem in jedem Zyklus im Normalfall nur ein Follikel heranreift, gelangen im Leben einer Frau nur ca. 450 der bereits bei der Geburt angelegten etwa 40 000 unreifen Eimutterzellen zur Reife.

1.4 Der weibliche Zyklus

Die erste Blutung aus der Scheide tritt während der Pubertät auf und zeigt, dass die betreffende Frau nun geschlechtsreif ist. Bis zu den Wechseljahren reifen ab diesem Zeitpunkt in etwa 28-tägiger Abfolge, genannt **Zyklus** oder **Periode**, befruchtungsfähige Eizellen heran. Der zeitliche Rhythmus des weiblichen Zyklus wird vom Hypothalamus geregelt, der über Freisetzungshormone die Hypophyse aktiviert (siehe Abb. 105, S. 189).
Aufgrund der Ausschüttung des Follikel stimulierenden Hormons (FSH) und des luteinisierenden Hormons (LH) durch die Hypophyse reift in den beiden Eierstöcken abwechselnd alle 4 Wochen eine einzelne Eizelle (siehe Abb. 110) in einem Follikel heran. Das Wachstum und das Heranreifen des Follikels dauert etwa 14 Tage und wird durch das FSH gefördert. Die Eireifung und die Bildung des sogenannten Gelbkörpers (siehe S. 196) werden durch das LH ausgelöst. Der heranreifende Follikel bildet mit den Östrogenen ebenfalls Hormone, welche zum einen eine weitere Ausschüttung von FSH und LH durch die Hypophyse hemmen und zum anderen eine Veränderung der Gebärmutterschleimhaut bewirken. Diese wächst daraufhin innerhalb von zwei Wochen auf die vierfache Dicke heran.

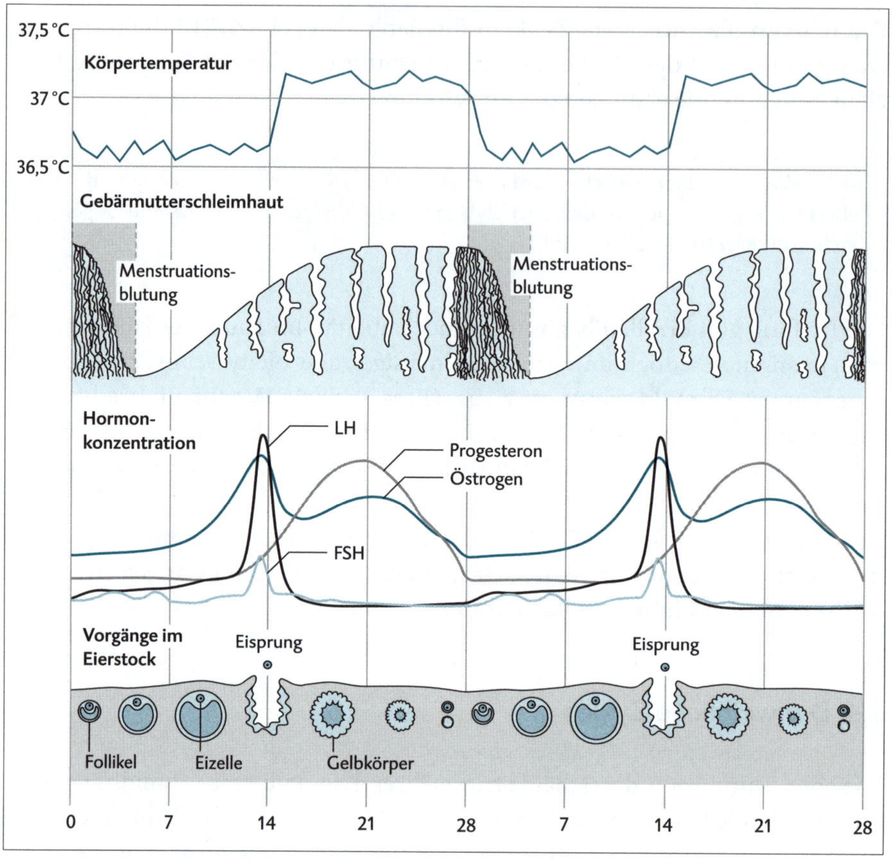

Abb. 110: Vorgänge beim Menstruationszyklus der Frau

Ein bestimmtes Konzentrationsverhältnis von LH zu FSH löst nach der vollständigen Reifung der Eizelle das Platzen des Follikels, den sogenannten **Eisprung (Ovulation)**, aus. Die Eizelle wird dabei aus dem Eierstock heraus in den Eileitertrichter geschleudert und durch Muskelbewegung der Eileiterwand zur Gebärmutter transportiert. Diese Wanderung wird durch viele kleine rhythmisch schlagende Wimpernhärchen, die in der Eileiterwand sitzen, unterstützt.

Nach dem Eisprung wandelt sich der nun leere Follikel durch Einlagerung fettreicher Zellen zum **Gelbkörper** um, der mit den Progesteronen ebenfalls Hormone bildet. Dabei steigt die Körpertemperatur der Frau in den nächsten ein bis zwei Tagen um etwa 0,5 °C an und die Gebärmutterschleimhaut wird durch die Progesterone drüsenreich und stark durchblutet.

Hohe Progesteronkonzentrationen durch lang anhaltende Freisetzung des Hormons aus dem Gelbkörper, wie es bei einer erfolgreichen Einnistung einer befruchteten Eizelle (Zygote) in die Gebärmutterschleimhaut der Fall ist, machen die Gebärmutterschleimhaut für weitere eventuell entstandener Zygoten undurchdringlich. Wird die freigesetzte Eizelle jedoch nicht innerhalb von 6 bis 24 Stunden nach dem Eisprung auf dem Weg durch den Eileiter von einer Spermienzelle befruchtet, verkümmert der Gelbkörper und die Progesteronbildung geht zurück. In diesem Fall lösen sich die obersten Schichten der reich durchbluteten Gebärmutterschleimhaut auf und die **Regelblutung (Menstruation, Periode)** setzt ein. Da sich auch der Schleimpfropf im Gebärmutterhals aufgelöst hat, können dabei etwa 50 bis 150 *ml* Blut und Schleimhautreste durch die Scheide abfließen. Dieser Vorgang dauert 3 bis 5 Tage. Gerade während der Regelblutung ist die tägliche Hygiene sehr wichtig, da sonst ein idealer Nährboden für Krankheitserreger gegeben ist. Um das Menstruationsblut aufzufangen, können Slip-Einlagen (Binden) oder Tampons verwendet werden, die regelmäßig gewechselt werden sollten.
Anfangs ist der Menstruationszyklus meist sehr unregelmäßig, später pendelt er sich auf durchschnittlich 28 Tage ein. Dadurch ist eine Vorausberechnung möglich. Durch Faktoren wie Erkrankungen oder Stress kann sich die Zykluslänge jedoch verändern. Ist die Menstruation von Beschwerden und starken Schmerzen begleitet, was vor allem in jungen Jahren möglich ist, sollte ein Frauenarzt zur Beratung aufgesucht werden.

Der **weibliche Zyklus** wird durch den Einfluss verschiedener Hormone geregelt. Monatlich reift in den Eierstöcken eine Eizelle heran. Wird diese nicht befruchtet, setzt die **Menstruationsblutung** ein.

Wird die Eizelle **befruchtet**, veranlassen die Progesterone zum einen das Weiterwachsen der Gebärmutterschleimhaut und die Speicherung von Nährstoffen in ihr. Zum anderen wird die Hypophyse an der weiteren LH-Ausschüttung gehindert, sodass kein neuer Follikel heranreift.
Die Zygote teilt sich bereits auf der Wanderung durch den Eileiter mehrmals, sodass nach etwa 6 bis 7 Tagen ein aus mehreren Zellen bestehender Keim in die zur **Einnistung** vorbereitete Gebärmutterschleimhaut eindringt. Nach der Einnistung bildet das Gewebe des sich entwickelnden Embryos das **Schwangerschaftshormon** *Human chorionic gonadotropine* (Humanes Choriongonadotropin; HCG). Dieses bewirkt unter anderem, dass der Gelbkörper erhalten bleibt und die Milchdrüsen in der Brust anschwellen.

Die befruchtete Eizelle, die **Zygote**, teilt sich bereits während der Wanderung durch den Eileiter und nistet sich in die reich durchblutete **Gebärmutterschleimhaut** ein.

Normalerweise reift pro Zyklus nur eine befruchtungsfähige Eizelle heran. In manchen Fällen kann es jedoch dazu kommen, dass zwei Eizellen gleichzeitig heranreifen und beim Eisprung aus den Follikeln freigesetzt werden (siehe Abb. 111 a). Werden diese nun von je einem Spermium befruchtet, so entwickeln sich aus den beiden Zygoten **zweieiige Zwillinge**.

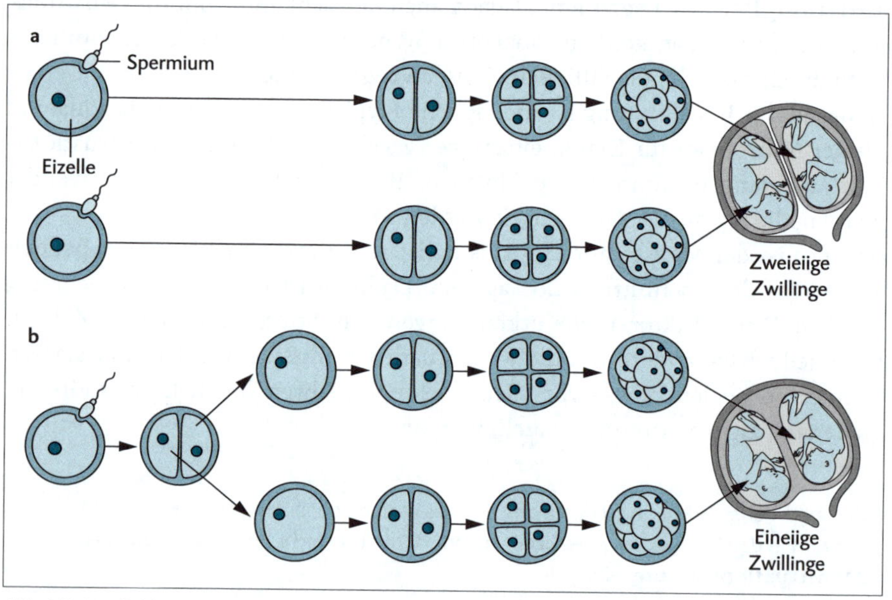

Abb. 111: Möglichkeiten zur Entstehung von Zwillingen; a: zweieiige Zwillinge, b: eineiige Zwillinge

Wie erwähnt kommt es bei der Wanderung der Zygote durch den Eileiter bereits zu den ersten Teilungsvorgängen. Dabei kann es vorkommen, dass sich der Keim vollständig durchschnürt und dass sich die beiden Hälften getrennt zu **eineiigen Zwillingen** mit gleichem Erbgut weiterentwickeln (siehe Abb. 111 b).

- **Zweieiige Zwillinge** entstehen durch die Befruchtung zweier Eizellen mit je einer Spermienzelle.
- **Eineiige Zwillinge** bilden sich durch die komplette Durchschnürung des Keimes bei einer Zellteilung. Eineiige Zwillinge haben daher das gleiche Erbgut.

1.5 Schwangerschaft und Geburt

Die geschlechtliche Vereinigung, der sogenannte Geschlechtsakt (auch Beischlaf, Koitus oder Geschlechtsverkehr genannt), beginnt mit dem **Vorspiel**. Die gegenseitige Zärtlichkeit steigert dabei bei den Geschlechtspartnern die sexuelle Erregung und führt zu einer verstärkten Durchblutung der Schwellkörper in Penis und Klitoris. Bei der Frau werden außerdem der Scheideneingang und die Scheide durch freigesetzte Drüsensekrete angefeuchtet. Der verstärkte Blutstrom führt beim Mann zur Erektion, also zur Versteifung und damit zum Aufrichten des Penis. Beim **Geschlechtsakt** wird der Penis in die Scheide der Frau eingeführt und in dieser bewegt. Während des **Orgasmus** wird durch Muskelkontraktionen die Ejakulation (Spermienerguss, Samenerguss), das Ausstoßen von Sperma aus dem Penis, ausgelöst. Die Spermaflüssigkeit setzt sich aus Sekreten verschiedener Drüsen zusammen (siehe S. 191) und enthält pro Milliliter etwa 20–60 Millionen Spermienzellen. Da das durchschnittliche Volumen des Ejakulats etwa 2–6 *mℓ* beträgt, werden also beim Geschlechtsverkehr etwa 40–360 Millionen Spermien in die Scheide der Frau abgegeben. Diese bewegen sich durch die Gebärmutter den Eileiter hinauf in Richtung der Eierstöcke. Obwohl die Spermien im weiblichen Geschlechtstrakt etwa 5 Tage am Leben bleiben können, erreichen die ersten von ihnen bereits nach etwa 1 bis 3 Stunden den Eileiter.

> Bei der **geschlechtlichen Vereinigung**, dem sogenannten Geschlechtsverkehr, führt der Mann seinen Penis in die Scheide der Frau ein.

Bei der geschlechtlichen Fortpflanzung dringt eine Spermienzelle in die Eizelle ein. Im Verlauf der anschließenden **Befruchtung** verschmelzen die beiden haploiden Zellkerne der Geschlechtszellen und die Hülle der befruchteten also diploiden Zygote wird undurchdringbar, sodass sie nicht von weiteren Spermien passiert werden kann. Der Vorgang der Keimzell- und Kernverschmelzung dauert etwa 20 Minuten.

> Das Verschmelzen der Zellkerne der beiden haploiden Keimzellen, Eizelle und Spermienzelle, bezeichnet man als **Befruchtung**. Dadurch entsteht eine diploide Zygote.

Wie besprochen teilt sich die Zygote auf ihrem Weg durch den Eileiter mehrmals (siehe Abb. 112). Allerdings trennen sich die entstehenden Tochterzellen im Normalfall nicht voneinander, sondern bleiben miteinander verbunden. In diesem Fall spricht man von Furchungsteilungen. Durch mehrere Furchungen entsteht der sogenannte **Maulbeerkeim** (Morula), der aus 32 Zellen besteht. Dieser hat noch den Durchmesser der ursprünglichen Zygote, füllt sich aber im weiteren Verlauf der Entwicklung mit Flüssigkeit und bildet so am 4. Tag nach dem Eisprung eine Hohlkugel, den **Blasenkeim** (Blastula). Nach etwa 6 bis 7 Tagen dringt dieser komplett in die Schleimhaut der zur **Einnistung** vorbereiteten Gebärmutter ein.

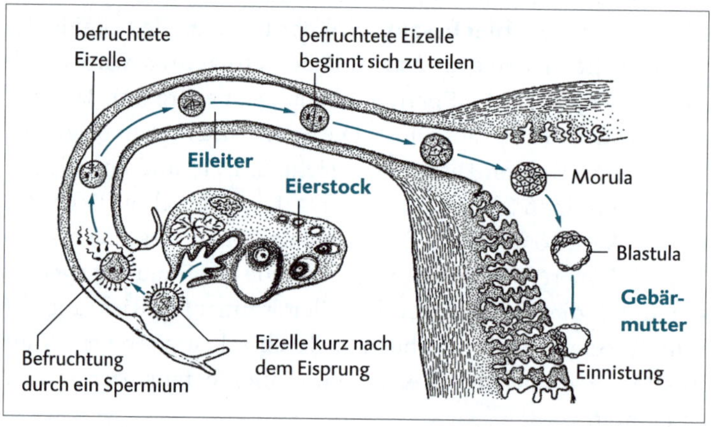

Abb. 112: Übersicht über die vorgeburtliche Entwicklung vom Eisprung bis zur Schwangerschaft

Anschließend bilden die äußeren Hüllzellen des Keims kleine Zotten aus, die in die Gebärmutterschleimhaut einwachsen und mit dieser zusammen die **Plazenta**, den Mutterkuchen, ausbilden (siehe Abb. 113). Von diesem Zeitpunkt an wird der Keim über den mütterlichen Blutkreislauf ernährt. Im Verlauf der Entwicklung bildet sich die **Nabelschnur** als Verbindung zwischen Embryo und Plazenta aus. Während der gesamten Schwangerschaft verhindert die sogenannte **Plazentaschranke** einen direkten Blutaustausch zwischen mütterlichem und kindlichem Blutkreislauf. Zwischen den Blutkreisläufen findet aber ein Stoffaustausch statt. Das gesamte kohlenstoffdioxidreiche und mit Harnstoff bzw. anderen Stoffwechselendprodukten angereicherte Blut des ungeborenen Kindes fließt etwa ein Mal pro Minute durch die Nabelschnur zu den Zotten der Plazenta. Diese Zotten werden vom sauerstoffreichen, mit Wasser, Vitaminen, Kohlenhydraten, Fetten und Eiweißen angereicherten mütterlichen Blut umspült. Das Kohlenstoffdioxid und die Stoffwechselendprodukte werden durch die Zottenoberfläche und die Wände der Blutgefäße hindurch vom kindlichen Blut in das mütterliche Blut aufgenommen. In umgekehrter Richtung gelangen Sauerstoff, Nährstoffe usw. in das kindliche Blut. Ohne

Durchmischung von kindlichem und mütterlichem Blut findet so die Versorgung und Ernährung des ungeborenen Kindes durch die Mutter statt. Dieser Mechanismus beruht auf dem biologischen Prinzip, dass Stoffe immer vom Ort des Überflusses an den Ort des Mangels wechseln **(Diffusion)**.

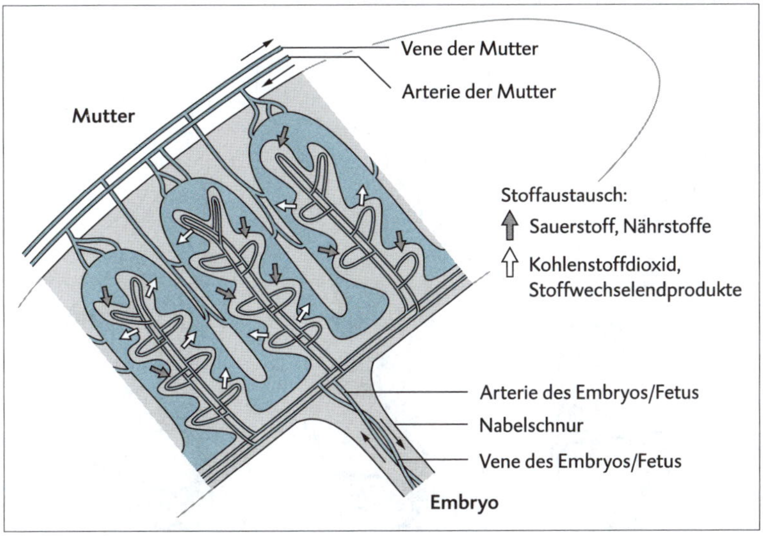

Abb. 113: Ausschnitt der Plazenta

> Der Stoffaustausch, das heißt die Aufnahme von Sauerstoff und Nährstoffen bzw. die Abgabe von Kohlenstoffdioxid und Stoffwechselendprodukten zwischen Kind und Mutter, findet über die **Plazenta** und die **Nabelschnur** statt.

Der Blasenkeim wächst nun heran und das Gewebe des Embryos bildet wie bereits besprochen das Schwangerschaftshormon HCG (siehe S. 197). Die mit Fruchtwasser gefüllte Fruchtblase schützt das sich entwickelnde ungeborene Kind (siehe Abb. 114):

- **5. Schwangerschaftswoche:** Beim zu diesem Zeitpunkt etwa 6 mm großen Embryo lassen sich der Kopf sowie die Arm- und Beinknospen erkennen. Gehirn und Wirbelsäule sind bereits angelegt und das Herz arbeitet schon. Die Versorgung erfolgt über die Nabelschnur, die Verbindung zwischen Kind und Plazenta.
- **9.–12. Schwangerschaftswoche:** Das etwa 4 cm große ungeborene Kind, das von nun an Fetus genannt wird, ist ca. 10 g schwer. Ab diesem Zeitpunkt beginnt die Wachstumsphase, in der die bereits vollständig angelegten inneren Organe heranwachsen. Auch die Entwicklung der übrigen Körperstrukturen setzt sich fort.

- **8. Schwangerschaftsmonat:** Die Organe sind funktionstüchtig und die äußeren Geschlechtsorgane deutlich erkennbar. Der Fetus ist nun etwa 35 cm groß und 1 300 g schwer. Es beginnt die Verhärtung des knorpeligen Skelettes und das Anlegen von Fettpolstern. Der Fetus hat sich im Normalfall bereits mit dem Kopf in Richtung Geburtskanal gedreht.

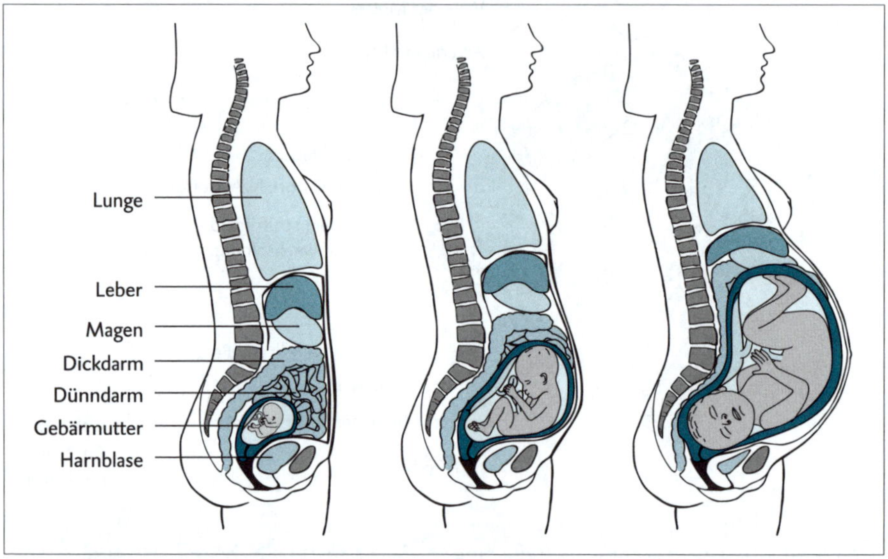

Abb. 114: Veränderungen des weiblichen Körpers und des ungeborenen Kindes während der Schwangerschaft: 3. Monat (links), 6. Monat (Mitte) und 9. Monat (rechts)

Während der Schwangerschaft sollte die werdende Mutter die vom Frauenarzt angebotenen **Vorsorgeuntersuchungen** regelmäßig wahrnehmen. Zur optimalen Versorgung des heranwachsenden Kindes ist auf eine ausgewogene und vitaminreiche Ernährung ebenso zu achten wie auf ausreichende Bewegung.
Die Plazentaschranke ermöglicht wie besprochen einen kontrollierten Stoffaustausch zwischen mütterlichem und kindlichem Blut und verhindert einen direkten Kontakt der Blutzellen. Allerdings können manche Medikamente, Drogen wie Alkohol und Nikotin sowie einige Krankheitserreger wie Röteln- oder Masernviren die Plazentaschranke überwinden, in das kindliche Blut gelangen und zu schweren Schädigungen oder Missbildungen führen.

Während der Schwangerschaft teilt sich die **Zygote** bereits im Eileiter mehrmals, nistet sich als **Blasenkeim** in die Gebärmutter ein und reift über die Entwicklungsstadien **Embryo** und **Fetus** zum Kind heran.

Nach in der Regel etwa 40 Wochen (9 Monaten) endet die Schwangerschaft mit der **Geburt**. Diese kündigt sich durch krampfartiges Zusammenziehen der Gebärmuttermuskulatur an. Durch die anfänglich noch sehr unregelmäßigen Wehen wird das Kind mit dem Kopf voran gegen den Gebärmutterhals gedrückt. Dadurch wird dieser gedehnt und anschließend der Muttermund geöffnet. Nach dieser **Eröffnungsphase** folgt die **Austreibungsphase**. Die Wehen werden heftiger und die Abstände zwischen den einzelnen Kontraktionen immer kürzer, die Fruchtblase platzt. Rasch aufeinanderfolgende Presswehen drücken das Kind durch die Scheide aus dem mütterlichen Körper heraus.
Sofort nach der Geburt hört die Nabelschnur damit auf, Blut zu transportieren. Das Neugeborene beginnt eigenständig zu atmen und die Nabelschnur kann schmerzlos durchtrennt werden. Neugeborene sind durchschnittlich etwa 50 bis 52 cm groß und etwa 3 000 bis 3 500 g schwer.
Ungefähr 30 Minuten nach der Geburt wird die Nachgeburt bestehend aus Plazenta, Nabelschnur und Fruchtblasenhaut ausgestoßen.

Durchschnittlich dauert eine Schwangerschaft von der Befruchtung bis zur Geburt **40 Wochen**.

Mit der Geburt ist der kindliche Organismus vom mütterlichen getrennt und das eigenständige Leben des Neugeborenen beginnt. Natürlich ist das Baby aber nach wie vor auf die Versorgung durch die Eltern angewiesen.

Zusammenfassung

Das Geschlecht eines Menschen lässt sich bereits bei der Geburt anhand der äußeren Geschlechtsorgane feststellen:

Mädchen	Junge
• Scheideneingang und Klitoris (Kitzler) • großes und kleines Schamlippenpaar	• Penis (Glied) • Hodensack mit paarigen Hoden und Nebenhoden

Neben den äußeren gehören auch die inneren Geschlechtsorgane zu den **primären Geschlechtsmerkmalen** (Frau: paarige Eierstöcke und Eileiter, Gebärmutter; Mann: Spermienleiter, Bläschendrüse, Prostata).

Während der Pubertät reifen durch hormonelle Einflüsse gesteuert die primären und die **sekundären Geschlechtsmerkmale** heran. Von diesem Zeitpunkt an entwickeln sich in den Keimdrüsen befruchtungsfähige Keimzellen:

- **Eizelle:** Die unbewegliche, große, dotterreiche weibliche Keimzelle, die in den Eierstöcken aus den Eimutterzellen heranreift.
- **Spermienzelle:** Die kleine, bewegliche männliche Keimzelle, die in den Hoden aus den Urspermienzellen gebildet wird.

Der weibliche Zyklus und die Veränderungen während der Schwangerschaft sind hormonell geregelt:

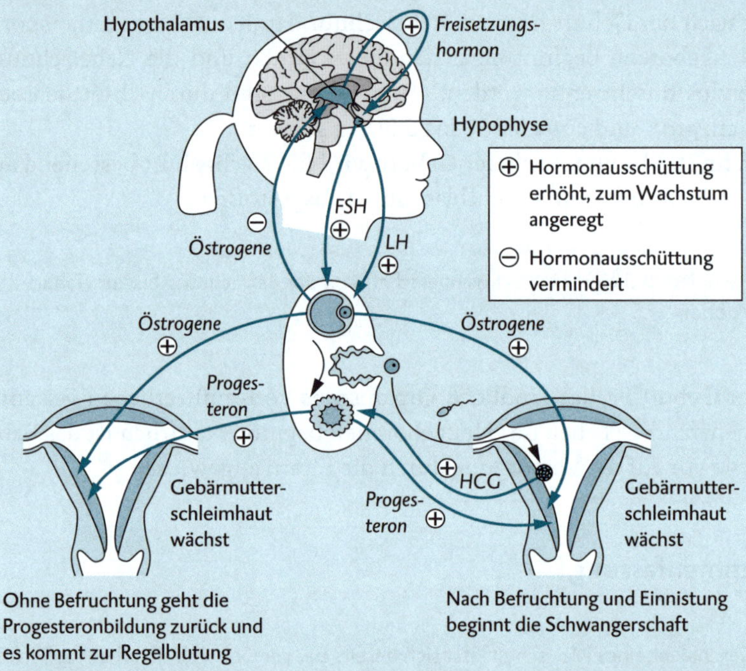

Mit der **Befruchtung**, also dem Verschmelzen der Zellkerne der haploiden Keimzellen zur diploiden Zygote, beginnt die **Embryonalentwicklung**. Dabei finden die ersten Furchungsteilungen bereits im Eileiter auf dem Weg zur Gebärmutter statt, sodass sich mit der Blastula bereits ein mehrzelliger Keimling in die Gebärmutterschleimhaut einnistet. In der anschließenden Entwicklungsphase wächst der **Embryo** bzw. der **Fetus** gut geschützt im mütterlichen Organismus heran und die Organe reifen bis zur Geburt. Die Versorgung übernehmen Plazenta und Nabelschnur. Nach etwa 40 Wochen endet die vorgeburtliche Entwicklung mit der Geburt des **Neugeborenen**.

78 Als Spermien werden die männlichen Fortpflanzungszellen bezeichnet.

a Skizziere den Bau eines Spermiums. Benenne die beiden typischen Abschnitte und gib deren Funktion an.

b Ordne die folgenden Funktionen jeweils dem dafür zuständigen Teil der Geschlechtsorgane zu, indem du sie verbindest. Benenne diese Teile.

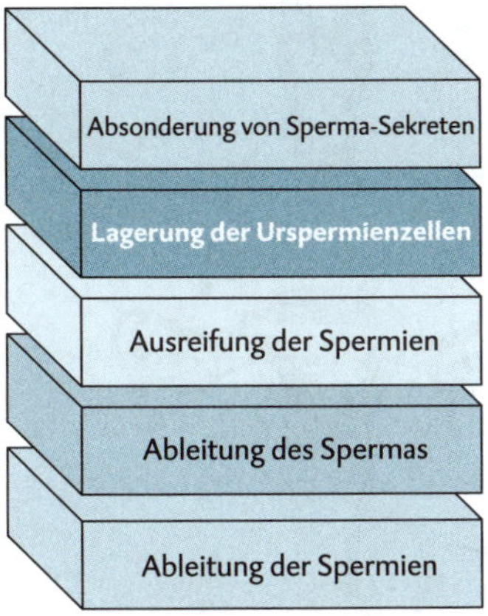

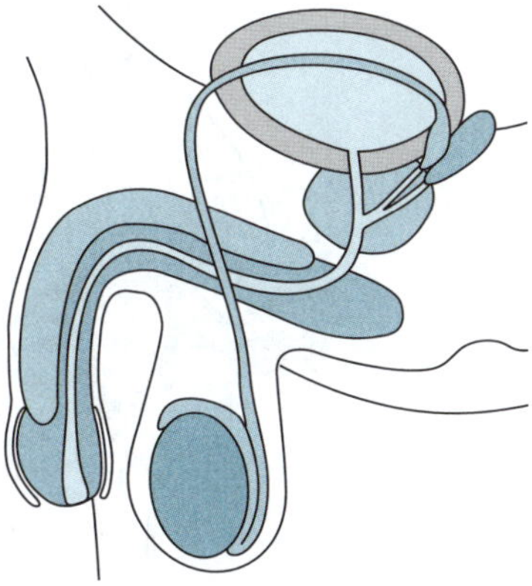

c Obwohl beim Geschlechtsverkehr bei einer Ejakulation bis zu 360 Millionen Spermien in den Geschlechtstrakt der Frau ausgestoßen werden, erreichen nur einige Hundert davon die Eizelle.
Recherchiere Gründe für diese Tatsache.

79 Die primären Geschlechtsmerkmale sind bei Mann und Frau bereits vor der Geburt angelegt. Beschrifte die Abbildung der weiblichen Geschlechtsorgane und nenne die Funktion der Strukturen 1–4.

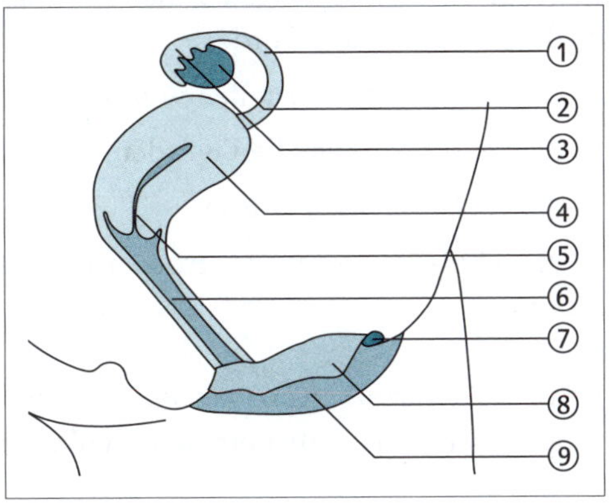

80 Als Menstruation wird die periodisch wiederkehrende Blutung aus der Scheide bezeichnet.

a Beschreibe anhand der folgenden Abbildung die Vorgänge beim weiblichen Zyklus.

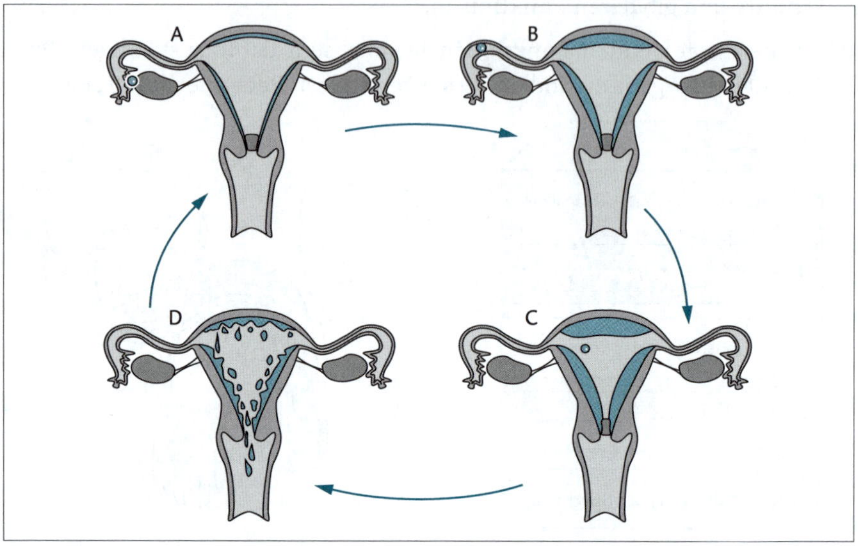

b Begründe, warum gerade während der Menstruation auf eine besonders gründliche Hygiene der äußeren Geschlechtsorgane zu achten ist.

81 Der weibliche Zyklus wird durch die Funktion verschiedener Hormone geregelt. Gib an, welche Folgen es hätte, wenn …

a das FSH ausfallen würde.

b die Progesterone ausfallen würden.

c die Östrogene ausfallen würden.

d das HCG ausfallen würde.

e die FSH-Ausschüttung trotz einer befruchteten Eizelle nicht gehemmt würde.

82 Erläutere, warum zwar zweieiige Zwillinge unterschiedlichen Geschlechts möglich sind, nicht aber eineiige Zwillinge.

83 Die Plazenta, der sogenannte Mutterkuchen, übernimmt während der Schwangerschaft die Versorgung des Embryos.
Beschreibe den Stofffluss zwischen Mutter und ungeborenem Kind, indem du die schematische Abbildung vervollständigst.

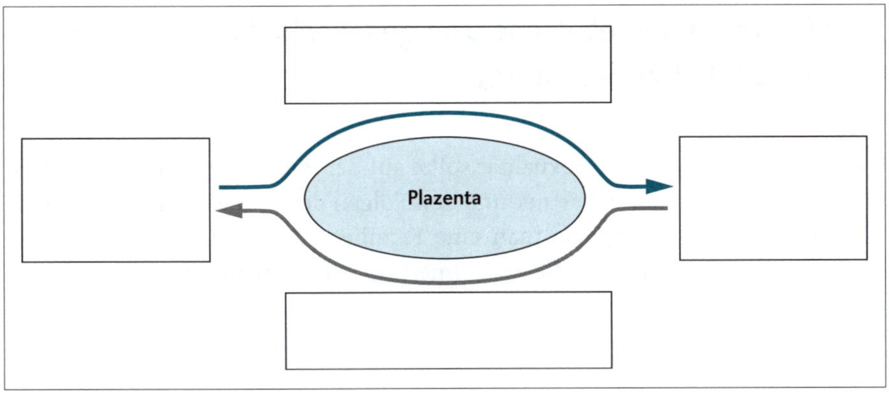

84 In den Jahren 1961 und 1962 wurde mit dem Contergan-Skandal einer der aufsehenerregendsten Arzneimittelskandale in Deutschland aufgedeckt. Die damals eingesetzten Medikamente Contergan und Softenon wurden nicht nur als Beruhigungs- und Schlafmittel verschrieben, sondern auch gegen die typische morgendliche Schwangerschaftsübelkeit, die häufig zu Beginn der Schwangerschaft auftritt. Was bei der Einführung der Medikamente allerdings nicht beachtet wurde, war, dass Thalidomid, der Wirkstoff beider Arzneimittel, zusätzlich zu seiner schlaffördernden Wirkung auch über die Eigenschaft verfügt, das Zellwachstum und die Blutgefäßneubildung zu hemmen. Die ab dem Jahr 1957 zugelassenen Medikamente Contergan und Softenon wurden aufgrund der zahlreichen schädlichen Nebenwirkungen, unter anderem schweren Fehlbildungen oder gar dem kompletten Fehlen von Gliedmaßen und Organen bei Neugeborenen, im Jahr 1961 bzw. 1962 verboten und vom Markt genommen.

a Erkläre die Funktion der Plazentaschranke.

b Die Einnahme von ungeeigneten Medikamenten, aber auch der Konsum von Zigaretten und Alkohol gerade zu Beginn der Schwangerschaft kann zu extrem schweren Schädigungen und Missbildungen beim Un- bzw. Neugeborenen führen. Stelle am Beispiel von Contergan begründete Hypothesen über die Auswirkungen der Medikamenteneinnahme auf.

2 Medizinische, ethische und gesellschaftliche Aspekte menschlicher Sexualität

Das Ausleben der eigenen Sexualität sollte auf der Basis eines verantwortungsvollen Umgangs mit dem Partner und den Folgen des eigenen Tuns geschehen. Gerade die Entscheidung, ob man eine Familie gründen und Kinder zeugen will, ist eine Entscheidung, die zusammen mit dem Partner getroffen werden muss.

2.1 Empfängnisverhütung und Familienplanung

Methoden der Empfängnisverhütung

Obwohl die meisten Menschen nach der Pubertät viele Jahrzehnte lang Sexualität erleben, besteht häufig nur in einem eng begrenzten Zeitraum der Wunsch, ein Kind zu zeugen. Es ist deshalb wichtig, sich über die verschiedenen Mittel und Methoden der Empfängnisverhütung zu informieren und mit dem Partner gemeinsam eine Wahl zu treffen.
Mithilfe der verschiedenen Wege der **Empfängnisverhütung** (siehe Tab. 6 und 7) wird zu verhindern versucht, dass …

- eine befruchtungsfähige Eizelle entsteht (z. B. Antibabypille und Vaginalring).
- eine Eizelle befruchtet wird (z. B. Kondom, Spirale, chemische Verhütungsmittel, Temperaturmessung, Antibabypille, Vaginalring und *Coitus Interruptus*).
- sich eine befruchtete Eizelle in die Gebärmutterschleimhaut einnistet (z. B. Antibabypille und Vaginalring).

Die Sicherheit von Verhütungsmethoden wird über den sogenannten **Pearl-Index** bestimmt. Er gibt für die einzelne Verhütungsmethode die Zahl der statistisch in einem Jahr entstehenden ungewollten Schwangerschaften pro 100 Frauen an. Je niedriger der Index liegt, desto zuverlässiger ist demnach die jeweilige Methode. Ein Pearl-Index von 10 besagt z. B., dass statistisch gesehen von 100 Frauen, die ein Jahr lang mit der betreffenden Methode verhüten, 10 schwanger werden.

Die folgende Tabelle 6 gibt einen Überblick über die gängigsten Methoden der **natürlichen Empfängnisverhütung**. Die meisten dieser Methoden richten sich nach dem Menstruationszyklus der Frau, da zeugungsfähige Männer theoretisch immer fruchtbar sind. Die einzige natürliche, jedoch extrem unsichere Methode, die ein Mann aktiv ausüben kann, ist der sogenannte *Coitus Interruptus*, also der Abbruch des Geschlechtsverkehrs. Dieser wird dabei so unterbrochen, dass die Ejakulation des Mannes außerhalb der Scheide erfolgt. Bei allen anderen Methoden der natürlichen Empfängnisverhütung werden die fruchtbaren Tage bestimmt, während denen sexuelle Enthaltsamkeit (Abstinenz) geübt werden sollte. Besteht ein Kinderwunsch, so erhöht die Bestimmung der fruchtbaren Tage die Wahrscheinlichkeit dafür, dass der Geschlechtsverkehr zu einer erfolgreichen Befruchtung und damit zur Schwangerschaft führt.

Methode	Beschreibung	Pearl-Index
Coitus Interruptus	Die Ejakulation findet außerhalb der Scheide statt. Diese Verhütungsmethode ist unsicher, da auch bereits zuvor Spermien ausgetreten sein können.	4–27
Temperaturmessung	Da die Körpertemperatur nach dem Eisprung um etwa 0,5 °C ansteigt, wird durch Messung und Aufschreiben der zyklischen Schwankungen der morgendlichen Körpertemperatur versucht, die fruchtbaren Tage abzuschätzen. Die Ergebnisse können jedoch häufig verfälscht sein.	0,8–3
Knaus-Ogino	Eine Kalendermethode, bei der durch Protokollierung des Menstruationszyklus versucht wird, die fruchtbaren Tage aus den vorherigen Zyklen abzuschätzen.	9–40
Hormonmessung	Mithilfe von Teststreifen werden die am Zyklus beteiligten Hormone im morgendlichen Urin der Frau gemessen, um den Zeitpunkt des Eisprungs zu bestimmen.	5–6

Tab. 6: Methoden der natürlichen Empfängnisverhütung im Vergleich

Neben der natürlichen Empfängnisverhütung steht eine Vielzahl weiterer Möglichkeiten zur Verfügung, die in **hormonelle, mechanische, chemische** und **chirurgische Methoden** unterteilt werden (siehe Tab. 7). Die Sicherheit sowohl der natürlichen Empfängnisverhütung als auch der weiteren Methoden hängt ganz entscheidend von der richtigen Anwendung ab. Oft liegt die Ursache für das Versagen einer Verhütungsmethode in einem Anwendungsfehler.

Methode	Mittel	Beschreibung	Pearl-Index
hormonell	Antibabypille	Verschreibungspflichtige regelmäßig einzunehmende Medikamente, die Hormone enthalten, um die Eireifung bzw. die Einnistung einer Zygote in die Gebärmutterschleimhaut zu verhindern. Außerdem wird durch die Hormonwirkung der Schleimpfropf im Gebärmutterhals verdickt und ist dadurch für Spermien undurchlässig.	0,1–0,9
	Vaginalring	Ein rezeptpflichtiger Ring, der in jedem Zyklus für 3 Wochen in die Scheide eingeführt wird und dort kontinuierlich Hormone abgibt. Die Wirkung ist mit der der Antibabypille vergleichbar.	0,25–1,25
mechanisch	Kondom	Die dünne Latex- oder Kunststoffhülle wird über den erigierten Penis gezogen und verhindert dadurch das Eindringen der Spermien in die Scheide.	2–14
	Femidom	Der dünne, an einem Ende geschlossene Kunststoffschlauch besitzt zwei Ringe, von denen der äußere außerhalb der Scheide vor den großen Schamlippen liegt und der innere am geschlossenen Ende in die Scheide eingeführt wird.	5–25
	Diaphragma	Die weiche, schalenförmige Kappe aus Gummi oder Silikon wird auch Pessar genannt und besitzt eine eingearbeitete Metallfeder. Durch sie wird das Diaphragma aufgespannt. Es muss vor dem Geschlechtsverkehr so in die Scheide eingelegt werden, dass der Weg zum Muttermund vollständig versperrt ist. Dadurch wird das Eindringen von Spermien in die Gebärmutter verhindert. 8 bis maximal 24 Stunden nach dem Geschlechtsverkehr muss das Diaphragma wieder entfernt werden.	1–20
	Spirale	Von einem Gynäkologen wird innerhalb der Gebärmutter eine Kupfer-Gold-Spirale eingesetzt. Diese vermindert die Beweglichkeit der Spermien bzw. die Einnistung der Zygote in die Gebärmutterschleimhaut.	0,9–3
chemisch	Spermizide	In Apotheken und Drogerien erhältliche Salben, Gele, Zäpfchen, Schäume oder Sprays, die vor dem Geschlechtsverkehr in die Scheide eingeführt werden und Spermien innerhalb einer Stunde abtöten.	5–20
chirurgisch	Sterilisation des Mannes	Bei einem chirurgischen Eingriff werden die Spermienleiter im Hodensack durchtrennt.	0,1
	Sterilisation der Frau	Bei einem chirurgischen Eingriff werden die Eileiter abgebunden oder durchtrennt.	0,1–0,3

Tab. 7: Auswahl weiterer Methoden zur Empfängnisverhütung

Vor der Entscheidung für eine der beschriebenen Methoden zur Empfängnisverhütung ist ärztlicher Rat bezüglich möglicher **Nebenwirkungen** und Folgen einzuholen. Vor einer Entscheidung für eine chirurgische Methode muss klar sein, dass diese Eingriffe oft endgültig und nicht wieder rückgängig zu machen sind. Die Anwendung hormoneller Methoden bedeutet immer einen Eingriff in das Hormonsystem und dadurch bedingte mögliche Nebenwirkungen wie Stimmungsschwankungen, Übelkeit, Kopfschmerzen, Gewichtszunahme oder ein erhöhtes Risiko für die Bildung von Blutgerinnseln (erhöhtes Thrombose-Risiko).

Die verschiedenen Methoden und Mittel zur Empfängnisverhütung unterscheiden sich in **Anwendung** und **Wirksamkeit**, aber auch in ihren möglichen **Nebenwirkungen** und **Folgen**.

Wenn ein Verhütungsmittel- bzw. eine Verhütungsmethode nicht richtig angewendet wurde oder versagt hat bzw. wenn es zu einem ungeschützten Geschlechtsverkehr gekommen ist, kann eine ungewollte Schwangerschaft immer noch verhindert werden. Unter bestimmten Umständen, bei Minderjährigen etwa bei Einwilligung der Eltern und beim Vorliegen eines Notfalls, kann ein Gynäkologe (Frauenarzt) bis maximal etwa 3 bis 5 Tage nach dem Geschlechtsverkehr die sogenannte „Pille danach“ verschreiben. Dabei handelt es sich um ein Notfallmedikament mit einigen Nebenwirkungen. Sie enthält Hormone, die den Eisprung verhindern, die Beweglichkeit der Spermien hemmen und Blutungen auslösen, durch die die Einnistung des Keimes in die Gebärmutterschleimhaut verhindert wird.

Schwangerschaftsabbruch

Sobald sich der Keim in die Gebärmutterschleimhaut eingenistet hat, bildet das Gewebe des sich entwickelnden Embryos wie besprochen das Schwangerschaftshormon HCG (siehe S. 197). Dieses lässt sich etwa 3 Wochen nach dem Ausbleiben der Menstruation mithilfe von in der Apotheke oder Drogerie erhältlichen Schnelltests im Urin nachweisen. Ein eindeutiger **Schwangerschaftsnachweis** erfolgt durch einen Gynäkologen mithilfe einer Sonografie (Ultraschalluntersuchung). Im Deutschen Embryonenschutzgesetz wird in Paragraph (§) 8 der Begriff Embryo definiert. Demnach wird bereits die befruchtete, entwicklungsfähige menschliche Eizelle vom Zeitpunkt der Kernverschmelzung an als Embryo bezeichnet. Nach dem Gesetz ist damit der Beginn des Lebens auf diesen Zeitpunkt festgelegt.

In Deutschland ist der Beginn des menschlichen Lebens auf den Zeitpunkt der **Kernverschmelzung** festgelegt.

Ein **Schwangerschaftsabbruch** (Abtreibung) wird in Deutschland laut § 218 des Strafgesetzbuches mit einer Geldstrafe oder einer Freiheitsstrafe von bis zu 3 Jahren bestraft, da nach Artikel 2 des Grundgesetzes jeder und damit auch ein ungeborenes Kind (egal ob Embryo oder Fetus) ein Recht auf Leben besitzt. Nur unter ganz bestimmten rechtlichen Voraussetzungen und unter Einhaltung von Fristen, geregelt im § 218 a des Strafgesetzbuches, ist der Schwangerschaftsabbruch straffrei. Dabei wird der Embryo von einem Gynäkologen im Normalfall bis maximal zur 12. Schwangerschaftswoche durch Absaugen oder Ausschaben aus der Gebärmutter entfernt. Dieser Eingriff ist nicht nur aus gesundheitlichen Gründen, sondern auch unter moralisch-ethischen Aspekten problematisch.

In Deutschland ist der **Schwangerschaftsabbruch** bis auf wenige Ausnahmen gesetzlich verboten und kein Mittel zur Empfängnisregulation.

2.2 Schutz vor sexuell übertragbaren Erkrankungen

Sperma und Scheidenflüssigkeit können **Krankheitserreger** enthalten. Dazu zählen beispielsweise:

- HI-Viren, die Erreger der Krankheit AIDS
- Hepatitis-B-Viren, die Auslöser der Gelbsucht
- HP-Viren, die für das Entstehen von Gebärmutterhalskrebs verantwortlich sind
- Bakterien der Art *Treponema pallidum*, die die Syphilis (Lues) auslösen
- Bakterien der Art *Neisseria gonorrhoeae*, die die Gonorrhoe (Tripper) auslösen

Weitere sexuell übertragbare Erkrankungen können von Pilzen, Einzellern oder gar Gliederfüßern wie der Filzlaus verursacht werden.

Die meisten Geschlechtskrankheiten sind heilbar. Bei den ersten ungewöhnlichen Anzeichen sollte deshalb sofort ein Arzt aufgesucht werden. **Kondome** und mit einigen Einschränkungen auch Femidome (siehe Tab. 7, S. 210) sind derzeit die einzigen Verhütungsmittel, die zusätzlich zur Vermeidung ungewollter Schwangerschaften auch vor sexuell übertragbaren Krankheiten schützen bzw. die Infektionsgefahr stark verringern. Wenn diesbezüglich ein Schutzbedarf besteht, z. B. bei einem neuen Partner, sollten beim Geschlechtsverkehr deshalb unabhängig von anderen mechanischen, hormonellen oder chemischen Verhütungsmitteln zusätzlich Kondome verwendet werden.

Das **Kondom** bietet neben der **Empfängnisverhütung** einen wirksamen Schutz vor sexuell übertragbaren **Geschlechtskrankheiten**.

2.3 Reproduktionsmedizin

Reproduktionsmediziner beschäftigen sich mit der natürlichen, bei Störungen aber auch mit der künstlich **unterstützten Fortpflanzung**. Sollte der Kinderwunsch auf natürlichem Wege nicht erfüllt werden, stehen Paaren verschiedene medizinische Fortpflanzungstechniken (siehe Abb. 115) zur Verfügung.
In Deutschland ist immerhin jedes 10. Paar ungewollt kinderlos. Die Gründe dafür sind vielfältig. Neben psychischen Gründen, die beim Mann etwa zu Erektionsstörungen und bei der Frau zu stark verringertem sexuellen Verlangen führen können, sind die häufigsten Ursachen **körperliche Störungen:**

- beim Mann z. B. Störungen bei der Reifung der Spermien, verringerte Beweglichkeit der Spermien usw.
- bei der Frau z. B. Störungen bei der Reifung der Eizellen, Verschluss der Eileiter, Erkrankungen der Gebärmutterschleimhaut usw.

Trotz der Erfolge in der Reproduktionsmedizin und der Vielfalt der zur Verfügung stehenden Techniken ist es auch heute noch nicht möglich, allen Paaren mit Kinderwunsch diesen auch zu erfüllen.
Allen Fortpflanzungstechniken ist gemeinsam, dass das Sperma des Mannes gewonnen werden muss. Die **Spermiengewinnung** erfolgt entweder durch Masturbation, das heißt durch manuelle Stimulierung zur Herbeiführung einer Ejakulation, oder bei Impotenz auch durch direkte Entnahme der Spermien aus dem Hoden. Als Impotenz wird eine Sexualstörung bezeichnet, bei der es dem Mann nicht gelingt, eine ausreichende Erektion des Penis zu erreichen oder beizubehalten.

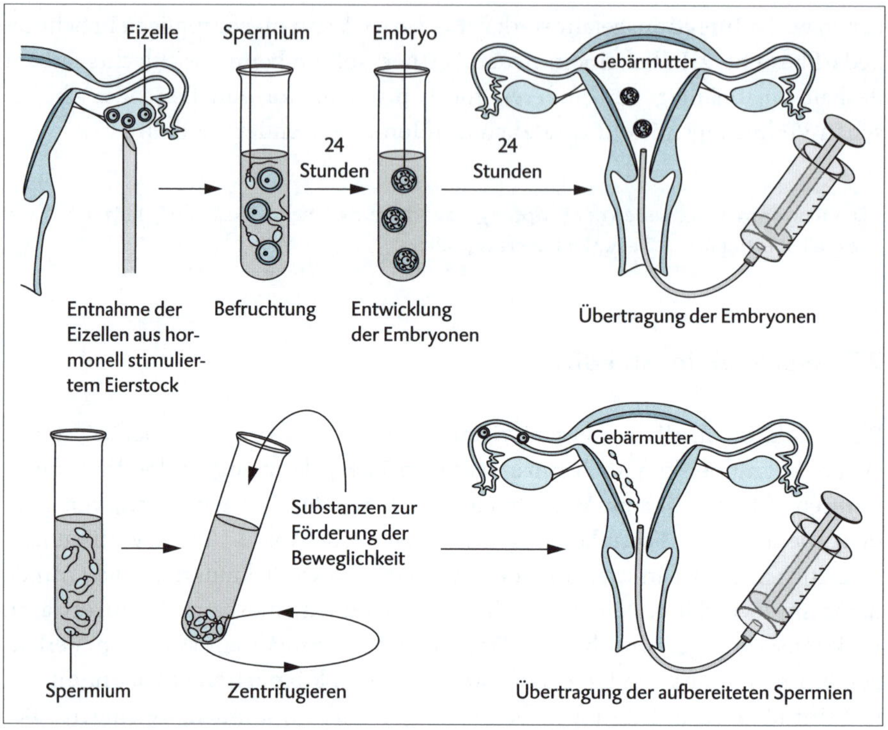

Abb. 115: Zwei Methoden der Reproduktionsmedizin: künstliche Befruchtung (oben) und künstliche Besamung (unten)

Künstliche Besamung

Bei der **künstlichen Besamung** (intrauterine Insemination, IUI) muss im ersten Schritt Sperma gewonnen werden (siehe Abb. 115, unten). Durch Zentrifugieren wird die Konzentration der Spermien und durch Medikamentenzugabe deren Beweglichkeit in der Spermaflüssigkeit erhöht. Anschließend werden die aufbereiteten Keimzellen während der fruchtbaren Tage der Frau instrumentell bis in ihre Gebärmutter eingeführt. Diese Methode wird vor allem dann angewendet, wenn die Zeugungsfähigkeit des Mannes durch zu wenige oder nicht ausreichend bewegliche Spermien verringert ist oder wenn eine Erektionsstörung besteht. Die Befruchtung der Eizelle soll dann im weiblichen Geschlechtstrakt erfolgen. Um die Befruchtungswahrscheinlichkeit zu erhöhen, wird die Eizellenproduktion der Patientin in den meisten Fällen durch Medikamentengabe hormonell stimuliert, sodass in den Eierstöcken nicht selten mehrere Eizellen heranreifen. Dies führt häufig zu Mehrlingsgeburten.

Können z. B. aufgrund von genetischen Defekten für die Besamung nicht die Spermien des eigenen Mannes verwendet werden, gibt es die Möglichkeit, von einer Samenbank anonym Spender-Spermien zu erhalten.

Künstliche Befruchtung

Die **künstliche Befruchtung** (siehe Abb. 115, oben) ist eine Fortpflanzungstechnik, bei der die Befruchtung der Eizelle mit Spermien auf künstlichem Weg in einem Reagenzglas stattfindet. Diese Methode wird vor allem dann angewendet, wenn andere Behandlungen wie etwa die IUI erfolglos waren.
Für die künstliche Befruchtung werden durch mehrtägige hormonelle Medikamentengabe (zumeist FSH) mehrere Follikel in den Eierstöcken einer Patientin zur Reifung stimuliert. Anschließend wird durch die Gabe des Schwangerschaftshormons HCG die Ovulation ausgelöst und die Eizellen werden unter Vollnarkose durch Punktion aus den Follikeln entfernt. Mithilfe der **Präfertilisationsdiagnostik** können die entnommenen Eizellen anschließend theoretisch auf erbbedingte Defekte untersucht werden. Dadurch ist es möglich, die am besten geeigneten Eizellen auszuwählen. Diese gezielte Auswahl ist aus ethischer Sicht aber sehr umstritten und in vielen Ländern illegal.
Nach der Gewinnung des Spermas gibt es verschiedene Methoden der künstlichen Befruchtung, die je nach Spermaqualität angewendet werden:

- Bei der klassischen **In-vitro-Fertilisation (IVF)** gelangen die Spermien in einem Reagenzglas selbst zur und in die Eizelle.
- Bei der **intrazytoplasmatischen Spermieninjektion (ICSI)** werden Spermien mit stark verminderter Beweglichkeit direkt in die Eizelle injiziert.

Nachdem die Eizellen im Reagenzglas befruchtet wurden und sich einige Male geteilt haben, werden die entstandenen Embryonen in die Gebärmutter eingepflanzt. Um die Wahrscheinlichkeit einer Schwangerschaft zu erhöhen, werden in der Regel zwei, seltener sogar noch mehr Embryonen in die Gebärmutter übertragen. Dadurch ist das Risiko einer **Mehrlingsschwangerschaft** erhöht.
Mithilfe von **Kryokonservierung**, dem Einfrieren von Zellen in –196 °C kaltem flüssigen Stickstoff, ist es möglich, Spermien, Eizellen und Embryonen über sehr lange Zeit zu lagern und bei Bedarf wieder aufzutauen. Die Aufbewahrung findet in sogenannten Kryobanken statt.

Die **Reproduktionsmedizin** bietet vielen kinderlosen Paaren Möglichkeiten, sich den Kinderwunsch zu erfüllen. Kritiker sehen aber bei manchen der angewendeten Techniken aus ethischen Gründen Diskussionsbedarf.

2.4 Präimplantationsdiagnostik

Durch die Fortschritte in der Reproduktionsmedizin entstand der Wunsch, bei der künstlichen Befruchtung erbliche Krankheiten oder Chromosomenschäden bereits vor dem Einpflanzen des Embryos in die Gebärmutter zu erkennen. Dies führte zur Entwicklung der sogenannten **Präimplantationsdiagnostik** (PID, siehe Abb. 116).

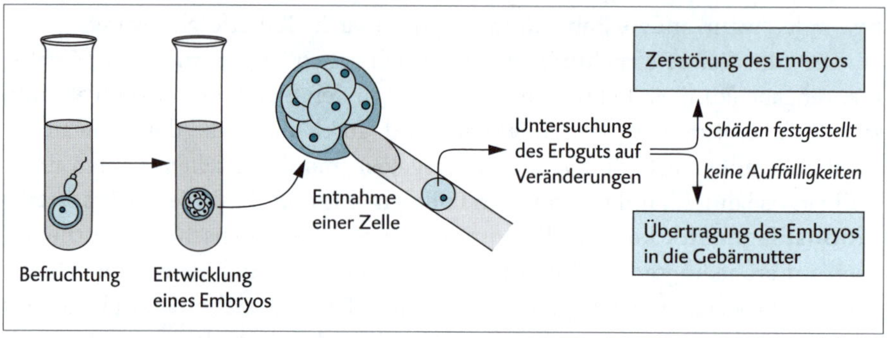

Abb. 116: Schematischer Ablauf der PID

Nach der künstlichen Befruchtung im Reagenzglas beginnt sich die Zygote zu teilen. Nach drei Furchungen liegt am 3. Tag ein 8-Zell-Stadium vor. Da bis zu diesem Stadium aus jeder einzelnen Zelle ein Embryo heranwachsen kann, nennt man diese Zellen **totipotente Stammzellen** (von lat. *totus* ganz und lat. *potentia* Kraft). Dem drei Tage alten Embryo wird durch Punktion eine Zelle entnommen und auf erbliche Krankheiten bzw. Chromosomenschäden untersucht. Sind keine Schäden erkennbar, wird der Embryo in die Gebärmutter eingepflanzt. Werden jedoch Unregelmäßigkeiten festgestellt, wird der Embryo verworfen.

Da im § 8 des Deutschen Embryonenschutzgesetzes der Beginn des menschlichen Lebens auf etwa 24 Stunden nach der Befruchtung festgelegt ist, ist dieses Verfahren in Deutschland verboten.

2.5 Pränataldiagnostik

Unter dem Begriff **Pränataldiagnostik** werden alle Untersuchungen der Schwangeren und des ungeborenen Kindes zusammengefasst, die der Früherkennung von Krankheiten und Entwicklungsstörungen dienen.

Nicht-invasive Untersuchungen

Zu den nicht-invasiven Untersuchungen, also den Untersuchungsmethoden, bei denen nicht in den Körper der Schwangeren eingedrungen wird, gehören die **Untersuchung des mütterlichen Bluts** (z. B. zur Bestimmung der Hormonkonzentration oder des Blutzuckergehaltes) und die **Ultraschalluntersuchung**. Bei diesem korrekterweise als Sonografie (von lat. *sonus* der Ton und altgriech. *graphein* schreiben) zu bezeichnenden Verfahren kann das embryonale Gewebe mithilfe von Ultraschall untersucht und bildlich dargestellt werden. Damit können bereits während der Schwangerschaft Entwicklungsstörungen und körperliche Besonderheiten erkannt werden.

Invasive Untersuchungen

Zu den invasiven, das heißt innerhalb des Körpers vorgenommenen Untersuchungen (siehe Abb. 117), gehören:

- **Amniozentese:** Bei der Amniozentese oder Fruchtwasseruntersuchung wird die Fruchtblase der schwangeren Frau durch die Bauchdecke hindurch punktiert und einige der im Fruchtwasser befindlichen fetalen Zellen zur Untersuchung entnommen. Die Amniozentese wird zumeist ab der 13. Schwangerschaftswoche durchgeführt.
- **Chorionzottenbiopsie:** Ebenfalls durch die Bauchdecke hindurch, aber bereits ab der 6. bis 8. Schwangerschaftswoche, werden durch Punktion Zellen aus den sogenannten Chorionzotten der Plazenta zur Untersuchung entnommen.
- **Nabelschnurpunktion:** Bei diesem Verfahren kann etwa ab der 20. Schwangerschaftswoche das Blut des Ungeborenen aus der Nabelschnur entnommen und die darin enthaltenen Zellen untersucht werden.

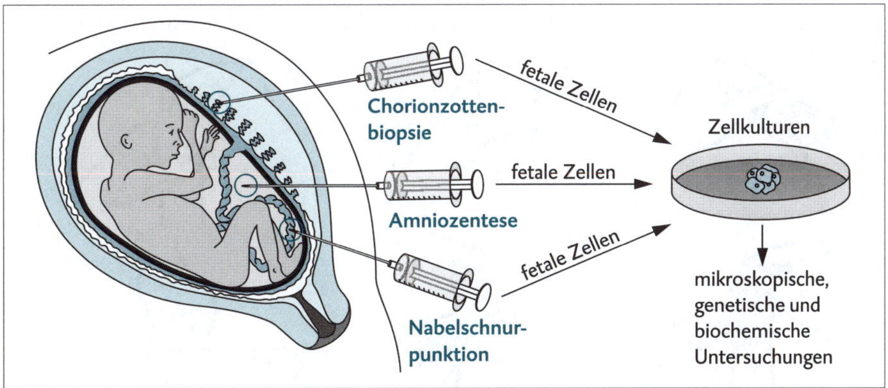

Abb. 117: Übersicht über drei invasive Verfahren der Pränataldiagnostik

Alle drei Verfahren sind invasive Eingriffe, die nur auf ausdrücklichen Wunsch der Eltern und nach ausführlicher ärztlicher Beratung vorgenommen werden. Die weiteren mikroskopischen, genetischen oder biochemischen Untersuchungen ermöglichen den vorgeburtlichen Nachweis einiger erbbedingter Besonderheiten, die auf Chromosomenschäden zurückzuführen sind, sowie einiger Stoffwechselerkrankungen. Nach Paragraph 218a des Strafgesetzbuches ist ein Schwangerschaftsabbruch jedoch nur unter bestimmten Voraussetzungen erlaubt.

Zusammenfassung

Die Sexualität ist beim Menschen aufgrund verschiedenster Methoden der **Empfängnisverhütung** (natürliche, mechanische, chemische, hormonelle, chirurgische) unabhängig von der Fortpflanzung. Nur die korrekte Verwendung eines **Kondoms** schützt jedoch vor HIV und senkt das Risiko einer Infektion mit anderen sexuell übertragbaren Krankheiten.

Abtreibung ist in Deutschland gesetzlich durch den Paragraphen 218 des Strafgesetzbuches verboten. Eine ungewollte Schwangerschaft kann jedoch nach § 218 a unter bestimmten Umständen durch einen Arzt abgebrochen werden.

Die **Reproduktionsmedizin** ermöglicht es vielen ungewollt kinderlosen Paaren, mithilfe verschiedener Techniken wie der künstlichen Besamung oder der künstlichen Befruchtung ein Kind zu zeugen. Vor allem medizinische Diagnosemöglichkeiten, die im Zuge der Reproduktionsmedizin zur Verfügung stehen, sind aus ethischer Sicht jedoch oft sehr umstritten.

85 Beschreibe anhand der Abbildungen den korrekten Gebrauch eines Kondoms.

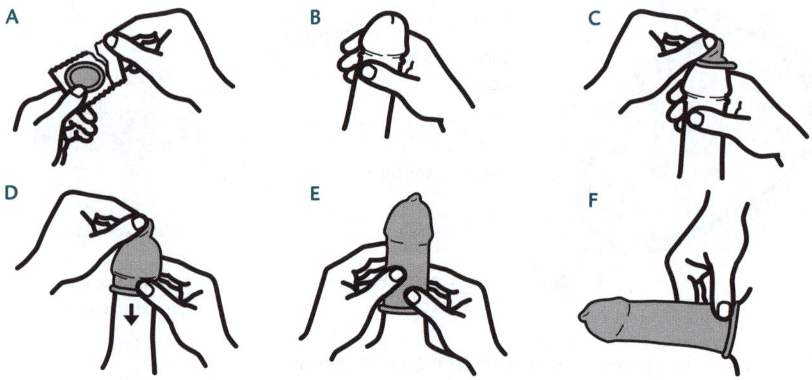

86 Die Antibabypille ist eines der am häufigsten verwendeten und bei korrekter Anwendung auch eines der sichersten Mittel zur Empfängnisverhütung, jedoch nicht frei von Nebenwirkungen. Bei den Antibabypillen handelt es sich um verschreibungspflichtige Medikamente, die häufig eine Kombination der weiblichen Hormone Östrogen und Gestagen enthält. Die meisten Präparate müssen jeweils 21 Tage lang am Stück regelmäßig eingenommen werden. Darauf folgt eine einwöchige Einnahmepause. Die verschiedenen zugelassenen Präparate enthalten die Hormone in unterschiedlicher Zusammensetzung und Dosierung.

a Gib die Grundprinzipien an, auf denen die Wirkungsweise der Antibabypille basiert.

b Erläutere anhand der folgenden Abbildung die Auswirkungen der beiden in der Antibabypille enthaltenen Hormone auf den Zyklus der Frau.

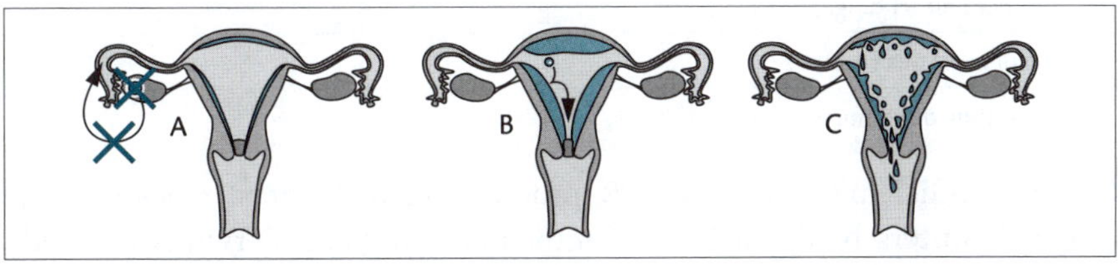

87 Das Strafgesetzbuch behandelt im 16. Abschnitt Straftaten gegen das Leben.

a Recherchiere den Inhalt von § 218 und § 218a.

b Überprüfe anhand der recherchierten Informationen die folgenden Aussagen. Kreuze die richtigen Behauptungen an.

Laut § 218 ist es strafbar, …

- ☐ eine Schwangerschaft abzubrechen.
- ☐ die Einnistung einer befruchteten Eizelle in die Gebärmutter zu verhindern.
- ☐ die Befruchtung einer Eizelle zu verhindern.

In einem besonders schweren Fall ist der Abbruch der Schwangerschaft …

- ☐ mit einer Geldstrafe zu bestrafen.
- ☐ mit einer Freiheitsstrafe von bis zu 5 Jahren zu bestrafen.
- ☐ straffrei.

Der Abbruch der Schwangerschaft ist nicht rechtswidrig, wenn er …

- ☐ innerhalb der ersten 12 Wochen erfolgt und von einem Arzt nach eingehender Beratung durchgeführt wird.

☐ von ärztlicher Seite notwendig ist, um eine Gefahr für das Leben oder den Gesundheitszustand der Schwangeren abzuwenden.

☐ innerhalb von 12 Wochen erfolgt und die Schwangerschaft als Folge einer rechtswidrigen Tat besteht.

88 Die Reproduktionsmedizin kann es kinderlosen Paaren mithilfe verschiedener Methoden ermöglichen, ein Kind zu bekommen.

a Ergänze die folgende Tabelle, indem du die künstliche Besamung mit der künstlichen Befruchtung vergleichst.

Vergleich	Künstliche Besamung	Künstliche Befruchtung
Freisetzung der Eizelle		
Freisetzung der Spermien		
Ort der Befruchtung		
Bildungsort des Embryos		
Einnistung des Embryos		

b Versetze dich in die Rolle eines Reproduktionsmediziners, in dessen Sprechstunde unterschiedliche Paare kommen und ihren Kinderwunsch schildern. Berate die Paare hinsichtlich der Möglichkeiten, die die Reproduktionsmedizin in ihrem Fall bietet. Beschreibe das jeweilige von dir empfohlene Verfahren.

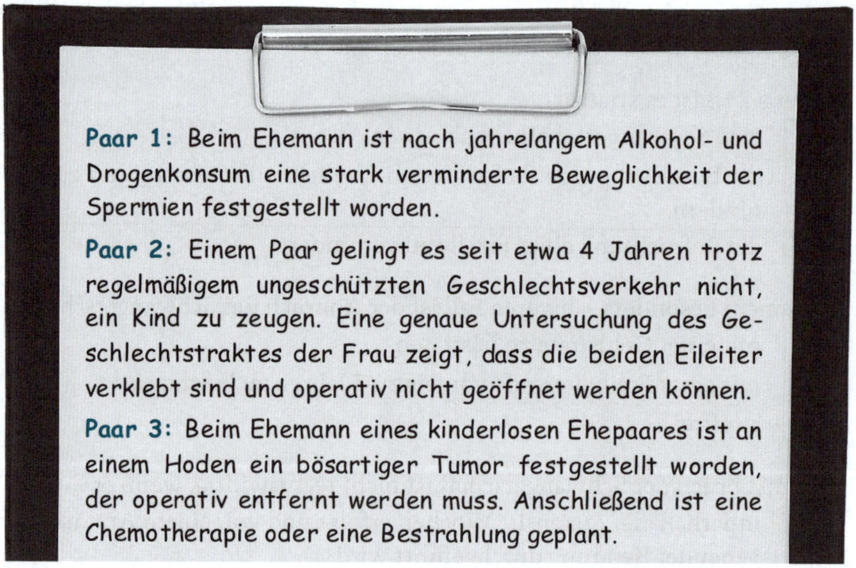

89 Auch wenn in einer Beziehung beide Partner unfruchtbar sind, bietet die Reproduktionsmedizin diesen theoretisch die Möglichkeit, ein Kind zu bekommen.

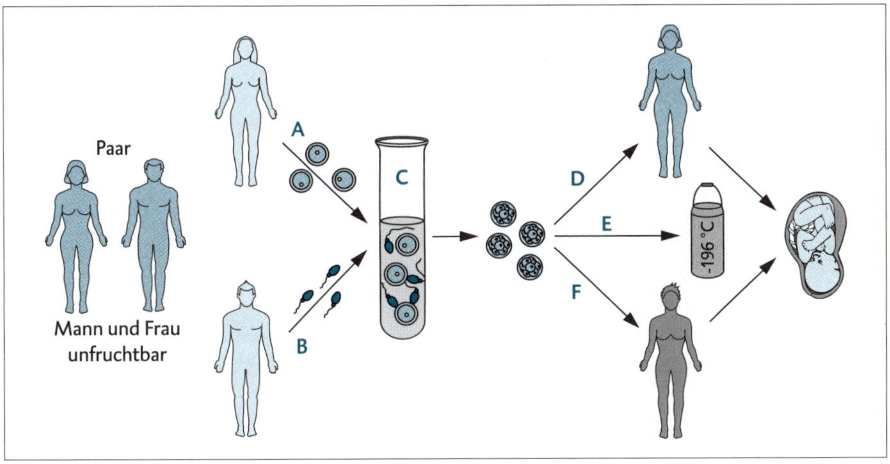

a Benenne die jeweiligen Schritte, die in der Abbildung mit den Buchstaben **A** bis **F** gekennzeichnet sind.

b Erläutere anhand der Abbildung die Funktion einer Leihmutter.

Grundlagen der Genetik

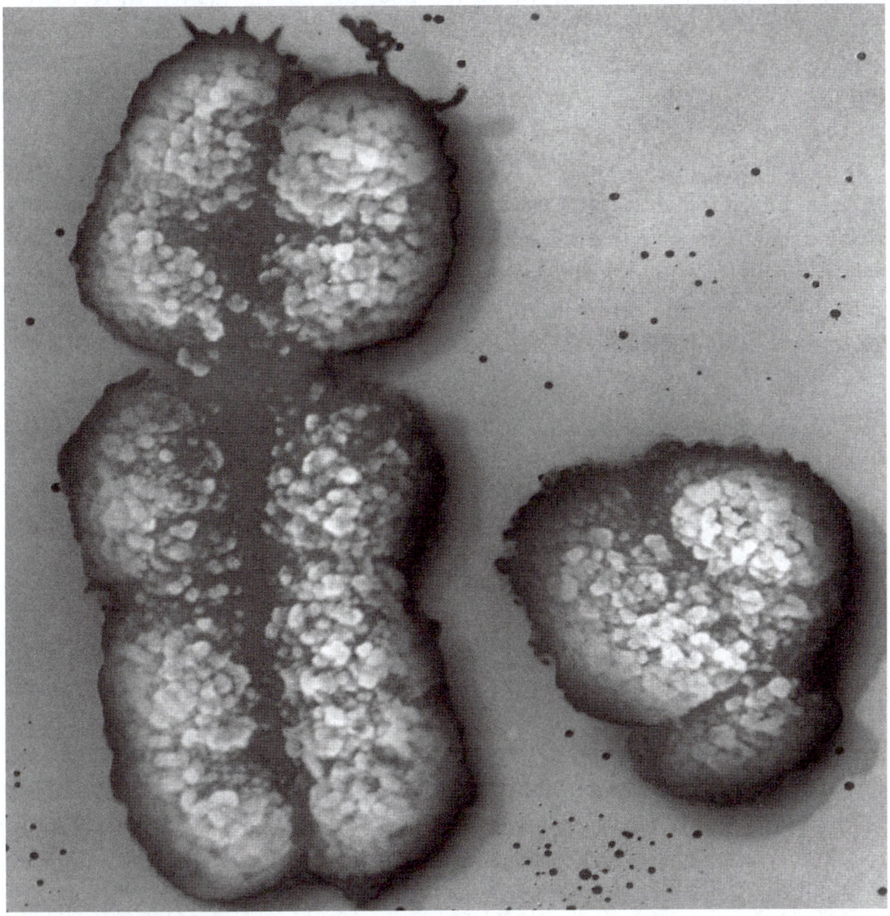

Nach den altgriechischen Wörtern *chroma* Farbe und *soma* Körper werden die DNA-Strukturen, die die Gene enthalten, als Chromosomen bezeichnet.
Die elektronenmikroskopische Aufnahme zeigt ein X-Chromosom (links) und ein Y-Chromosom (rechts).

1 Die Molekulargenetik – Grundlagen zur Funktion der Erbinformation auf der Ebene der Moleküle

Schon seit der Antike haben Menschen über die Ähnlichkeiten in Aussehen und Fähigkeiten nachgedacht, die man in vielen Familien zwischen Großeltern, Eltern und Kindern beobachten kann. Erst in den letzten Jahrhunderten entwickelten sich jedoch die Grundlagen des Wissens über der Vererbung bei den Lebewesen, ausgehend von den systematischen Kreuzungsexperimenten Gregor Mendels (siehe S. 248 ff.). Unter **Vererbung** versteht man die Weitergabe von Eigenschaften und Merkmalen der Eltern an die Nachkommen. Die Wissenschaft, die sich mit dieser Weitergabe befasst, ist die **Genetik**. Das Forschungsgebiet der **Molekulargenetik** umfasst dabei die molekulare Ebene der Erbsubstanz und die Erforschung der Proteine, die die wichtigsten Träger der Eigenschaften eines Lebewesens und seiner individuellen Merkmale sind.

Die **Molekulargenetik** befasst sich mit der Struktur und der Funktion der Chromosomen auf der Ebene der Moleküle.

1.1 Bau und Bedeutung der Proteine (Eiweißstoffe)

Die **Proteine** (Eiweißstoffe) sind eine außerordentlich wichtige Stoffgruppe, die bei allen Lebewesen vorkommt. Die von Tieren und Menschen mit der Nahrung aufgenommenen Proteine werden bei der Verdauung mithilfe von Enzymen in ihre Baustoffe, die **Aminosäuren** (siehe Abb. 118), zerlegt und durch die Dünndarmwand hindurch ins Blut aufgenommen. Insgesamt werden beim Menschen für den Aufbau von Proteinen 20 verschiedene natürlich vorkommende Aminosäuren verwendet, von denen 12 vom menschlichen Körper selbst hergestellt werden können. Die restlichen 8 Aminosäuren müssen unbedingt durch die Nahrung, vor allem durch Fleisch, Fisch, Käse oder Hülsenfrüchte aufgenommen werden, da sie vom Körper nicht selbst produziert werden können. Diese 8 Aminosäuren nennt man **essenzielle** Aminosäuren.

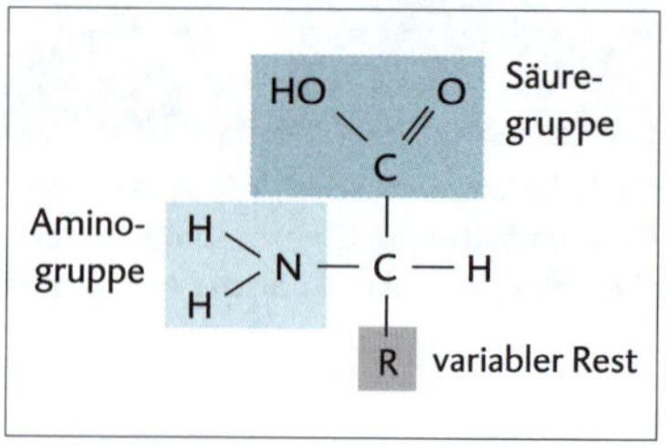

Abb. 118: Schematische Darstellung des Aufbaus einer Aminosäure

Die **Proteine (Eiweiße)** des Menschen sind aus 20 verschiedenen Aminosäuren aufgebaut.

Die Aminosäuren werden durch das Blut zu den Körperzellen transportiert und in diesen von spezialisierten Zellorganellen, den **Ribosomen**, durch Neukombination zu körpereigenen Proteinen aufgebaut (siehe S. 231). Proteine sind sehr große Moleküle, sogenannte Makromoleküle (altgriech. *makros* groß). Durch Verwendung von 20 unterschiedlichen Aminosäuren (Monomeren) ergibt sich beim Aufbau eines Proteins aus manchmal mehr als 1 000 einzelnen Bausteinen eine ungeheure Vielfalt an Kombinationsmöglichkeiten. Bereits bei einem Aufbau aus 200 Aminosäuren ergeben sich 20^{200} verschiedene Kombinationsmöglichkeiten.

Die Aminosäuren eines Proteins sind zu einer langen Kette verbunden, die sich zu einer dreidimensionalen Struktur zusammenlagert:

- Die lange fadenförmige Kette, die durch die Verknüpfung der Aminosäure-Bausteine entsteht, wird als **Aminosäure-Sequenz** oder als **Primärstruktur** des Proteins bezeichnet (siehe Abb. 119).

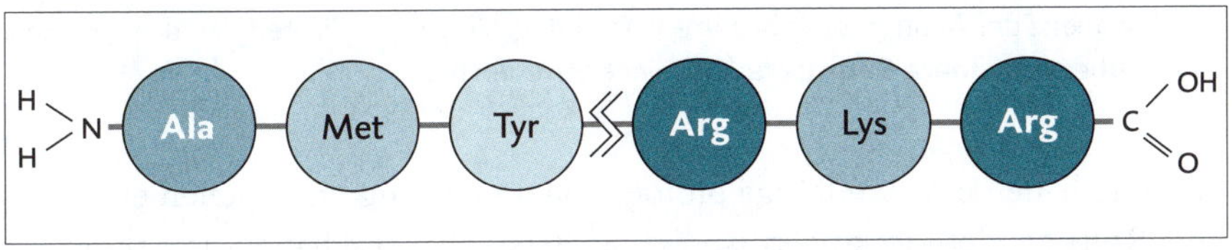

Abb. 119: Ausschnitt aus der Aminosäure-Sequenz eines Proteins; die Aminosäuren werden durch ein 3-Buchstaben-Kürzel symbolisiert. Dabei steht z. B. Ala für Alanin, Met für Methionin, Tyr für Tyrosin, Arg für Arginin und Lys für Lysin

Alle **Aminosäuren** besitzen eine **Aminogruppe** und eine organische **Säuregruppe** (siehe Abb. 118). Die Verknüpfung der einzelnen Bausteine erfolgt unter Wasserabspaltung durch die sogenannte Peptidbindung.

- Die Aminosäure-Kette lagert sich aufgrund unterschiedlichster Anziehungskräfte zu dreidimensionalen Strukturen zusammen. Diese werden als übergeordnete **Raumstrukturen** bezeichnet und in Sekundär-, Tertiär- und Quartärstruktur unterteilt (siehe Abb. 120). Erst diese Raumstruktur verleiht den Proteinen ihre biologische Bedeutung.

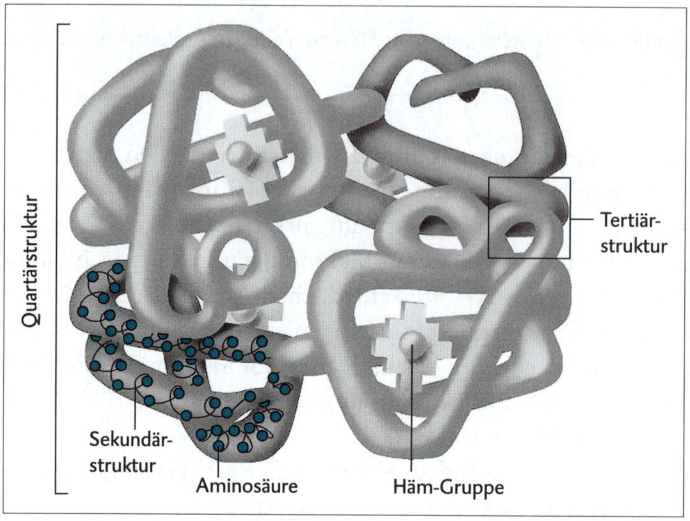

Abb. 120: Schematische Darstellung der Quartärstruktur des Hämoglobins

Unter der **Aminosäure-Sequenz** eines Proteins versteht man die Abfolge der Aminosäuren im Molekül.
Die biologischen Eigenschaften und Funktionen eines Proteins werden durch Anzahl, Art und Sequenz der Aminosäuren bestimmt. Funktionsfähig ist ein Protein nur dann, wenn es seine **übergeordnete Raumstruktur** eingenommen hat.

Proteine haben eine vielfältige biologische Bedeutung und spielen eine besondere Rolle bei der Merkmalsausprägung. Beispielsweise hängt die Art der Haarausbildung, also glatt, gewellt oder gelockt, von der Haarform und damit maßgeblich von der Anordnung des Proteins Keratin ab, aus dem die Haare bestehen.
Je nach Aufbau und übergeordneten Raumstrukturen werden die Proteine in zwei unterschiedliche Gruppen eingeteilt:

- **langkettige faserartige Proteine**

Beispiele	z. B. enthalten in	Funktionen
Kollagen	Haut, Knochen, Knorpel, Sehnen	verleiht Zugfestigkeit und Elastizität
Aktin und Myosin	Muskeln	Bewegung durch Verkürzung der Muskelfasern
Keratin	Haare, Fingernägel	verleiht Zellen Stabilität und Form
Fibrinogen	Blut	Blutgerinnung

Tab. 8: Beispiele für Vorkommen und Funktion faserartiger Proteine

- **kugelförmige globuläre Proteine**

Beispiele	z. B. enthalten in	Funktionen
Antikörper	Blut, Lymphknoten, Gewebe	Verklumpung von Krankheitserregern
Enzyme	Verdauungsorgane	Beschleunigung von Stoffwechselreaktionen
Protein-Hormone	Bauchspeicheldrüse	Botenstoffe zur Vermittlung von Informationen
Rhodopsin	Augen	Sehfarbstoff
Hämoglobin	Blut	Sauerstofftransport

Tab. 9: Beispiele für Vorkommen und Funktion globulärer Proteine

Proteine haben eine vielfältige biologische Bedeutung als Funktionsträger. Als **Enzyme** sind sie beispielsweise für alle Stoffwechselreaktionen unentbehrlich, sie ermöglichen die Muskelkontraktion und regeln als **Hormone** unter anderem Wachstum und Entwicklung.

1.2 Die DNS als Informationsträger

Alle Körperzellen eines Mehrzellers entstehen durch mitotische Teilungen (siehe S. 7 ff.) aus einer befruchteten Eizelle **(Zygote)**. Die **genetische Information** für ein Lebewesen muss deshalb bereits im Zellkern der Zygote enthalten sein. Die Untersuchung der Inhaltsstoffe von Zellkernen ergab, dass dort zum einen unterschiedliche Proteine enthalten sind und zum anderen Säuren, die man nach dem lateinischen Wort für Zellkern *nucleus* **Nukleinsäuren** nannte. Der amerikanische Chemiker Oswald AVERY wies 1944 eindeutig nach, dass die **D**esoxyribo**n**uklein**s**äure (DNS oder DNA von engl. ***D**eoxyribo **n**ucleic **a**cid*) das Molekül ist, das die Erbinformationen trägt.
1953 gelang es mit James D. WATSON und Francis CRICK zwei jungen Biochemikern, den **räumlichen Aufbau** (die Raumstruktur) **der DNS** aufzuklären (siehe Abb. 121):

- **Doppelhelix:** Ein DNS-Makromolekül bildet einen langen, unverzweigten Doppelstrang, der regelmäßig um die eigene Achse gedreht ist.
- **komplementäre Basenpaare:** Am Aufbau eines DNS-Makromoleküls sind ausschließlich die vier **Basen Adenin (A), Thymin (T), Cytosin (C)** und **Guanin (G)** beteiligt, wobei immer Adenin mit Thymin und Cytosin mit Guanin gepaart sind, das heißt durch Anziehungskräfte zusammengehalten werden. Man spricht von der sogenannten komplementären Basenpaarung.

- **Nukleotid:** Der Grundbaustein der DNS besteht mit der **Desoxyribose** aus einem **Zuckermolekül**, einem **Phosphorsäurerest** (Phosphatmolekül) und einer der **Basen**.

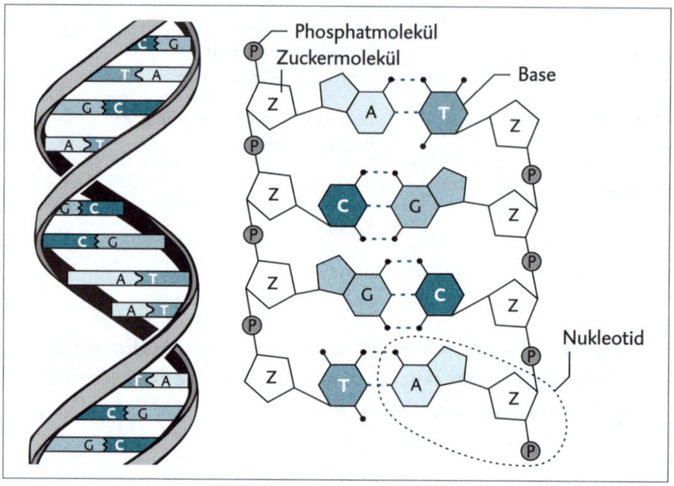

Abb. 121: Schematischer Aufbau der DNS-Doppelhelix

> Die DNS besteht aus einer langen, fadenartigen Kette vieler **Nukleotide**. Die **Doppelhelix** wird durch komplementäre **Basenpaarungen** zwischen **Adenin (A)** und **Thymin (T)** sowie zwischen **Guanin (G)** und **Cytosin (C)** zusammengehalten.

Die Erbinformation eines Menschen befindet sich in jeder einzelnen Körperzelle im nur wenige tausendstel Millimeter großen Zellkern. Die ca. 3 Milliarden Basenpaare, aus denen die Erbinformation besteht, entsprechen dabei ungefähr einer Kette von 2 Metern Länge. Dass die DNS in den Zellkern passt, ist nur aufgrund ihrer besonderen Verpackung möglich (siehe Abb. 122). Die DNS ist um spezielle Proteine, die sogenannten **Histone**, gewickelt (Nukleosomenkette). Durch weiteres Aufwinden entstehen etwa 30 nm dicke **Chromatinfäden**. Dieser Zustand stellt die **Arbeitsform** der DNS dar.

> Der Zustand, in dem die DNS als dünner Chromatinfaden vorliegt, wird als **Arbeitsform** bezeichnet. Nur in diesem Zustand kann die Erbinformation abgelesen werden.

In der **Transportform** lagern sich die Chromatin-Fasern in Schleifen zusammen. Diese kompakte Form der DNS wird als **Chromosom** (siehe dazu auch S. 7 ff. und S. 237 f.) bezeichnet. Während der Zellteilung sind die Chromosomen unter dem Mikroskop sichtbar.

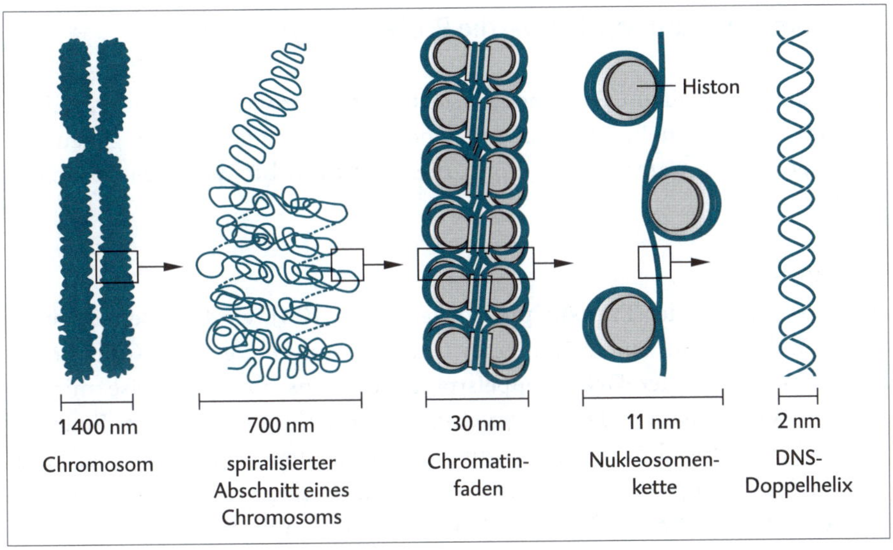

Abb. 122: Von der DNS-Doppelhelix zum Chromosom

Innerhalb der DNS unterscheidet man beim Menschen etwa 32 000 Abschnitte aus jeweils bis zu 2,5 Millionen Basenpaaren, die verschiedene Eigenschaften und Merkmale verschlüsseln. Diese DNS-Abschnitte bezeichnet man als **Gene**.

Innerhalb des Zellkerns befinden sich mit den **Chromosomen** (Transportform) die Träger der Erbinformation. Diese bestehen aus der **DNS (Desoxyribonukleinsäure)** als informationstragendes Molekül und den **Histonen**.
Abschnitte der DNS, die eine Erbinformation verschlüsseln, werden als **Gene** bezeichnet.

Neben der DNS findet sich mit der **Ribonukleinsäure (RNS, RNA)** noch eine weitere Nukleinsäure in den Zellen. Die RNS unterscheidet sich von der DNS dadurch, dass …

- anstelle des Zuckers Desoxyribose der Zucker **Ribose** eingebaut ist,
- die RNS ausschließlich als **Einzelstrang** vorliegt,
- die Base Thymin durch die Base **Uracil** ersetzt ist. Wie Thymin ist Uracil komplementär zu Adenin.

1.3 Vom Gen zum Merkmal – die Proteinbiosynthese

Damit aus der in einem **Gen** verschlüsselten Erbinformation das auf Proteinen beruhende individuelle Merkmal entstehen kann, ist eine Abfolge genau aufeinander abgestimmter Schritte nötig, die als **Proteinbiosynthese** bezeichnet wird.

Transkription

Im ersten Schritt, der **Transkription** (siehe Abb. 123), wird bei den Eukaryoten im Zellkern von einem Gen eines Chromosoms eine genaue Kopie hergestellt. Dazu wird der DNS-Doppelstrang des Gens abschnittweise mithilfe eines Enzyms aufgewunden und in einen Einzelstrang aufgespalten. Einer der beiden Stränge wird durch Anlagerung der passenden Nukleotide über komplementäre Basenpaarungen kopiert. Diese einsträngige Kopie des Gens wird als **Messenger-RNS (mRNS, mRNA)** bezeichnet und dient als Botenmolekül zur Übermittlung der Erbinformation an die Ribosomen. Zum Ende der Transkription löst sich die mRNS von der DNS ab und gelangt durch die Poren in der Kernmembran ins Zytoplasma zu den Ribosomen. Danach schließt sich der DNS-Strang wieder zur Doppelhelix.

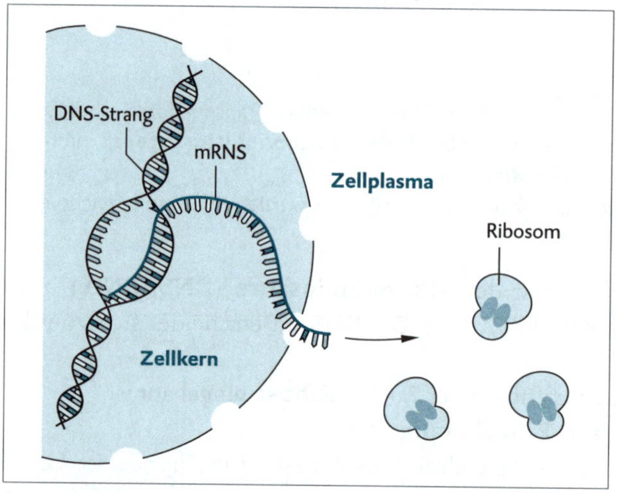

Abb. 123: Vereinfachte schematische Darstellung der Transkription und des Austritts der mRNS aus dem Zellkern ins Zellplasma zu den Ribosomen

Die genetische Information für den Aufbau der Proteine liegt auf der DNS. Bei der **Proteinbiosynthese** wird die Basenabfolge in der **Transkription** zuerst auf eine **m-RNS** abgeschrieben.

Translation

Im zweiten Schritt der Proteinbiosynthese, der **Translation** (siehe Abb. 124), wird die in der mRNS verschlüsselte Information von den Ribosomen in eine Abfolge von Aminosäuren übersetzt und so ein Protein gebildet. Dazu lagert sich die mRNS an ein Ribosom an. Neben der mRNS und den Ribosomen werden für die Translation mit Aminosäuren beladene **Transport-RNS-Moleküle (tRNS, tRNA)** benötigt. Jede tRNS hat an einem Ende eine Bindungsstelle für eine bestimmte Aminosäure und am anderen Ende eine Abfolge von je 3 Basenpaaren, ein sogenanntes **Basentriplett**. Über dieses Basentriplett, das auch als **Anticodon** bezeichnet wird, kann die tRNS komplementär an das **Codon** (Codewort) auf der mRNS, das zu der von ihr gelieferten Aminosäure passt, binden. Jedes mRNS-Basentriplett codiert daher für eine Aminosäure.

Jedes Ribosom besitzt zwei mRNS-Ablesestellen. Die beiden Aminosäuren der dort sitzenden tRNS-Moleküle werden miteinander verknüpft. Danach rutscht das Ribosom eine Ablesestelle weiter und eine neue tRNS lagert sich an. Dadurch verlängert sich die Aminosäurekette so lange, bis die vom Gen abkopierte mRNS zu Ende ist. Ist dies der Fall, löst sich das fertige Protein vom Ribosom ab, faltet sich zu seiner endgültigen Raumstruktur auf und kann nun seine jeweilige Funktion in der Zelle erfüllen.

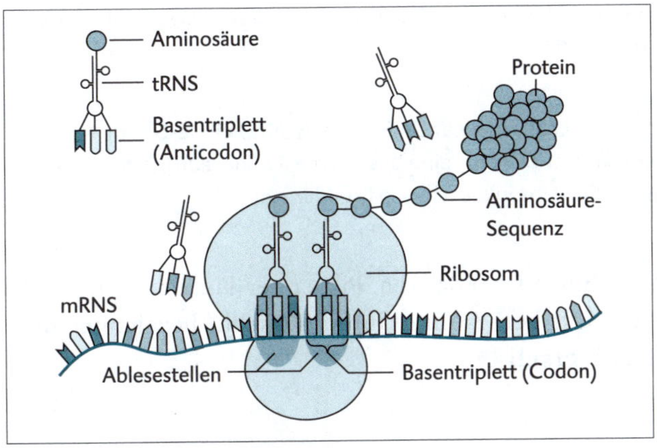

Abb. 124: Vereinfachte schematische Darstellung der Translation

Durch die Proteinbiosynthese wird die Basenabfolge der DNS in eine Aminosäure-Sequenz übersetzt und so ein Protein gebildet. Für ein Lebewesen ist es von entscheidender Bedeutung, am richtigen Ort im Körper und zum richtigen Zeitpunkt die passenden Proteine bereitstellen zu können.

1. Nukleotid	2. Nukleotid: U	C	A	G	3. Nukleotid
U	Phenylalanin	Serin	Tyrosin	Cystein	U
	Phenylalanin	Serin	Tyrosin	Cystein	C
	Leucin	Serin	*Stopp*	*Stopp*	A
	Leucin	Serin	*Stopp*	Tryptophan	G
C	Leucin	Prolin	Histidin	Arginin	U
	Leucin	Prolin	Histidin	Arginin	C
	Leucin	Prolin	Glutamin	Arginin	A
	Leucin	Prolin	Glutamin	Arginin	G
A	Isoleucin	Threonin	Asparagin	Serin	U
	Isoleucin	Threonin	Asparagin	Serin	C
	Isoleucin	Threonin	Lysin	Arginin	A
	Methionin: *Start*	Threonin	Lysin	Arginin	G
G	Valin	Alanin	Asparaginsäure	Glycin	U
	Valin	Alanin	Asparaginsäure	Glycin	C
	Valin	Alanin	Glutaminsäure	Glycin	A
	Valin: *Start*	Alanin	Glutaminsäure	Glycin	G

DNS-Strang: A C C — *Transkription* → **mRNS:** U G G — *Translation* → **Aminosäure:** Tryptophan (Trp)

Abb. 125: Schematische Übersicht zum Informationsfluss bei der Proteinbiosynthese: Einbau der Aminosäure Tryptophan in ein Protein; mithilfe der Code-Tabelle kann die Übersetzung der mRNS in die Aminosäure-Sequenz nachvollzogen werden

Durch die **Translation** wird die Basenabfolge der DNS in die **Aminosäure-Sequenz** übersetzt. Dabei codiert je ein Basentriplett für eine bestimmte Aminosäure. Jedes Gen greift durch Bereitstellung eines Proteins in die Merkmalsbildung ein.

Bei allen Lebewesen, egal ob Einzeller, Pflanzen, Pilze oder Tiere, verschlüsseln die gleichen Basentripletts dieselben Aminosäuren. Deshalb bezeichnet man den genetischen Code als **universell**.

Zusammenfassung

Proteine (Eiweiße) sind die wichtigsten Träger der Eigenschaften eines Lebewesens und seiner individuellen Merkmale. Obwohl ihnen allen der grundlegende Aufbau aus Aminosäuren gemeinsam ist, bestimmt die Abfolge der Aminosäuren, die **Aminosäure-Sequenz**, alle weiteren Eigenschaften der Proteine.
Das Ablesen der in der DNS verschlüsselten Erbinformation und die darauffolgende Herstellung der Proteine an den Ribosomen werden als **Proteinbiosynthese** bezeichnet:

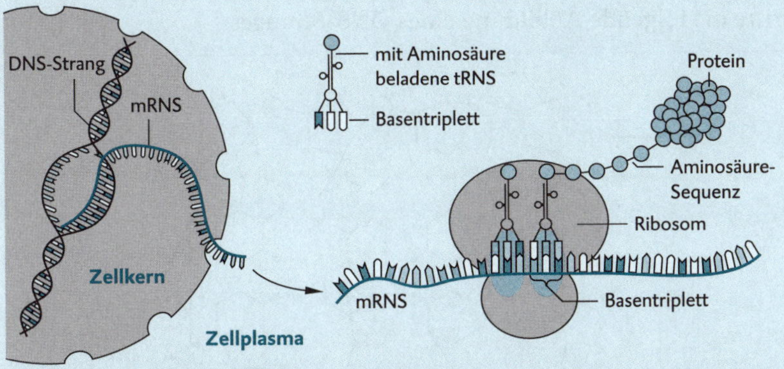

Die Abfolge der DNS-Nukleotide legt die **Aminosäure-Sequenz** und damit auch die **Raumstruktur** eines Proteins fest. Durch die Raumstruktur wird wiederum die Funktion der Proteine bestimmt und dadurch die artspezifischen Eigenschaften und die individuellen Merkmale.
Die DNS tritt in zwei unterschiedlichen Formen auf:

- **Arbeitsform:** Die DNS liegt als dünner Chromatinfaden vor, die Erbinformation kann abgelesen werden.
- **Transportform:** Die DNS liegt als stark verdichtetes, mikroskopisch erkennbares Chromosom vor. In diesem Zustand kann die Erbinformation bei der Zellteilung leicht auf die Tochterzellen verteilt werden.

90 Proteine haben für den Menschen vielfältige Bedeutung.

a Erläutere den Aufbau von Proteinen. Verwende für die Erläuterung mindestens die folgenden Begriffe:
essenziell – Nahrung – Aminosäure-Sequenz – Raumstruktur

b Recherchiere die für den erwachsenen Menschen essenziellen Aminosäuren.

91 In der DNS werden Erbinformationen durch die Aneinanderreihung verschiedener Basen verschlüsselt.

a Erkläre die Begriffe „komplementäre Basenpaarung“ und „Gen“.

b Die Entschlüsselung eines Gens ergab, dass es sich bei 15 % der in diesem DNS-Abschnitt enthaltenen Basen um Cytosin handelt.
Leite daraus den prozentualen Anteil der übrigen Basen ab.

92 In den menschlichen Zellen liegen unterschiedliche Nukleinsäuren vor.

a Beschrifte die folgende Abbildung eines DNS-Stranges.

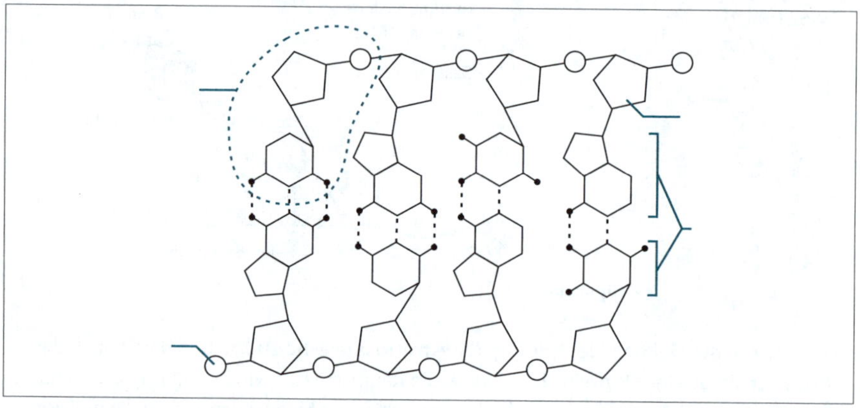

b Vergleiche DNS und RNS tabellarisch.

93 Der amerikanische Chemiker Oswald Avery hat 1944 zusammen mit Colin MacLeod und Maclyn McCarty experimentell eindeutig das Molekül identifiziert, das die Erbinformationen trägt.
Für ihre Versuche verwendeten die drei Forscher Pneumokokken, die bakteriellen Erreger der Lungenentzündung. Bei diesen gibt es zwei unterschiedliche Stämme:

- **S-Stamm:** Der virulente, also krankmachende Stamm, der über eine Schleimkapsel verfügt. Die Bakterienkolonien dieses Stamms sind durch ihr glattes, glänzendes Aussehen mikroskopisch eindeutig identifizierbar.
- **R-Stamm:** Der non-virulente, also nicht krankmachende Stamm, der nicht über eine Schleimkapsel verfügt. Die Bakterienkolonien dieses Stamms sind durch ihre raue Oberfläche mikroskopisch eindeutig identifizierbar.

a Beschreibe anhand der folgenden Abbildung den experimentellen Ansatz der Arbeitsgruppe von Avery.

b Erläutere die Ergebnisse der Arbeitsgruppe von Avery.

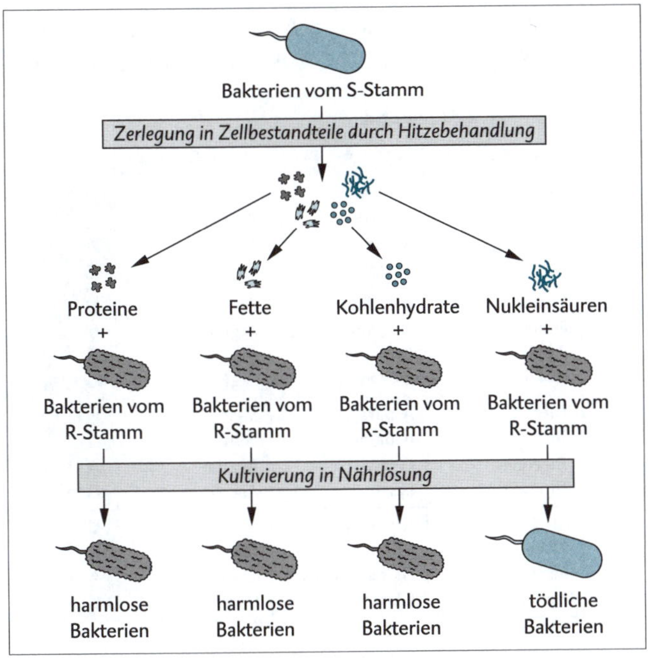

94 Das Ablesen der DNS und die darauffolgende Herstellung der Proteine an den Ribosomen werden als Proteinbiosynthese bezeichnet.

a Nenne die beiden Schritte der Proteinbiosynthese und fasse die molekularen Vorgänge in je einem Satz zusammen.

b Ordne die Begriffe den konkreten Orten in der Skizze zu, indem du sie mit Linien verbindest.

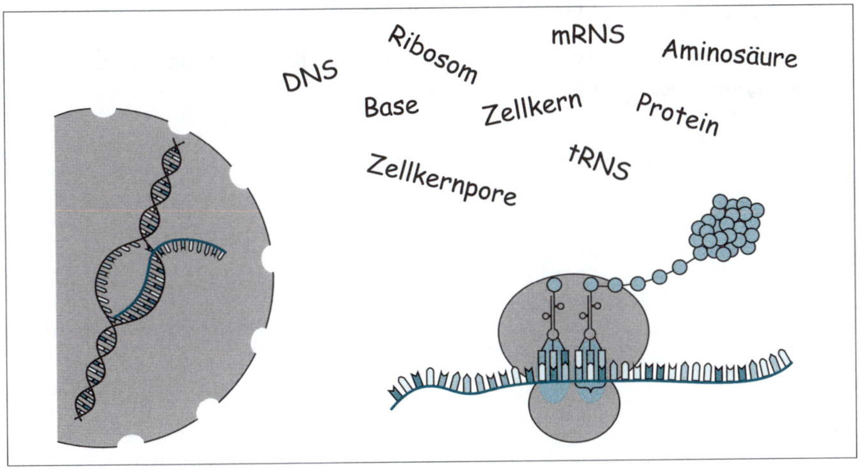

c Ermittle anhand der Triplettcode-Tabelle die Aminosäure-Sequenz für die folgende DNS-Nukleotid-Sequenz: **TACTCTAATGCTCCGATC**

1. Nukleotid	2. Nukleotid: U	2. Nukleotid: C	2. Nukleotid: A	2. Nukleotid: G	3. Nukleotid
U	Phenylalanin	Serin	Tyrosin	Cystein	U
U	Phenylalanin	Serin	Tyrosin	Cystein	C
U	Leucin	Serin	*Stopp*	*Stopp*	A
U	Leucin	Serin	*Stopp*	Tryptophan	G
C	Leucin	Prolin	Histidin	Arginin	U
C	Leucin	Prolin	Histidin	Arginin	C
C	Leucin	Prolin	Glutamin	Arginin	A
C	Leucin	Prolin	Glutamin	Arginin	G
A	Isoleucin	Threonin	Asparagin	Serin	U
A	Isoleucin	Threonin	Asparagin	Serin	C
A	Isoleucin	Threonin	Lysin	Arginin	A
A	Methionin: *Start*	Threonin	Lysin	Arginin	G
G	Valin	Alanin	Asparaginsäure	Glycin	U
G	Valin	Alanin	Asparaginsäure	Glycin	C
G	Valin	Alanin	Glutaminsäure	Glycin	A
G	Valin: *Start*	Alanin	Glutaminsäure	Glycin	G

95 An der Verschlüsselung der Erbinformation sind ausschließlich die vier Basen Adenin (A), Thymin (T), Guanin (G) und Cytosin (C) beteiligt.

a Leite mathematisch ab, warum eine Aminosäure über ein Basentriplett und nicht über ein Basenduplett codiert wird.

b Am Anfang einer mRNS findet sich häufig das Basentriplett AUG und an ihrem Ende beispielsweise UAG.
Stelle mithilfe der Code-Tabelle aus Aufgabe 94 eine begründete Hypothese über den Sinn dieser Tripletts auf.

c Das Basentriplett UAG ist nur ein Beispiel für ein Stopp-Codon. Nenne zwei weitere Möglichkeiten.

2 Zytogenetik – Grundlagen aus der Zellbiologie

Durch das Verschmelzen der haploiden Zellkerne von Eizelle und Spermium entsteht eine befruchtete Eizelle, die **Zygote**. Durch viele Teilungsvorgänge (siehe S. 7 ff.) entstehen alle ca. 60 Billionen Zellen des menschlichen Körpers aus dieser Zygote. Daher muss bereits im Zellkern der Zygote die gesamte **genetische Information** enthalten sein. Viele der während der Zell- und Kernteilung ablaufenden Vorgänge sind lichtmikroskopisch zu beobachten und Forschungsschwerpunkt der **Zytogenetik**.

Die **Zytogenetik** befasst sich mit dem Bau der Chromosomen, ihrem Verhalten bei der Zell- und Kernteilung sowie ihrer Verteilung bei der Keimzellbildung und bei der Befruchtung.

2.1 Das Karyogramm des Menschen

In jeder Körperzelle (Ausnahme: die zellkernlosen roten Blutkörperchen) ist die gesamte genetische Information enthalten. Die Chromosomen, die Träger der Erbinformationen, können daher theoretisch aus jeder beliebigen Zelle gewonnen und anschließend identifiziert, gezählt und untersucht werden. In der Praxis werden dazu häufig Blutzellen verwendet.
Im ersten Schritt werden dem Patienten einige Tropfen Blut entnommen. Die darin enthaltenen weißen Blutzellen werden in einer geeigneten Nährlösung im Brutschrank bei 37 °C zur Teilung angeregt. Anschließend wird der Giftstoff **Kolchizin** zugegeben, der verhindert, dass sich der Spindelapparat ausbildet. Dadurch wird der Teilungsvorgang in der Metaphase (siehe S. 8 f.) unterbrochen, also zu einem Zeitpunkt, an dem die Chromosomen mikroskopisch gut sichtbar sind. Danach werden die Chromosomen angefärbt, digital fotografiert, die Bilder am Computer bearbeitet und anhand ihrer Größe, ihrer Form und der charakteristischen Färbemuster zu einem **Karyogramm** geordnet (siehe Abb. 126).
Die Untersuchung des Karyogramms einer menschlichen Körperzelle zeigt, dass der **diploide** Chromosomensatz aus 46 Chromosomen besteht:

- **44 Körperchromosomen (Autosomen):** 22 homologe Chromosomenpaare (siehe S. 7)
- **2 Geschlechtschromosomen (Gonosomen):** zwei X-Chromosomen bei Frauen, ein X- und ein Y-Chromosom bei Männern

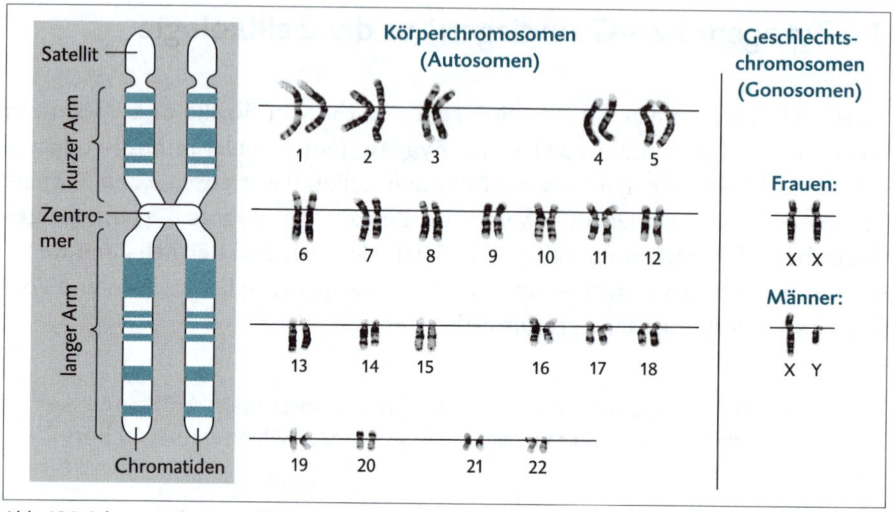

Abb. 126: Schematische Darstellung eines Chromosoms (links) und eines Karyogramms (rechts): Der diploide Chromosomensatz des Menschen besteht aus 46 Chromosomen

Keimzellen enthalten immer den einfachen Chromosomensatz, das heißt, sie sind **haploid** (von den homologen Chromosomen ist nur je eines vorhanden; siehe S. 7). Wird ein Karyogramm einer menschlichen Keimzelle (Spermium oder Eizelle) angefertigt, sind demnach nur 23 Chromosomen zu sehen.

> Als **Chromosomensatz** bezeichnet man die Gesamtheit der Chromosomen in einer Zelle. Die Ordnung und Klassifizierung dieses Chromosomensatzes nennt man **Karyogramm**.

Bei der Befruchtung wird bereits beim Verschmelzen der haploiden Keimzellen das Geschlecht festgelegt: Sind im diploiden Chromosomensatz der Zygote zwei X-Chromosomen enthalten, entwickelt sich das weibliche Geschlecht, bei Vorhandensein eines X- und eines Y-Chromosoms bildet sich das männliche Geschlecht aus.

2.2 Die Replikation – die identische Verdoppelung der DNS

Bei Wachstumsvorgängen sowie bei der ständigen Erneuerung und Regeneration der verschiedensten Organe müssen sich Zellen teilen. Den Vorgang der Kernteilung nennt man **Mitose** (siehe Abb. 127 und auch S. 7 ff.). Nach der Kernteilung folgt die eigentliche Zellteilung, bei der zwei identische, erbgleiche Tochterzellen entstehen. Diese müssen anschließend in der folgenden Interphase zur ursprünglichen Größe heranwachsen, Proteine für die nächste Mitose bilden und während der **Synthesephase** die DNS verdoppeln. Die dazwischenliegenden Phasen werden nach dem englischen Wort für Lücke, *gap*, als **G-Phasen** bezeichnet.

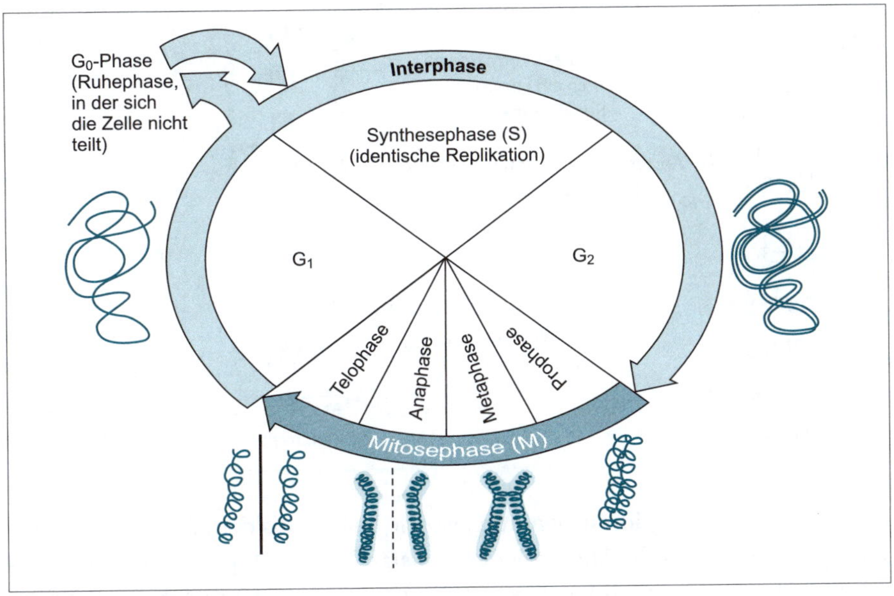

Abb. 127: Ablauf des Zellzyklus

Bei der identischen Verdoppelung der DNS, der sogenannten Replikation (siehe Abb. 128), wird jedes der 46 Chromosomen-Moleküle mithilfe von Enzymen zum Chromatinfaden entspiralisiert und der Eltern-Doppelstrang reißverschlussartig geöffnet. Anschließend werden die beiden Einzelstränge durch komplementäre Basenpaarung (siehe S. 227) an der sogenannten **Replikationsgabel** wieder zu je einem Doppelstrang ergänzt:

- **Führender Strang:** Ein Enzym bewegt sich in Richtung der Replikationsgabel am führenden Strang entlang und ergänzt fortlaufend (kontinuierlich) die passenden Nukleotide durch komplementäre Basenpaarung.
- **Nachfolgender Strang:** Am nachfolgenden Strang bewegt sich das Enzym immer von der Replikationsgabel weg und kann deshalb immer nur kurze Teilstücke ergänzen. Diese werden durch ein weiteres Enzym miteinander verknüpft, sodass auch hier ein zusammenhängender Strang nachgebildet wird.

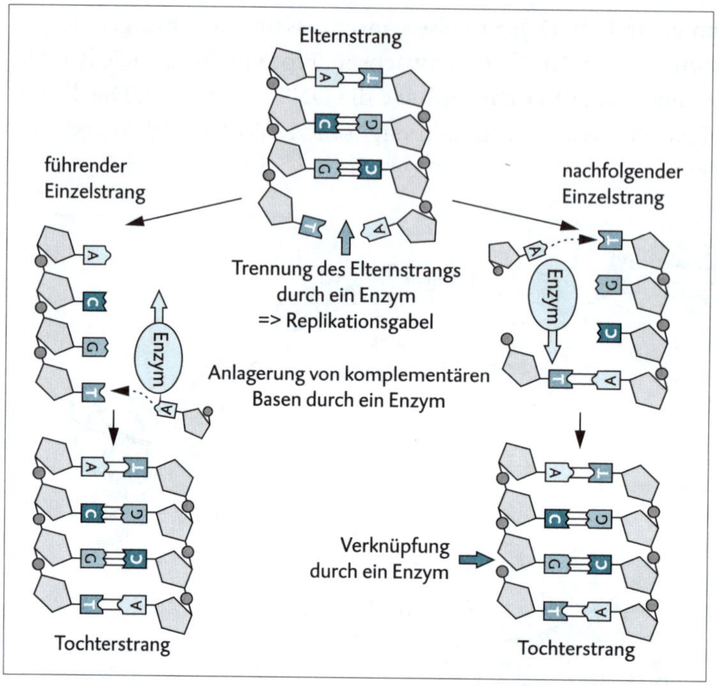

Abb. 128: Schematische Darstellung der Replikation

Am Ende der Replikation liegen nun also die beiden aus dem Elternstrang hervorgegangenen Einzelstränge wieder vollständig als Doppelstränge vor, als zwei identische Chromatiden eines Chromosoms. Jedes Chromatid enthält dabei einen elterlichen Strang und einen neu gebildeten Strang.

Die **Replikation** ist die identische Verdopplung der Erbinformation einer Zelle während der **Synthesephase** in der Interphase des Zellzyklus.

Das Kopieren der Informationen, die von Zellgeneration zu Zellgeneration weitergegeben werden, muss möglichst fehlerfrei ablaufen. Fehler während der Replikation führen zu veränderten Basensequenzen und diese haben wiederum eine veränderte Aminosäure-Sequenz und damit eventuell eine veränderte Proteinfunktion zur Folge. Solche Veränderungen werden als **Mutationen** bezeichnet und können die unterschiedlichsten Auswirkungen haben.

2.3 Meiose – der Zellteilungsvorgang bei der Keimzellbildung

Bei der sexuellen Fortpflanzung verschmilzt im Zuge der Befruchtung der Zellkern einer Eizelle mit dem einer Spermienzelle. Eine befruchtete Eizelle (Zygote) entsteht, die nun die Erbinformationen aus der väterlichen und aus der mütterlichen Linie enthält. Der diploide Chromosomensatz einer menschlichen Zygote besteht, wie auch der der Körperzellen, aus 46 Chromosomen.
Damit die Chromosomenzahl trotz der Verschmelzung von Generation zu Generation konstant bleibt, muss es bei der Bildung der Keimzellen zu einer Halbierung des Chromosomensatzes gekommen sein. Keimzellen enthalten also nur den haploiden Chromosomensatz. Diesen Vorgang der Zellteilung bezeichnet man als **Meiose** oder **Reifeteilung** (siehe Abb. 129.)

Als **Meiose** wird der Vorgang bezeichnet, bei dem der Chromosomensatz während der **Keimzellbildung** reduziert wird.

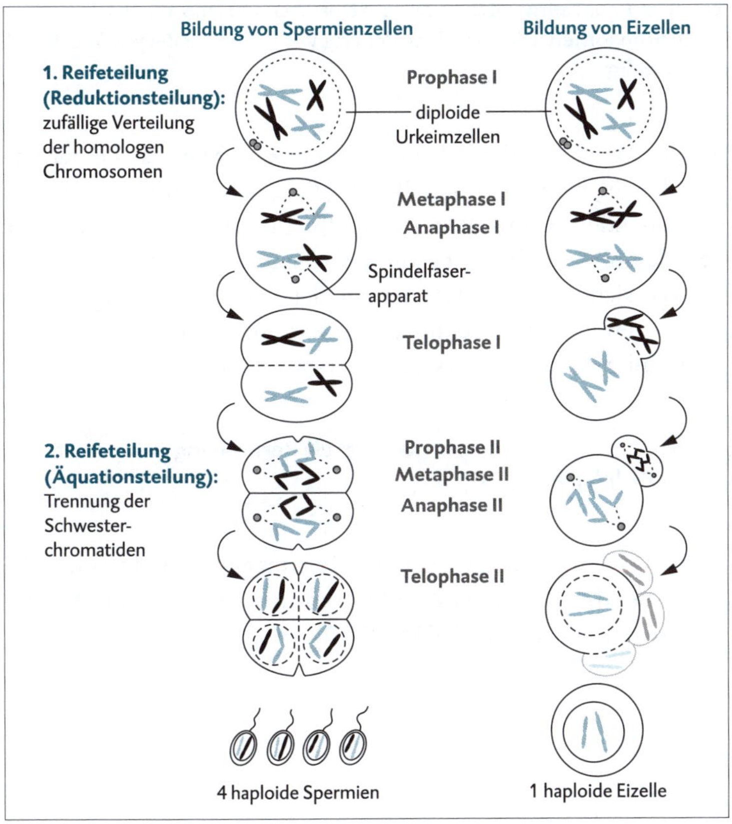

Abb. 129: Vereinfachte schematische Darstellung der Meiose; farbig: väterliche Chromosomen, schwarz: mütterliche Chromosomen

Die Meiose läuft in zwei aufeinanderfolgenden Teilungsvorgängen ab (siehe Abb. 129):

- **Reduktionsteilung (1. Reifeteilung):** Bei der 1. Reifeteilung werden die homologen Chromosomen gepaart und dann mithilfe des Spindelapparates durch zufällige Aufteilung auf die beiden Tochterzellen voneinander getrennt. Dadurch entstehen also zwei nicht identische Tochterzellen mit jeweils einem haploiden, also reduzierten Chromosomensatz aus Zwei-Chromatid-Chromosomen. Während der Metaphase I kann es bei der Paarung der homologen Chromosomen zu einem Austausch einzelner Chromosomenstücke, einem sogenannten **Crossing-over**, kommen. Dadurch können völlig neue Kombinationen der Erbinformationen entstehen.
- **Äquationsteilung (2. Reifeteilung):** Bei der anschließenden 2. Reifeteilung werden ebenfalls mithilfe des Spindelapparates wie bei der Mitose die Chromatiden der Zwei-Chromatid-Chromosomen voneinander getrennt.

> Bei der Meiose entstehen vier **Keimzellen** mit einem einfachen Chromosomensatz aus **Ein-Chromatid-Chromosomen.** Die Verteilung der Erbinformation auf die vier Tochterzellen erfolgt dabei **zufällig.**

Bei der Keimzellbildung (siehe Abb. 129) entstehen beim Mann aus einer Urspermienzelle vier bewegliche Spermien. Bei der Frau gehen drei der vier aus der Ureizelle entstehenden Keimzellen zugrunde. Die übrig bleibende stark vergrößerte Eizelle kann dadurch mit besonders vielen Nährstoffen ausgestattet werden. Damit ist sichergestellt, dass der aus der Zygote entstehende Embryo während der ersten Furchungsteilungen bis zur Einnistung in die Gebärmutterschleimhaut mit genügend Nährstoffen versorgt wird (siehe S. 200 f.).

> Bei der Bildung von Spermien- und Eizellen verläuft zwar die **Kernteilung** gleich, nicht jedoch die Teilung des **Zellplasmas.**

Bei der Befruchtung verschmelzen die haploiden Keimzellen miteinander und aus der daraus entstehenden diploiden Zygote kann sich durch mitotische Teilungen ein Lebewesen entwickeln (siehe Abb. 130).

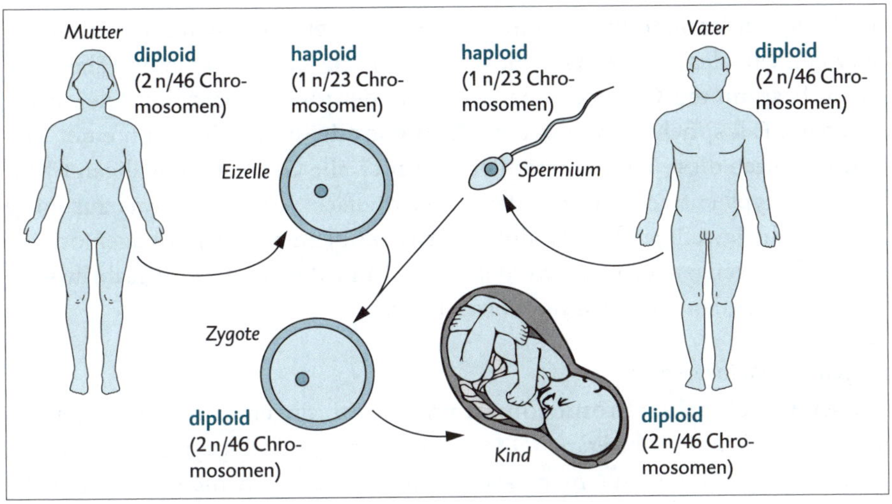

Abb. 130: Veränderung der Chromosomenzahl während der Keimzellbildung und der Befruchtung; 2 n: diploider Chromosomensatz, n: haploider Chromosomensatz

2.4 Meiosefehler

Mono- und Trisomie

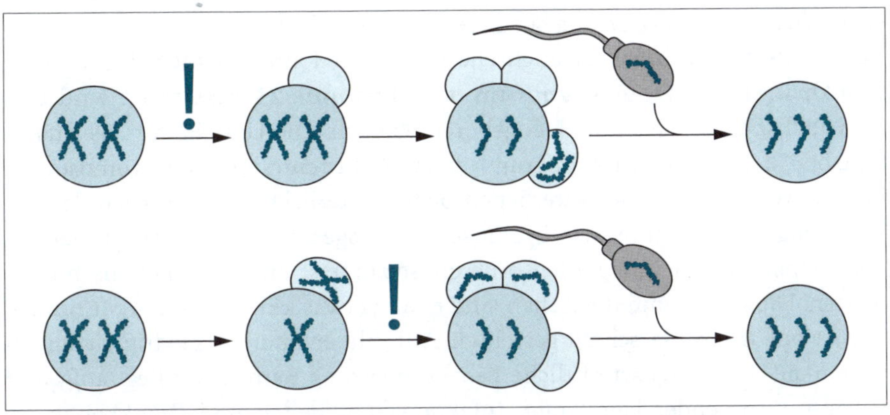

Abb. 131: Nichttrennung (!) homologer Chromosomen bei der 1. Reifeteilung (oben) oder der Chromatiden bei der 2. Reifeteilung (unten) während der Eizellbildung. In beiden dargestellten Fällen hat dies eine Trisomie zur Folge; Non-Disjunktions-Vorgänge sind natürlich ebenso bei der Spermienbildung möglich

Zusätzliche oder fehlende Chromosomen in Keimzellen können durch Fehler bei der Meiose, sogenannte **Nichttrennungen (Non-Disjunktionen)**, entstehen (siehe Abb. 131). Diese Fehler können sowohl bei der Eizell- als auch bei der Spermienbildung vorkommen. Nach der Befruchtung mit einer normalen Keimzelle des anderen Geschlechts enthält die Zygote in diesen Fällen von einem bestimmten Chromosomentyp entweder nur ein oder drei Exemplare. Im ersten Fall spricht man von einer **Monosomie**, im zweiten von einer **Trisomie**. Durch diese Trennungsfehler sind auch alle Gene des jeweiligen Chromosomentyps entweder nur einfach oder dreifach vorhanden, was zur Folge hat, dass die jeweiligen Genprodukte entweder in zu geringen Mengen oder in zu großen Mengen gebildet werden. Dies kann die Entwicklungsabläufe im heranwachsenden Organismus enorm stören.

Folgen der Meiosefehler

Bei den **Geschlechtschromosomen** sind die Störungen häufig nicht letal, also nicht tödlich. Es gibt Frauen, die nur ein einziges X-Chromosom besitzen, genauso wie Männer mit mehr als einem X- oder auch mehr als einem Y-Chromosom.

Bei den Autosomen jedoch sind diese Störungen, die zu Fehlbildungen und Fehlfunktionen vieler Proteine führen, bis auf wenige Ausnahmen letal (tödlich). Das bedeutet, dass sich die Zygoten höchstens bis zum Embryo oder zum Fetus entwickeln. Zygoten, bei denen eines der **Autosomen** nur einmal vorliegt, überleben nicht. Die Organschäden bei Neugeborenen, bei denen z. B. die Autosomen 13 oder 18 dreifach vorliegen, sind so schwer, dass die durchschnittliche Lebenserwartung bei unter einem Jahr liegt.

Bereits 1886 beschrieb der englische Mediziner John LANGDON-DOWN eine Krankheit, die als **Down-Syndrom** oder **Trisomie 21** bezeichnet wird und im Durchschnitt jedes 700. Neugeborene betrifft. Die Ursache für das Krankheitsbild liegt darin, dass aufgrund einer Nichttrennung der Chromosomen bzw. Chromatiden in der väterlichen oder mütterlichen Meiose nach der Befruchtung in der Zygote das Chromosom 21 insgesamt 3-mal vorliegt. Bei den betroffenen Personen liegt die Körpergröße zumeist unter den Durchschnittswerten. Die Finger und die Zehen sind häufig etwas kürzer und am oft rundlichen Kopf fallen die schräg gestellten Augenlider und die niedrig sitzenden Ohren auf. Die durchschnittliche Lebenserwartung Betroffener liegt aufgrund gehäuft auftretender Herzfehler, Infektionskrankheiten und Krankheiten im Magen-Darm-Bereich bei etwa 60 Jahren. Außerdem ist die geistige Entwicklung bei Down-Patienten zumeist beeinträchtigt. Diese Behinderung kann jedoch individuell sehr unterschiedlich ausgeprägt sein und durch gezielte Förderung günstig beeinflusst werden.

Zur Früherkennung von Meiosefehlern stehen heute verschiedene Verfahren der Pränataldiagnostik zur Verfügung (siehe S. 216 ff.).

Zusammenfassung

Bis auf die roten Blutkörperchen besitzen alle Körperzellen einen diploiden Chromosomensatz. Beim Menschen besteht dieser aus 46 Chromosomen. Von den **44 Autosomen (Körperchromosomen)** unterscheidet man die **2 Gonosomen (Geschlechtschromosomen)**, die als X- oder Y-Chromosomen bezeichnet werden und bereits bei der Befruchtung das Geschlecht festlegen (Frau: XX, Mann: XY).
Die Gesamtheit aller Chromosomen wird als **Chromosomensatz**, die nach Größe und Form geordnete Darstellung des Chromosomensatzes als **Karyogramm** bezeichnet.
Vor mitotischen oder meiotischen Teilungsvorgängen muss die DNS identisch verdoppelt werden. Bei diesem Vorgang, der als **Replikation** bezeichnet wird, dienen jeweils sowohl der führende als auch der folgende DNS-Einzelstrang als Vorlage für die Synthese eines neuen Doppelstranges aus einzelnen Nukleotiden durch komplementäre Basenpaarung.
Während der **Meiose** entstehen aus diploiden Urkeimzellen durch zwei aufeinanderfolgende Reifeteilungen die Keimzellen:

- **1. Reifeteilung (Reduktionsteilung):** Durch die Trennung der homologen Chromosomen wird der diploide Chromosomensatz auf den einfachen Chromosomensatz reduziert. Durch die zufällige Verteilung der väterlichen und mütterlichen Erbinformationen auf die entstehenden Tochterzellen wird das Erbgut neu kombiniert.
- **2. Reifeteilung (Äquationsteilung):** Durch die Trennung der Chromatiden entstehen vier haploide und genetisch unterschiedliche Tochterzellen.

Verteilungsfehler durch **Nichttrennung (Non-Disjunktion)** von Chromosomen während der Meiose führen in den Keimzellen zu Chromosomenzahlen, die vom Normalfall abweichen. Durch die Befruchtung mit einer normalen Keimzelle entstehen Monosomien oder Trisomien, die außer bei Abweichungen der Gonosomenzahl fast immer zum Tod des menschlichen Embryos führen. Eine nicht-letale Trisomie stellt das **Down-Syndrom (Trisomie 21)** dar.

96 Die Abbildung zeigt das stilisierte Karyogramm eines Menschen.

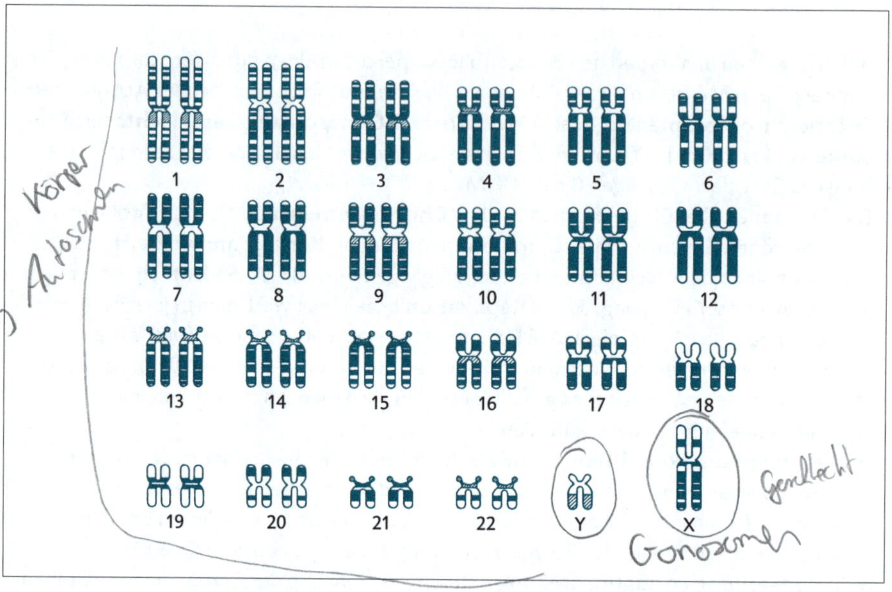

a Beschreibe die Arbeitsschritte, die zur Anfertigung eines Karyogramms nötig sind.

b Beschrifte die Abbildung mit den folgenden Begriffen:
Autosomen – Gonosomen – homologe Chromosomen – Geschlechtschromosomen – Körperchromosomen

c Leite begründet das Geschlecht der betreffenden Person ab.

97 Bevor sich Tochterzellen wieder teilen können, muss die Erbinformation identisch verdoppelt werden.

a Benenne diesen Vorgang mit dem Fachbegriff und gib genau an, in welcher Phase des Zellzyklus er stattfindet. ____________________

b Ergänze den folgenden Lückentext mit den entsprechenden Fachbegriffen.

Bei der identischen Verdoppelung der DNS wird jedes der ____________-Moleküle mithilfe von ____________ zum ____________-Faden ____________ und der Eltern-____________strang reißverschlussartig ____________. Anschließend werden die beiden ____________stränge durch ____________ ____________ an der sogenannten ____________ wieder zu je einem __________strang ergänzt. Dabei bewegt sich ein Enzym am __________ Strang in Richtung der Replikationsgabel entlang und ergänzt __________ (__________) die passenden __________ durch komplementäre Basenpaarung. Am __________ Strang bewegt sich das Enzym jedoch immer von der Replikationsgabel __________ und ergänzt deshalb nur __________. Diese werden durch ein weiteres Enzym __________ __________, sodass auch hier ein zusammenhängender Strang nachgebildet wird.

98 Mit der Mitose und der Meiose unterscheidet man zwei Formen der Zellkern-Teilung.

a Erläutere die biologische Bedeutung der Meiose.

b Beschreibe den Ablauf der Meiose anhand beschrifteter Skizzen.

c Vergleiche die beiden Formen der Zellkern-Teilung anhand der folgenden Gesichtspunkte:

- Ort
- Ergebnis
- Ziel
- Unterschiede zwischen Mann und Frau

99 Anhand von Karyogrammen können bestimmte genetische Defekte erkannt und dadurch manche Erbkrankheiten diagnostiziert werden.

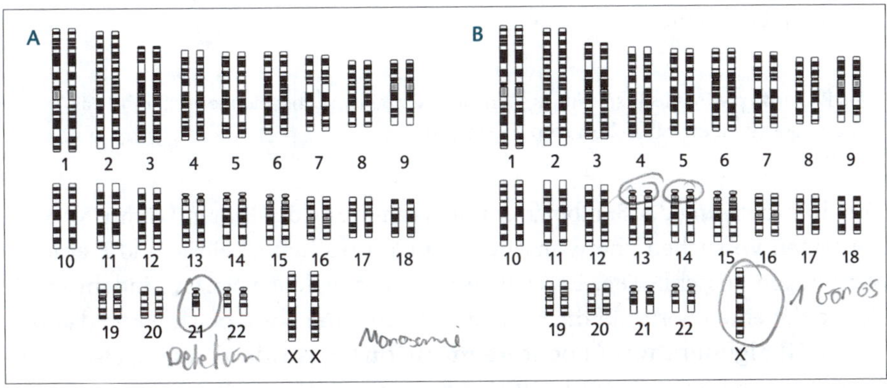

a Analysiere die beiden schematischen Karyogramme und beschreibe eventuell auftretende Abweichungen vom Normaltyp.

b Erläutere anhand einer beschrifteten Skizze eine Möglichkeit, wie die im Karyogramm A vorliegende Abweichung zustande gekommen sein könnte.

3 Die klassische Genetik – Grundlagen zu den Vererbungsregeln

Bereits seit Mitte des 18. Jahrhunderts unternahmen viele Naturforscher Kreuzungsexperimente, um das Geheimnis der Vererbung von Merkmalen zu untersuchen. Allerdings gelang erst dem Augustinermönch **Gregor Johann Mendel** der Durchbruch. Er gilt deshalb heute als der Begründer der **klassischen Genetik**.

> Die **klassische Genetik** befasst sich mit den Gesetzmäßigkeiten bei der Ausbildung von erblichen Merkmalen und der Vererbung, also der Weitergabe dieser Erbanlagen an die nächste Generation.

1856 begann Mendel im Garten des Augustinerklosters in Brünn mit seinen Kreuzungsexperimenten. Als Versuchspflanze wählte er die **Gartenerbse**, da es bei dieser Pflanze aufgrund der normalerweise vorherrschenden Selbstbestäubung (die Narbe einer Pflanze wird von ihrem eigenen Pollen bestäubt) viele verschiedene Sorten gibt, deren klar zu unterscheidende Merkmale wie Blüten- bzw. Samenfarbe oder Samen- bzw. Schotenform über Generationen hinweg unverändert auftreten. Dieses Erscheinungsbild wird als **Phänotyp** bezeichnet im Unterschied zum **Genotyp**, der das Erbbild bezeichnet. Unter dem Genotyp versteht man alle Erbanlagen (Gene) eines Organismus, die den Phänotyp bestimmen.

> Als **Phänotyp** wird das Erscheinungsbild eines Organismus bezeichnet, während das zugrundeliegende Erbbild **Genotyp** genannt wird.

Durch Entfernung der Staubblätter und Verhüllung der Blüten konnte Mendel bei seinen Versuchen unerwünschte, da unkontrollierte, Selbst- und Fremdbestäubungen ausschließen. Er kreuzte die verschiedenen Sorten, indem er die Pollen der einen Sorte auf die Narben einer anderen Sorte brachte und dadurch in der **Filialgeneration (Tochtergeneration) Hybride** züchtete, also Nachkommen von Eltern unterschiedlicher Sorten oder Rassen.

> **Hybride** werden die Nachkommen von Eltern unterschiedlicher Sorten oder Rassen genannt. Die Generation der Nachkommen wird als **Tochter-** oder **Filialgeneration** bezeichnet.

Die Ergebnisse dieser künstlichen, aber kontrollierten Befruchtung wurden dann von MENDEL ausgezählt und statistisch ausgewertet. Wichtig für die statistischen Auswertungen war, dass er sich bei seinen Untersuchungen zunächst nur auf ein einziges Merkmal, wie z. B. die Blütenfarbe, beschränkte **(monohybrider Erbgang)** und alle anderen Merkmale, wie beispielsweise Samenfarbe und -form oder Schotenform, nicht berücksichtigte. Dabei wählte er sorgfältig Elternpflanzen aus, die sogenannte **Parentalgeneration (P)**, die das zu untersuchende Merkmal seit mehreren Generationen beibehalten hatten. Dies wird als **Reinerbigkeit (Homozygotie)** bezeichnet.

Die **Elterngeneration** wird **Parentalgeneration** genannt. Unter **Homozygotie** versteht man, dass das zu untersuchende Merkmal **reinerbig** vorliegt.

Bis 1863 züchtete Gregor MENDEL schätzungsweise 28 000 Erbsenpflanzen und konnte so statistisch aussagekräftige Ergebnisse über die Vererbungsregeln gewinnen, die er 1865 in dem Buch „Versuche über Pflanzen-Hybriden" veröffentlichte.

3.1 Die ersten beiden MENDELSCHEN Regeln

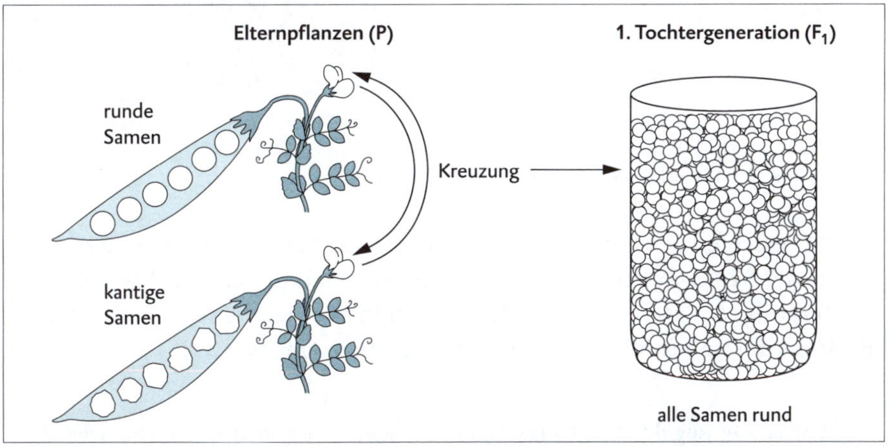

Abb. 132: MENDELS Versuche mit Erbsensorten, die in der P-Generation phänotypisch runde bzw. kantige Samen ausbilden

MENDEL kreuzte beispielweise Erbsenpflanzen einer Sorte mit runden Samen mit Pflanzen einer anderen Sorte mit kantiger Samenform. Dabei achtete er streng darauf, dass die Eltern homozygot für dieses phänotypische Merkmal waren. Die aus der Parentalgeneration hervorgehenden Nachkommen der ersten Filialgeneration (F_1-Generation) hatten ausschließlich runde Samen (siehe Abb. 132).

1. MENDELSCHE Regel (= Uniformitätsregel): Kreuzt man Eltern zweier reinerbiger Rassen oder Sorten, die sich in einem Merkmal phänotypisch unterscheiden, so sind die Nachkommen in der F_1-Generation bezüglich dieses Merkmals alle gleich.

Nun kreuzte er die rundsamigen Erbsenpflanzen aus der F_1-Generation untereinander (siehe Abb. 133). Erstaunlicherweise zeigten die Nachkommen dieser Kreuzung, die sogenannte F_2-Generation, wieder die beiden Formen der Parentalgeneration, nämlich runde und kantige Samen.

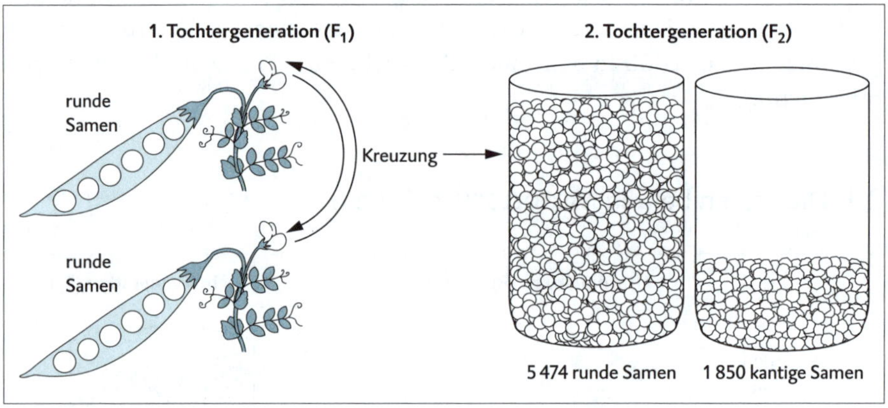

Abb. 133: Mendels Versuche mit der F_1-Generation

MENDEL erschienen vor allem die auftretenden Zahlenverhältnisse interessant: Von den 7 324 Samen der Pflanzen der F_2-Generation waren 5 474 rund und 1 850 kantig. Als MENDEL die beiden Zahlen ins Verhältnis setzte, erhielt er für die Samenformen rund und kantig ein Verhältnis von etwa 3 : 1.

2. MENDELSCHE Regel (= Spaltungsregel): Kreuzt man die Hybride aus der F_1-Generation untereinander, so spalten sich die Merkmale der P-Generation in der F_2-Generation im Verhältnis 3 : 1 wieder auf.

Zum Vergleich führte MENDEL auch Versuche mit 6 weiteren Merkmalspaaren und vertauschten Geschlechtern (reziproke Kreuzung) durch, wobei sich immer das erstgenannte Merkmal (blau) der folgenden Merkmalspaare in der F_1-Generation durchsetzte:

- Samenfarbe **gelb** oder grün
- Samenschale **grau** oder weiß
- Stellung der Blüten **achsenständig** oder endständig
- Achsenlänge der Pflanze **lang** oder kurz
- Hülsenfarbe **grün** oder gelb
- Hülsenform **gewölbt** oder eingeschnürt

Immer wieder erhielt er in der F_2-Generation eine starke Annäherung an das 3 : 1-Verhältnis. Je mehr Nachkommen er auswertete, desto näher kam das Resultat an dieses Verhältnis heran.

Unter einer **reziproken Kreuzung** versteht man eine gegenüber dem vorausgegangenen Versuch vertauschte Elternrolle.

Bei der Interpretation seiner Versuchsergebnisse ging MENDEL davon aus, dass die mütterliche Elternpflanze ihr Erbgut über die Eizellen und die väterliche Elternpflanze ihr Erbgut über die Pollen überträgt. Die bei der Hybrid-Kreuzung beobachtete Aufspaltung der Merkmale in der F_2-Generation ließ ihn vermuten, dass sich bei der Befruchtung zwar die mütterlichen und väterlichen Erbinformationen im Genotyp der Nachkommen vermischen, dass beim neuen Lebewesen aber ein nicht vermischter Phänotyp vorliegt. Außerdem folgerte MENDEL, dass jedem phänotypischen Merkmal im Genotyp zwei Erbanlagen zugrundeliegen, die bei Reinerbigkeit homozygot, also gleichartig, vorliegen. Bei den F_1-Hybriden müssen die Erbanlagen mischerbig (heterozygot) sein, also ungleich. Die sich bei Mischerbigkeit phänotypisch ausprägende Erbanlage bezeichnete MENDEL als **dominant** und die davon überdeckte Erbanlage als **rezessiv**. Diese Erbgänge werden deshalb **dominant-rezessive Erbgänge** genannt.

Jedem Merkmal des **Phänotyps** liegen im **Genotyp** zwei Erbanlagen zugrunde. Bei **Reinerbigkeit** sind die beiden Erbanlagen gleich, bei **Mischerbigkeit (Heterozygotie)** jedoch unterschiedlich. Die Erbanlage, die bei Mischerbigkeit den Phänotyp bestimmt, wird als **dominant** bezeichnet, die andere Erbanlage wird **rezessiv** genannt.

MENDEL entwickelte zur Erklärung seiner Versuchsergebnisse eine noch heute gültige Modellvorstellung, die sich einer ganz bestimmten Symbolschreibweise (siehe Abb. 134) bedient.

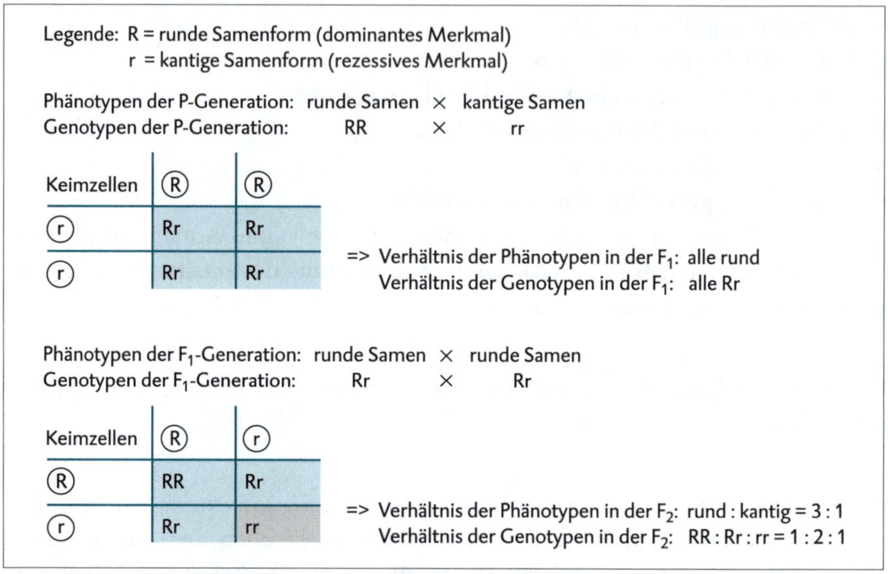

Abb. 134: Kreuzungsschemata zu MENDELS Versuchen (× = Kreuzung)

Die Gene der möglichen Keimzellen des einen Elternteils werden waagerecht notiert und die des anderen Elters senkrecht untereinander geschrieben. Durch Kombination in den benachbarten Quadraten erhält man die möglichen Genotypen der Filialgeneration. Dominante Erbanlagen werden mit Großbuchstaben und rezessive Erbanlagen mit Kleinbuchstaben abgekürzt.

Durch das Aufstellen eines **Kreuzungsschemas** ist es möglich, die Ergebnisse eines **Kreuzungsversuches** zu erklären bzw. diese mit einer bestimmten Wahrscheinlichkeit vorherzusagen.

Anhand seiner Modellvorstellung berechnete MENDEL die zu erwartenden Ergebnisse weiterer Kreuzungen. Für die Kreuzung eines mischerbigen F_1-Hybriden mit einem der beiden reinerbigen Individuen aus der P-Generation stellte er folgende Überlegungen an (siehe Abb. 135):

- Individuum aus der P-Generation mit **reinerbig dominanten** Erbanlagen: MENDEL erwartete, dass alle Nachkommen uniform sind, da sich die dominante Erbanlage durchsetzt.
- Individuum aus der P-Generation mit **reinerbig rezessiven** Erbanlagen: MENDEL erwartete, dass die beiden Merkmale im Verhältnis 1 : 1 auftreten.

Legende: R = dominantes Merkmal
r = rezessives Merkmal

a

Keimzellen	R	R
R	RR	RR
r	Rr	Rr

b

Keimzellen	r	r
R	Rr	Rr
r	rr	rr

Abb. 135: Ein F_1-Hybride wird mit einem reinerbig dominanten Individuum (a) und mit einem reinerbig rezessiven Individuum (b) gekreuzt

Tatsächlich sahen die Nachkommen in beiden Kreuzungen wie von MENDEL erwartet aus:

- Bei der Kreuzung mischerbiger F_1-Hybriden mit runden Samen und dem reinerbigen Elter der P-Generation mit ebenfalls runden Samen wiesen alle Nachkommen runde Samen auf.
- Die Nachkommen der Kreuzung mischerbiger F_1-Hybriden mit runden Samen und des reinerbigen Elters der P-Generation mit kantigen Samen erzeugten dagegen sowohl runde als auch kantige Samen.

Somit bestätigten diese Ergebnisse die von MENDEL entwickelte Modellvorstellung.

Mit der **Rückkreuzung** eines Hybriden, bei dem man phänotypisch nicht feststellen kann, ob das dominante Merkmal rein- oder mischerbig vorliegt, kann man den Genotyp auf Reinerbigkeit testen. Als Kreuzungspartner wählt man den Elternteil, der die rezessive Erbanlage in reinerbiger Form besitzt. Ist der Hybride reinerbig, zeigen alle Nachkommen das (dominante) Merkmal des Hybriden. Ist der Hybride dagegen mischerbig, zeigen nur etwa 50 % der Nachkommen das dominante Merkmal.

Als **Rückkreuzung** bezeichnet man die Kreuzung eines Hybriden mit einem reinerbig rezessiven Individuum. Mit dieser Kreuzung kann man in der experimentellen Genetik testen, ob eine dominante Erbanlage beim Hybriden rein- oder mischerbig vorliegt.

3.2 Die 3. MENDELSCHE Regel

In einer weiteren Versuchsserie untersuchte MENDEL auch die Weitergabe von zwei Merkmalen. Er kreuzte dazu zwei reinerbige Erbsensorten, die sich in der Samenfarbe (gelb, grün) und in der Samenform (rund, kantig) unterschieden: Die Pflanzen in der P-Generation hatten gelbe/runde und grüne/kantige Samen. MENDEL stellte fest, dass die Samen der F_1-Nachkommen alle gelb/rund waren und bestätigt damit die Uniformitätsregel auch für **dihybride** Erbgänge, also Erbgänge, bei denen zwei Merkmale betrachtet werden (siehe Abb. 136).

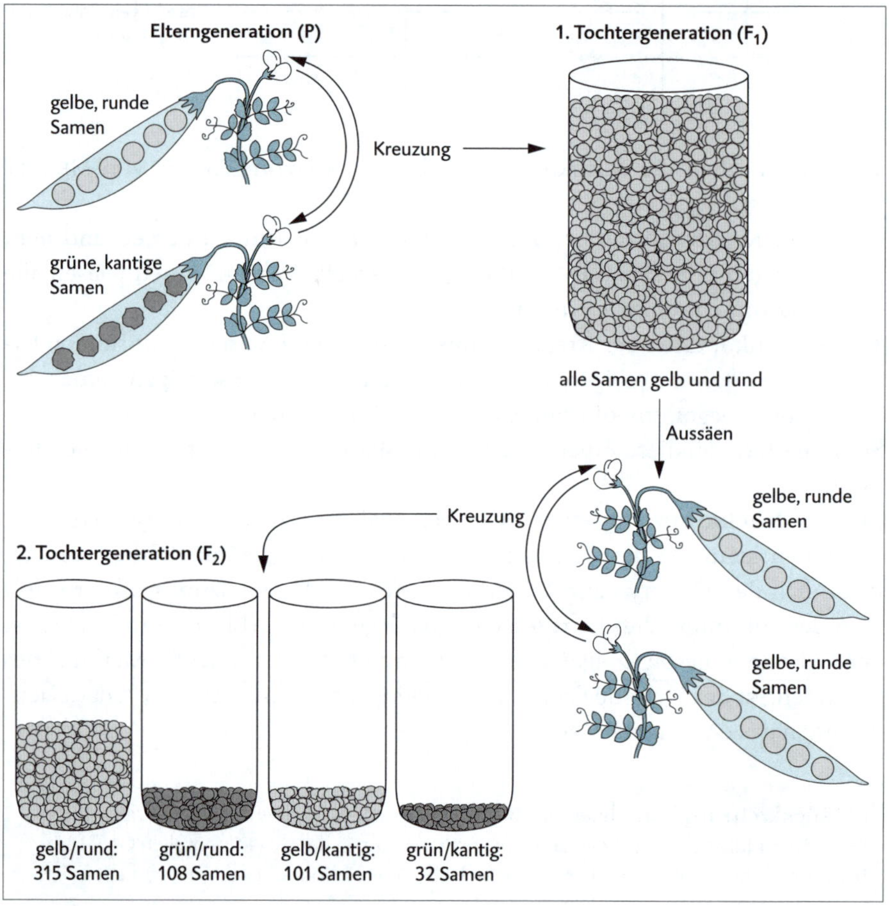

Abb. 136: Übersicht über einen dihybriden Erbgang

Als **dihybrid** werden Erbgänge bezeichnet, bei denen **zwei Merkmale** und die diesen zugrundeliegenden Genotypen betrachtet werden.

In der F_2-Generation kam es wie erwartet zu einer Aufspaltung der Merkmale, wobei jedoch vier verschiedene Samen mit den angegebenen Häufigkeiten vorkamen:

- gelb/rund: 315
- gelb/kantig: 101
- grün/rund: 108
- grün/kantig: 32

Legende: R = runde Samen (dominantes Merkmal)
r = eckige Samen (rezessives Merkmal)
G = gelbe Samen (dominantes Merkmal)
g = grüne Samen (rezessives Merkmal)

Keimzellen	GR	Gr	gR	gr
GR	GGRR	GGRr	GgRR	GgRr
Gr	GGRr	GGrr	GgRr	Ggrr
gR	GgRR	GgRr	ggRR	ggRr
gr	GgRr	Ggrr	ggRr	ggrr

Phänotypen der F_2-Generation: gelb/rund gelb/kantig grün/rund grün/kantig
Verhältnis: 9 : 3 : 3 : 1

Abb. 137: Kreuzungsschema für die F_2-Generation

Das bedeutete für jedes Merkmal einzeln betrachtet wieder ein ungefähres 3:1-Verhältnis (gelb mit 416 : grün mit 140, rund mit 423 : kantig mit 133). Insgesamt ergibt sich ein Verhältnis aller möglichen Phänotypen von 9:3:3:1. Auch dieses Verhältnis konnte Mendel durch reziproke Kreuzungen (siehe S. 251) und mit mehreren Merkmalskombinationen wie etwa Samenform und Hülsenfarbe bestätigen.

3. Mendelsche Regel (= Unabhängigkeits- und Neukombinationsregel): Kreuzt man Individuen zweier Sorten oder Rassen, die sich in zwei Merkmalen reinerbig unterscheiden, so werden die Erbanlagen voneinander unabhängig kombiniert und die Merkmale spalten sich bei den Nachkommen der F_2-Generation im Zahlenverhältnis von 9:3:3:1 auf.

Diese Ergebnisse lassen sich nur durch die Annahme erklären, dass die Erbanlagen verschiedener Merkmale bei der Keimzellenbildung getrennt werden und bei der Befruchtung voneinander unabhängig neu kombiniert werden können.

3.3 Die Bedeutung der Arbeit von Gregor MENDEL

Nachdem Gregor MENDEL seine bahnbrechenden Ergebnisse und die von ihm beschriebenen Regeln der Vererbung im Jahr 1865 veröffentlicht hatte, fanden diese zunächst kaum Beachtung. Erst um 1900 wurden seine Arbeiten durch die Botaniker DE VRIES, CORRENS und TSCHERMAK wieder aufgegriffen und experimentell bestätigt.

Intermediäre Erbgänge

Bei seinen Kreuzungsexperimenten benutzte der Tübinger Botaniker Karl CORRENS weiß und rot blühende Pflanzen der **Wunderblume** *(Mirabilis jalapa)*. Wie erwartet, waren alle Nachkommen in der F_1-Generation uniform. Es gab jedoch keine dominante Erbanlage, sondern die Blüten der 1. Tochtergeneration zeigten die Mischfarbe rosa (siehe Abb. 138). CORRENS kreuzte anschließend die in der F_1-Generation erhaltenen rosa blühenden Hybride untereinander und erhielt rot, rosa und weiß blühende Pflanzen im Verhältnis 1 : 2 : 1.

Legende: r = rote Blüten
w = weiße Blüten

Phänotypen der P-Generation: rote Blüten × weiße Blüten
Genotypen der P-Generation: rr × ww

Keimzellen	(r)	(r)
(w)	rw	rw
(w)	rw	rw

=> Verhältnis der Phänotypen in der F_1: alle rosa
Verhältnis der Genotypen in der F_1: alle rw

Phänotypen der F_1-Generation: rosa Blüten × rosa Blüten
Genotypen der F_1-Generation: rw × rw

Keimzellen	(r)	(w)
(r)	rr	rw
(w)	rw	ww

=> Verhältnis der Phänotypen in der F_2: rot : rosa : weiß = 1 : 2 : 1
Verhältnis der Genotypen in der F_2: rr : wr : ww = 1 : 2 : 1

Abb. 138: Kreuzungsschemata zu CORRENS Versuchen mit der japanischen Wunderblume; da keines der Merkmale dominant ist, werden sie mit Kleinbuchstaben dargestellt

CORRENS konnte durch diesen Kreuzungsversuch nicht nur die MENDELSCHEN Regeln für den Genotyp bestätigen, sondern er entdeckte auch ein neues Phänomen, nämlich Erbgänge mit **unvollständiger phänotypischer Dominanz**.

Da sich, wie am Beispiel der Wunderblumen deutlich wird, in diesen Fällen die Erbanlagen gleichwertig verhalten und der Phänotyp der mischerbigen Individuen eine Mittelstellung einnimmt, kann man hier nicht von dominanten oder rezessiven Erbanlagen sprechen. Man bezeichnet diese Fälle als **intermediäre Vererbung** und die Erbanlagen als **intermediär**.

Bei der **intermediären Vererbung** ist keine der beiden Erbanlagen eines Merkmals dominant. Somit liegt der Phänotyp der mischerbigen Individuen zwischen den Phänotypen der reinerbigen Individuen. Im Phänotyp ist also die Wirkung **beider Erbanlagen** erkennbar.

Die Bedeutung der MENDELSCHEN Regeln heute

Die wahre Leistung, die hinter der Arbeit von Gregor MENDEL steckt, ist vor allem dann zu erkennen, wenn man bedenkt, dass erst nach der Veröffentlichung seines Buches ...

- der Vorgang der Befruchtung einer Eizelle durch eine Spermienzelle beobachtet und damit bewiesen werden konnte (etwa 10 Jahre später).
- die Vorgänge bei der Meiose untersucht wurden und damit die Reduktion eines diploiden Satzes an Erbanlagen zu einem haploiden Satz (etwa 25 Jahre später).
- die Chromosomen als Träger der Erbanlagen erkannt wurden (etwa 40 Jahre später).
- die DNS als Träger der Erbinformation nachgewiesen werden konnte (etwa 80 Jahre später).

Trotz dieser neuen Erkenntnisse gelten die Vererbungsregeln nach MENDEL auch heute noch – allerdings einschränkend nur für Merkmale, die durch ein einziges Gen vererbt werden. Die Fachsprache muss jedoch an das aktuelle Wissen angepasst werden:
Die **Chromosomen** sind die Träger der Erbanlagen, der **Gene**. Für jedes Merkmal sind im Zellkern zwei Gene vorhanden. Die Weitergabe der Erbinformationen, also der Gene, erfolgt über die Keimzellen, wobei das eine Gen von der Mutter und das andere vom Vater stammt. Diese doppelt vorliegenden Gene können in unterschiedlichen Ausprägungsformen, man spricht von unterschiedlichen **Allelen**, vorliegen und damit unterschiedliche Informationen enthalten. Bei der Erbse bedeutet dies beispielsweise, dass jeweils ein Gen auf den beiden homologen Chromosomen 7 die Erbanlage für die Samenform verschlüsselt. Das entsprechende Gen kann in zwei unterschiedlichen Allelen vorliegen. Die unterschiedlichen Allele des Gens für die Form bewirken die Ausprägung runder oder kantiger Samen. Die Allele können sich zueinander

dominant-rezessiv oder intermediär verhalten. Bei dihybriden Erbgängen werden die beiden Allelenpaare in der Meiose durch die Trennung der Chromosomen und der Chromatiden zufällig auf die Keimzellen verteilt und damit neu kombiniert. Dazu müssen sich die beiden Allelpaare jedoch auf verschiedenen Chromosomen befinden (z. B. Allele für Samenform: Chromosomen Nr. 7, Allele für Samenfarbe: Chromosomen Nr. 5).

Zusammenfassung

Gregor Mendel entdeckte bei seinen Kreuzungsexperimenten mit der Gartenerbse erstmals Vererbungsregeln. Wichtige Voraussetzungen dafür waren die Reinerbigkeit im Erbbild **(Genotyp)** der Elterngeneration, die Beschränkung auf wenige und im Erscheinungsbild **(Phänotyp)** klar unterscheidbare Merkmale und die statistische Auswertung der Ergebnisse:

1. **Mendelsche Regel:** Kreuzt man Eltern zweier reinerbiger Rassen oder Sorten, die sich in einem Merkmal phänotypisch unterscheiden, so sind die Nachkommen in der F_1-Generation bezüglich dieses Merkmals alle gleich **(= Uniformitätsregel)**.
2. **Mendelsche Regel:** Kreuzt man die Hybride aus der F_1-Generation untereinander, so spalten sich die Merkmale der P-Generation in der F_2-Generation im Verhältnis 3:1 wieder auf **(= Spaltungsregel)**.
3. **Mendelsche Regel:** Kreuzt man Individuen zweier Sorten oder Rassen, die sich in zwei Merkmalen reinerbig unterscheiden, so werden die Erbanlagen voneinander unabhängig kombiniert und die Merkmale spalten sich bei den Nachkommen der F_2-Generation im Zahlenverhältnis 9:3:3:1 auf **(= Unabhängigkeits- und Neukombinationsregel)**.

Durch das Aufstellen eines **Kreuzungsschemas** ist es möglich, die Ergebnisse eines Kreuzungsversuches zu erklären und mit einer bestimmten Wahrscheinlichkeit vorherzusagen.
Von einem **dominant-rezessiven Erbgang** spricht man, wenn nur eines der beiden Allele, das dominante, gegenüber dem rezessiven Allel zur Ausprägung kommt.
Bei **intermediären Erbgängen** ist keine der beiden Erbanlagen eines Merkmals dominant. Die Wirkung beider Erbanlagen ist also im Phänotyp der mischerbigen Individuen erkennbar, der somit zwischen den Phänotypen der reinerbigen Individuen liegt.

100 Überprüfe die nachfolgenden Behauptungen und entscheide, ob diese richtig oder falsch sind. Korrigiere die falschen Aussagen.

	richtig	falsch
Als Genotyp bezeichnet man das Erscheinungsbild von Lebewesen.	☐	☐
Unter Homozygotie versteht man die Reinerbigkeit bezüglich eines Merkmals.	☐	☐
Stimmen die beiden Erbanlagen eines Merkmals, auch Allele genannt, überein, so bezeichnet man dies als heterozygot.	☐	☐
Erbgänge, bei denen eine Erbanlage phänotypisch über die andere dominiert, werden als dominant-rezessive Erbgänge bezeichnet.	☐	☐
Fremdbestäubung bedeutet, dass die Narbe einer Pflanze von ihrem eigenen Pollen bestäubt wird.	☐	☐
Werden Elternpflanzen unterschiedlicher Sorten oder Rassen gekreuzt, werden ihre Nachkommen Hybride genannt.	☐	☐
Deren Eltern werden oft auch als Filialgeneration bezeichnet.	☐	☐

101 MENDEL verwendete für seine Kreuzungsexperimente bezüglich der Blütenfarbe reinerbige Erbsensorten. Bei der Kreuzung einer rot blühenden Erbsenpflanze mit einer weiß blühenden Erbsenpflanze erhielt er in der F_1-Generation ausschließlich rot blühende Pflanzen.

a Erläutere an diesem Beispiel die Begriffe „dominant“ und „rezessiv“.

b Gib den Wortlaut der 1. MENDELSCHEN Regel an und begründe diese anhand des Kreuzungsschemas für die Blütenfarbe.

c Leite mithilfe eines Kombinationsquadrates die Verhältnisse der Genotypen und Phänotypen in der F_2-Generation her. Welche MENDELSCHE Regel ist hier erfüllt? Begründe deine Antwort.

d In der F_2-Generation entstehen rot blühende Nachkommen, von denen man nicht weiß, ob sie rein- oder mischerbig sind. Beschreibe ein Experiment, welches zur Unterscheidung geeignet ist.

102 Neben der 1. und 2. MENDELSCHEN Regel fand Gregor MENDEL noch eine weitere Vererbungsregel heraus.

a Stelle den folgenden Text zur 3. MENDELSCHEN Regel richtig, indem du die nicht zutreffenden Begriffe streichst.

> Kreuzt man Individuen zweier **Sorten / Arten**, die sich in **zwei / drei** Merkmalen **mischerbig / reinerbig** unterscheiden, so werden die Erbanlagen **gemeinsam / voneinander unabhängig** kombiniert und die Merkmale spalten sich bei den Nachkommen der **F_1-Generation / F_2-Generation** im Zahlenverhältnis **3 : 1 / 9 : 3 : 3 : 1** auf.

b Erläutere, wie sich hier der experimentelle Ansatz von dem bei den beiden anderen Vererbungsregeln unterscheidet.

103 Die Nachkommen der F_1-Generation, die durch eine Kreuzung einer reinerbigen Erbsenpflanze mit gelben, kantigen Samen mit einer reinerbigen Erbsenpflanze mit grünen, runden Samen entstanden sind, erzeugen ausschließlich gelbe, runde Samen.

a Erstelle ein Kreuzungsschema für die F_1-Generation.

b Ermittle anhand eines Kombinationsquadrates die Verhältnisse der Genotypen und Phänotypen in der F_2-Generation.

c In der F_2-Generation entstehen Nachkommen, von denen man nicht weiß, ob sie rein- oder mischerbig sind. Gib den Phänotyp dieser Nachkommen begründet an.

104 Werden reinerbig weiß blühende Malven mit reinerbig rot blühenden Malven gekreuzt, so erhält man in der F_1-Generation ausschließlich rosafarbene Pflanzen und in der F_2-Generation neben rosafarbenen auch solche mit weißen und roten Blüten.

a Gib begründet an, um welchen Erbgang es sich handelt.

b Erstelle für diesen Erbgang Kreuzungsschemata.

c Ein Kunde bestellt in einer Gärtnerei 50 rosafarbene Malven. Da der Gärtner nicht so viele Pflanzen vorrätig hat, den Auftrag aber möglichst schnell abschließen möchte, kreuzt er mehrere rosafarbene Malven untereinander. Erläutere, ob dieses Vorgehen wirklich am schnellsten zum Ziel führt.

105 Hausmeerschweinchen erfreuen sich seit Beginn des 20. Jahrhunderts zunehmender Beliebtheit und werden in Deutschland vermehrt als Haustiere gehalten. Dadurch gewinnt auch deren Zucht immer mehr an Bedeutung.

a Ein schwarzes Meerschweinchen wird mit einem weißen Meerschweinchen verpaart. Der Wurf besteht aus 7 schwarz gefärbten Jungtieren. Erkläre dieses Ergebnis.

b Ein Meerschweinchenzüchter besitzt reinerbige schwarze glatthaarige Meerschweinchen und weiße wirbelhaarige Meerschweinchen. Er möchte gerne weiße glatthaarige Meerschweinchen züchten, wobei sich das Merkmal „Glatthaarig“ rezessiv gegenüber dem Merkmal „Wirbelhaarig“ verhält. Mache dem Züchter einen Vorschlag für die Umsetzung dieses Vorhabens und begründe das von dir vorgeschlagene Vorgehen anhand eines Kreuzungsschemas.

4 Humangenetik – Grundlagen der Vererbung beim Menschen

Grundsätzlich gelten die MENDELSCHEN Regeln auch beim Menschen, allerdings nicht uneingeschränkt. Ob ein Erbgang den MENDELSCHEN Regeln folgt, ist beim Menschen außerdem schwerer nachzuprüfen als bei der Erbse, denn …

- Kreuzungsexperimente sind aus ethischen Gründen ausgeschlossen.
- die Nachkommenzahl reicht selten für eine statistische Auswertung aus.
- die Beobachtung eines Merkmals bis zur F_2-Generation ist schon aus zeitlichen Gründen äußerst problematisch.

Obwohl sehr viele Merkmale wie etwa die Hautfarbe oder die Körpergröße von mehreren Genen und auch von Umwelteinflüssen wie beispielsweise der Ernährung abhängen, geht man von etwa 2 000 Merkmalen aus, die nur durch ein einziges Gen vererbt werden. Und deren Vererbung folgt zumeist den MENDELSCHEN Regeln.

> Die **Humangenetik** befasst sich mit der Vererbung beim Menschen. Für Merkmale, die nur durch ein Gen vererbt werden, gelten zumeist die MENDELSCHEN Regeln.

4.1 Vererbung des Geschlechts

Frau und Mann unterscheiden sich durch die bereits vor der Geburt angelegten Geschlechtsorgane, die primären Geschlechtsmerkmale. Schon bei der Befruchtung wird durch die Art der **Geschlechtschromosomen (Gonosomen)** das genetische Geschlecht und damit die Ausbildung der männlichen oder der weiblichen Geschlechtsorgane festgelegt. Deren Genprodukte, die unterschiedlichen Geschlechtshormone, regeln in einem komplizierten Zusammenspiel die weitere Entwicklung der Geschlechtsmerkmale (siehe S. 188 ff.).

> Das **genetische Geschlecht** wird bereits bei der Befruchtung durch die Art der Geschlechtschromosomen festgelegt.

Das weibliche Geschlecht prägt sich phänotypisch aus, wenn neben den 44 Körperchromosomen (Autosomen) zwei homologe X-Chromosomen vorliegen. Ein X- und ein Y-Chromosom bewirken, dass sich der Phänotyp eines Mannes ausbildet (siehe Abb. 139).

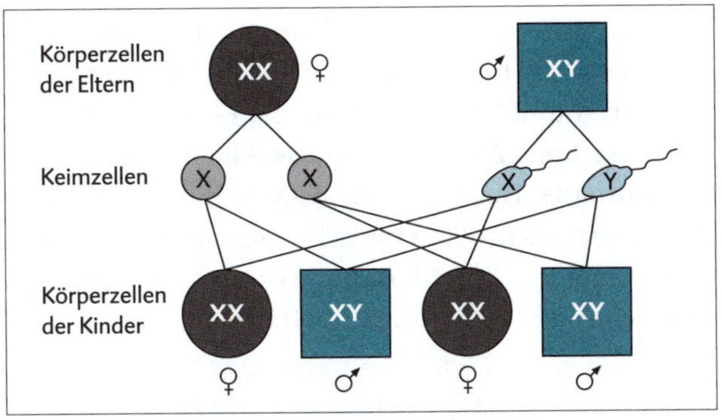

Abb. 139: Vererbung des Geschlechts

Eizellen enthalten neben **22 Autosomen** immer ein **X-Chromosom** als Geschlechtschromosom. Spermien dagegen verfügen neben 22 Autosomen entweder über ein **X-** oder über ein **Y-Chromosom**.

4.2 Vererbung der Blutgruppenmerkmale

Das Blut erfüllt als Körperflüssigkeit, die unterschiedliche Zellen enthält, im menschlichen Körper vielfältige Funktionen. Entscheidend für die verschiedenen Blutgruppen sind die roten Blutkörperchen, genauer gesagt die in deren Zellmembran enthaltenen Oberflächenstrukturen, die Antigene. Nach diesen Antigenen unterscheidet man die Blutgruppenmerkmale.
Das **AB0-** und das **Rhesus-System** sind die medizinisch bedeutendsten Blutgruppensysteme, da diese z. B. bei Blutspenden oder Schwangerschaften eine wichtige Rolle spielen können.

Das AB0-System

Blutgruppe (Phänotyp)	mögliche Genotypen	mögliche Keimzellen
A	AA und A0	Ⓐ oder Ⓐ und ⓪
B	BB und B0	Ⓑ oder Ⓑ und ⓪
AB	AB	Ⓐ und Ⓑ
0	00	nur ⓪

Tab. 10: Mögliche Genotypen und mögliche Keimzellen der vier Blutgruppen

Für die Ausprägung der Blutgruppen **A, B, AB** und **0** gibt es drei verschiedene Allele. Jeder Mensch besitzt auf den entsprechenden homologen Chromosomen jedoch nur zwei dieser drei möglichen Formen (siehe Tab. 10). Trotz der

Besonderheit, dass es für ein Gen drei verschiedene Allele gibt, folgt die Vererbung des AB0-Systems den MENDELSCHEN Regeln (siehe Abb. 140). 0 verhält sich dabei gegenüber den Allelen A und B rezessiv. Liegt der Genotyp A0 bzw. B0 vor, prägt sich daher die Blutgruppe A bzw. B aus. Die Allele A und B verhalten sich zueinander **kodominant**. Das bedeutet, dass, wenn die Allele A und B gemeinsam vorliegen, diese auch phänotypisch ausgeprägt und damit zur Blutgruppe AB kombiniert werden. Die Blutgruppe 0 wird phänotypisch nur dann ausgeprägt, wenn beide Allele die Information 0 tragen.

Keimzellen	Ⓑ	Ⓑ
Ⓐ	AB	AB
Ⓐ	AB	AB

Keimzellen	Ⓑ	⓪
Ⓐ	AB	A0
⓪	B0	00

Abb. 140: Beispiele für die Vererbung der Blutgruppen

Die Vererbung der **Blutgruppen A, B, AB** und **0** folgt den MENDELSCHEN Regeln, wobei die Blutgruppenallele A und B gegenüber 0 **dominant** und A bzw. B zueinander **kodominant** sind.

Das Rhesus-System

Bei diesem Blutgruppenmerkmal wird zwischen **Rhesus-positiv (Rh(D)+, Rh+, Rh)** und **Rhesus-negativ (Rh(D)–, Rh–, rh)** unterschieden. Ist im Genotyp das Allel D enthalten, egal ob rein- oder mischerbig, dann prägt sich der Phänotyp Rhesus-positiv aus. Das Allel D ist also dominant über das Allel d, welches sich phänotypisch nur als Rhesus-negativ ausprägt, wenn es im Genotyp reinerbig vorliegt. Da die Rhesusmerkmale über ein einziges Gen vererbt werden, folgt die Vererbung ebenfalls den MENDELSCHEN Regeln (siehe Abb. 141).

Keimzellen	ⓓ	ⓓ
Ⓓ	Dd	Dd
Ⓓ	Dd	Dd

Keimzellen	ⓓ	ⓓ
Ⓓ	DD	Dd
ⓓ	Dd	dd

Abb. 141: Beispiele für die Vererbung des Rhesusfaktors

Die Vererbung des **Rhesus-Systems** folgt den MENDELSCHEN Regeln, wobei der Phänotyp **Rhesus-positiv** über das **dominante Allel D** und der Phänotyp **Rhesus-negativ** über das **rezessive Allel d** vererbt wird.

4.3 Vererbung von Krankheiten – die Erbkrankheiten

Tritt eine Krankheit in einer Familie gehäuft auf, liegt die Vermutung nahe, dass es sich dabei um eine Erbkrankheit handelt. Eine der bedeutendsten Methoden zur Ermittlung von Erbkrankheiten beim Menschen ist daher die **Stammbaumanalyse**. Dabei wird festgehalten und im Stammbaum markiert, welche Familienmitglieder welchen Geschlechts als Merkmalsträger auftreten.

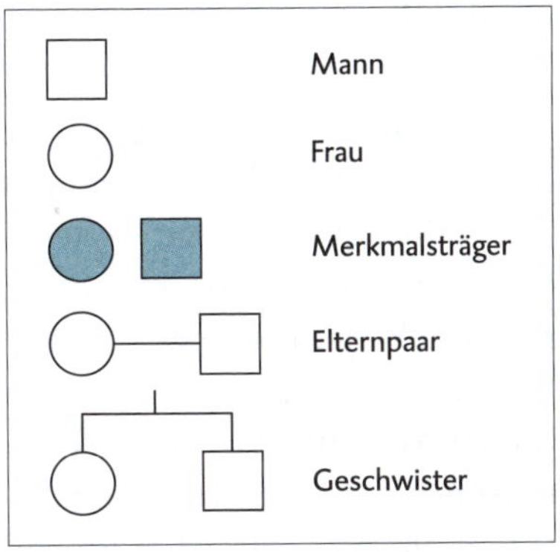

Abb. 142: In Stammbäumen verwendete Symbole

Laut Übereinkunft (siehe Abb. 142) werden in Stammbäumen die weiblichen Mitglieder mit einem Kreis und die männlichen Mitglieder mit einem Quadrat dargestellt. Merkmalsträger werden durch gefüllte Symbole markiert.

Bei der Vererbung von Krankheiten unterscheidet man grundsätzlich diejenigen Erbkrankheiten, die **dominant** vererbt werden, wenn sich die Krankheit also bereits bei Vorliegen eines Allels phänotypisch ausprägt, von den rezessiven. Bei den **rezessiven** Erbkrankheiten muss das betreffende Allel zweimal, also homozygot, vorliegen, um phänotypisch ausgeprägt zu werden. Eine weitere Unterscheidung betrifft die Chromosomen, die das bzw. die betreffenden Allele tragen. Liegt das Gen auf einem Körperchromosom, bezeichnet man den Erbgang als **autosomal**, befindet es sich auf dem X-Chromosom, so bezeichnet man ihn als **X-chromosomal** oder auch als **gonosomal**. Diese Verallgemeinerung ist insofern verständlich, als sich auf dem sehr kleinen Y-Chromosom fast ausschließlich geschlechtsbestimmende Gene befinden. Da es jedoch auch einige wenige Y-chromosomal gebundene Merkmale gibt, ist diese Bezeichnung trotzdem nicht ganz korrekt. Bei Y-chromosomalen Erbgängen erfolgt die Merkmalsausprägung nur bei Männern.

Die **Stammbaumanalyse** ist eine der wichtigsten Methoden zur Untersuchung von Erbgängen beim Menschen.

Die Pränataldiagnostik (siehe S. 216 ff.) bietet für die Humangenetiker weitere wichtige Methoden zur Ermittlung von Erbkrankheiten noch vor der Geburt. Da diese Verfahren es jedoch z. B. auch ermöglichen, den Nachwuchs nach bestimmten Merkmalen, beispielsweise nach dem Geschlecht, zu selektieren, sind sie aufgrund der vielfältigen Missbrauchsmöglichkeiten bei Kritikern nicht unumstritten.

Autosomal-dominante Erbgänge

Die Gene für Erbkrankheiten wie Kurzfingrigkeit, Vielfingrigkeit, erbliche Schwerhörigkeit, Marfan-Syndrom oder Chorea Huntington liegen auf einem der 22 Körperchromosomenpaare, sie werden also **autosomal** vererbt. Zur phänotypischen Ausprägung ist es bei diesen **dominant** vererbten Krankheiten ausreichend, wenn das verantwortliche Allel einmal vorliegt. Die Ursache für das **Marfan-Syndrom** ist beispielsweise ein mutiertes Gen auf dem Chromosom 15. Dies führt zu einem veränderten Genprodukt, was ein fehlerhaft aufgebautes und mehr oder weniger instabiles Bindegewebe des Körpers zur Folge hat.
Bei Reinerbigkeit der autosomal-dominanten Allele sind die bei der Befruchtung entstandenen Zygoten zumeist nicht lebensfähig, vor allem wenn durch die betroffenen Gene wichtige Stoffwechselprozesse im menschlichen Körper beeinflusst werden.

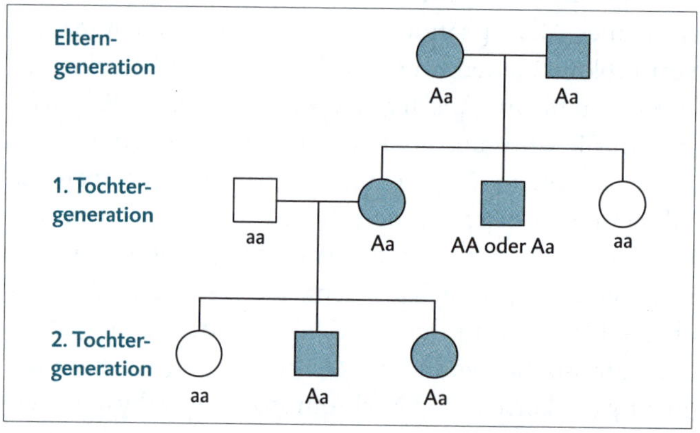

Abb. 143: Typischer Stammbaum für eine autosomal-dominant vererbte Krankheit

Ein typischer Hinweis für das Vorliegen eines autosomal-dominanten Erbganges ist das Auftreten der Krankheit in jeder Generation.

Erbkrankheiten, die durch ein auf einem **Autosom** liegendes **dominantes** Allel verursacht werden, bezeichnet man als **autosomal-dominant**. Die Erkrankungen zeigen sich sowohl bei einem reinerbigen als auch bei einem mischerbigen Genotyp.

Autosomal-rezessive Erbgänge

Viele Stoffwechselerkrankungen wie Albinismus, Mukoviszidose, Phenylketonurie oder Galaktosämie werden **autosomal** vererbt, das heißt, die dafür verantwortlichen Gene befinden sich auf einem der 22 Körperchromosomenpaare. Da diese Krankheiten **rezessiv** vererbt werden, muss das jeweils krankmachende Allel zur phänotypischen Ausprägung zweimal vorliegen. Kommt das betreffende Allel nur einmal vor, erkrankt eine für das betreffende Merkmal mischerbige Person zwar nicht daran, kann die Erbkrankheit jedoch an ihre Nachkommen weitergeben. Man bezeichnet diese Personen als **Überträger** oder **Konduktoren**.

Die Ursache für die **Phenylketonurie** ist ein mutiertes Gen auf dem Chromosom 12. In der Leber wird ein fehlerhaftes Genprodukt ohne Enzymwirkung gebildet. Die in proteinreicher Nahrung enthaltene Aminosäure Phenylalanin kann infolgedessen nicht verwertet werden, wodurch es zur Anreicherung giftiger Stoffwechselzwischenprodukte kommt, welche die Nervenzellen des Gehirns schädigen und dadurch zu Krämpfen, Lähmungen und geistigen Behinderungen führen können.

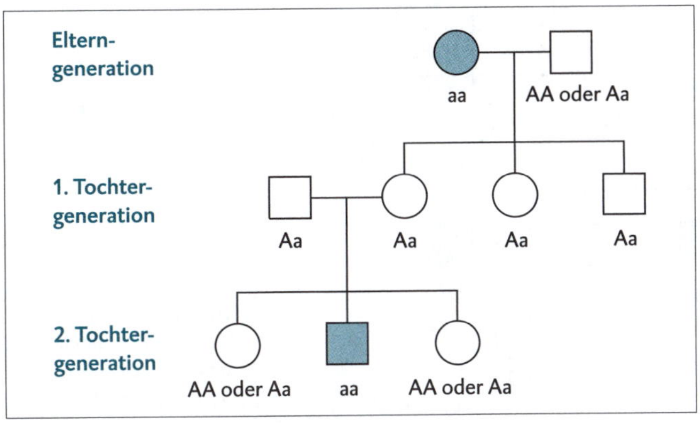

Abb. 144: Typischer Stammbaum für eine autosomal-rezessiv vererbte Krankheit

Ein typischer Hinweis für das Vorliegen eines autosomal-rezessiven Erbganges ist das Fehlen der Krankheit in manchen Generationen.

Erbkrankheiten, die durch ein auf einem **Autosom** liegendes **rezessives Allel** verursacht werden, bezeichnet man als **autosomal-rezessiv**. Die Erkrankungen zeigen sich nur bei einem reinerbigen Genotyp.

X-chromosomale Erbgänge

Die **Hämophilie** oder **Bluterkrankheit** ist eine vererbte Erkrankung, bei der aufgrund einer Gerinnungsstörung das aus Wunden austretende Blut nicht oder nur sehr langsam gerinnt. Die betroffenen Personen, fast ausschließlich Männer, werden als Bluter bezeichnet.

Auch die **Rot-Grün-Sehschwäche** ist eine Erbkrankheit, die fast ausschließlich Männer betrifft. Dieser Umstand ist dadurch zu erklären, dass die krankheitsauslösenden Allele **X-chromosomal** vererbt werden. Auch wenn der Erbgang **rezessiv** ist, bedeutet dies, dass sich die Erbkrankheit bei allen Männern mit einem betroffenen X-Chromosom ausprägt, da es sich bei ihrem zweiten Geschlechtschromosom ja um ein Y-Chromosom handelt. Im Genotyp einer Frau dagegen müssen die für die Krankheit verantwortlichen Allele zur phänotypischen Ausprägung zweimal vorliegen. Ist das betreffende Allel nur einmal vorhanden, erkrankt die für die Erbkrankheit mischerbige Frau zwar nicht daran, kann das Leiden jedoch an ihre Nachkommen weitergeben. Diese Frauen bezeichnet man als **Überträgerinnen** oder **Konduktorinnen**.

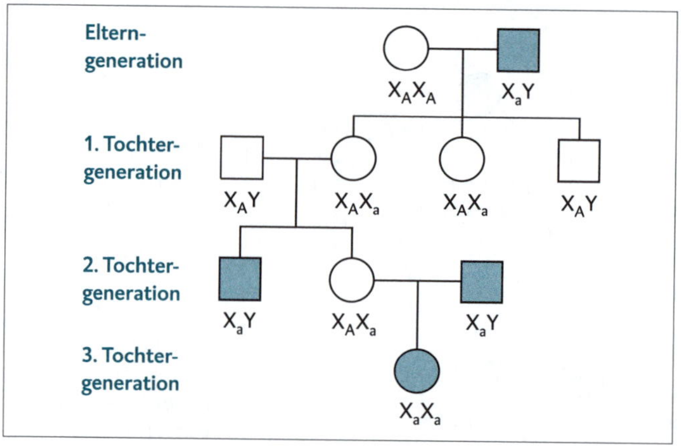

Abb. 145: Typischer Stammbaum für eine X-chromosomal-rezessiv vererbte Krankheit

Ein typischer Hinweis für das Vorliegen eines X-chromosomal-rezessiven Erbganges ist das gehäufte Auftreten einer Krankheit bei den männlichen Mitgliedern einer Familie.

Erbkrankheiten, die durch ein auf den **X-Chromosomen** liegendes **rezessives** Allel verursacht werden, bezeichnet man als **X-chromosomal-rezessiv**. Die Erkrankungen zeigen sich bei Frauen nur bei einem reinerbigen Genotyp. Bei Männern prägen sie sich aufgrund des Fehlens eines zweiten X-Chromosoms bereits bei Vorhandensein eines die Krankheit auslösenden Allels aus.

X-chromosomal-dominante Erbgänge, wie etwa die erbliche Nachtblindheit oder das Rett-Syndrom sind sehr selten, betreffen aber Männer und Frauen mit der gleichen Wahrscheinlichkeit, da bereits das Vorliegen eines für die Krankheit verantwortlichen Allels zur phänotypischen Ausprägung der Krankheit führt.

Zusammenfassung

Für die Merkmale des Menschen, die nur durch ein Gen vererbt werden, wie etwa das **AB0-** oder das **Rhesus-System**, gelten zumeist die **MENDELSCHEN Regeln**.
Erbkrankheiten sind relativ selten, können aber oft schwerwiegende Beeinträchtigungen zur Folge haben. Man bezeichnet **Erbgänge**, bei denen die Erbkrankheit durch ein auf den …

- Autosomen liegendes dominantes Allel verursacht wird, als **autosomal-dominant**.
- Autosomen liegendes rezessives Allel verursacht wird, als **autosomal-rezessiv**.
- X-Chromosomen liegendes rezessives Allel verursacht wird, als **X-chromosomal-rezessiv**.

106 Vervollständige die folgende Tabelle mit den passenden Begriffen.

Phänomen/Umschreibung	Fachbegriff
unterdrücktes Allel	
	Allel
	Phänotyp
	kodominant
einfacher Chromosomensatz	

107 Ein Mann mit der Blutgruppe B heiratet eine Frau mit der Blutgruppe A. Ihr Kind hat die Blutgruppe 0.

a Ermittle anhand eines Kreuzungsschemas die theoretische Wahrscheinlichkeit für das Geschlecht ihres Kindes.

b Gib begründet den Genotyp des Kindes bezüglich des Blutgruppenmerkmals an. Leite daraus die Genotypen der Eltern ab.

c Leite anhand eines Kreuzungsschemas ab, welche Phänotypen bezüglich der Blutgruppenmerkmale bei weiteren Kindern aus dieser Ehe möglich sind.

108 Nach der Geburt wurden im Krankenhaus vier Kinder mit den Blutgruppen A, AB, B und 0 vertauscht. Daraufhin wurde eine Blutgruppenbestimmung der Elternpaare durchgeführt. Das Ergebnis ist in der Abbildung rechts zu sehen.

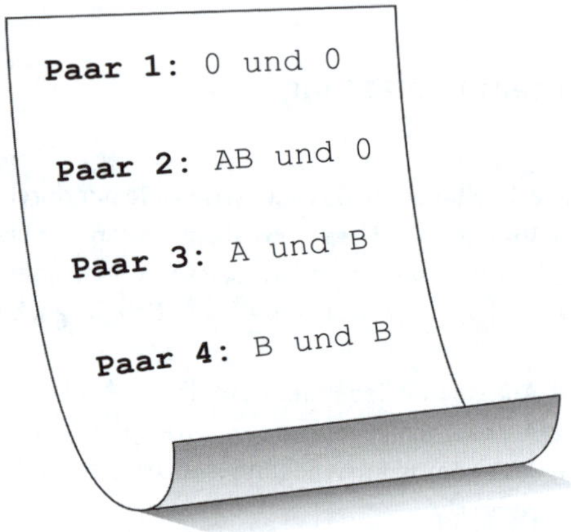

a Erkläre, auf welcher biologischen Grundlage die Blutgruppen nach dem AB0-System unterschieden werden.

b Ordne die Kinder ihren Eltern eindeutig und begründet zu.

109 Neben dem AB0-System wird häufig ein weiteres Blutgruppensystem untersucht.

a Nenne dieses weitere Blutgruppensystem.

b Die Blutgruppenbestimmung einer Familie ergibt, dass der Vater positiv für dieses weitere Blutgruppensystem ist, die Mutter jedoch negativ. Gib die möglichen Genotypen der Eltern bezüglich dieses Blutgruppenmerkmals begründet an.

c Das erste Kind der Familie ist negativ für das genannte Blutgruppenmerkmal. Erläutere, welche Auswirkungen diese Tatsache auf die von dir in Aufgabe b gemachten Aussagen hat.

110 Die **Rot-Grün-Sehschwäche** ist eine vererbte Farbfehlsichtigkeit, bei der die betroffenen Personen aufgrund eines fehlerhaften Sehfarbstoffes in den Zapfen der Netzhaut die Farben Rot und Grün schlechter unterscheiden können als Normalsichtige.

a Stelle anhand des Stammbaums eine begründete Vermutung auf, um welchen Erbgang es sich handelt.

b Suche im Stammbaum zwei Fälle, die beweisen, dass die Krankheit nicht Y-chromosomal vererbt wird.

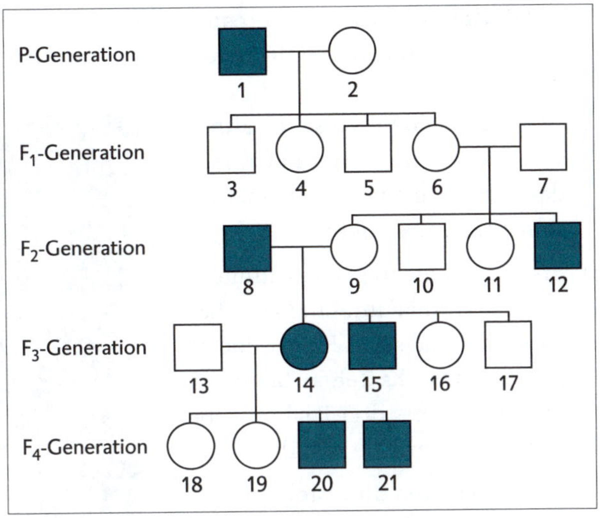

111 Bei der **Alkaptonurie** handelt es sich um eine Erbkrankheit. Die an der Erkrankung leidenden Personen sind nicht in der Lage, einen Stoff namens Alkapton abzubauen. Diese Stoffwechselstörung zeigt sich unter anderem darin, dass der Urin und das Gewebe der Betroffenen bräunlich bis schwarz gefärbt sind.

a Leite aus dem Stammbaum ab, ob die Alkaptonurie auf ein dominantes oder auf ein rezessives Allel zurückzuführen ist. Die gekippten Quadrate bedeuten, dass das Geschlecht der dargestellten Individuen keinen Einfluss auf die Darstellung hat.

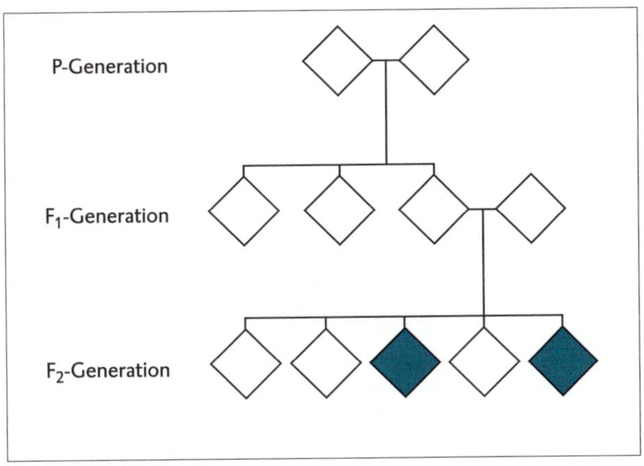

b Trage in den Stammbaum alle möglichen Genotypen ein.

112 Die **Polydaktylie** ist eine autosomal-dominant vererbte Krankheit, die sich dadurch zeigt, dass die betroffenen Personen überzählige Finger oder Zehen besitzen.

a Beschreibe einen typischen Hinweis, der in einem Stammbaum für das Auftreten einer autosomal-dominanten Erbkrankheit spricht.

b Erstelle für die folgende Familie einen Stammbaum: Ein Mann hat an jeder Hand sechs Finger und an jedem Fuß sechs Zehen. Seine Frau und zwei seiner drei Töchter haben jedoch die normale Anzahl.

c Gib in dem von dir erstellten Stammbaum die möglichen Genotypen aller Personen an.

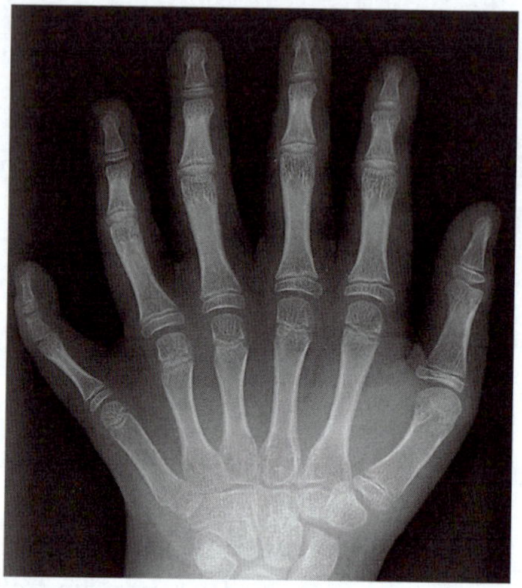

Linke Hand eines an Polydaktylie leidenden Mannes

5 Gentechnik – Grundlagen zu den Eingriffen in das Erbgut

Bereits seit etwa 10 000 Jahren greift der Mensch durch Züchtung in das Erbgut von Pflanzen und Tieren ein. Vor allem durch gezielte Auslese und Kreuzung wurden aus Wildformen Kulturpflanzen und Nutztiere gezüchtet, die die menschlichen Bedürfnisse erfüllen:

- **Kulturpflanzen** sollten leicht geerntet und verarbeitet werden können.
- **Nutztiere** sollten friedfertig sein und sich auch in Gefangenschaft fortpflanzen.

Allgemeine Zuchtziele sind ein hoher Ertrag bzw. eine große Produktivität bei möglichst optimaler Widerstandsfähigkeit gegenüber klimatischen Bedingungen und Krankheitserregern sowie eine gute Qualität der Erzeugnisse.
Die klassischen Methoden der Züchtung werden seit einigen Jahren erweitert durch zusätzliche neue Methoden aus der Reproduktionsmedizin (siehe S. 213 ff.), die auch in der Tierzucht angewandt werden, sowie aus der **Gentechnik**. Unter dem Begriff Gentechnik werden verschiedene Techniken zusammengefasst, bei denen der Mensch einzelne Gene und damit den Bauplan bestimmter Proteine direkt in das Erbgut von Lebewesen überträgt. Dadurch können genetische Vorgänge in Lebewesen verändert werden.

> Die **Gentechnik** befasst sich mit der direkten Übertragung von Genen in das Erbgut von Lebewesen und den dadurch veränderten genetischen Steuerungsvorgängen.

Es können sowohl Gene zwischen den Lebewesen einer Art übertragen werden als auch zwischen Lebewesen unterschiedlicher Arten. Dass die Übertragung von Genen zwischen unterschiedlichen Arten überhaupt möglich ist, liegt daran, dass das die Erbinformation tragende Molekül aller Lebewesen die DNS ist und dass der genetische Code universell ist (siehe S. 232). Gentechnisch veränderte Lebewesen bezeichnet man als **transgene** Lebewesen.

> Als **transgen** bezeichnet man Organismen, die nicht von ihrer Art stammende Fremd-Gene enthalten.

Obwohl es zwischen den verwendeten Methoden viele Gemeinsamkeiten gibt, wird häufig nach Anwendungsbereich unterschieden zwischen …

- der **Weißen Gentechnik** bei Industrieprozessen,
- der **Grünen Gentechnik** in der Landwirtschaft und
- der **Roten Gentechnik** in Medizin und Pharmazie.

5.1 Einsatz von gentechnisch veränderten Mikroorganismen in Industrieprozessen – Weiße Gentechnik

Bereits seit etwa 5 000 Jahren nutzte der Mensch zur Erzeugung und Veredelung von Produkten lebende Mikroorganismen. Mithilfe von Hefepilzen werden beispielsweise Bier oder Brot als Nahrungsmittel hergestellt. Bestimmte Schimmelpilze werden zur Produktion des Medikaments Penizillin oder zur Veredelung verschiedener Käsesorten („Schimmelkäse") verwendet. Diese Verfahren bezeichnet man als **Biotechnologie**.

Unter dem Begriff **Biotechnologie** fasst man verschiedene Verfahren zusammen, bei denen mithilfe lebender Organismen Produkte hergestellt bzw. veredelt werden.

Allerdings werden die bisherigen biotechnologischen Verfahren durch den Einsatz von Methoden zur Veränderung des Erbguts stark erweitert.
Durch Bestrahlung mit energiereichem Licht oder durch Verwendung bestimmter Chemikalien können beispielsweise Stämme von **mutierten** Mikroorganismen erzeugt werden, also Lebewesen mit veränderten Genen. Diese Mutationen werden zwar bewusst herbeigeführt, welche Bereiche des Erbguts verändert werden und welche Auswirkungen die Veränderungen haben, ist bei dieser Methode aber dem Zufall überlassen. Im Anschluss müssen diejenigen Mikroorganismen, die durch die Mutationen zufällig über gewünschte Eigenschaften verfügen, ausgewählt und kultiviert werden. Mit Hilfe dieses Verfahrens können beispielsweise Mikroorganismen gewonnen werden, die bisher noch nicht bekannte biochemische Reaktionen ablaufen lassen, oder neue, für den Menschen nützliche Stoffwechselprodukte bilden.
Sinnvoller als diese auf dem Zufall basierende Methode ist jedoch ein gentechnisches Verfahren, bei dem gezielt die für den menschlichen Zweck idealen Gene in Mikroorganismen eingebaut werden können (siehe Abb. 146, S. 276):

- **Isolierung des gewünschten Gens:** Innerhalb des Erbguts des Spenderorganismus muss der Abschnitt mit dem gewünschten Gen aufgefunden und aus geeigneten Zellen isoliert werden. Anschließend wird das Gen mithilfe von **Restriktionsenzymen** aus der DNS des jeweiligen Organismus herausgeschnitten. Restriktionsenzyme sind Enzyme, die als Schneidewerkzeuge dienen, da sie kurze, festgelegte DNS-Stücke anhand einer typischen Basenabfolge erkennen und den Doppelstrang an diesen Stellen zerschneiden.

- **Einbau der Fremd-DNS in ein Plasmid:** Viele Bakterien besitzen neben dem Bakterien-Chromosom noch einen weiteren DNS-Ring, das **Plasmid** (siehe auch S. 3). Plasmide enthalten sehr häufig Gene für Antibiotikaresistenzen, also die Erbinformationen für Merkmale, die das Bakterium vor dem Einfluss eines oder mehrerer Antibiotika schützen. Solche Plasmide werden mit denselben Restriktionsenzymen aufgeschnitten, mit denen schon das zum Einbau vorgesehene Gen aus der Spender-DNS herausgetrennt wurde. Dadurch passt das isolierte Gen genau mit der Schnittstelle des Plasmids zusammen, sodass sich die beiden DNS-Abschnitte miteinander verbinden können.
- **Einschleusen des Vektors:** Das neu zusammengesetzte Plasmid dient als Vektor, also als Transporter, mit dem das Gen in eine Zielzelle, zumeist eine Bakterienzelle, eingeschleust werden kann. Eine erfolgreiche Durchführung bezeichnet man als **Transformation**.
  In der Praxis werden größere Mengen an Vektoren und Zielzellen verwendet, um eine erfolgreiche Transformation zu gewährleisten. Die Bakterienzellen werden anschließend unter optimalen Bedingungen auf Nährböden vermehrt. Durch Zweiteilung entstehen dabei Kolonien genetisch identischer Klone (siehe S. 23 f.).
- **Selektion der Bakterien:** Da das Einschleusen der Plasmidvektoren nur sehr selten gelingt, müssen die herangezüchteten Bakterien dahingehend selektiert (ausgewählt) werden, ob die Transformation stattgefunden hat. Dazu werden die Bakterien auf einen Nährboden mit dem Antibiotikum übertragen, dessen Resistenzgen auf dem Plasmid enthalten war. Überleben die Bakterien auf diesem antibiotikumhaltigen Nährboden, ist das ein Zeichen dafür, dass sie das Plasmid und damit auch das gewünschte Gen aufgenommen haben. Die nicht transformierten Bakterien dagegen wachsen nicht oder gehen zugrunde.
- **Produktion und Reinigung:** Die transformierten und selektierten Bakterien können nun zur großtechnischen Produktion des gewünschten Genproduktes genutzt werden. Vor der Verwendung muss das Produkt häufig noch gereinigt werden.

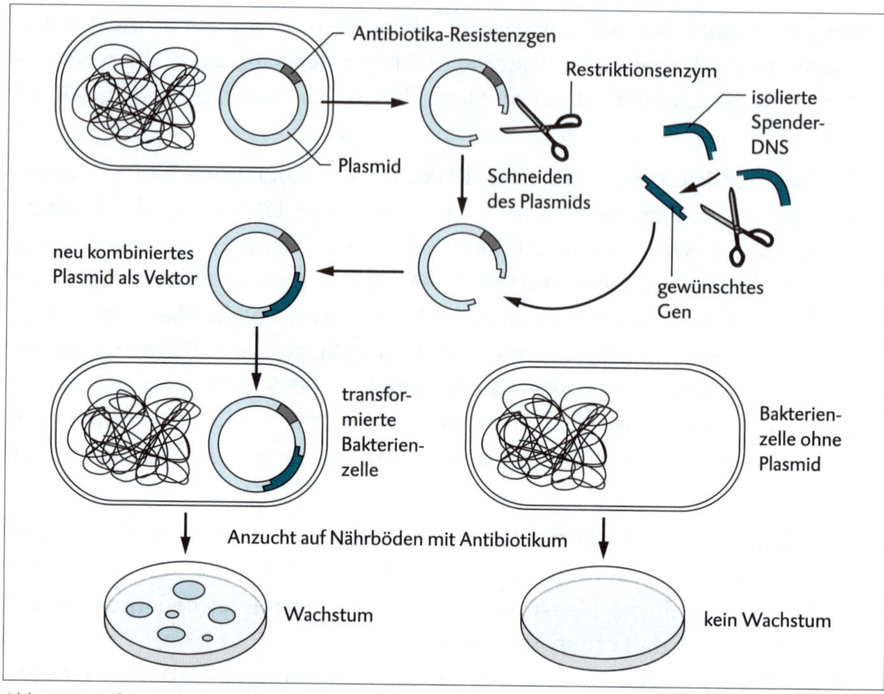

Abb. 146: Verfahren zum gezielten Einbau von Genen in das Erbgut von Bakterien

Nach diesem Verfahren werden derzeit etwa 100 Wirkstoffe gentechnisch von transgenen Mikroorganismen produziert. Dazu zählen u. a. menschliches Insulin zur Therapie von Diabetes (Zuckerkrankheit), menschliche Wachstumshormone zur Behandlung von Kleinwüchsigkeit sowie Medikamente gegen Herzinfarkt, die Bluterkrankheit und verschiedene Arten von Krebs.

5.2 Neuartige Pflanzen für die Landwirtschaft – Grüne Gentechnik

Methoden der Grünen Gentechnik

Seit der Erstzulassung von gentechnisch veränderten Nutzpflanzen im Jahr 1996 haben diese weltweit sehr schnell an Bedeutung gewonnen und werden mittlerweile in vielen Ländern angebaut. Zwar wurden bereits über die Jahrhunderte hinweg immer widerstandfähigere und ertragreichere Pflanzen gezüchtet, durch das Einschleusen fremder Gene aus anderen Pflanzenarten oder Bakterien konnten jedoch vermehrt gegenüber Pflanzenschutzmitteln resistente oder für Schadinsekten giftige transgene Pflanzen erzeugt werden (siehe Tab. 11). Sogar eine Patentierung der Organismen ist möglich.

Pflanze	Wirkung der Veränderung	Nutzen
Kartoffel	Durch ein virales Gen im Erbgut stellt eine gentechnisch veränderte Kartoffelpflanze ständig ein Virus-Protein her und verhindert damit die Infektion mit dem Kartoffel-Virus Y.	Einsatz von Pflanzenschutzmitteln gegen das Virus wird unnötig
Mais	Die sogenannte BT-Maispflanze, in deren Erbgut ein Bakteriengen eingebaut ist, stellt ein Insektengift her.	Großflächiger Einsatz von Insektenvernichtungsmitteln wird unnötig
Mais, Baumwolle, Soja	In die Pflanzen sind Gene eingebaut, die sie gegen den Einsatz bestimmter Pflanzenschutzmittel unempfindlich machen.	Ertragssteigerung durch den gezielten Einsatz geringerer Mengen an Pflanzenschutzmitteln
Goldener Reis (Golden Rice)	Reispflanze, die aufgrund mehrerer Gene Carotin, den Ausgangsstoff für die Vitamin-A-Produktion des menschlichen Körpers, im Reiskorn herstellt.	Verhinderung von Vitamin-A-Mangelernährung und damit Vermeidung von Augenerkrankungen beim Verzehr von geschältem Reis als Hauptnahrungsmittel

Tab. 11: Übersicht über einige gentechnisch veränderte Pflanzen

Zur Übertragung und anschließenden Selektion bei Pflanzen verwendet man das Bakterium *Agrobacterium tumefaciens* (siehe Abb. 147). Da es sich hierbei um einen Krankheitserreger handelt, der in Pflanzenzellen eindringen kann, dient das Bakterium als Vektor zur Genübertragung. Für den Einsatz als Vektor werden jedoch nur *Agrobacterium*-Stämme verwendet, die keine Krankheiten mehr hervorrufen.

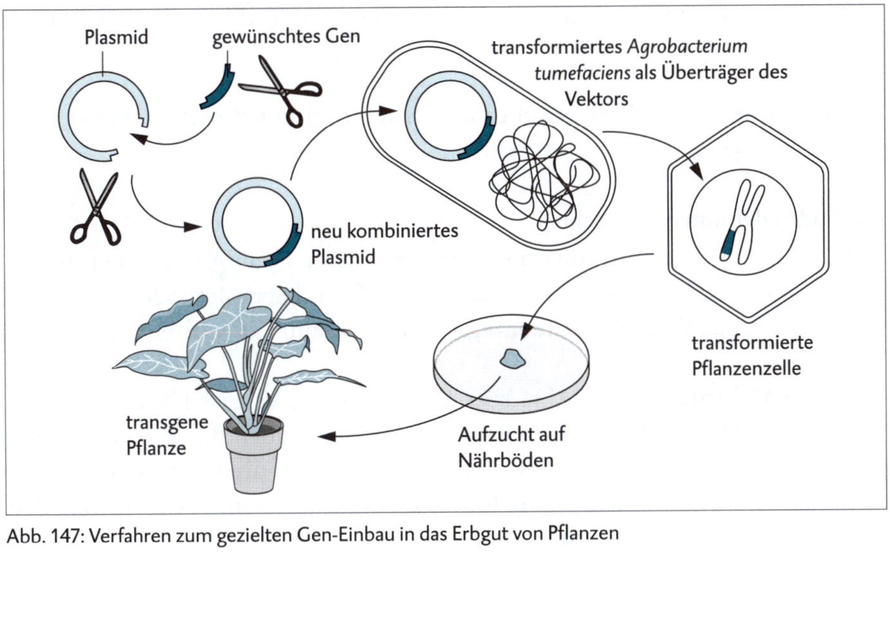

Abb. 147: Verfahren zum gezielten Gen-Einbau in das Erbgut von Pflanzen

Kritik an der Grünen Gentechnik

Trotz höherer Ausgaben für die Samen versprechen die Hersteller des Gensaatgutes den Landwirten deutliche Ertragssteigerungen, Einkommensvorteile und Arbeitserleichterungen. Durch auf das Saatgut abgestimmte Dünge- und Pflanzenschutzmittel sollen sich außerdem geringere Umweltbelastungen ergeben. Obwohl von wissenschaftlicher Seite vielen gentechnisch veränderten Pflanzensorten bescheinigt wird, dass sie für Umwelt und Gesundheit unbedenklich sind, lehnen Umweltverbände, Anbieter ökologisch erzeugter Produkte sowie einige politische Parteien die Grüne Gentechnik aus vielerlei Gründen ab:

- Das von den gentechnisch veränderten Pflanzen erzeugte Insektengift ist unter Umständen auch für „nützliche" und geschützte Tiere schädlich. Mögliche Folgen durch die Anreicherung der Giftstoffe in der Nahrungskette sind nicht vorhersehbar.
- Es ist nicht ausgeschlossen, dass die veränderten Gene zwischen artgleichen Lebewesen ausgetauscht werden und sich damit auch auf benachbarte Felder, Gewächshäuser oder eventuell auch auf Flächen mit Wildpflanzen verbreiten. Mögliche Folgen für die ökologische Vielfalt sind nicht abzusehen.
- Die Auswirkungen und damit die Risiken gentechnisch erzeugter Lebensmittel für den menschlichen Körper sind nicht ausreichend untersucht.
- Die gentechnisch veränderten Pflanzen sind so modifiziert, dass Bauern kein eigenes Saatgut erzeugen können und dieses somit jedes Jahr beim Hersteller kaufen müssen.
- Die auf die gentechnisch veränderten Pflanzen abgestimmten Insekten- und Pflanzenschutzmittel sind nur beim jeweiligen Saatguthersteller erhältlich.

5.3 Organismen mit rotem Blut in der Medizin und Pharmazie – Rote Gentechnik

Methoden der Roten Gentechnik

Die Erzeugung von gentechnisch veränderten Tieren ist aufgrund der entweder technisch noch nicht ausgereiften oder aber aufwendigen Methoden noch relativ selten. Prinzipiell gibt es mehrere Wege des Einbaus von Fremd-DNS in Tierzellen:

- **Virale Vektoren** (siehe Abb. 150, S. 281): In die Virus-DNS wird das gewünschte Gen nach der Isolierung und dem Schneiden durch Restriktionsenzyme eingebaut. Das Virus dringt selbstständig in die zu verändernde tierische Zelle ein und baut seine Erbinformation mit dem gewünschten Gen in die Erbsubstanz der Zelle ein.

- **Kerntransfer** (siehe Abb. 148): Aus einer Eizelle wird der Zellkern entfernt oder durch Bestrahlung mit UV-Licht zerstört. Im Anschluss wird der Kern einer vorher gentechnisch veränderten Körperzelle eingebaut. Nachdem die ersten Teilungsschritte der durch den Kerntransfer entstandenen Eizelle im Brutschrank stattgefunden haben, wird der Embryo einer Leihmutter eingepflanzt, die den gentechnisch veränderten Organismus austrägt.

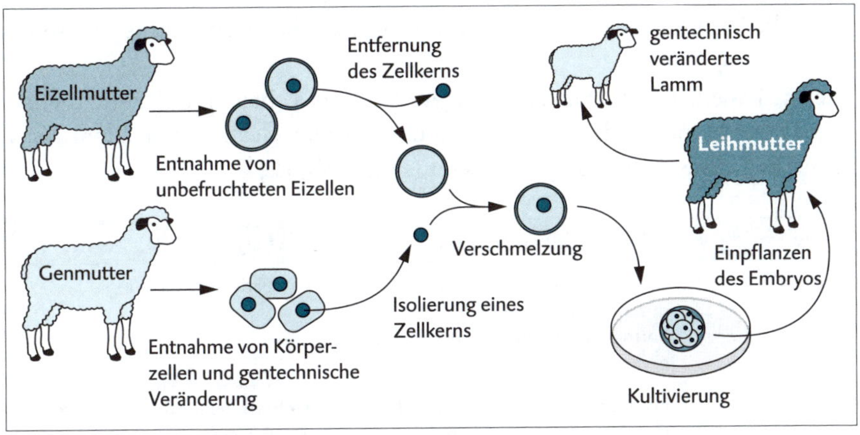

Abb. 148: Kerntransfer als Verfahren zur Erzeugung gentechnisch veränderter Tiere

- **Mikroinjektion** (siehe Abb. 149):

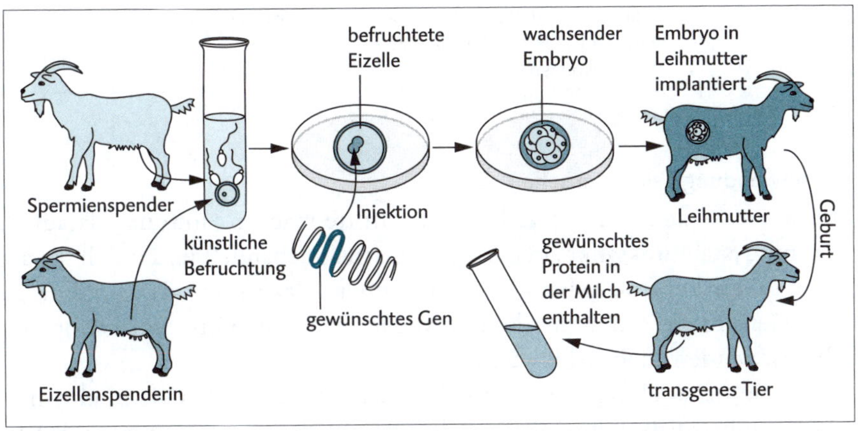

Abb. 149: Mikroinjektion, ein Verfahren zum Einbau von Genen in das Erbgut von Tieren

Das zuvor isolierte und mithilfe von Restriktionsenzymen herausgeschnittene gewünschte Gen wird mithilfe einer Mikrospritze vor der Kernverschmelzung in die Zygote eingespritzt. Beim Verschmelzen des väterlichen und des mütterlichen Zellkerns wird das gewünschte Gen dann eventuell mit eingebaut. Die transformierte Zygote wird nach einigen Zellteilungen als Embryo in die Gebärmutter eines weiblichen Tieres eingepflanzt.

Allerdings gelingt der Einbau von gewünschten Fremd-Genen in die tierische Erbsubstanz nur in etwa 1 % der Versuche und die transformierten Tiere sind häufig krank, kommen oft mit Fehlbildungen zur Welt und sterben sehr früh. Auch die Weitergabe der gewünschten Gene an die Nachkommen ist sehr selten.
Die bisher erzeugten transgenen Tiere sind als Lebensmittel zum menschlichen Verzehr noch nicht zugelassen und werden deshalb vor allem als Versuchstiere in der Forschung eingesetzt (siehe Tab. 12).

Tiere	Wirkung der Veränderung	Nutzen
Lachse	Aufgrund eines artfremden Gens produzieren die Lachse ein Wachstumshormon und wachsen dadurch rascher heran.	Produktivitätssteigerung
Mäuse	In das Erbgut von Mäusen eingebaute Gene steigern die Anfälligkeit für Krebs.	Krebserregende Substanzen können genauso getestet werden wie neue Medikamente gegen Krebs
Ziegen	Gentechnisch veränderte Ziegen stellen in ihren Milchdrüsen das Protein Antithrombin III (Blutgerinnungshemmstoff) her, welches als Medikament gewonnen werden kann.	Medikamentöse Behandlung der erblichen Lungenfunktionsstörung Mukoviszidose

Tab. 12: Übersicht über einige gentechnisch veränderte Tiere

Die Anwendung beim Menschen

Die in den letzten Jahren erzielten Fortschritte machen Hoffnung darauf, dass zukünftig auch Erbkrankheiten beim Menschen behandelt und durch die sogenannte **Gentherapie** geheilt werden können. Dazu muss das gesunde Allel eines Gens in die Zellen mit der krankheitsauslösenden Erbinformation eingeschleust werden (siehe Abb. 150).
Damit die Behandlung dauerhaft erfolgreich ist, müsste bereits in einem sehr frühen Embryonalstadium die DNS der unspezialisierten totipotenten **Stammzellen** repariert werden. Aufgrund des Embryonenschutzgesetzes (siehe S. 216) ist in Deutschland eine Forschung mit diesen embryonalen Stammzellen aber nur unter strengen Auflagen möglich.

Als **Stammzellen** bezeichnet man unspezialisierte Zellen, die sich zu unterschiedlichen **Zelltypen** ausdifferenzieren können.

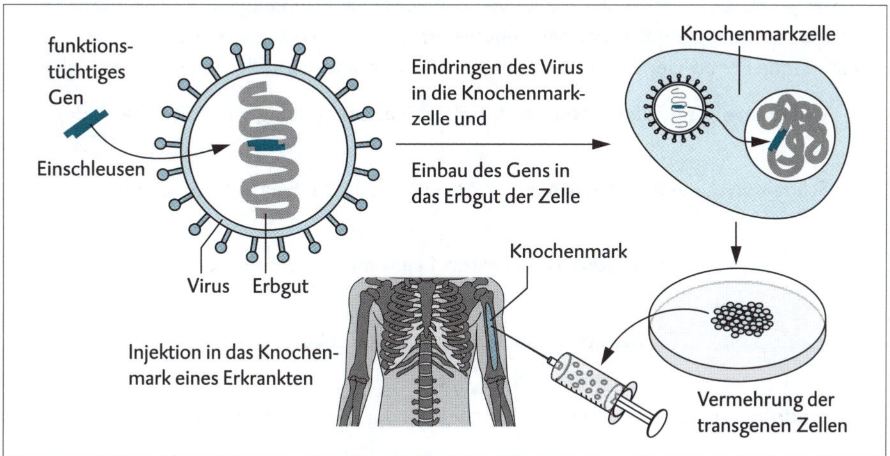

Abb. 150: Somatische Gentherapie beim Menschen mithilfe eines viralen Vektors

Eine andere Möglichkeit ist das Transferieren eines Gens in die von der Krankheit betroffenen Körperzellen des Menschen, die sogenannte **somatische Gentherapie**. Diese Art der Therapie befindet sich noch in der Erprobungsphase. Bei denjenigen Körperzellen, die sich nicht lebenslang teilen können, wäre die Heilung jedoch nicht dauerhaft. Ein Leben lang teilungsfähig sind aber beispielsweise Hautzellen, Leberzellen und die adulten Stammzellen des Knochenmarks, die die Zellen des Blutes und des Immunsystems bilden. Die Therapie könnte folgendermaßen ablaufen: Einer Person, deren Knochenmarkzellen z. B. aufgrund eines Gendefekts keine funktionsfähigen Enzyme herstellen können, werden einige dieser kranken Zellen entnommen. Mithilfe eines viralen Vektors werden die gesunden Allele in sie eingeschleust. Nach der Vermehrung der gentechnisch veränderten Knochenmarkzellen werden diese dem Patienten wieder eingespritzt. Die injizierten Zellen und alle daraus durch mitotische Zellteilungen entstandenen weiteren Zellen können im Optimalfall wieder funktionsfähige Enzyme herstellen und damit zur langfristigen Heilung der betroffenen Person führen.

Erbkrankheiten bei den Nachkommen könnten prinzipiell auch dadurch verhindert werden, dass die Keimzellen der erkrankten Person gentechnisch verändert werden. Diese sogenannte **Keimbahntherapie** ist derzeit jedoch noch nicht erfolgreich durchführbar und aus ethischen Gründen auch verboten.

Zusammenfassung

Unter dem Begriff der **Gentechnik** werden die verschiedensten Verfahren zur direkten Übertragung von Genen in das Erbgut von Lebewesen zusammengefasst. Die Grundschritte zur Erzeugung **transgener Lebewesen**, also Lebewesen, die nicht von ihrer Art stammende Fremd-Gene enthalten, sind bei Mikroorganismen, Pflanzen und Tieren gleich:

Isolierung des gewünschten **Gens** und des **Vektors** (häufig Viren oder Plasmide)

↓

Schneiden durch **Restriktionsenzyme** und Einbau der Fremd-DNS in den Vektor

↓

Einschleusen des Vektors in ein anderes Lebewesen

↓

Selektion der transformierten Lebewesen

↓

Produktion des gewünschten Genproduktes durch das transformierte Lebewesen

Transgene Mikroorganismen werden hauptsächlich zur Herstellung von **Medikamentenwirkstoffen** erzeugt.
Ertragssteigerung, erhöhte **Widerstandsfähigkeit** gegen Schädlinge oder **Resistenzen** gegenüber Pflanzenschutzmitteln spielen im Pflanzenanbau eine große Rolle.
Die Erzeugung von gentechnisch veränderten Tieren ist noch sehr selten und die **Gentherapie** beim Menschen im Forschungsstadium.

Die Gentechnik befindet sich aufgrund oft unkalkulierbarer **Risiken**, unklarer Erfolgsaussichten und ethischer bzw. moralischer Aspekte in der Diskussion.

113 In der Gentechnik werden unterschiedliche und oft sehr spezielle Werkzeuge benutzt. Überprüfe die nachfolgenden Behauptungen und entscheide, ob diese richtig oder falsch sind. Korrigiere falsche Aussagen in der Zeile darunter.

	richtig	falsch
Restriktionsenzyme sind Enzyme, die als Schneidewerkzeuge für die DNS dienen.	☐	☐
______________________________		
Restriktionsenzyme erkennen kurze, festgelegte DNS-Stücke anhand einer typischen Aminosäure-Sequenz und zerschneiden die DNS an diesen Stellen.	☐	☐
______________________________		

Die Plasmide von Bakterien enthalten sehr häufig Gene für Resistenzen gegen Antibiotika.	☐	☐
Bakterienplasmide und Viren werden häufig als Vektoren zum Einschleusen von Fremd-DNS in Zellen genutzt.	☐	☐
Transformierte Viren werden anhand der Antibiotikum-Resistenz selektiert.	☐	☐

114 Nach dem Essen steigt die Zuckerkonzentration im Blut an. Das Hormon Insulin, ein Protein aus 51 Aminosäuren, reguliert die Aufnahme des Zuckers in die Zellen, wo er als Energiequelle verstoffwechselt oder gespeichert wird. Das Insulin wirkt also blutzuckerspiegelsenkend. Bei etwa 300 000 Menschen in Deutschland, den sogenannten Diabetikern, produziert die Bauchspeicheldrüse zu geringe Mengen an Insulin. Um die schädlichen Langzeitfolgen zu verhindern, müssen sich diese an Diabetes mellitus erkrankten Personen regelmäßig Insulin spritzen.

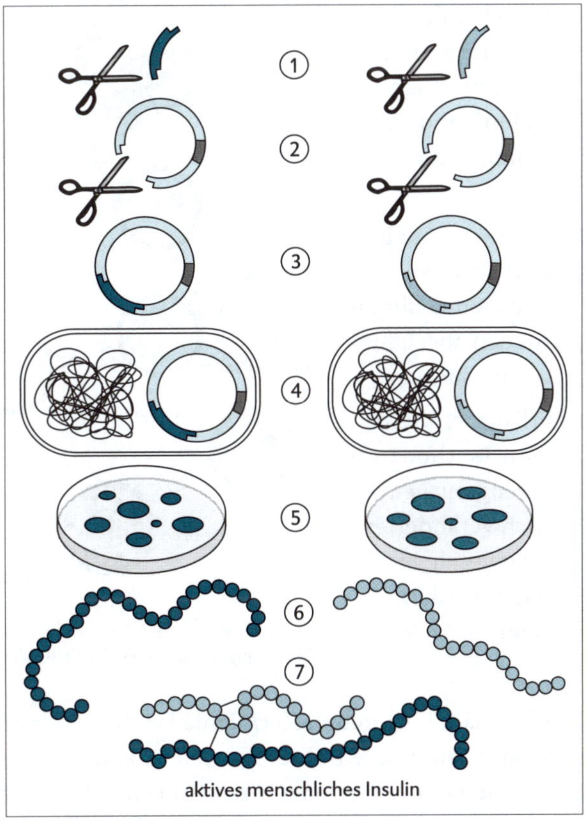

Schematische Übersicht über die Produktion von menschlichem Insulin (Humaninsulin)

a Beschreibe das bei der gentechnischen Herstellung von Humaninsulin seit 1982 angewandte Verfahren anhand der Abbildung und der im Text gegebenen Informationen.

b Bis 1982 wurde Insulin aus den Bauchspeicheldrüsen von Schweinen oder Rindern gewonnen. Stelle eine begründete Hypothese darüber auf, warum gentechnisch erzeugtes Insulin besser geeignet ist als Schweine- oder Rinderinsulin.

115 Bereits 1966 führte der britische Entwicklungsbiologe John B. GURDON mit Krallenfröschen *(Xenopus laevis)* bahnbrechende Experimente zur Technik des Klonens durch.

a Benenne die dargestellte Methode der Roten Gentechnik und beschreibe das Experiment.

b Definiere den Begriff „Klonen" und wende diesen auf den abgebildeten Versuch an.

c Erläutere, wieso diese Methode zur Erzeugung genetisch veränderter Lebewesen genutzt werden kann.

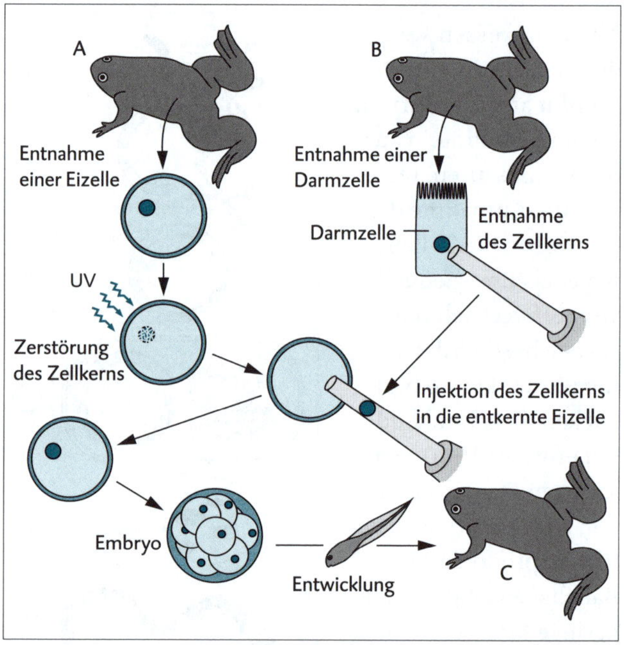

Klonierungsexperiment mit Krallenfröschen

116 Die familiäre Hypercholesterinämie ist eine Erbkrankheit, bei der die betroffenen Personen eine erhöhte Cholesterinkonzentration im Blut aufweisen. Die Leberzellen der Betroffenen besitzen keine Andockstellen für das Cholesterin, weshalb es nicht aus dem Blut in die Leberzellen gelangen kann. Die Patienten leiden unter Arterienverengungen, Durchblutungsstörungen und bekommen häufig bereits in jungen Jahren einen Herzinfarkt.

a Erläutere, was man unter dem Begriff „Stammzellen" versteht.

b Beschreibe die abgebildete Methode einer geplanten Gentherapie zur Hypercholesterinämie.

c Definiere den Begriff „transgen" und wende diesen begründet auf das obige Beispiel an.

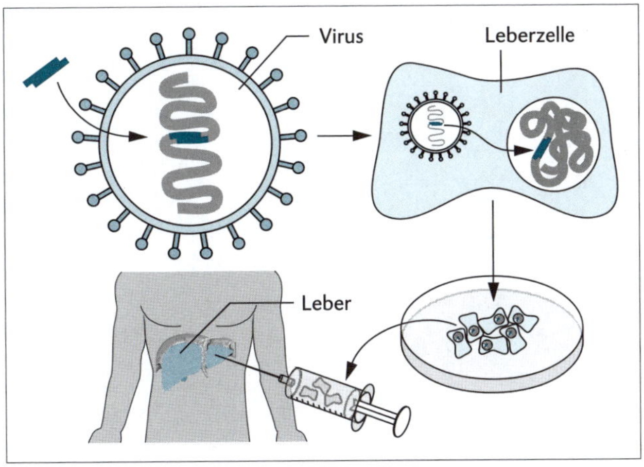

Möglicher Ablauf der Gentherapie zur Behandlung der Hypercholesterinämie

117 Gentechnik und Reproduktionsbiologie bieten viele medizinische und pharmazeutische Anwendungsmöglichkeiten.

a Kreuze diejenige(n) an, die noch nicht routinemäßig durchgeführt wird (werden).

- ☐ Pränataldiagnostische Verfahren zur Ermittlung von Erbkrankheiten
- ☐ Präimplantationsdiagnostik zur genetischen Testung von künstlich erzeugten Embryonen
- ☐ Herstellung von Hormonen zur Behandlung von Diabetes und Zwergwuchs durch transgene Bakterien
- ☐ Einschleusen von gewünschten Genen in menschliche Keimzellen
- ☐ Erzeugung von Maispflanzen, die gegen bestimmte Schadinsekten resistent sind
- ☐ Gentherapeutische Verfahren zur Reparatur von menschlichen Körperzellen

b Trotz einiger Vorteile wird gerade die Grüne Gentechnik sehr kontrovers diskutiert. Erläutere 3 Aspekte der Kritiker.

Lösungen

1 a
- Körpergestalt: Totenkopfäffchen sind an ihrer Gestalt und der maskenartigen Fellzeichnung über den Augen zu erkennen.
- Bewegung aus eigener Kraft: Die Äffchen können sich aktiv bewegen.
- Fortpflanzung: In der Abbildung ist ein Jungtier zu erkennen, das sich an den Rücken des Muttertieres klammert und sich tragen lässt.
- Verhalten: Das Weibchen zeigt Fress- und Brutpflegeverhalten.
- Stoff- und Energiewechsel: Das Muttertier frisst gerade. Die Nahrung wird verstoffwechselt.
- Reizbarkeit: Das Tier hat die Informationen über die Nahrung als Reize aufgenommen, verarbeitet bzw. gespeichert und darauf reagiert.
- Aufbau aus Zellen: Die Äffchen sind wie alle Tiere aus Zellen aufgebaut.
- Wachstum: Das junge Totenkopfäffchen wächst noch bis zu einer maximalen Kopf-Rumpf-Länge von 25 bis 37 Zentimetern heran.

b Alle Lebewesen brauchen Energie unter anderem für ihr Wachstum und für Körperbewegungen. Dazu ist die Aufnahme von Stoffen und deren Umsetzung zur Energiegewinnung nötig. Außerdem müssen Stoffe in den Körper aufgenommen werden, um sie zum Aufbau körpereigener Substanzen zu verwenden. Nicht verwertbare Abfallstoffe müssen wieder an die Umwelt abgegeben werden.

c
- Reich: Tiere
  - Stamm: Wirbeltiere *(Grundwissen)*
    - Klasse: Säugetiere *(Grundwissen)*
      - Ordnung: Primaten
        - Familie: Kapuzinerartige
          - Gattung: Totenkopfäffchen
            - Art: Bolivianische Totenkopfäffchen *(Saimiri boliviensis)*

2 a

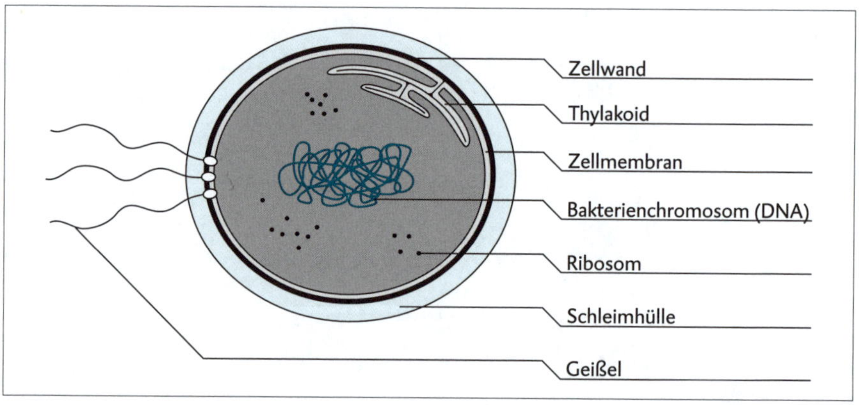

b Es handelt sich um eine Prozyte, da die Erbsubstanz nicht von einer Kernmembran umgeben ist und somit nicht in einem echten Zellkern liegt.

c Die Zellmembran ist bei den Thylakoiden stark eingefaltet und bietet damit viel Platz für lebensnotwendige Stoffwechselvorgänge wie die Fotosynthese. Große Membranoberflächen ermöglichen einen raschen Teilchendurchtritt und somit einen schnellen Stoffaustausch.

3 a

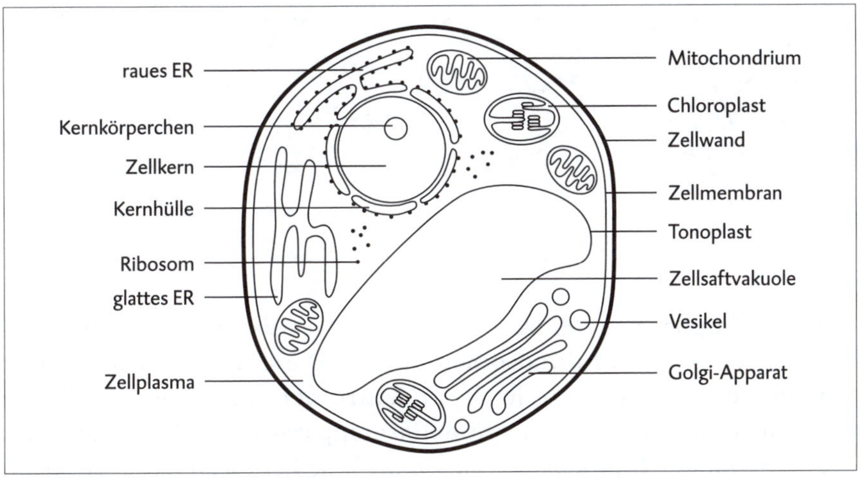

b Bei der gezeichneten Zelle handelt es sich nicht um eine tierische Zelle, da eine Zellwand, eine Zellsaftvakuole und Plastiden vorhanden sind.

4 a/ b

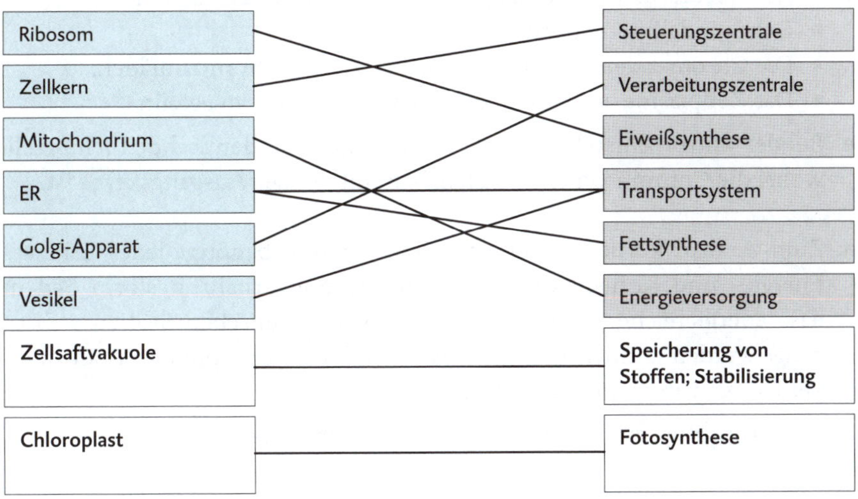

5 **a** Metaphasechromosomen bestehen aus zwei Chromatiden und sind in der Äquatorialebene angeordnet.
Anaphasechromosomen bestehen aus einem Chromatid und befinden sich an den gegenüberliegenden Zellpolen.

b

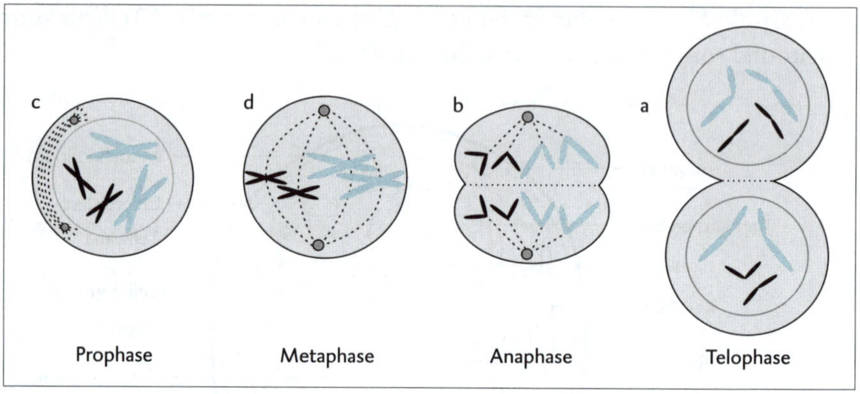

c In der **Prophase** der Mitose erfolgt die Spiralisierung des Chromatins. Dadurch werden die **Chromosomen** sichtbar. Diese bestehen aus zwei **Chromatiden**, die in der Mitte durch das **Zentromer** verbunden sind. Die Chromatiden werden durch den **Spindelfaserapparat** zu den Polen der Zelle gezogen. Mit der **Telophase** ist die Kernteilung beendet. Mit der Ausbildung einer neuen Zellmembran zwischen den Tochterzellen ist die **Zellteilung** abgeschlossen. Zwischen zwei Zellteilungsvorgängen liegt die **Interphase**.

d
- Kernmembran und Kernkörperchen werden wieder sichtbar.
- Der Spindelfaserapparat wird zurückgebildet.
- Die Chromatiden entspiralisieren sich zu den Chromatinfäden.
- Das Zellplasma wird durch eine neue Zellmembran geteilt.

e Bei der Mitose entstehen erbgleiche (= genetisch identische) Tochterzellen, wobei die Chromosomenzahl identisch mit der des Ausgangskerns ist.

6 **a** Zum Aufbau körpereigener organischer Stoffe benötigt jedes Lebewesen Energie- und Kohlenstoffquellen. Autotrophe Ernährungsform bedeutet, dass energiereiche organische Stoffe aus anorganischen Stoffen selbst erzeugt werden können und nicht wie bei der heterotrophen Ernährung aus der Umwelt aufgenommen werden müssen.

b Ernährungstyp: Autotrophe Ernährung durch Fotosynthese

b

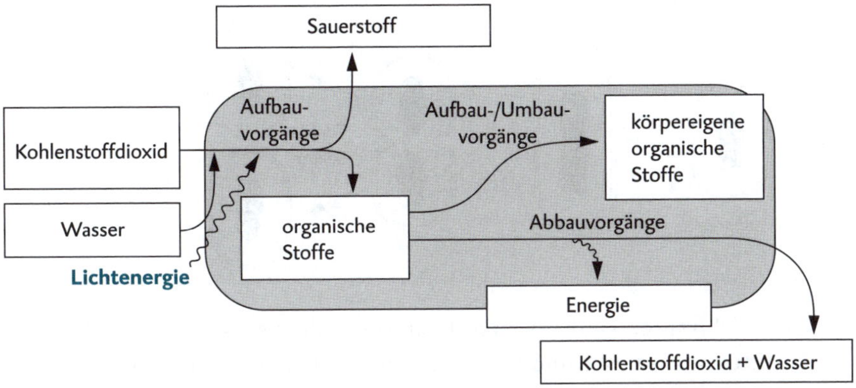

7 Ja, Bakterien sind Lebewesen. Mit Körpergestalt, Wachstum, Bewegung aus eigener Kraft, Fortpflanzung, Reizbarkeit und Verhalten, Stoff- und Energiewechsel und dem Aufbau aus Zellen sind alle Kennzeichen der Lebewesen erfüllt.

8

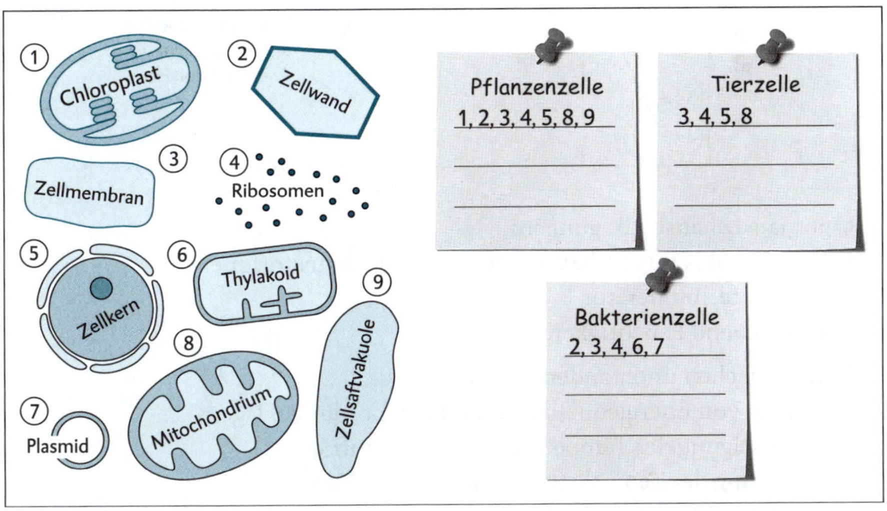

9 a Zunächst wächst die Bakterienzelle auf etwa die doppelte Länge heran. Während dieses Streckungswachstums werden alle Zellbestandteile und das Erbmaterial verdoppelt. Danach schnürt sich die Zellmembran nach innen ein. Dadurch werden die beiden Tochterzellen voneinander getrennt.

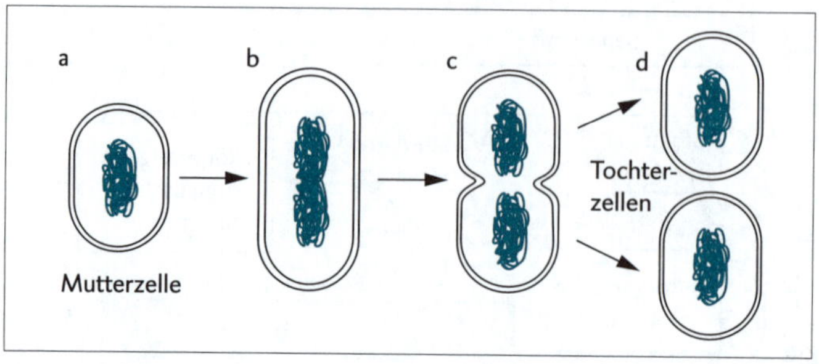

b Nach 20 Minuten sind aus einer Bakterienzelle 2 entstanden, nach weiteren 20 Minuten sind es 4 und nach 60 Minuten bereits 8 Bakterienzellen. Nach 12 Stunden haben sich aus einer Bakterienzelle $6{,}87 \cdot 10^{10}$ Zellen entwickelt.

10 a

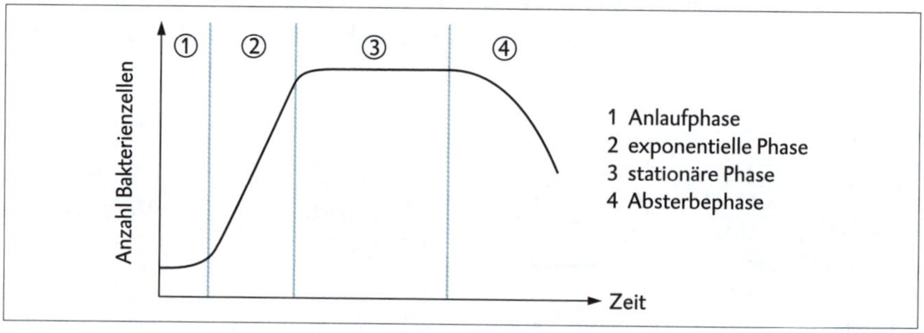

b Optimale Lebensbedingungen:
- Genügend Nahrung bzw. Energie- und Kohlenstoffquellen
- geeignete Temperatur
- ausreichend Feuchtigkeit

Haltbarmachen unter anderem möglich durch …
- Entzug von Energiequellen wie z. B. Licht (dunkel lagern)
- Erniedrigung der Temperatur (Kühlen, Einfrieren)
- Erhöhung der Temperatur (Erhitzen, Räuchern)
- Entzug der Feuchtigkeit (trocken lagern, Dörren, Einsalzen, Einzuckern)

11 a

Ernährungsart	Heterotroph	Autotroph
mit Luftsauerstoff (aerob)	Zellatmung	–
ohne Luftsauerstoff (anaerob)	Gärung	–
mithilfe von Licht	–	Fotosynthese
mithilfe von chemischer Energie	–	Chemosynthese

b Diese Aussage ist falsch, da z. B. die Essigsäurebakterien aus Alkohol in Anwesenheit von Sauerstoff Essigsäure als Endprodukt herstellen.

12 **a** Der Erreger ist das Bakterium *Yersinia pestis*, das durch Flohbisse übertragen wird.

b
- Schutzimpfung als Vorbeugung gegen die Beulenpest
- verbesserte Hygienemaßnahmen zur Eindämmung der Rattenpopulation
- Bekämpfung der Ratten mit Gift bzw. ihrer Flöhe mit Insektiziden
- Meldung von Pesterkrankungen und Quarantäne der Erkrankten, um eine Ausbreitung zu verhindern

13 **a**

1 mechanische Stufe	2 biologische Stufe	3 chemische Stufe
4 Rechen	5 Sandfang	6 Absetzbecken
7 Belebtschlammbecken	8 Nachklärbecken	9 Fällungsbecken
10 Vorfluter	11 Faulturm	12 Gasbehälter

b Laut Informationstext befinden sich im Belebtschlammbecken und im Faulturm Destruenten, also auch Bakterien.
Heterotrophe Bakterien nehmen aus ihrer Umgebung organische Stoffe als Energie- und Kohlenstoffquellen auf und bauen diese im Belebtschlammbecken unter aeroben Bedingungen durch Zellatmung zu Wasser und Kohlenstoffdioxid ab. In den Faultürmen wird ein Großteil der bisher noch nicht zersetzten organischen Stoffe unter anaeroben Bedingungen durch verschiedene Gärungsvorgänge abgebaut.

14

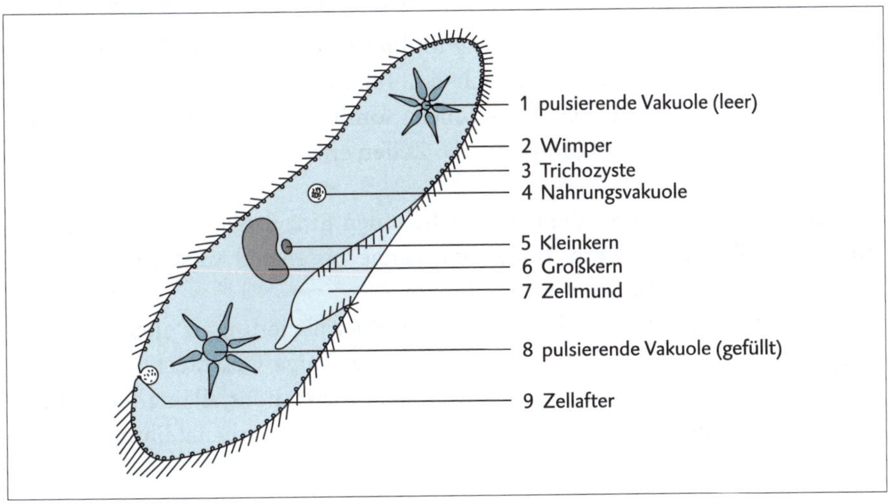

15

Kennzeichen von Pflanzen	Kennzeichen von Tieren
Autotrophe Ernährung	Heterotrophe Ernährung
Chloroplasten	Augenfleck und Fotorezeptor
Stärkeähnliche Speicherstoffe	Pulsierende Vakuole

Aufgrund der genannten Merkmale ist *Euglena* nicht eindeutig bei den tierischen oder bei den pflanzlichen Einzellern einzuordnen.

16 Kreuze an, welche der folgenden Beschreibungen falsch sind.

- [ ] *Amoeba:* Das Wechseltierchen bewegt sich über Scheinfüßchen fort.
- [x] *Chlamydomonas:* Die Grünalge wird als 2-Zell-Kolonie bezeichnet.
- [ ] *Eudorina:* Die Grünalge wird als 32-Zell-Kolonie bezeichnet.
- [ ] *Euglena:* Das Augentierchen orientiert sich über einen Fotorezeptor und den Augenfleck.
- [ ] *Paramecium:* Das Pantoffeltierchen wehrt mithilfe von Trichozysten Fressfeinde ab.
- [x] *Volvox:* Der Vielzeller dient als Modellorganismus für die Entwicklung der tierischen Vielzelligkeit.
- [x] *Trichoplax:* Der Vielzeller dient als Modellorganismus für die Entwicklung pflanzlicher Vielzelligkeit.

17 **a** Bei Zellkolonien liegen selbstständige und allein lebensfähige Einzelzellen vor, die durch eine Schleim- oder Gallerthülle miteinander verbunden sind.

b Jede einzelne Zelle ist teilungsfähig und teilt sich bei der 1. Zellteilung in 2 Tochterzellen auf. Durch den nächsten Teilungsvorgang bilden sich 4, anschließend 8 und schließlich 16 Zellen. Somit ist nach dem 4. Teilungsvorgang eine neue Tochterkolonie aus 16 Zellen entstanden.

18 Bei den Zellkolonien sind alle darin enthaltenen Einzelzellen selbstständig, allein lebensfähig und durch Teilungsvorgänge potenziell unsterblich, da die Mutterzelle in jeder Tochterzelle weiterlebt.
Aufgrund der bei *Volvox* zu beobachtenden Spezialisierung in nicht mehr teilungsfähige Körperzellen und in fortpflanzungsfähige Geschlechtszellen sind nicht mehr alle Zellen genau gleich und auch nicht mehr alleine lebensfähig. Wegen dieser Spezialisierung sind die Einzelzellen auf Arbeitsteilung und Zu-

sammenarbeit angewiesen. Durch den Verlust der Teilungsfähigkeit geht die potenzielle Unsterblichkeit verloren, bei der Fortpflanzung stirbt die Mutterkugel ab, es treten also Leichen auf.

19 **a** Der Panzer umgibt den Einzeller komplett. Die winzigen Poren ermöglichen also den Gas- und Stoffaustausch mit der Umgebung.

b Durch die Ergänzung der jeweils kleineren Panzerhälfte (der Panzer wächst nicht mit) bei der Zweiteilung werden die Kieselalgen der jeweiligen Population immer kleiner. Damit die ursprüngliche Größe der Organismen wieder erreicht wird, ist die geschlechtliche Fortpflanzung über Keimzellen nötig.

c

	Ungeschlechtliche Fortpflanzung	Geschlechtliche Fortpflanzung
Vorteile	Nachkommen können ohne Geschlechtspartner erzeugt werden	Neukombinationen der Erbinformationen sind möglich
Nachteile	Nachkommen sind genetisch identisch (Klone)	Geschlechtspartner wird benötigt

20 **a**
- Ein effektiver Verdunstungsschutz muss die Lebewesen vor der Austrocknung bewahren.
- Die im Vergleich zum Wasser sehr schnellen Temperaturwechsel müssen verkraftet werden.
- Mechanismen zum Schutz der Zellen und vor allem der Erbinformationen im Zellkern vor schädlicher UV-Strahlung müssen vorhanden sein.
- Die äußere Befruchtung durch ins Wasser abgegebene Keimzellen führt an Land nicht zuverlässig zum Fortpflanzungserfolg.

b Grünalgen und Moose besitzen folgende Gemeinsamkeiten, außer …

- [ ] Chloroplasten
- [ ] fehlendes Stütz- und Leitgewebe
- [x] vielzellige Embryos
- [ ] vom Wasser abhängige Fortpflanzung

Moose und Farnpflanzen besitzen folgende Gemeinsamkeiten, außer …

- [ ] Chloroplasten
- [x] fehlendes Stütz- und Leitgewebe
- [ ] vielzellige Embryos
- [ ] vom Wasser abhängige Fortpflanzung

Farne und Samenpflanzen besitzen folgende Gemeinsamkeiten, außer …

- [ ] Chloroplasten
- [ ] fehlendes Stütz- und Leitgewebe
- [ ] vielzellige Embryos
- [x] vom Wasser abhängige Fortpflanzung

c Tiere ernähren sich heterotroph, also durch die Aufnahme energiereicher organischer Stoffe. Die ersten landlebenden Tiere benötigten die Pflanzen als Nahrungsquelle und waren daher auf Pflanzenbewuchs angewiesen.

21 a Entnimmt man einem Moospolster vorsichtig ein Pflänzchen, findet man am unteren Ende feine Fäden, sogenannte **Rhizoide**, die das Pflänzchen lediglich im Boden **verankern**. Richtige **Wurzeln** fehlen. Moose können deshalb ihren Bedarf an **Wasser** und **Mineralstoffen** nicht aus dem Boden decken. Diese werden direkt über die **Blattoberfläche** aufgenommen. Moose besitzen nur eine schwach ausgeprägte **Kutikula** und sie sind deshalb sehr schlecht gegen **Austrocknung** geschützt.

b Als Generationswechsel bezeichnet man die regelmäßige Aufeinanderfolge von geschlechtlicher Fortpflanzung und ungeschlechtlicher Vermehrung.

22 a

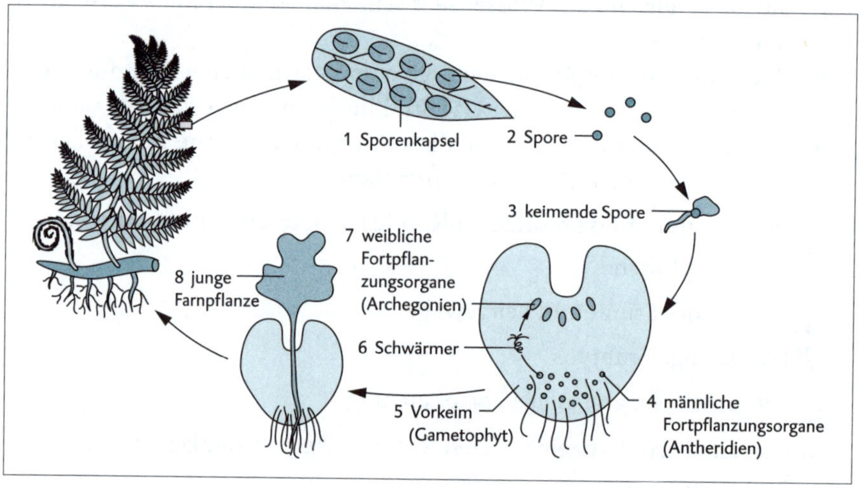

b Wind wird zur Verbreitung der Sporen benötigt und Wasser ist erforderlich, damit die Schwärmer zur Eizelle schwimmen können.

23 Kreuze alle richtigen Antworten an.
Die Sporengeneration bei den Farnen …

- [ ] ist mehrjährig.
- [ ] besteht aus der Farnpflanze und dem Vorkeim.
- [ ] entspricht der ungeschlechtlichen Generation und dient der Befruchtung.
- [x] dient ausschließlich der Vermehrung.
- [x] entsteht aus einer befruchteten Eizelle.

Die Schwärmer…

- [x] sind begeißelt.
- [x] werden durch Lockstoffe zu den weiblichen Geschlechtsorganen gelockt.
- [ ] gehören zur Sporengeneration und dienen der Befruchtung.
- [ ] gehören zur geschlechtlichen Generation und dienen der Vermehrung.
- [x] sind Keimzellen und gehören damit zur geschlechtlichen Generation.

24 **a**

	Pilz	**Pflanze**
Zellwandbestandteil	Chitin	Zellulose
Chloroplasten	nicht vorhanden	vorhanden
Ernährung	heterotroph	autotroph
Fortpflanzung	Sporen	Ei- und Pollenzellen
Entwicklung des Organismus	Keimung der Sporen	Pflanzenembryo im Samen
Keimung bildet	unterirdisches Hyphengeflecht	oberirdische Pflanze

b Bei einer als Symbiose bezeichneten dauerhaften Wechselbeziehung haben die Individuen der beiden unterschiedlichen Arten vom Zusammenleben einen **gegenseitigen Nutzen**.
Bei den **Flechten** nehmen die sich heterotroph ernährenden Pilze über das Myzel energiereiche organische Stoffe von den Fotosynthese betreibenden Algen auf. Im Gegenzug dafür liefern sie den Algen ihre Stoffwechselendprodukte Kohlenstoffdioxid und Wasser sowie aus der Umgebung aufgenommene Mineralsalze.
Bei der **Mykorrhiza** dringen die Hyphen von Hutpilzen in die Wurzeln passender Wirtsbäume ein. Der Pilz wird vom Baum mit energiereichen organischen Stoffen wie etwa Traubenzucker versorgt. Im Gegenzug liefert der Pilz dem Baum Wasser und Mineralsalze.

25

Die erwachsenen Tiere atmen durch Kiemen.	F			
Die erwachsenen Tiere atmen durch Lungen.	A	R	V	S
Die Fortpflanzung erfolgt über Eier und ist vom Wasser abhängig.	F	A		
Die Fortpflanzung erfolgt über Eier und ist vom Wasser unabhängig.	R	V		
Die Organismen der Tierklasse sind gleichwarm.	V	S		

26 **a** Alle Hohltiere besitzen …

- einen zentralen Hohlraum (Magen-Darm-Raum), in dem eine extrazelluläre Verdauung stattfindet.
- nur eine Körperöffnung (dient als Mund und als After).
- einen Aufbau aus zwei Zellschichten, die durch eine Stützschicht getrennt sind.
- ein lockeres (diffuses) Nervennetz.

b

	Wirbeltiere	**Nesseltiere**
Körpergliederung	Kopf, Rumpf und Extremitäten	keine
Extremitäten	zwei Paar	keine
Körperbedeckung	Haut	Ektoderm
Anzahl der Verdauungsöffnungen	zwei	eine
Innere Organe	unterschiedlich spezialisiert	keine (nur einzelne spezialisierte Zellen)

27 Aufgaben der Zelltypen:

1 Hautmuskelzelle: Bewegung
2 Nervenzelle: Leitung von Signalen
3 Ersatzzelle: Nachbildung der verschiedenen Zelltypen
4 Sinneszelle: Aufnahme von Informationen aus der Umgebung
5 Nesselzelle: Verteidigung, Jagd, (Fortbewegung)
10 Nährzelle: Aufnahme der verdauten Nahrung
11 Drüsenzelle: Produktion von Verdauungssäften

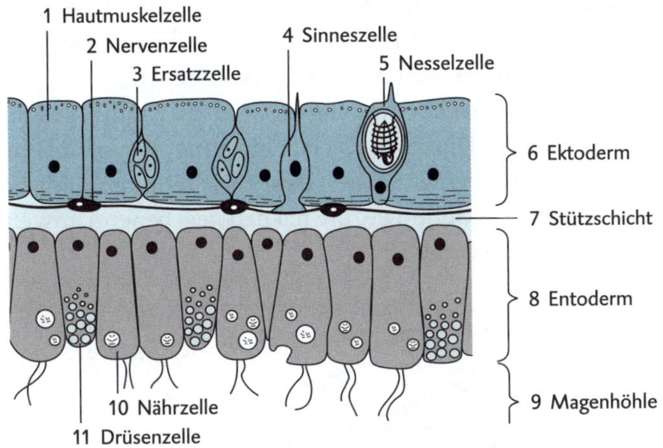

28 Hydren besitzen über den gesamten Körper verteilt sogenannte Ersatzzellen, die jeden anderen Zelltyp nachbilden können.

29 Sobald ein Beutetier den **Auslösestift** einer **Nesselzelle** berührt, wird aus der Nesselkapsel ein **Stilettapparat** herausgeschleudert. Ein **Nesselfaden** dringt durch die äußere Körperhülle der Beute und **Nesselgifte** lähmen oder töten sie. Anschließend wird das Beutetier mit den **Tentakeln** durch die Körperöffnung, die in diesem Fall als **Mund** dient, in den **Magen-Darm-Raum** befördert. Die Nährstoffe aus der durch die Verdauungssäfte der **Drüsenzellen** zersetzten Nahrung werden über die **Nährzellen** aufgenommen. Die nicht verwertbaren Reste werden durch **dieselbe Körperöffnung** wieder ausgeschieden, durch die die Nahrung in den Körper gelangt ist. In diesem Fall dient sie als **After**.

30 **a** Der Polyp (a) neigt seine Tentakel nach einer Seite (b). Sobald diese den Untergrund berühren, explodieren Nesselkapseln und halten das Tier dadurch fest. Anschließend löst sich die Fußscheibe und der Polyp führt langsam eine Bewegung aus, die einem **Handstandüberschlag** gleicht (c). Danach wird der Fuß wieder angeheftet (d).

b Durch die rasche Kontraktion eines Ringmuskels zieht sich der Schirm der Meduse ruckartig zusammen und das darunter befindliche Wasser wird herausgepresst. Dadurch entsteht ein **Rückstoß**, der das Tier vorwärts treibt. Anschließend erschlafft der Ringmuskel wieder und der Schirm kehrt in seine Ausgangsstellung zurück.

31 Unter **günstigen** Umweltbedingungen entstehen durch **ungeschlechtliche** Fortpflanzung innerhalb sehr kurzer Zeit ohne Geschlechtspartner Nachkommen, die dieselbe Erbinformation haben wie das Muttertier.
Unter **ungünstigen** Umweltbedingungen wird meist die **geschlechtliche** Fortpflanzung bevorzugt. Durch die Verschmelzung der männlichen und der weiblichen Geschlechtszellen entstehen dabei Nachkommen mit neuen Kombinationen der elterlichen Merkmale, die bei den gegebenen Umweltbedingungen eventuell Überlebensvorteile bieten.

32 **a**

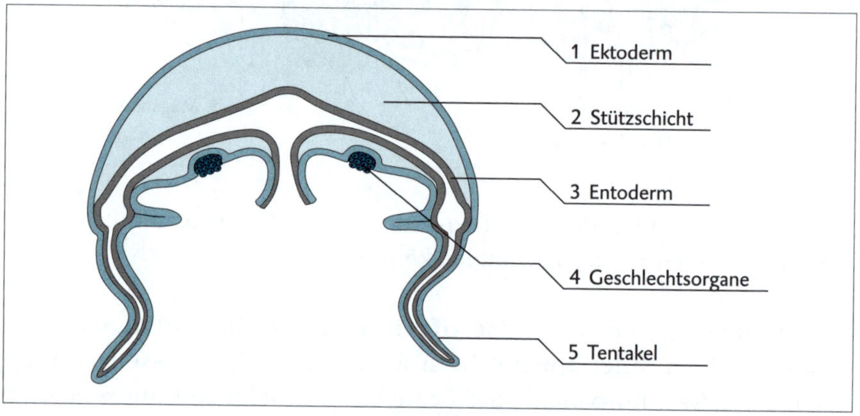

b

Struktur	Süßwasserpolyp	Meduse
1	äußere Körperschicht	äußere Körperschicht
2	dünn	durch Gallerte verdickt
3	innere Körperschicht	innere Körperschicht
4	seitlich	unter dem Schirm
5	relativ lang, 5–7 Fangarme	relativ kurz, bilden einen Schirm

33 Unter einem Generationswechsel versteht man die regelmäßige Abfolge von geschlechtlicher Fortpflanzung und ungeschlechtlicher Vermehrung.

34 Die Schwämme können nicht den Hohltieren zugeordnet werden, da einige der typischen Kennzeichen dieser Tiergruppe nicht gegeben sind:
- Der zentrale Hohlraum der Tiere dient nicht als zentrales Verdauungssystem.
- Mit den Einströmöffnungen und der Ausströmöffnung ist mehr als eine Körperöffnung vorhanden.

- Es sind keine zwei Zellschichten erkennbar, die durch eine Stützschicht getrennt sind.
- Es ist kein Nervensystem vorhanden.

Anmerkung: Die Schwämme bilden einen eigenen Tierstamm mit etwa 7 500 Arten.

35 **a** Als Korallen (v. griech. *korállion*) werden **festsitzende**, **koloniebildende** Tiere bezeichnet. Die verschiedenen Gruppen von Korallen sind nicht näher miteinander verwandt. Am bekanntesten sind die Steinkorallen, die den Hauptanteil an der Entstehung der Korallenriffe haben, da sie durch Einlagerungen von Kalk Skelette bilden. Korallenbänke oder ein Korallenriff entstehen, da totes Skelettmaterial fortwährend von lebendigem Gewebe überwuchert wird.
Ein Steinkorallenpolyp ist becherförmig aufgebaut und wird von zwei **Zellschichten** gebildet, dem äußeren **Ektoderm** und dem **Entoderm**, das den zentralen **Magen-Darm-Raum** umgibt. Die Mundöffnung wird von sechs oder einem Vielfachen von sechs mit **Nesselzellen** versehenen **Tentakeln** umgeben.

b Als Symbiose bezeichnet man das Zusammenleben zweier Partner, von dem beide einen Vorteil haben.
Der Korallenpolyp wird von den Symbiosealgen mit energiereichen organischen Stoffen wie etwa Traubenzucker und mit Sauerstoff versorgt. Im Gegenzug liefert die Koralle der Alge Kohlenstoffdioxid sowie Mineralsalze und bietet dieser in ihren Zellen einen vor Fressfeinden gut geschützten Lebensraum.

36

	Wirbeltiere	Weichtiere
Körpergliederung	Kopf, Rumpf und Extremitäten	Fuß, Eingeweidesack, Mantel und meist auch Kopf
Extremitäten	zwei Paar	keine
Körperbedeckung	Haut	Haut
Skelett	Innenskelett	keines
Mundwerkzeuge	Zähne	meist Raspelzunge
Blutkreislauf	geschlossen	meist offen
Herz	Hohlmuskel an der Bauchseite	Röhrenherz am Rücken
Blut	Transport von Nährstoffen, Abfallstoffen, Sauerstoff und Kohlenstoffdioxid	Transport von Nährstoffen, Abfallstoffen, Sauerstoff und Kohlenstoffdioxid

Reinigung des Blutes	Nieren	Ausscheidungsorgan
Atmungsorgan	Lunge oder Kiemen	Lunge oder Kiemen
Nervensystem	Gehirn, Rückenmark	meist Gehirnganglion

37

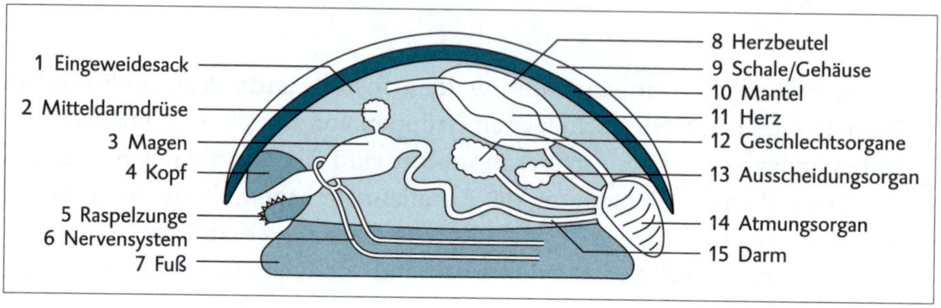

38 **a** Der Körper der Weichtiere ist …

- gegliedert in Fuß, Eingeweidesack, Mantel und meist auch noch in den Kopf.
- weich, ohne Skelett und die Haut wird oft durch eine Kalkschale geschützt.

b

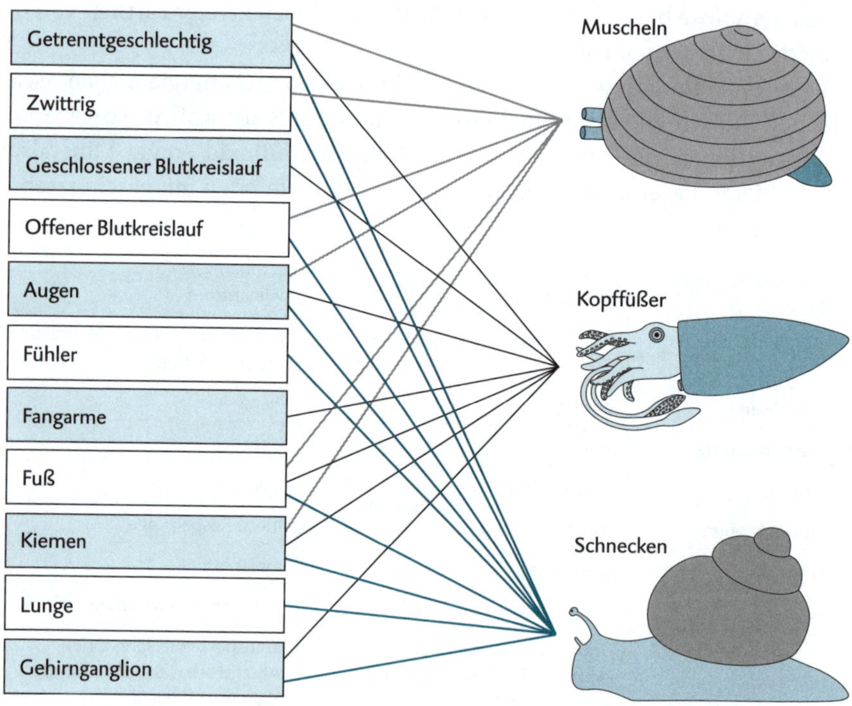

39 • **Schnecken** dient der meist lange und muskulöse Fuß zur Fortbewegung. Er besitzt an der Unterseite eine breite Kriechsohle. Durch abwechselndes Zusammenziehen der Längs- und Quermuskeln schieben sich Schnecken wellenförmig auf einem Schleimband vorwärts. Dieses wird durch Schleimdrüsen gebildet und dient sowohl als Gleit- als auch als Haftmittel. Bei manchen Wasserschnecken ist der Fuß zu einem Flossensaum umgebildet und ermöglicht dadurch eine schwimmende Fortbewegung.

• **Kopffüßer** bündeln das Atemwasser durch den Trichter in einem Strahl und pressen es heraus. Der dabei entstehende Rückstoß dient der Fortbewegung. Am Boden bewegen sich die Kopffüßer mithilfe ihrer Fangarme kriechend vorwärts.

Anmerkung: **Muscheln** leben in der Regel ortsfest (sessil) und können nur als Larven ihren Standort aktiv wechseln.

40 a Viele Schneckenarten, wie z. B. die Weinbergschnecke, paaren sich im Frühjahr, wobei bei den zwittrigen Arten jedes Tier dem Geschlechtspartner Spermien in die Geschlechtsöffnung übergibt. Erst einige Wochen nach der Paarung reifen die Eier heran, die nun durch die Spermien befruchtet werden. Anschließend werden die befruchteten Eier abgelegt. Nach zwei- bis vierwöchiger Entwicklungszeit schlüpfen bei Landschnecken die Jungtiere. Bei wasserlebenden Arten entwickeln sich zuerst frei schwimmende Larven, die erst als junge Schnecke den Meeresboden aufsuchen.

b Der Mund enthält eine Raspelzunge zum Abschaben von Nahrungsteilchen, entweder pflanzlicher oder tierischer Herkunft. Die Raspelzunge ist mit Tausenden Chitinzähnchen besetzt, die die Nahrung mithilfe der verhornten Reibeplatte am Mundhöhlendach zerkleinern und in den Schlund hineinreiben. Anschließend gelangt die Nahrung durch den Magen in einen langen Darm. Die unverdaulichen Reste werden durch den After ausgeschieden.

c Nacktschnecken sondern einen ungenießbaren oder giftigen Schleim ab. Gehäuseschnecken ziehen bei Gefahr mithilfe eines kräftigen Rückziehmuskels blitzschnell Kopf und Fuß in die einteilige Schale zurück.

41

	Wirbeltier	Ringelwurm
Körpergliederung	Kopf, Rumpf und Extremitäten	Segmente
Extremitäten	zwei Paar	keine; Fortbewegung über Hautmuskelschlauch
Körperbedeckung	Haut	Cuticula
Skelett	Innenskelett	keines

Mundwerkzeuge	nach innen gerichtet	keine
Blutkreislauf	geschlossen	geschlossen
Herz	Hohlmuskel an der Bauchseite	keines; nur Ringgefäße und das gesamte Rückengefäß kontraktil
Blut	Transport von Nährstoffen, Abfallstoffen, Sauerstoff und Kohlenstoffdioxid	Transport von Nährstoffen, Abfallstoffen, Sauerstoff und Kohlenstoffdioxid
Reinigung des Blutes	Nieren	Ausscheidungsorgane
Atmungsorgan	Lunge oder Kiemen	Haut
Nervensystem	Gehirn, Rückenmark	Oberschlundganglion, Strickleiternervensystem an der Bauchseite
Sinnesorgane	vorhanden	keine; nur Sinneszellen

42

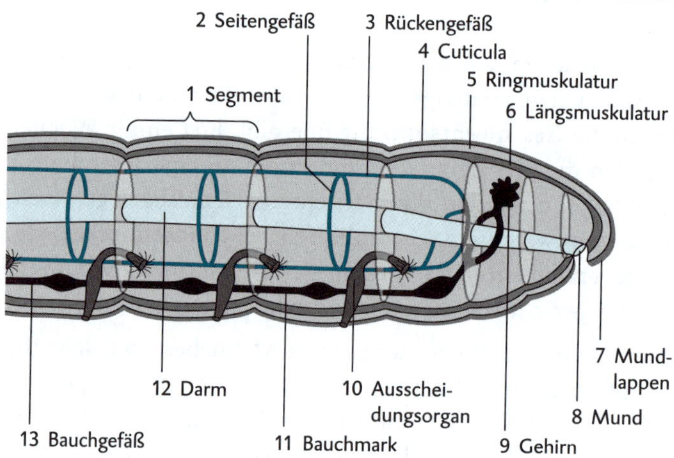

Aufgaben der Körperbestandteile:

1 Segment: Untergliederung des Körpers
2 Seitengefäß: Treibt als Seitenherz den Blutkreislauf an
3 Rückengefäß: Führt das Blut (geschlossener Blutkreislauf)
4 Cuticula, 5 Ringmuskulatur, 6 Längsmuskulatur: Bilden zusammen den Hautmuskelschlauch, ermöglichen dadurch die Fortbewegung
7 Mundlappen: Bedeckung der Mundöffnung
8 Mund: Aufnahme der Nahrung
9 Gehirn: Verarbeitung aller Informationen, zentrale Steuerfunktion
10 Ausscheidungsorgan: Reinigung des Blutes, Ausscheidung der Abfallstoffe

11 Bauchmark: Ermöglicht Aufnahme und Verarbeitung von Informationen
12 Darm: Verdauung der Nahrung
13 Bauchgefäß: Führt das Blut (geschlossener Blutkreislauf)

43 **a** Durch das Zusammenziehen der innen liegenden Längsmuskulatur verkürzt sich der Wurm etwas, durch das anschließende Zusammenziehen der äußeren Ringmuskeln wird er dünn und lang. Die Cuticula ist mit Chitinborsten besetzt, die sich bei diesen Bewegungen im Boden verankern und dadurch ein Zurückrutschen des Tieres verhindern. Somit ergibt sich eine wellenförmig kriechende Fortbewegung.

b Regenwürmer nehmen Luftsauerstoff über die Hautatmung auf. Bei Regen müssen die Tiere ihre Röhren verlassen, da sie in den überfluteten Gängen nicht atmen könnten und deshalb ersticken würden.
Die nackte, weiche Cuticula des Regenwurms wird durch Schleimdrüsen ständig feucht gehalten, besitzt jedoch keinen weiteren Schutz vor Austrocknung. Eine wesentliche Voraussetzung für einen Gasaustausch über die Haut ist jedoch, dass diese feucht ist. Deshalb ziehen sich Regenwürmer sofort nach dem Regen wieder in ihre Röhren zurück und sind dadurch vor Sonneneinstrahlung und damit vor Austrocknung geschützt.

44

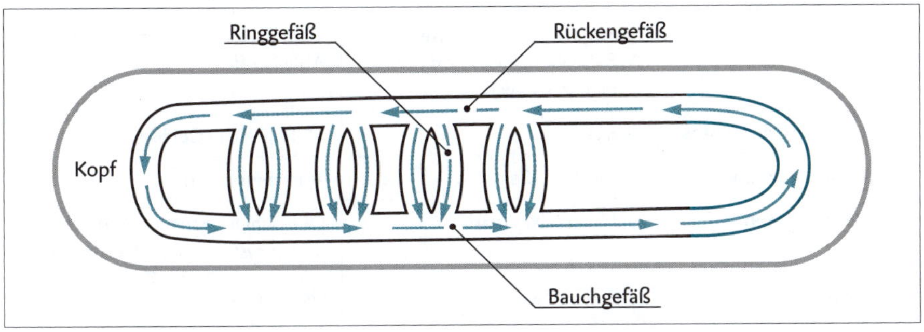

45 **a** Zwitter besitzen sowohl weibliche als auch männliche Geschlechtsorgane und sind daher in der Lage, beide Geschlechtszellen herzustellen: Eizellen in den Eierstöcken und Spermien in den Hoden.

b Wenn die Geschlechtszellen zu unterschiedlichen Zeiten heranreifen, ist eine Selbstbefruchtung der eigenen Eizellen mit den eigenen Spermien nicht möglich. Damit ist gewährleistet, dass es zu einer geschlechtlichen Fortpflanzung zwischen zwei unterschiedlichen Individuen und damit zu einer Vermischung zweier unterschiedlicher Erbinformationen (väterlicher und mütterlicher) kommt.

46 Fadenwürmer gehören nicht zu den Ringelwürmern, da zwei wesentliche Kennzeichen fehlen:

- der segmentierte Körper
- der geschlossene Blutkreislauf

47 **a**
- Außenskelett aus Chitin, Häutungen notwendig
- Gliederung des Körpers in Segmente und Gliederung der Extremitäten bzw. Mundwerkzeuge in einzelne Abschnitte
- Rückenherz mit offenem Blutkreislauf
- Bauchmark als Strickleiternervensystem

b

	Wirbeltier	Insekt
Körpergliederung	Kopf, Rumpf und Extremitäten	Kopf, Brust, Hinterleib, Extremitäten
Extremitäten	zwei Paar	drei Paar
Körperbedeckung	Haut	Chitin
Skelett	Innenskelett	Außenskelett
Mundwerkzeuge	nach innen gerichtet	nach außen gerichtet
Blutkreislauf	geschlossen	offen
Herz	Hohlmuskel an der Bauchseite	Röhrenherz am Rücken
Blut	Transport von Nährstoffen, Abfallstoffen, Sauerstoff und Kohlenstoffdioxid	Transport von Nährstoffen und Abfallstoffen
Reinigung des Blutes	Nieren	Malpighische Gefäße
Atmungsorgan	Lunge oder Kiemen	Tracheensystem
Nervensystem	Gehirn, Rückenmark	Oberschlundganglion, Strickleiternervensystem an der Bauchseite
Augen	Linsenaugen	Netzaugen

48 **a**

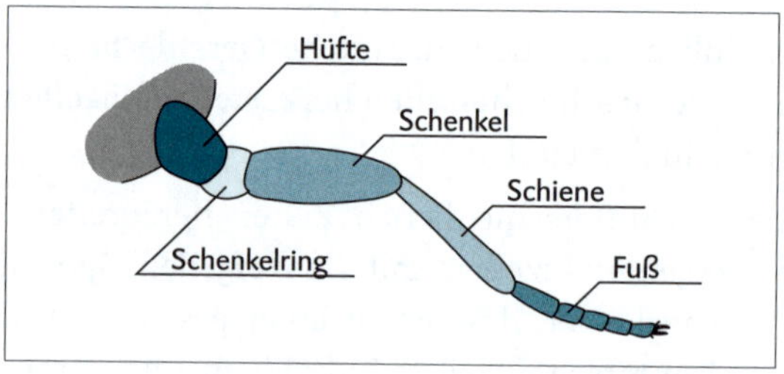

b Insekten besitzen drei Beinpaare, insgesamt also 6 *(= hexa)* Beine *(= podes)*. Je ein Beinpaar befindet sich an jedem der drei Brustsegmente.

c

I	A	S	D	F	H	J	A	K	R	ß	Z	U	I	O	C	J	K	L	A	S	G
N	K	O	U	Q	A	I	U	L	P	Z	D	V	B	Ä	L	H	J	H	F	H	E
N	R	T	U	K	Ö	Ä	ß	A	F	H	V	J	L	Z	R	E	I	W	Q	I	L
E	P	A	D	G	E	L	E	N	K	K	N	O	C	H	E	N	W	T	R	X	E
N	A	S	F	J	K	O	N	X	C	B	M	A	Y	D	K	Ö	W	R	I	T	N
S	A	S	D	D	F	R	S	L	U	R	N	R	T	W	F	P	X	E	P	N	K
K	E	N	K	S	P	O	K	F	A	O	N	Ü	V	A	Q	G	U	V	G	J	H
E	Ä	G	J	I	N	N	E	N	M	U	S	K	U	L	A	T	U	R	Y	F	Ä
L	S	O	W	R	S	I	L	R	F	S	Z	U	N	V	K	U	F	K	Z	E	U
E	Ü	A	N	U	A	Y	E	D	E	Q	Z	G	Z	O	D	S	A	F	V	T	T
T	D	R	J	Q	I	P	T	E	H	X	E	P	H	Ä	C	N	V	F	Ü	O	C
T	Y	E	Z	G	O	X	T	G	Ä	S	F	U	A	S	N	H	J	R	I	U	H
G	S	S	D	K	H	G	Ä	P	A	J	H	K	P	Q	E	Z	E	D	Z	Ö	E
A	U	ß	E	N	M	U	S	K	U	L	A	T	U	R	D	H	V	N	Y	R	N

49 a

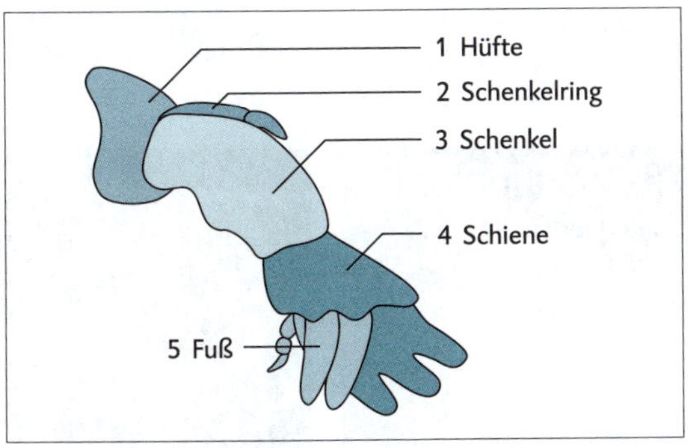

b
- **Laufbeine** entsprechen nahezu ohne Abwandlung dem Grundtyp, wobei das Endglied des Fußes häufig paarige Krallen, Häkchen oder Haftballen zum Festhalten aufweist.
- Die langen **Sprungbeine** sind gekennzeichnet durch deutlich verlängerte, kräftige Beinglieder mit stark ausgeprägten Sprungmuskeln. Vor allem die Schenkel sind im Vergleich zum Grundtyp deutlich verdickt.
- Beim kurzen, kräftigen **Grabbein** sind Schenkel, Schiene und die ersten beiden Fußglieder schaufelartig verbreitert.
- Bei den ruderartigen **Schwimmbeinen** sind alle Beinabschnitte paddelartig abgeflacht. Die Fußglieder sind wie die Schiene mit dicht stehenden Borsten zur Vergrößerung der Ruderfläche besetzt.
- Bei den **Sammelbeinen** fällt das stark vergrößerte erste Fußglied auf, an dessen Innenseite mehrere Reihen Härchen zu einer Bürste angeordnet

sind. Nach oben hin bildet das 1. Fußglied einen zackenförmigen Pollenschieber. An der darüberliegenden Schiene befindet sich innen der Pollenkamm aus steifen Borsten und außen das Körbchen, eine Art Tragetasche für den Pollen.

- Die stark verlängerten **Fangbeine** sind mit spitzen Chitindornen besetzt.

c Kopfläuse leben in den Haaren ihrer Wirte. Die fünf Fußglieder sind zu zwei Gliedern verwachsen und bilden zusammen mit der Schiene ein Häkchen. Durch diese hakenförmige Krümmung sind die **Klammerbeine** der Kopfläuse auf das Festklammern an den Haaren spezialisiert.

50 a Grundtyp:
Beißend-kauend

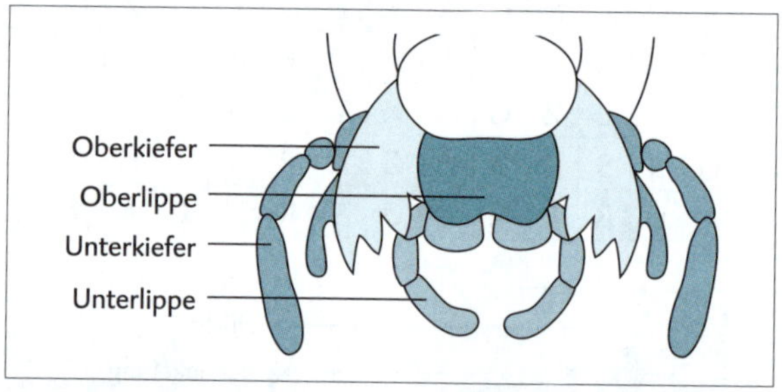

b

saugend,
z. B. Honigbiene

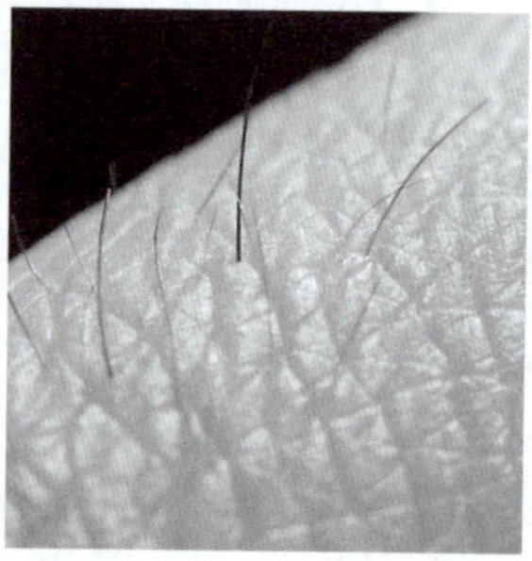

stechend-saugend,
z. B. Stechmücken

saugend,
z. B. Schmetterlinge

beißend-kauend, z. B. Heuschrecken

saugend, z. B. Fliegen

c Vier von Ober- und Unterkiefer gebildete Stechborsten bohren sich in die Haut des Wirts. Die Oberlippe bildet zum einen ein Saugrohr zum Aufsaugen von Blut und zum anderen eine Injektionsspritze, über die gerinnungshemmender Speichel in die Wunde abgesondert wird. Die Unterlippe dient als Scheide zur Aufbewahrung der Stechwerkzeuge.

d Die Stubenfliege besitzt als Mundwerkzeug einen **Tupfrüssel (oder: Saugrüssel)**. Die **Unterlippe** ist stark verbreitert und kann auf den Untergrund aufgesetzt werden. Zur **Zerkleinerung fester** Nahrungsbestandteile gibt die Fliege aus **Speicheldrüsen Verdauungssekrete** ab, die die Nahrung **außerhalb** des Körpers verflüssigen.

51 a Benennung und Funktion:

1	**Linse**	Funktion: **Schutz**
2	**Kristallkegel**	Funktion: **Lichtbündelung**
3	**Pigmentschicht**	Funktion: **lichtundurchlässige Schicht**
4	**Sehzellen**	Funktion: **lichtempfindliche Schicht**
5	**Sehnerv**	Funktion: **Meldung an das Gehirn**

b

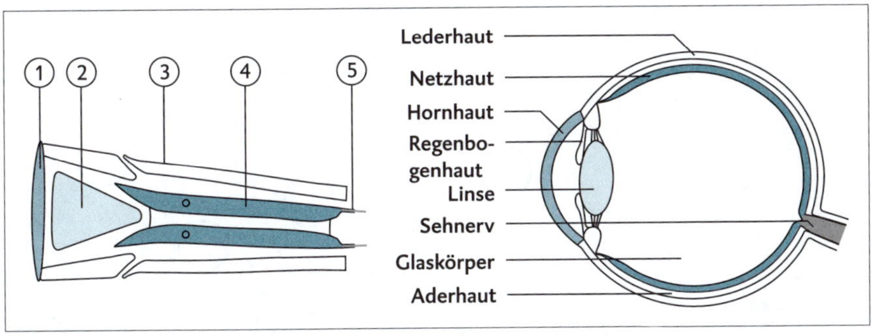

c Das Insektenauge muss nicht beweglich sein, weil durch die gewölbte Anordnung der Einzelaugen im Komplexauge und die seitliche Lage am Kopf bereits eine gute Rundumsicht gegeben ist.

52 a Als Metamorphose bezeichnet man die Entwicklung vom Ei über Larvenformen und eventuell ein Puppenstadium zur Imago.

b

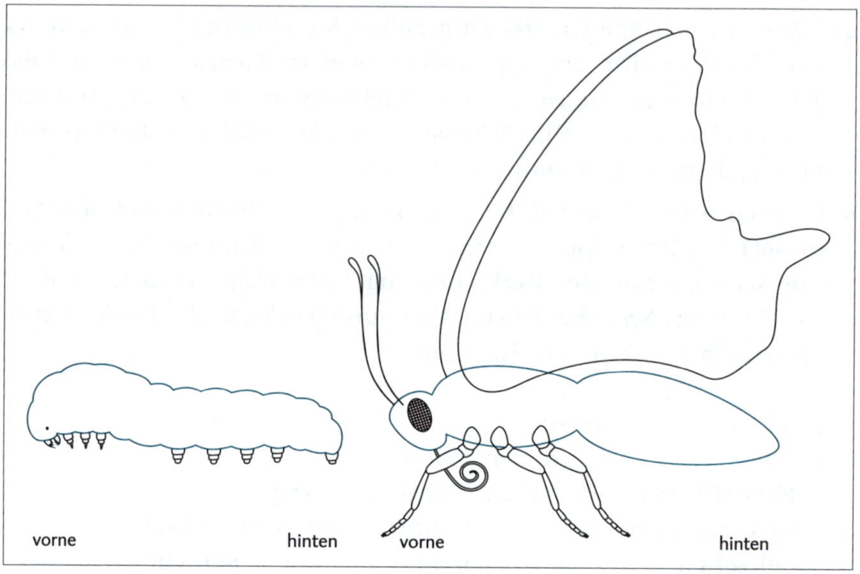

53

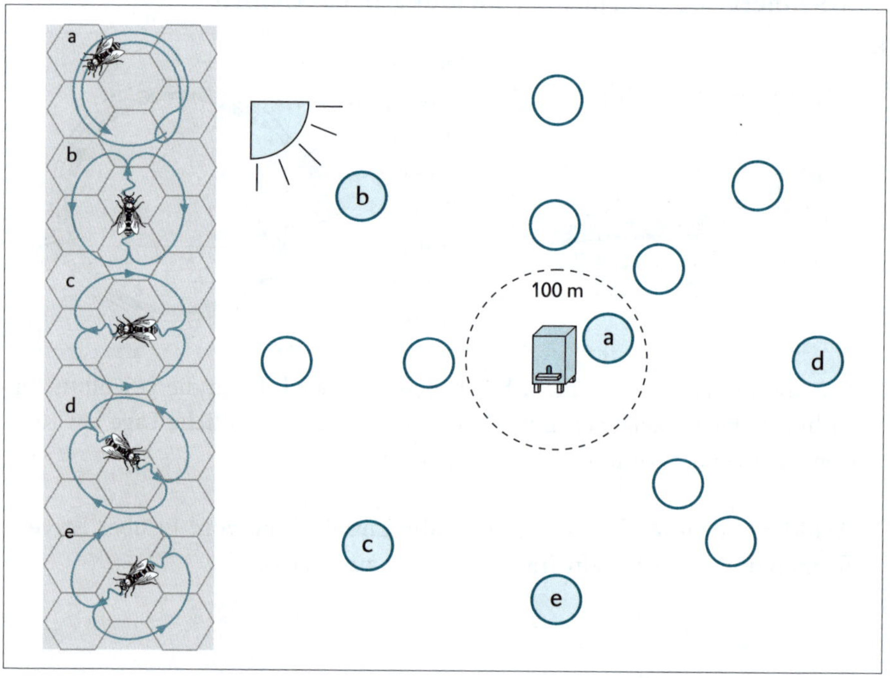

54 a Der oberirdische kegelförmige Nesthügel besteht vor allem aus dürren Zweigen und Nadeln. Meist wird er um einen morschen Baumstumpf he-

rum errichtet. Er besitzt zahlreiche Öffnungen, die als Luftschächte oder als Ein- bzw. Austrittsöffnungen für die Bewohner dienen. Im Nesthügel und im darunterliegenden Erdreich befindet sich ein weit verzweigtes unterirdisches Gangsystem. Im Zentrum des Nestes, und damit besonders gut geschützt, liegt die Königinnenkammer. Um sie herum sind Ei-, Larven-, Puppen- und Vorratskammern angelegt.

b Die Verständigung erfolgt …

- durch das gegenseitige Betrillern mit den Fühlern.
- durch Duftstoffe.

c Nur im Frühjahr entstehen aus befruchteten Eiern fortpflanzungsfähige Weibchen, die Königinnen. Im restlichen Jahr entwickeln sich aus befruchteten Eiern ausschließlich Arbeiterinnen. Aus unbefruchteten Eiern oder aus befruchteten Eiern, die der Kälte ausgesetzt waren, entstehen Männchen.

55

Im Staat gibt es in der Regel nur eine Königin.	B	W	
Im Staat gibt es viele Königinnen.	A		
Die Männchen werden als Drohnen bezeichnet.	B		
Zur Feindabwehr wird eine Säure verspritzt.	A		
Die Feindabwehr erfolgt mithilfe eines Stachels.	B	W	
Zur Ernährung dienen hauptsächlich Nektar und Pollen.	B		
Früchte und Insekten sind eine wichtige Nahrungsgrundlage.	W		
Aas, Insekten und Honigtau werden gesammelt.	A		
Die Überwinterung erfolgt in Winterstarre.	A	W	
Die Überwinterung erfolgt in Winterruhe.	B		
Alle Mitglieder des Staates überwintern.			
Nur die Königin des Staates überwintert.	W		
Königin und Arbeiterinnen überwintern.	A	B	

56 a

Gemeinsamkeiten

- Cuticula als Außenskelett
- offenes Blutgefäßsystem mit Röhrenherz am Rücken
- Strickleiternervensystem am Bauch
- gegliederte Beine und gegliederter Körper

b

	Insekten	Spinnentiere
Körpergliederung	Kopf, Brust, Hinterleib	Kopfbruststück, Hinterleib
Anzahl der Beinpaare	3 Beinpaare (Ansatzstelle: Brust)	4 Beinpaare (Ansatzstelle: Brust)
Art der Verdauung	innere Verdauung	äußere Verdauung
Atemorgan und Transport der Atemgase	Tracheen, Tracheensystem	Röhren- und Fächertracheen, Tracheensystem
Lichtsinnesorgane	Komplex- und Punktaugen	Punktaugen
Tastsinnesorgane	Fühler	Kiefertaster und Härchen oder Stacheln am Körper
Nervensystem	Bauchmark durchzieht den gesamten Körper	Bauchmark auf das Kopfbruststück konzentriert
Fortpflanzung und Entwicklung	innere Befruchtung, Entwicklung indirekt mit vollkommener oder unvollkommener Verwandlung	innere Befruchtung, Entwicklung meist direkt, manche Arten auch lebend gebärend

57 Die Extremitäten der Spinnentiere sind 7-gliedrig: Man unterscheidet zwischen Hüfte, Schenkelring, Schenkel, Knie, Schiene, Ferse und Fuß.
Das Insektenbein dagegen ist in 5 Teile gegliedert: Es setzt sich zusammen aus Hüfte, Schenkelring, Schenkel, Schiene und dem fünfgliedrigen Fuß.

58 a Gartenkreuzspinnen sind Fleischfresser und ernähren sich als Jäger fast ausschließlich von Insekten. Dadurch spielen sie eine wichtige Rolle bei der Erhaltung des biologischen Gleichgewichtes, das heißt, sie tragen dazu bei, dass es nicht zum Massenauftreten von Insekten kommt.

b Das Verlassen der Warte wird ausschließlich durch eine im Netz zappelnde Fliege und von den sich im Wind bewegenden Blättern ausgelöst. Unbewegte Objekte, wie z. B. tote Fliegen, werden nicht als Beute erkannt. Daraus kann man schließen, dass die Spinne ausschließlich auf die Bewegung des Netzes reagiert und nicht auf Geruch, Geschmack oder Aussehen der möglichen Beute.

c Über die Kieferklauen werden in den Speicheldrüsen produzierte Verdauungssäfte mit Verdauungsenzymen in das Beutetier injiziert. Dadurch beginnt die langsame Zersetzung der Nahrung bereits außerhalb des Spinnenkörpers. Durch den kräftigen Saugmagen erfolgt dann die Aufnahme des Nahrungsbreis.

59 a
- Cuticula als Außenskelett
- offenes Blutgefäßsystem mit Röhrenherz am Rücken
- Strickleiternervensystem am Bauch
- gegliederte Beine und gegliederter Körper.

b

	Insekten	Krebstiere
Körpergliederung	Kopf, Brust, Hinterleib	Kopfbruststück, Hinterleib
Außenskelett	Cuticula aus Chitin	Cuticula aus Chitin und Kalk
Anzahl der Beinpaare	3 Beinpaare	je nach Art unterschiedlich
Ausscheidungsorgan	Malpighische Gefäße	zwei Ausscheidungsdrüsen
Atemorgan und Transport der Atemgase	Tracheen, Tracheensystem	Kiemen, Blut
Fortpflanzung und Entwicklung	innere Befruchtung, indirekte Entwicklung mit vollkommener oder unvollkommener Verwandlung	innere oder äußere Befruchtung, indirekte oder direkte Entwicklung

60 a

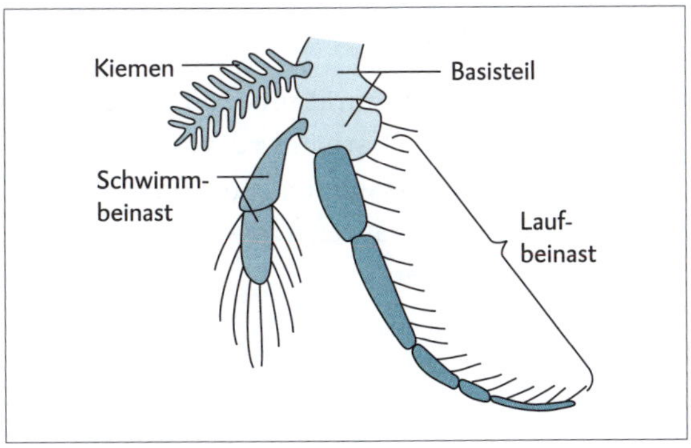

b Beim Spaltfuß gehen von einem kurzen Basisteil sowohl der fünfgliedrige Laufbeinast als auch der zweigliedrige Schwimmbeinast ab.
Das Insektenbein dagegen ist in Hüfte, Schenkelring, Schenkel, Schiene und den fünfgliedrigen Fuß gegliedert und nicht gespalten.

61 **a** Beispiele:

- Kiemen zur Atmung im Wasser
- Schwanzfächer als Antriebsorgan
- Antennen mit Tast- und Riechsinneszellen zur besseren Orientierung im oft trüben Wasser
- Ernährung von im Wasser lebenden Organismen

b
1 Antennen: Sitz von Tast- und Riechsinneszellen
2 Mundwerkzeuge: Festhalten und Zerkleinern der Nahrung
3 Kieferbeine: Zerkleinerung der Nahrung und Beförderung zu den Kiefern
4 Brustbeine: vorderes Paar zum Ergreifen und Zerstückeln der Nahrung, die weiteren (vier) Paare zum Laufen und Atmen
5 Afterbeine (Schwimmbeine): fächeln Atemwasser zur Kiemenregion
6 Schwanzfächer: Antriebsorgan

c Als Butterkrebs bezeichnet man einen Flusskrebs, der kurz nach der Häutung gefangen wurde und deshalb keinen ausgehärteten Panzer besitzt. Diese Tiere sind daher auffällig weich.

d Flusskrebse bewegen sich auf dem Gewässergrund langsam schreitend mithilfe ihrer vier gegliederten Laufbeinpaare vorwärts. Um sich schwimmend fortzubewegen, schlagen die Tiere mit ihrem Schwanzfächer kräftig gegen den Bauch und erzeugen so einen Rückstoß.

e Da Flusskrebse nur in sauberen Fließgewässern mit nicht allzu starker Strömung und guten Versteckmöglichkeiten in Ufernähe vorkommen, handelt es sich bei ihnen um Zeigerorganismen. Sie reagieren sehr sensibel auf Verunreinigungen ihres Lebensraums bzw. auf durch flussbauliche Maßnahmen veränderte Strömungsgeschwindigkeiten.

62 a

b Die linke Spalte beruht auf der Evolutionstheorie von LAMARCK, da von einer aktiven Anpassung der Giraffen ausgegangen wird. Durch Übung (Strecken) vervollkommnen sich die Hälse und werden länger. Dieses erworbene Merkmal wird an die Nachkommen weitergegeben.
Die rechte Spalte beruht auf der Evolutionstheorie DARWINS. Hier wird von einer passiven Angepasstheit ausgegangen. Die Nachkommen unterscheiden sich zufällig in ihren Eigenschaften, darunter die unterschiedliche Länge der Hälse. Die Tiere mit den längeren Hälsen haben beim Fressen von Laub

aus Baumkronen einen Wettbewerbsvorteil gegenüber ihren kurzhalsigen Artgenossen. Dadurch können sie ihr Erbgut mit höherer Wahrscheinlichkeit an die nächsten Generationen weitergeben. Der Anteil der kurzhalsigen Giraffen verringert sich, während sich der der langhalsigen Tiere so weit erhöht, bis nur noch langhalsige Individuen zu finden sind.

63 **a** Fossilien sind konservierte Überreste oder Spuren früherer Lebewesen.

b Beispiele:
- Einbettung in Schlamm eines Gewässers
- Wasserentzug in Wüstenklima
- Einfrieren
- Bedeckung mit saurem Moorwasser
- Einschluss in Bernstein

64 **a** Als Leitfossil bezeichnet man ein für eine bestimmte Gesteinsschicht charakteristisches Fossil.

b Durch das massenhafte Auftreten einiger Ammonitenarten als Meeresbewohner ist die Wahrscheinlichkeit eines fossilen Fundes sehr hoch. Durch das weltweite Vorkommen in einem bestimmten, eng umgrenzten Zeitraum können sogar die Gesteinsschichten verschiedener Kontinente miteinander verglichen werden. Anhand dieser Informationen ist eine relative Altersbestimmung anderer Fossilien möglich.

65 **a** Als Brückentiere (auch Übergangs-, Mosaik- oder Zwischenformen) bezeichnet man Lebewesen, die eine Kombination von Merkmalen stammesgeschichtlich älterer und jüngerer Gruppen von Lebewesen aufweisen.

b *Ichthyostega*, der eine Kombination von Fisch- und Landwirbeltiermerkmalen aufweist, zeigt, dass die Klasse der Amphibien von den Fischen abstammt und ist somit ein Beleg dafür, dass die beiden Tierklassen miteinander verwandt sind.

c

Typisch für Fische	Typisch für Landwirbeltiere
• Seitenliniensystem • fischartiger Schwanz mit knöchernen Flossenstrahlen • paddelförmige Hinterbeine • Kiemenbögen	• Beckengürtel • Extremitätenbau aus Oberschenkel, Schien- und Wadenbein, Fußwurzelknochen und sieben Zehen • Löcher im Schädelskelett für Ohren

66 **a** ^{14}C-Methode (Radiocarbonmethode) oder Kalium-Argon-Datierung

b Die Halbwertszeit der radioaktiven Kohlenstoffatome beträgt ca. 5 730 Jahre. Bis nur noch 0,5 g von ursprünglich 4 g ^{14}C-Atomen übrig sind, sind daher 3 Halbwertszeiten nötig ($4 \rightarrow 2 \rightarrow 1 \rightarrow 0{,}5$) $\Rightarrow 3 \cdot 5\,730$ Jahre = 17 190 Jahre.

67 *Archaeopteryx*

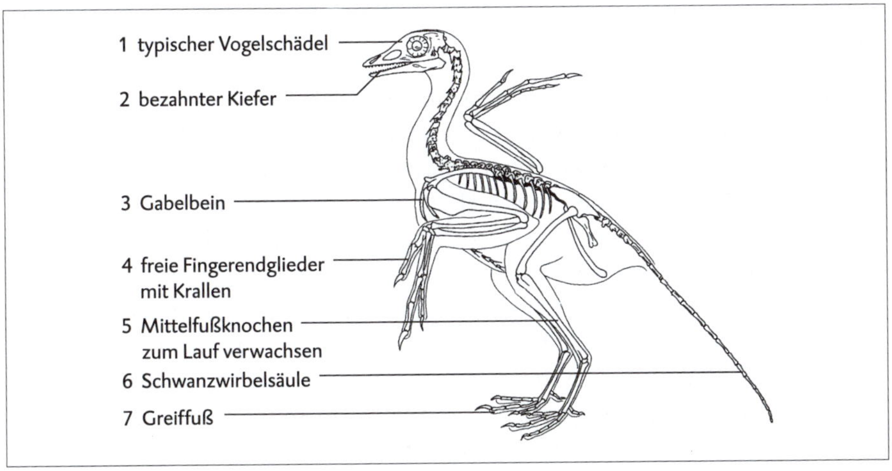

68

		analog	homolog
a	Schulp von Tintenfisch, Schneckengehäuse und Muschelschale	☐	☒
b	Kakteen und Wolfsmilchgewächse	☒	☐
c	Haifischschuppen und Säugetierzähne	☐	☒
d	Stacheln und Dornen von Pflanzen	☒	☐
e	Schwimmblase und Lunge	☐	☒
f	Körperformen von Wassertieren	☒	☐

Analogie: Die Ähnlichkeiten zwischen den Lebewesen beruhen auf einer Angepasstheit an einen vergleichbaren Lebensraum und nicht auf einem gleichen Aufbau.
Sowohl Kakteen als auch Wolfsmilchgewächse (b) besitzen als Angepasstheit an Trockengebiete zwar Möglichkeiten zur Wasserspeicherung im Stamm, die entsprechenden Strukturen werden jedoch von unterschiedlichen Geweben gebildet (Mark und Rinde). Die Dornen (d) sind im Gegensatz zu den Stacheln

nur Ausstülpungen der Rinde. Die stromlinienförmige Körperform (f) nicht näher verwandter Tiere wie Fische, Reptilien, Vögel oder Säugetiere ist eine Angepasstheit an die Fortbewegung im Wasser und durch konvergente Entwicklung entstanden.
Der unterschiedliche Aufbau der in den Beispielen aufgeführten Merkmale spricht gegen die Abstammung von einem nahen gemeinsamen Vorfahren und damit gegen eine nahe Verwandtschaft. Es handelt sich demnach um Analogien.

Homologie: Homologien lassen sich anhand der 3 Homologiekriterien (Lage, spezifische Qualität und Stetigkeit) erkennen. Ähnlichkeiten beruhen in diesen Fällen auf gemeinsamen Vorfahren und damit auf Verwandtschaft.
Tintenfische, Schnecken und Muscheln (a) gehören zum Stamm der Weichtiere. Der Grundbauplan (siehe Abb. 42, S. 71) zeigt die vergleichbare Lage des Mantels, der mithilfe von kalkabscheidenden Zellen Gehäuse und Schale bildet, im Gesamtbauplan (Kriterium der Lage). Aufgrund vieler Einzelmerkmale lassen sich Säugetierzähne und Haifischschuppen (c) trotz der auf den ersten Blick so unterschiedlich aussehenden Strukturen anhand des erfüllten Kriteriums der spezifischen Qualität (z. B. Zahnschmelz, Zahnbein) homologisieren. Die verschiedenen Zwischenformen lassen den Übergang von der Schwimmblase zur Lunge (e) kontinuierlich erscheinen. Dadurch ist das Homologiekriterium der Stetigkeit erfüllt.

69 Bereits Charles DARWIN erkannte, dass alle Lebewesen Nachkommen im **Überschuss** erzeugen und dass sich diese Nachkommen geringfügig, aber individuell in ihren Merkmalen unterscheiden. Die **genetische Variabilität** erhöht die Wahrscheinlichkeit für **zufällig** vorteilhafte Angepasstheiten. Sie beruht auf zwei Ursachen und ermöglicht dadurch erst die **natürliche Auslese**:

- **Mutationen** sind ungerichtete und zufällige Veränderungen der Erbinformationen.
- **Neukombination** der elterlichen Erbinformationen während der geschlechtlichen Fortpflanzung.

Im Unterschied zu den Mutationen werden bei der Neukombination die den elterlichen Erbinformationen zugrundeliegenden **DNS-Moleküle** nur neu **kombiniert** und nicht **abgeändert**. Damit entstehen bei den Nachkommen keine **neuen** Merkmalsvarianten, sondern nur **Neukombinationen** der elterlichen Merkmale.

70

	richtig	falsch
Als Separation bezeichnet man ~~Naturkatastrophen~~. **den gestörten Genfluss**.		X
Isolationsmechanismen verhindern die Paarung und die Zeugung fruchtbarer Nachkommen bei Individuen zweier ehemaliger Teilpopulationen.	X	
Diese Individuen gehören deshalb zu zwei unterschiedlichen ~~Rassen~~. **Arten**.		X
Gendrift bedeutet die schnelle Veränderung von Erbinformationen innerhalb von Populationen und eine ~~Erhöhung~~ der genetischen Variabilität. **Verringerung**		X
Gendrift und ~~Selektion~~ sind Zufallsereignisse. **Mutation**		X
Die Selektion wirkt auf die Variabilität ein, da die besser angepassten Individuen einen höheren Fortpflanzungserfolg haben.	X	

71 **a** Bei der **Mimese** ahmen die Tiere durch Haltung, Körperform und Körperfärbung einen Teil ihrer natürlichen Umgebung nahezu perfekt nach.

b Im Unterschied zur Mimese werden bei der Mimikry keine Objekte aus der natürlichen Umgebung nachgeahmt, sondern andere Tiere. Ungefährliche Tiere imitieren dabei die Warntracht wehrhafter Arten und werden deshalb von Fressfeinden nicht angegriffen.

72 **a** Durch eine Tarntracht (Mimese) erhöhen die Birkenspanner ihre Überlebenswahrscheinlichkeit, da sie von ihren Fressfeinden, den Vögeln, auf der Birkenrinde kaum zu entdecken sind. Durch diesen Selektionsvorteil haben sie einen erhöhten Fortpflanzungserfolg.

b Die dunkler gefärbten Mutanten werden von den Fressfeinden leichter entdeckt und gefressen. Deshalb ist die Wahrscheinlichkeit geringer, dass sie sich fortpflanzen können. Dadurch werden auch die nachteiligen Erbinformationen, die die verstärkte Melaninproduktion veranlassen, nur in geringem Maße an die folgenden Generationen weitergegeben.

c Aufgrund der durch die dunkler gefärbten Birken veränderten Lebensbedingungen wirkt sich nun die durch die zufällige Mutation verstärkte Melaninproduktion vorteilhaft aus. Die dunkler gefärbten Birkenspanner sind jetzt effektiver getarnt und werden von den Fressfeinden seltener entdeckt, da sie nun besser an die Umweltbedingungen angepasst sind. Gleichzeitig sind die helleren Birkenspanner unter diesen Umständen schlechter getarnt, weshalb sie von Vögeln leichter entdeckt und vermehrt gefressen werden. Durch diesen Selektionsvorteil steigt der Fortpflanzungserfolg der dunkleren Individuen und die Erbinformation, die für die vermehrte Melaninproduktion verantwortlich ist, wird verstärkt an die Nachkommen weitergegeben. Im Laufe mehrerer Generationen werden somit vermehrt dunklere Birkenspanner innerhalb der Population auftreten.

73 Der Hornissen-Glasflügler ahmt die Warnfärbung der wehrhaften Hornissen nach und täuscht damit mögliche Fressfeinde. Diese vermeiden die Glasflügler als Beutetiere, eventuell aufgrund negativer Erfahrungen mit Hornissen. Auch von Hornissen wird der Falter wegen seiner Färbung nicht als Beute erkannt.

74 **a**
- gewölbter Fuß
- lange Beine
- schüsselförmiges Becken
- doppelt s-förmig gekrümmte Wirbelsäule

b

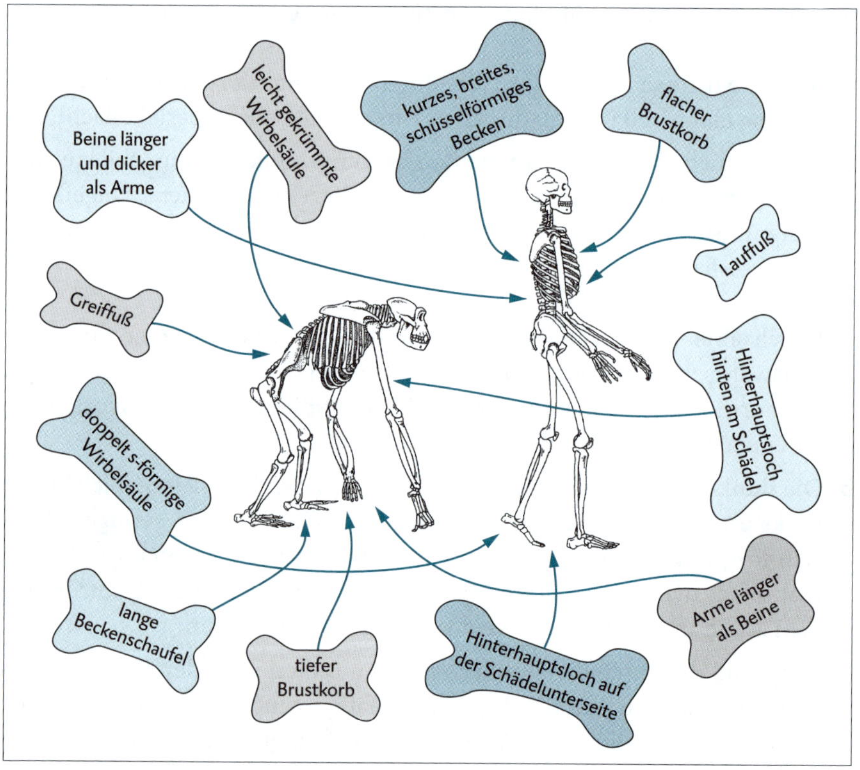

75 **Reich:** Tiere
Stamm: Wirbeltiere
Klasse: Säugetiere
Ordnung: Primaten
Familie: Menschenaffen *(Hominidae)*
Gattung: Menschen *(Homo)*
Art: *H. sapiens*

76 **a** Das Gehirnvolumen der Vormenschen, *Australopithecus afarensis* und *Australopithecus africanus* entsprach in etwa dem der heute lebenden Schimpansen.
Innerhalb der Hominini ist eine kontinuierliche Zunahme des Gehirnvolumens vom *Homo habilis* über *Homo erectus* bis zum *Homo sapiens* festzustellen.

b Das Alter der fossilen Funde zeigt, dass die Hominisation mit den Vormenschen, *Australopithecus afarensis* und *A. africanus*, vor etwa 4 Millionen Jahren begann. Anschließend existierten verschiedene Arten (*Homo habilis* und *H. erectus*) der Gattung *Homo*, bis sich vor etwa 200 000 Jahren mit dem *H. sapiens* die Vorfahren des modernen Menschen entwickelten.

77 **a** Der Menschenschädel zeigt einen im Vergleich zum Schimpansenschädel …
- [ ] deutlich verkleinerten Gehirnschädel und ermöglicht dadurch ein deutlich größeres Gehirnvolumen.
- [ ] deutlich vergrößerten Gehirnschädel und verhindert dadurch ein deutlich größeres Gehirnvolumen.
- [x] deutlich vergrößerten Gehirnschädel und ermöglicht dadurch ein deutlich größeres Gehirnvolumen.

Am Schimpansenschädel fallen die …
- [ ] Übernasenwülste, knöcherne Vorwölbungen oberhalb der Nasenhöhle,
- [x] Überaugenwülste, knöcherne Vorwölbungen oberhalb der Augenhöhle,
- [ ] Überohrenwülste, knöcherne Vorwölbungen oberhalb der Ohren,

und der …
- [x] sehr große und vorspringende
- [ ] eher kleine, aber vorspringende
- [ ] sehr große und flache

Gesichtsschädel auf.

An den Unterkiefern kann man erkennen, dass die Backenzähne beim Menschen bogenförmig und beim Schimpansen …

- [x] parallel angeordnet sind.
- [ ] parabolisch angeordnet sind.
- [ ] elliptisch angeordnet sind.

Die Eckzähne des Schimpansen sind im Vergleich zu denen des Menschen …

- [ ] etwa gleich groß.
- [x] deutlich größer.
- [ ] deutlich kleiner.

b Die Gattung Proconsul ist vermutlich in den Stammbaumbereich der Menschenaffenvorfahren einzuordnen, da Schädel und Kiefer sowohl Merkmale des Jetzt-Menschen als auch eines Schimpansen aufweisen.
Ein typisches Schimpansenmerkmal ist die parallele Anordnung der Backenzähne.
Der Gesichtsschädel ist zwar vorspringend, aber nicht so deutlich wie beim Schimpansen. Auch die Eckzähne sind größer als die anderen Zähne, aber nicht so groß wie beim Schimpansen.

78 a

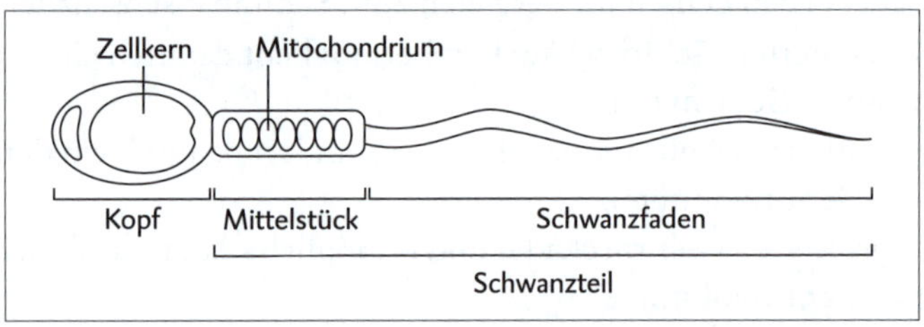

Der **Kopf** enthält die haploide Erbinformation. Der **Schwanzteil** beinhaltet sowohl die Mitochondrien (liefern die für die Bewegung benötigte Energie) als auch den Schwanzfaden, der die Bewegung ermöglicht.

b

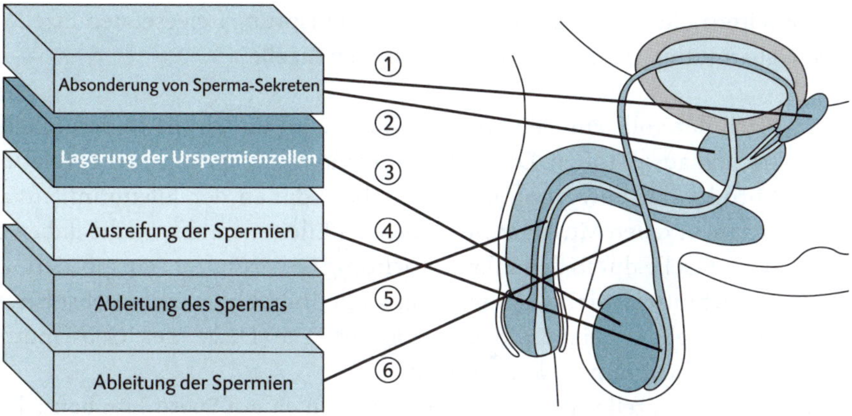

1 Bläschendrüse	2 Prostata
3 Hoden	4 Nebenhoden
5 Harn-Spermien-Röhre	6 Spermienleiter

c
- Viele der ausgestoßenen Spermien sind bewegungsunfähig.
- Der Energievorrat mancher Spermien ist zu schnell verbraucht.
- Zu saures Scheidenmilieu hemmt die Bewegungsfähigkeit der Spermien und tötet sie ab.
- Der Schleimpfropf am Gebärmuttereingang hält viele Spermien auf.
- Die weißen Blutkörperchen der Frau greifen die Spermien als körperfremde Zellen an und vernichten viele von ihnen.
- Der Wimpernschlag im Eileiter hemmt die Bewegung der Spermien.

79

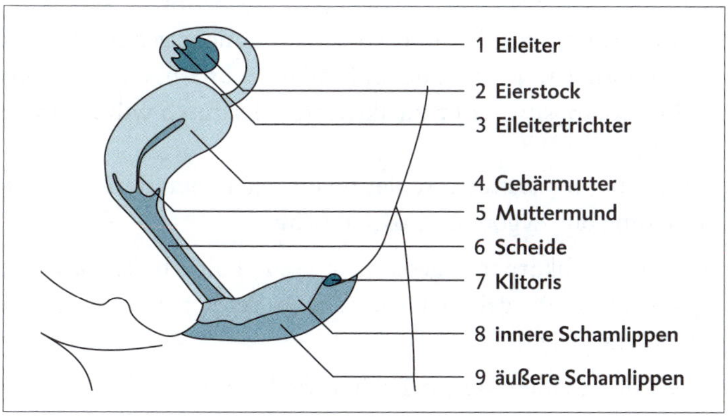

1 Eileiter: transportiert Eizellen Richtung Gebärmutter
2 Eierstock: Eizellen reifen heran

3 Eileitertrichter: Aufnahme der durch den Eisprung freigesetzten Eizelle
4 Gebärmutter: Aufnahme der befruchteten Eizelle

80 **a** A Nach der vollständigen Follikelreifung wird die Eizelle in den Eileitertrichter ausgestoßen. Dies bezeichnet man als Eisprung oder Ovulation.

B Mithilfe der Bewegung feiner Härchen, die an der Eileiterinnenwand sitzen, und den Muskelbewegungen der Eileiterwand wird die unbewegliche Eizelle durch den Eileiter Richtung Gebärmutter transportiert. Die Gebärmutterschleimhaut wird verstärkt durchblutet und wächst heran.

C Die Eizelle erreicht die Gebärmutter. Die Dicke der Gebärmutterschleimhaut nimmt weiterhin zu.

D Wird die Eizelle auf ihrem Weg nicht von einem Spermium befruchtet, löst sich die reich durchblutete Gebärmutterschleimhaut auf und wird abgestoßen. Die Regelblutung (Menstruation) setzt ein.

b Während der Menstruation fehlt der Schleimpfropf im Gebärmutterhals, damit Blut und Schleimhautreste durch die Scheide abfließen können. Somit fehlt aber auch eine Sperre gegen eventuell aufsteigende Krankheitserreger. Durch gründliche Hygiene können die Erreger jedoch entfernt und eine Infektion verhindert werden.

81 **a** In den Follikeln der Eierstöcke würden keine Eizellen mehr heranreifen. Außerdem löst nur ein bestimmtes Konzentrationsverhältnis von FSH zu LH den Eisprung aus.

b Die Gebärmutterschleimhaut würde sich nicht drüsenreich und stark durchblutet entwickeln. Eine Einnistung der Zygote wäre so nicht möglich.

c Die weitere Ausschüttung von LH und FSH würde nicht gehemmt, da die Östrogene den Hypothalamus nicht daran hindern würden, die Hypophyse durch weitere Freisetzungshormone zu aktivieren. Dadurch würde ein neuer Zyklus beginnen.
Außerdem würde die Gebärmutterschleimhaut nicht heranwachsen, wodurch eine Einnistung der Zygote unmöglich wäre.

d Dadurch würde der Gelbkörper abgebaut, was zur Folge hätte, dass keine weiteren Progesterone mehr gebildet würden. Außerdem würden sich die Milchdrüsen nicht entwickeln.

e In diesem Fall würde in einem neuen Zyklus wieder eine Eizelle im Follikel heranreifen und trotz bestehender Schwangerschaft ein neuer Eisprung ausgelöst werden.

82 Eineiige Zwillinge entstehen aus einer Zygote durch eine komplette Abschnürung während der Bildung des Keimes. Da beide Individuen demnach auf eine gemeinsame Eizelle zurückgeführt werden können, die durch ein Spermium befruchtet wurde, besitzen sie die identischen Erbinformationen und haben deshalb immer das gleiche Geschlecht.
Bei der Bildung von zweieiigen Zwillingen werden innerhalb kurzer Zeit zwei Eizellen aus dem Eierstock freigesetzt und durch je ein Spermium befruchtet. Die Zwillinge besitzen also unterschiedliche Erbinformationen und können deshalb unterschiedlichen Geschlechts sein.

83

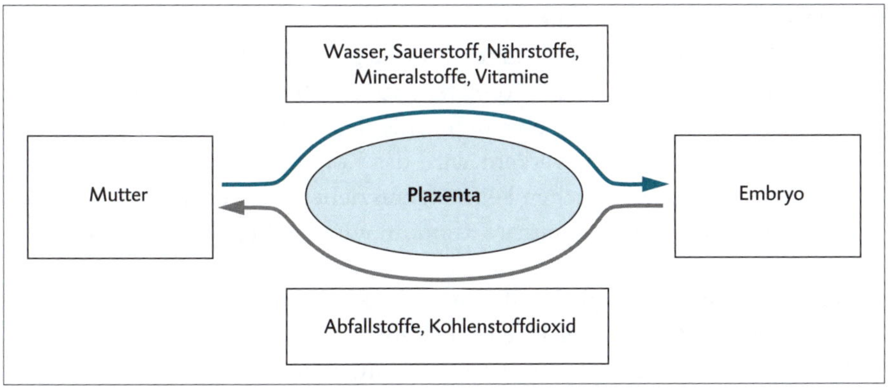

84 a Die Plazentaschranke ermöglicht einen kontrollierten Stoffaustausch zwischen mütterlichem und kindlichem Blut und verhindert einen direkten Kontakt der Blutzellen. Allerdings können manche Medikamente, Drogen (auch Alkohol und Nikotin) sowie Krankheitserreger wie Röteln- und Masernviren aus dem mütterlichen Blut die Plazentaschranke überwinden, in das kindliche Blut gelangen und so zu schweren Schädigungen führen.

b Zu Beginn der Schwangerschaft teilt sich die Zygote mehrmals. Schädigungen, die durch Medikamentenwirkstoffe, Nikotin oder Alkohol in diesem Entwicklungsstadium verursacht werden, werden also auch an alle aus den Furchungsvorgängen hervorgehenden Tochterzellen weitergegeben. Vor allem die Eigenschaft des Thalidomids, die Neubildung von Blutgefäßen zu hemmen, dürfte in diesem Stadium bei der Ausbildung der Plazenta problematisch sein und dadurch zu einer Mangelversorgung des Embryos führen.
Im weiteren Schwangerschaftsverlauf können durch die zellwachstumshemmenden Eigenschaften des Thalidomids bei der Entwicklung von Arm- bzw. Beinknospen, Gehirn, Wirbelsäule und Herz (bis zur 5. Woche) sowie aller anderen inneren Organe (bis zur 9. Woche) schwere Schäden entste-

hen. Auch die Nebenwirkung, dass die Neubildung von Blutgefäßen gehemmt wird, müsste zu einer Mangeldurchblutung und damit zur Unterversorgung der wachsenden Gliedmaßen führen.
Auch ab dem 4. Schwangerschaftsmonat, in dem die Wachstumsphase der inneren Organe beginnt, dürfte eine Hemmung des Zellwachstums zu Entwicklungsstörungen führen.

85 A Die Verpackung wird vorsichtig aufgerissen, um das Kondom nicht mit Fingernägeln oder scharfkantigen Schmuckstücken zu beschädigen.
B Die Vorhaut des erigierten Penis wird etwas zurückgezogen.
C Das Kondom wird auf die Eichel aufgesetzt.
D/E Das Reservoir wird mit Daumen und Zeigefinger der einen Hand so festgehalten, dass dort kein Luftpolster entsteht. Mit der anderen Hand wird das Kondom vollständig über den Penis abgerollt.
F Nach dem Geschlechtsverkehr wird das Kondom am Penisansatz festgehalten, um ein Abrutschen beim Herausziehen des Penis aus der Scheide zu verhindern. Das gebrauchte Kondom wird im Abfalleimer entsorgt.

86 **a** Die Wirkstoffe der Antibabypille versuchen zu verhindern, dass …
- eine befruchtungsfähige Eizelle entsteht.
- Spermien den Schleimpfropf im Gebärmutterhals durchdringen.
- sich eine befruchtete Eizelle in der Gebärmutterschleimhaut einnistet.

b A Eine erhöhte Konzentration an Östrogen verhindert die Follikelreifung in den Eierstöcken, den Eisprung und damit die Bereitschaft zur Empfängnis, da die weitere Ausschüttung von LH und FSH gehemmt wird. Die Östrogene hindern den Hypothalamus daran, die Hypophyse durch weitere Freisetzungshormone zu aktivieren.
B Sollte es dennoch zu einem Eisprung und einer Befruchtung gekommen sein, verhindert die erhöhte Progesteron-Konzentration die Einnistung in der Gebärmutterschleimhaut.
C Da in der Einnahmepause keine Hormone zugeführt werden, kann der Körper die Gebärmutterschleimhaut nicht aufrechterhalten und es setzt eine Blutung ein.

87 **a** **§ 218: Schwangerschaftsabbruch**

(1) Wer eine Schwangerschaft abbricht, wird mit Freiheitsstrafe bis zu drei Jahren oder mit Geldstrafe bestraft. Handlungen, deren Wirkung vor Abschluss der Einnistung des befruchteten Eies in der Gebärmutter eintritt, gelten nicht als Schwangerschaftsabbruch im Sinne dieses Gesetzes.

(2) In besonders schweren Fällen ist die Strafe Freiheitsstrafe von sechs Monaten bis zu fünf Jahren. Ein besonders schwerer Fall liegt in der Regel vor, wenn der Täter
   1. gegen den Willen der Schwangeren handelt oder
   2. leichtfertig die Gefahr des Todes oder einer schweren Gesundheitsschädigung der Schwangeren verursacht.

(3) Begeht die Schwangere die Tat, so ist die Strafe Freiheitsstrafe bis zu einem Jahr oder Geldstrafe.

(4) Der Versuch ist strafbar. Die Schwangere wird nicht wegen Versuchs bestraft.

§ 218 a: Straflosigkeit des Schwangerschaftsabbruchs

(1) Der Tatbestand des § 218 ist nicht verwirklicht, wenn
   1. die Schwangere den Schwangerschaftsabbruch verlangt und dem Arzt durch eine Bescheinigung nach § 219 Abs. 2 Satz 2 nachgewiesen hat, dass sie sich mindestens drei Tage vor dem Eingriff hat beraten lassen,
   2. der Schwangerschaftsabbruch von einem Arzt vorgenommen wird und
   3. seit der Empfängnis nicht mehr als zwölf Wochen vergangen sind.

(2) Der mit Einwilligung der Schwangeren von einem Arzt vorgenommene Schwangerschaftsabbruch ist nicht rechtswidrig, wenn der Abbruch der Schwangerschaft unter Berücksichtigung der gegenwärtigen und zukünftigen Lebensverhältnisse der Schwangeren nach ärztlicher Erkenntnis angezeigt ist, um eine Gefahr für das Leben oder die Gefahr einer schwerwiegenden Beeinträchtigung des körperlichen oder seelischen Gesundheitszustandes der Schwangeren abzuwenden, und die Gefahr nicht auf eine andere für sie zumutbare Weise abgewendet werden kann.

(3) Die Voraussetzungen des Absatzes 2 gelten bei einem Schwangerschaftsabbruch, der mit Einwilligung der Schwangeren von einem Arzt vorgenommen wird, auch als erfüllt, wenn nach ärztlicher Erkenntnis an der Schwangeren eine rechtswidrige Tat nach den §§ 176 bis 179 des Strafgesetzbuches begangen worden ist, dringende Gründe für die Annahme sprechen, dass die Schwangerschaft auf der Tat beruht, und seit der Empfängnis nicht mehr als zwölf Wochen vergangen sind.

(4) Die Schwangere ist nicht nach § 218 strafbar, wenn der Schwangerschaftsabbruch nach Beratung (§ 219) von einem Arzt vorgenommen worden ist und seit der Empfängnis nicht mehr als zweiundzwanzig Wochen verstrichen sind. Das Gericht kann von Strafe nach § 218 absehen, wenn die Schwangere sich zur Zeit des Eingriffs in besonderer Bedrängnis befunden hat.

b Laut § 218 ist es strafbar, …

- [x] eine Schwangerschaft abzubrechen.
- [ ] die Einnistung einer befruchteten Eizelle in die Gebärmutter zu verhindern.
- [ ] die Befruchtung einer Eizelle zu verhindern.

In einem besonders schweren Fall ist der Abbruch der Schwangerschaft …

- [ ] mit einer Geldstrafe zu bestrafen.
- [x] mit einer Freiheitsstrafe von bis zu 5 Jahren zu bestrafen.
- [ ] straffrei.

Der Abbruch der Schwangerschaft ist nicht rechtswidrig, wenn er …

- [x] innerhalb der ersten 12 Wochen erfolgt und von einem Arzt nach eingehender Beratung durchgeführt wird.
- [x] von ärztlicher Seite notwendig ist, um eine Gefahr für das Leben oder den Gesundheitszustand der Schwangeren abzuwenden.
- [x] innerhalb von 12 Wochen erfolgt und die Schwangerschaft als Folge einer rechtswidrigen Tat besteht.

88 a

Vergleichskriterium	Künstliche Besamung	Künstliche Befruchtung
Freisetzung der Eizelle	Eisprung	Punktion
Freisetzung der Spermien	Spermien-Gewinnung durch Masturbation oder durch direkte Entnahme aus dem Hoden	Spermien-Gewinnung durch Masturbation oder durch direkte Entnahme aus dem Hoden
Ort der Befruchtung	Gebärmutter	Reagenzglas
Bildungsort des Embryos	Gebärmutter	Reagenzglas
Einnistung des Embryos	Gebärmutterschleimhaut	Gebärmutterschleimhaut

b **Paar 1: Künstliche Besamung**

Da beim Ehemann eine stark verminderte Beweglichkeit der Spermien festgestellt wurde, müssen diese mithilfe der künstlichen Besamung möglichst nahe an den Ort der Befruchtung gebracht werden. Dazu wird das Sperma des Mannes gewonnen. Durch Zentrifugieren wird die Konzentration der Spermien und durch Medikamentenzugabe ihre Beweglichkeit in der Spermaflüssigkeit erhöht. Anschließend werden die aufbereiteten Spermien instrumentell während der fruchtbaren Tage der Frau in ihre Gebärmutter eingeführt. Die Befruchtung der Eizelle soll dann im weiblichen Geschlechtstrakt erfolgen. Um die Befruchtungswahrscheinlichkeit zu erhö-

hen, werden die Eierstöcke der Frau durch Medikamentengabe zusätzlich hormonell stimuliert.
Können aufgrund von genetischen Defekten nicht die Spermien des eigenen Mannes verwendet werden, gibt es die Möglichkeit, von einer Samenbank anonym Spender-Spermien zu erhalten.

Paar 2: Künstliche Befruchtung

Durch die verklebten Eileiter der Frau können keine Eizellen in die Gebärmutter gelangen. Deshalb werden durch eine mehrtägige Hormongabe (zumeist FSH) mehrere Follikel auf einmal zur Reifung stimuliert. Anschließend wird durch die Verabreichung des Schwangerschaftshormons *Human chorionic gonadotropine* (HCG) die Ovulation ausgelöst und unter Vollnarkose die Eizellen aus den Follikeln durch Punktion entfernt. Die Spermien gelangen bei der In-vitro-Fertilisation (IVF) in einem Reagenzglas selbst zur und in die Eizellen. Anschließend werden die bereits mehrzelligen Keimlinge in die Gebärmutter eingebracht.

Paar 3: Kryokonservierung

Aufgrund der geplanten Chemotherapie bzw. Bestrahlung besteht die Möglichkeit, dass die Funktion der Hoden dauerhaft gestört wird. Vor der Behandlung können Spermien entweder durch Masturbation oder auch durch direkte Entnahme aus dem Hoden gewonnen werden. Durch Einfrieren in flüssigem Stickstoff bei –196 °C ist es möglich, die Spermien über eine sehr lange Zeit haltbar zu machen und bei Bedarf wieder aufzutauen. Anschließend stehen diese sowohl für eine künstliche Besamung als auch für eine künstliche Befruchtung zur Verfügung.

89 **a** A Eizellen-Gewinnung
B Sperma-Gewinnung
C In-vitro-Fertilisation
D Embryotransfer in die Mutter
E Kryokonservierung
F Embryotransfer in die Leihmutter

b Die Leihmutter stellt ihre Gebärmutter zur Verfügung, um einen durch In-vitro-Fertilisation erzeugten Embryo nach der Schwangerschaft als Kind für eine andere Frau zur Welt zu bringen.

Anmerkung: Das Embryonenschutzgesetz aus dem Jahr 1991 verbietet in Deutschland jegliche ärztliche Leistung bei Leihmutterschaften. Das Vorgehen der Leihmutter wird jedoch genauso wenig bestraft wie das derjenigen Person, die den Auftrag erteilt.

90 a Proteine bestehen in der Regel aus mehreren Hundert Einzelbausteinen, den 20 verschiedenen Aminosäuren. Die 8 **essenziellen** Aminosäuren können nicht vom menschlichen Körper selbst hergestellt werden, sondern müssen über die **Nahrung** aufgenommen werden. Die **Aminosäure-Sequenz** gibt die Verknüpfung und dadurch die Reihenfolge der Aminosäuren in einem Protein an. Diese lange Kette kann sich durch unterschiedliche Anziehungskräfte zu übergeordneten **Raumstrukturen** zusammenlagern, die die biologische Funktion des Proteins bestimmen.

b
- Isoleucin
- Leucin
- Lysin
- Methionin
- Phenylalanin
- Threonin
- Tryptophan
- Valin

Anmerkung: Für Jugendliche sind zusätzlich die Aminosäuren Arginin und Histidin essenziell.

91 a **Komplementäre Basenpaarung:** Im DNS-Doppelstrang sind immer Adenin mit Thymin und Cytosin mit Guanin gepaart. Die komplementären Basen werden durch Anziehungskräfte zusammengehalten.

Gen: Als Gen werden die Abschnitte der DNS bezeichnet, die eine Erbinformation und damit ein bestimmtes Protein verschlüsseln.

b Aufgrund der komplementären Basenpaarung muss auch der Anteil von Guanin bei 15 % liegen. Die übrigen 70 % teilen sich je hälftig auf die beiden restlichen Basen auf: Es sind also je 35 % Adenin und Thymin enthalten.

92 a

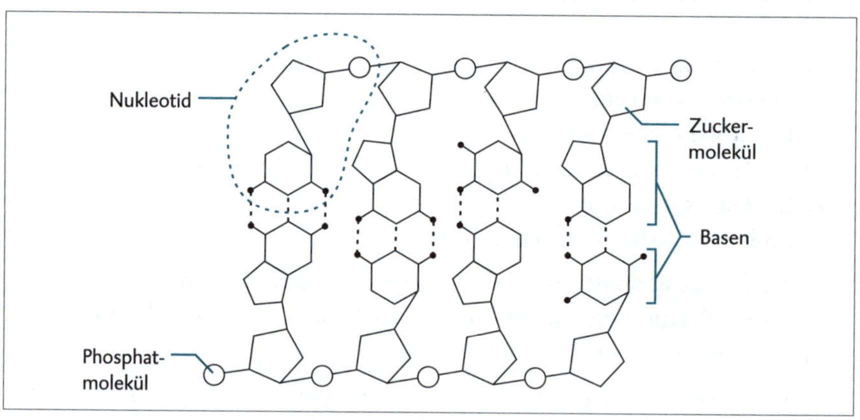

b

Vergleichskriterium	DNS	RNS
Zucker	Desoxyribose	Ribose
gemeinsame Basen	Adenin, Guanin, Cytosin	Adenin, Guanin, Cytosin
unterschiedliche Basen	Thymin	Uracil
weiterer Nukleotidbestandteil	Phosphatmolekül	Phosphatmolekül
Strängigkeit	Doppelstrang	Einzelstrang

93 a Virulente Bakterien des S-Stammes wurden durch Hitzebehandlung abgetötet und in die einzelnen Zellbestandteile, Proteine, Fette, Kohlenhydrate und Nukleinsäuren, aufgetrennt. Diese Bestandteile wurden anschließend in vier getrennten Versuchsansätzen mit harmlosen Bakterien des R-Stammes versetzt und in Nährlösungen kultiviert. Danach wurden die Bakterienkulturen mikroskopisch untersucht.

b Nur die Nukleinsäuren kommen als die die Erbinformationen tragenden Moleküle infrage. Nach dem Versetzen des harmlosen R-Stammes mit Nukleinsäuren des virulenten S-Stammes traten bei der Kultivierung S-Bakterien auf. Das bedeutet, dass durch die Nukleinsäuren die krankmachende Erbinformation der S-Bakterien in die R-Bakterien aufgenommen wurde.
Bei den Versuchen mit Kohlenhydraten, Fetten und Proteinen konnten keine Veränderungen beim R-Stamm festgestellt werden. Diese Moleküle kommen also nicht als Träger der Erbinformation infrage.

94 a **Transkription:** Bei der Transkription wird die Basenabfolge der DNS in die Basenabfolge einer mRNS abgeschrieben.
Translation: Durch die Translation wird die Basenabfolge der mRNS in die Aminosäure-Sequenz übersetzt.

b

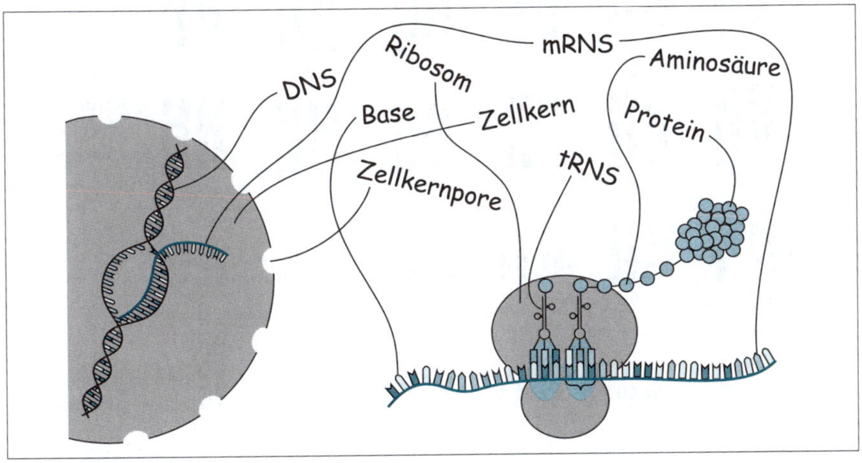

c

DNS	TAC	TCT	AAT	GCT	CCG	ATC
mRNS	AUG	AGA	UUA	CGA	GGC	UAG
AS	Methionin (= Start)	Arginin	Leucin	Arginin	Glycin	Stopp

95 **a** Es gibt vier verschiedene Basen. Während es bei einem Basenduplett mit $4^2 = 16$ Varianten nicht genügend Kombinationsmöglichkeiten für die Codierung von 20 Aminosäuren gibt, bietet ein Basentriplett mit $4^3 = 64$ Varianten ausreichend Codierungsmöglichkeiten.

b Das Triplett AUG dient laut Code-Tabelle als Start- und UAG als Stopp-Stelle. Vermutlich erkennt das Ribosom diese beiden Stellen und beginnt/beendet dort die Transkription. Dadurch ist die Länge der Aminosäurekette vorgegeben und es wird die jeweilige Funktion des Proteins ermöglicht.

c UAA und UGA

96 **a** Einige Tropfen Blut werden entnommen und in eine Nährlösung gegeben. Im Brutschrank werden die im Blut enthaltenen weißen Blutzellen bei 37 °C zur Teilung angeregt. Durch Zugabe von Kolchizin wird der Teilungsvorgang in der Metaphase unterbrochen und die Chromosomen bleiben mikroskopisch gut sichtbar erhalten. Im Anschluss daran werden die Chromosomen angefärbt, digital fotografiert, am Computer bearbeitet und anhand ihrer Größe, ihrer Form und ihres charakteristischen Färbemusters geordnet.

b

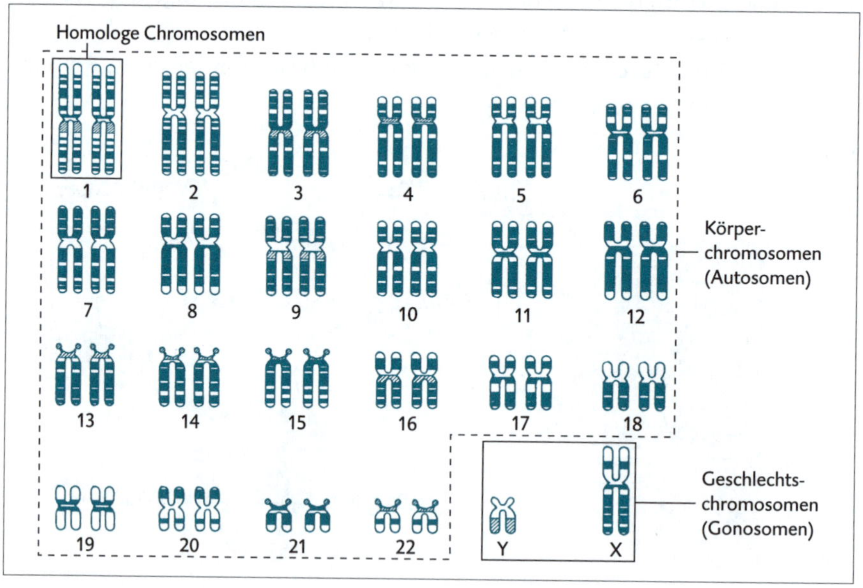

c Da mit einem X- und einem Y-Chromosom zwei unterschiedliche Gonosomen vorliegen, muss es sich um das Karyogramm eines Mannes handeln.

97 a **Replikation**
Die Replikation findet in der S(ynthese)-Phase der Interphase statt.

b Bei der identischen Verdoppelung der DNS wird jedes der **Chromosomen**-Moleküle mithilfe von **Enzymen** zum **Chromatin**-Faden **entspiralisiert** und der Eltern-**Doppel**strang reißverschlussartig **geöffnet**. Anschließend werden die beiden **Einzel**stränge durch **komplementäre Basenpaarung** an der sogenannten **Replikationsgabel** wieder zu je einem **Doppel**strang ergänzt. Dabei bewegt sich ein Enzym am **führenden** Strang in Richtung der Replikationsgabel entlang und ergänzt **fortlaufend (kontinuierlich)** die passenden **Nukleotide** durch komplementäre Basenpaarung. Am **nachfolgenden** Strang bewegt sich das Enzym jedoch immer von der Replikationsgabel **weg** und ergänzt deshalb nur **Teilstücke**. Diese werden durch ein weiteres Enzym **miteinander verknüpft**, sodass auch hier ein zusammenhängender Strang nachgebildet wird.

98 a Bei der Meiose wird durch die Reduktionsteilung zum einen der diploide Chromosomensatz zu einem haploiden Chromosomensatz reduziert, was nach einer Befruchtung zur Konstanthaltung des arttypischen Chromosomensatzes führt. Zum anderen erfolgt während dieser 1. Reifeteilung eine zufällige Verteilung der Chromosomen und damit eine Neukombination des väterlichen und mütterlichen Erbgutes. Durch Stückaustausch zwischen homologen Chromosomen (Crossing-over) können ebenfalls neue Kombinationen der Erbinformationen entstehen.

b

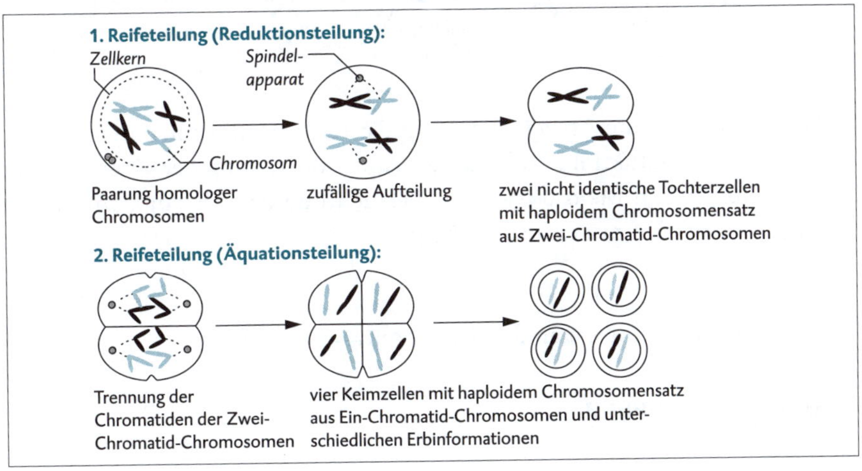

c

Kriterium	Mitose	Meiose
Ort	in allen wachsenden/sich erneuernden Geweben	nur in den Keimdrüsen
Ziel	Vermehrung der Körperzellen	Keimzellenbildung als Voraussetzung für die Befruchtung
Ergebnis	2 genetisch identische diploide Tochterzellen	4 genetisch unterschiedliche haploide Keimzellen
Mann – Frau	kein Unterschied	identische Zellkernteilung, aber unterschiedliche Zellplasmateilung $\Rightarrow$ 4 Spermien, aber nur 1 Eizelle

99 a A Bei dieser Frau liegt eine Monosomie 21 vor, da das Chromosom Nr. 21 nur ein Mal vorkommt.

B Bei dieser Frau liegt eine Monosomie bezüglich des X-Chromosoms vor, da das zweite X-Chromosom fehlt.

b

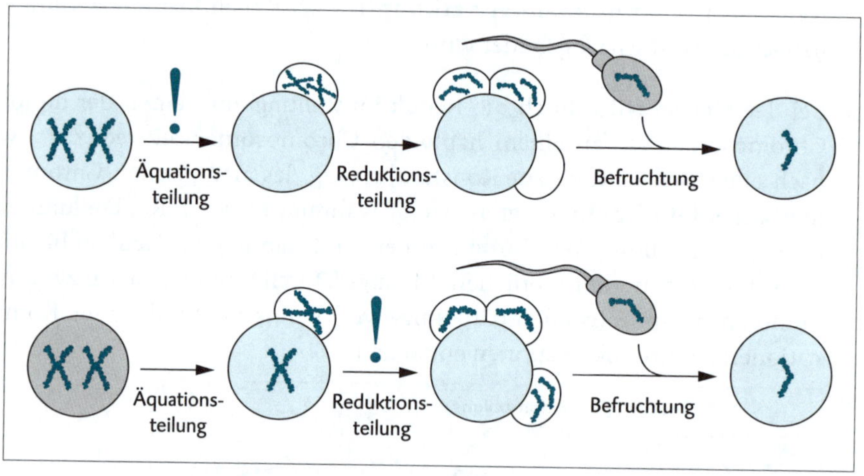

Die Ursache für die Abweichung liegt darin, dass aufgrund einer Nichttrennung in der Reduktions- oder in der Äquationsteilung der väterlichen oder der mütterlichen Meiose nach der Befruchtung das Chromosom 21 in der Zygote insgesamt nur einmal vorliegt.

100

	richtig	falsch
Als ~~Genotyp~~ bezeichnet man das ~~Erscheinungsbild~~ von Lebewesen.	☐	☒

Phänotyp bzw. **Erbbild**

Unter Homozygotie versteht man die Reinerbigkeit bezüglich eines Merkmals.	[X]	[ ]
Stimmen die beiden Erbanlagen eines Merkmals, auch Allele genannt, überein, so bezeichnet man dies als ~~heterozygot~~. **homozygot**.	[ ]	[X]
Erbgänge, bei denen eine Erbanlage phänotypisch über die andere dominiert, werden als dominant-rezessive Erbgänge bezeichnet.	[X]	[ ]
~~Fremdbestäubung~~ bedeutet, dass die Narbe einer Pflanze von ihrem eigenen Pollen bestäubt wird. **Selbstbestäubung**	[ ]	[X]
Werden Elternpflanzen unterschiedlicher Sorten oder Rassen gekreuzt, werden ihre Nachkommen Hybride genannt.	[X]	[ ]
Deren Eltern werden oft auch als ~~Filialgeneration~~ bezeichnet. **Parentalgeneration**	[ ]	[X]

101 **a** Die bei Mischerbigkeit phänotypisch ausprägende Erbanlage, in diesem Fall die rote Blütenfarbe, wird als dominant bezeichnet, die davon überdeckte Erbanlage, hier die weiße Blütenfarbe, als rezessiv.

b 1. MENDELSCHE Regel: Kreuzt man Eltern zweier reinerbiger Rassen oder Sorten, die sich in einem Merkmal phänotypisch unterscheiden, so sind die Nachkommen in der F_1-Generation bezüglich dieses Merkmals alle gleich (Uniformitätsregel).

Legende: R = rote Blüten (dominantes Merkmal)
r = weiße Blüten (rezessives Merkmal)

Phänotypen der P-Generation: rote Blüten × weiße Blüten
Genotypen der P-Generation: RR × rr

Keimzellen	(R)	(R)
(r)	Rr	Rr
(r)	Rr	Rr

=> Verhältnis der Phänotypen in der F_1: alle Pflanzen mit roten Blüten
Verhältnis der Genotypen in der F_1: alle Rr

Die verwendeten Erbsensorten unterschieden sich reinerbig in der Blütenfarbe (weiß/rot). Die Nachkommen waren in der F_1-Generation alle gleich (rot).

c

Phänotypen der F_1-Generation: rote Blüten × rote Blüten
Genotypen der F_1-Generation: Rr × Rr

Keimzellen	(R)	(r)
(R)	RR	Rr
(r)	Rr	rr

=> Verhältnis der Phänotypen in der F_2: rot : weiß = 3 : 1
Verhältnis der Genotypen in der F_2: RR : Rr : rr = 1 : 2 : 1

Hier ist die 2. MENDELSCHE Regel (Spaltungsregel) erfüllt.
Im Experiment werden die rot blühenden Hybriden aus der F_1-Generation untereinander gekreuzt. Die Merkmale der P-Generation rot blühend/weiß blühend tauchen in der F_2-Generation im Verhältnis 3 : 1 auf.

d Um zu testen, ob das dominante Merkmal im Genotyp rein- oder mischerbig vorliegt, ist die Rückkreuzung geeignet.
Dazu wird als Kreuzungspartner für das zu testende Individuum der Elternteil gewählt, der die rezessive Erbanlage in reinerbiger Form besitzt, hier also der weiß blühende Elter. Sind die durch Rückkreuzung erzeugten Nachkommen bezüglich der Blütenfarbe uniform, dann waren die zu testenden Pflanzen reinerbig (1. MENDELSCHE Regel). Spalteten sich die Merkmale der P-Generation jedoch im Verhältnis 1 : 1 auf, so handelte es sich um mischerbige Nchkommen.

102 a Kreuzt man Individuen zweier **Sorten** / ~~Arten~~, die sich in **zwei** / ~~drei~~ Merkmalen ~~mischerbig~~ / **reinerbig** unterscheiden, so werden die Erbanlagen ~~gemeinsam~~ / **voneinander unabhängig** kombiniert und die Merkmale spalten sich bei den Nachkommen der ~~F_1-Generation~~ / **F_2-Generation** im Zahlenverhältnis ~~3 : 1~~ / **9 : 3 : 3 : 1** auf.

b Für die 3. MENDELSCHE Regel werden zwei Merkmale betrachtet und nicht nur eines, wie bei den beiden anderen Regeln. Es handelt sich also um einen dihybriden Erbgang.

103 a

Phänotypen der P-Generation: gelbe kantige Samen × grüne runde Samen
Genotypen der P-Generation: GGrr × ggRR

Legende: R = runde Samen (dominantes Merkmal)
r = kantige Samen (rezessives Merkmal)
G = gelbe Samen (dominantes Merkmal)
g = grüne Samen (rezessives Merkmal)

Keimzellen	(Gr)	(Gr)
(gR)	GgRr	GgRr
(gR)	GgRr	GgRr

b

Phänotypen der F_1-Generation: gelbe runde Samen × gelbe runde Samen
Genotypen der F_1-Generation: GgRr × GgRr

Keimzellen	(GR)	(Gr)	(gR)	(gr)
(GR)	GGRR	GGRr	GgRR	GgRr
(Gr)	GGRr	GGrr	GgRr	Ggrr
(gR)	GgRR	GgRr	ggRR	ggRr
(gr)	GgRr	Ggrr	ggRr	ggrr

Phänotypen der F_2-Generation: gelb/rund gelb/kantig grün/rund grün/kantig
Verhältnis: 9 : 3 : 3 : 1

c Nur bei den phänotypisch grünen kantigen Samen kann man definitiv davon ausgehen, dass sie reinerbig sind. Bei allen anderen Phänotypen ist dies unklar.

104 a Da die Wirkung beider Erbanlagen im Phänotyp (rosa) der mischerbigen Individuen erkennbar ist und dieser zwischen den Phänotypen der reinerbigen Individuen (weiß und rot) liegt, handelt es sich hierbei um einen intermediären Erbgang.

b

Legende: r = rote Blüten
w = weiße Blüten

Phänotypen der P-Generation: rote Blüten × weiße Blüten
Genotypen der P-Generation: rr × ww

Keimzellen	(r)	(r)
(w)	rw	rw
(w)	rw	rw

=> Verhältnis der Phänotypen in der F_1: alle rosa
Verhältnis der Genotypen in der F_1: alle rw

Phänotypen der F_1-Generation: rosa Blüten × rosa Blüten
Genotypen der F_1-Generation: rw × rw

Keimzellen	(r)	(w)
(r)	rr	rw
(w)	rw	ww

=> Verhältnis der Phänotypen in der F_2: rot : rosa : weiß = 1 : 2 : 1
Verhältnis der Genotypen in der F_2: rr : wr : ww = 1 : 2 : 1

c Dieses Vorgehen führt nicht am schnellsten zum Ziel. Bei einem intermediären Erbgang erfolgt in der F_2-Generation eine Aufspaltung der Merkmale im Verhältnis 1:2:1. Das bedeutet, 50 % der aus der Züchtung hervorgehenden Pflanzen sind entweder weiß oder rot und nur die restlichen 50 % sind rosa. Sinnvoller wäre es, weiße und rote Malven zu kreuzen. 100 % der Nachkommen wären in diesem Fall rosafarben.

105 a Die schwarze Fellfarbe ist dominant gegenüber der weißen Fellfarbe, die sich rezessiv verhält. Nach der 1. MENDELSCHEN Regel, der Uniformitätsregel, waren die beiden Elterntiere reinerbig bezüglich der Fellfarbe.

Hinweis: Es wäre natürlich auch denkbar, dass das schwarze Tier heterozygot bezüglich der Fellfarbe ist. Auch in diesem Fall wäre es theoretisch möglich, wenn auch sehr unwahrscheinlich, dass alle sieben Nachkommen uniform schwarz sind.

b Für die Zucht sollten als Elterntiere jeweils ein reinerbig schwarzes, glatthaariges Meerschweinchen und ein weißes, wirbelhaariges Meerschweinchen verwendet werden. In der F_1-Generation wären nach der 1. MENDELSCHEN Regel alle Nachkommen phänotypisch uniform bezüglich der jeweils dominanten Merkmale. Die Tiere wären also schwarz und wirbelhaarig. Wenn man diese genotypisch mischerbigen Meerschweinchen untereinander paart, erhält man mit der Wahrscheinlichkeit von 1 : 16 Nachkommen mit den gewünschten rezessiven Merkmalen weiß und glatthaarig. Diese Tiere, die, wenn sie untereinander verpaart werden, nur weiße, glatthaarige Nachkommen hervorbringen, können dann für die weitere Zucht verwendet werden.

Legende:
S = schwarze Farbe (dominantes Merkmal)
s = weiße Farbe (rezessives Merkmal)
W = wirbelhaarig (dominantes Merkmal)
w = glatthaarig (rezessives Merkmal)

Keimzellen	SW	Sw	sW	sw
SW	SSWW	SSWw	SsWW	SsWw
Sw	SSWw	SSww	SsWw	Ssww
sW	SsWW	SsWw	ssWW	ssWw
sw	SsWw	Ssww	ssWw	ssww

106

Phänomen/Umschreibung	Fachbegriff
unterdrücktes Allel	**rezessiv**
Ausbildungsfom eines Gens	Allel
Erscheinungsbild	Phänotyp
zwei Allele, die gleich stark wirken	kodominant
einfacher Chromosomensatz	**haploid**

107 **a** Für beide Geschlechter besteht eine theoretische Wahrscheinlichkeit von 50 %.

Phänotypen der P-Generation: männlich × weiblich
Genotypen der P-Generation: XY × XX

Keimzellen	Ⓧ	Ⓧ
Ⓧ	XX	XX
Ⓨ	XY	XY

b Aufgrund der Rezessivität der Blutgruppe 0 muss das Kind den Genotyp 00 haben. Da das Kind von jedem Elternteil ein Chromosom mit einem Allel für die Blutgruppe erhält, folgt daraus, dass der Vater den Genotyp B0 und die Mutter den Genotyp A0 haben muss.

c Weitere Kinder können ebenfalls die Blutgruppe 0 (00) oder die Blutgruppen AB, A (A0) und B (B0) haben.

Legende: A = Allel für Blutgruppe A
B = Allel für Blutgruppe B
0 = Allel für Blutgruppe 0

Phänotypen der P-Generation: Blutgruppe A × Blutgruppe B
Genotypen der P-Generation: A0 × B0

Keimzellen	Ⓐ	⓪
Ⓑ	AB	B0
⓪	A0	00

108 **a** Entscheidend für die Blutgruppen sind die roten Blutkörperchen, genauer die in deren Zellmembran enthaltenen Oberflächenstrukturen, die Antigene. Nach diesen Antigenen unterscheidet man die Blutgruppenmerkmale.

b
- Das Kind mit der Blutgruppe AB muss aufgrund der Kodominanz von Blutgruppe A und Blutgruppe B von Paar 3 abstammen, da nur dieses genotypisch die Allele A und B aufweist.
- Das Kind mit der Blutgruppe A könnte von Paar 2 oder 3 abstammen. Da jedoch Paar 3 bereits eindeutig dem AB-Kind zugeordnet ist, kommt nur noch das Paar 2 als Eltern infrage.
- Das Kind mit der Blutgruppe B könnte von Paar 2, 3 oder 4 stammen. Den Paaren 2 und 3 wurden jedoch bereits ihre Kinder zugeordnet und so muss das B-Kind zu Paar 4 gehören.
- Das Kind mit der Blutgruppe 0 könnte zwar theoretisch auch von Paar 3 oder 4 stammen, kann jedoch nach dem Ausschlussverfahren nur dem Paar 1 zugeordnet werden.

109 **a** Es handelt sich um das Rhesus-System.

b Da sich das Allel D für das Merkmal „Rhesus-positiv" dominant verhält, kann der Vater genotypisch sowohl die Allele DD als auch Dd besitzen. Aufgrund der Rezessivität muss bei der Mutter genotypisch dd vorliegen, damit sich das Merkmal „Rhesus-negativ" phänotypisch ausprägt.

c Das Kind besitzt demnach im Genotyp die Allelkombination dd. Eines der d-Allele stammt aus der Eizelle, also von der Mutter, das andere muss das Kind durch die Spermienzelle vom Vater erhalten haben. Damit ist ausgeschlossen, dass beim Vater genotypisch DD vorliegt. Er muss die Allelkombination Dd aufweisen.

110 **a** Vermutlich handelt es sich um einen gonosomalen Erbgang, da hauptsächlich Männer betroffen sind.
Da in der F_1-Generation keine Personen mit Rot-Grün-Sehschwäche auftreten, liegt wahrscheinlich ein rezessiver Erbgang vor.

b Würde es sich um einen Y-chromosomalen Erbgang handeln, dann könnte die Person Nr. 14 als Frau nicht fehlsichtig sein.
Außerdem ist zwar die männliche Person Nr. 1 krank, ihre beiden Söhne (Nr. 3 und 5) aber nicht. Ebenso verhält es sich bei der männlichen Person Nr. 8 und ihrem Sohn Nr. 17. Da Väter an ihre Söhne immer das Y-Chromosom weitergeben, müssten diese bei einem Y-chromosomalen Erbgang ebenfalls phänotypisch erkrankt sein.

111 **a** Bei der Alkaptonurie handelt es sich mit großer Wahrscheinlichkeit um eine autosomal-rezessiv vererbte Stoffwechselkrankheit, da das Leiden nicht in jeder Generation auftritt.

b Da es sich um eine rezessive Erbkrankheit handelt, wird das krankheitsauslösende Allel mit a und das normale Allel mit A symbolisiert.

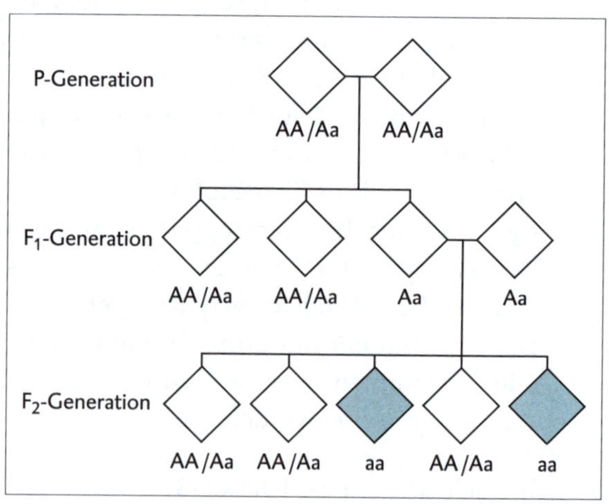

112 **a** Ein typischer Hinweis auf das Vorliegen eines autosomal-dominanten Erbganges ist das Auftreten der Krankheit in jeder Generation unabhängig vom Geschlecht.

b/c Da es sich um eine dominante Erbkrankheit handelt, wird das krankheitsauslösende Allel mit A und das normale Allel mit a symbolisiert.

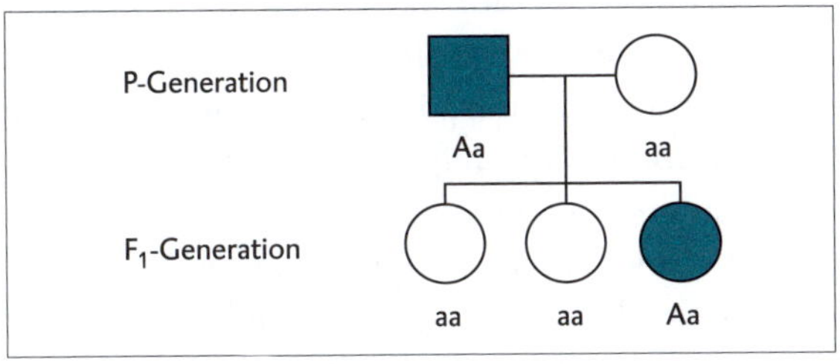

113

	richtig	falsch
Restriktionsenzyme sind Enzyme, die als Schneidewerkzeuge für die DNS dienen.	X	
Restriktionsenzyme erkennen kurze, festgelegte DNS-Stücke anhand einer typischen ~~Aminosäure-Sequenz~~ und zerschneiden die DNS an diesen Stellen. **Basen- oder Nukleotidabfolge**		X
Die Plasmide von Bakterien enthalten sehr häufig Gene für Resistenzen gegen Antibiotika.	X	
Bakterienplasmide und Viren werden sehr häufig als Vektoren zum Einschleusen von Fremd-DNS in Zellen genutzt.	X	
Transformierte ~~Viren~~ werden anhand der Antibiotikum-Resistenz selektiert. **Bakterien**		X

114 **a** 1 Isolierung der gewünschten Insulin-Gene: Innerhalb des menschlichen Erbgutes müssen die gewünschten insulincodierenden Gene aufgefunden und aus den Bauchspeicheldrüsenzellen isoliert werden. Das Herausschneiden der Insulin-Gene aus der DNS erfolgt mithilfe von Restriktionsenzymen.

2 Isolierung und Schneiden der Plasmide: Bakterien-Plasmide, die jeweils ein Antibiotikum-Resistenz-Gen tragen werden mit denselben Restriktionsenzymen wie die isolierten Insulin-Gene geschnitten.

3 Verbindung der Gene mit den Plasmiden: Die Schnittstellen der Gene passen mit denen der Plasmide zusammen und die DNS-Abschnitte verbinden sich wechselweise.

4 Einschleusen der Vektoren: Die neu zusammengesetzten Plasmide dienen als Vektoren, um je ein Insulin-Gen in eine Bakterienzelle einzuschleusen. Diese Bakterienzellen werden anschließend unter optimalen Bedingungen auf Nährböden durch Zweiteilung vermehrt (geklont).
5 Selektion der transformierten Bakterien: Die herangezüchteten Bakterien werden selektiert, indem sie jeweils auf einen Nährboden mit dem Antibiotikum übertragen werden, dessen Resistenzgen auf dem Plasmid enthalten war. Überleben die Bakterien auf diesem antibiotikumhaltigen Nährboden, dann müssen sie das Plasmid und damit auch das gewünschte Insulin-Gen aufgenommen haben. Die nicht transformierten Bakterien wachsen nicht oder sterben ab.
6 Produktion und Reinigung: Die transformierten und selektierten Bakterien können nun zur großtechnischen Produktion der gewünschten Insulin-Genprodukte genutzt werden. Die produzierten Insulinbestandteile werden anschließend noch gereinigt.
7 Zur Herstellung von funktionstüchtigem Wirkstoff müssen die beiden Insulineinheiten noch zusammengefügt werden.

b Gentechnisch durch Bakterien erzeugtes Insulin entspricht vom Aufbau her exakt dem auf natürlichem Wege produzierten menschlichen Insulin, da in beiden Fällen das gleiche Erbgut zugrunde liegt. Bei Schweine- oder Rinderinsulin kann die Aminosäure-Sequenz an einigen Stellen abweichen und deshalb zu Unverträglichkeitsreaktionen führen.

115 **a** Abgebildet ist die Methode des Kerntransfers. Dabei wird der Zellkern einer Eizelle des Frosches A durch Bestrahlung mit UV-Licht zerstört und der Kern einer Körperzelle aus dem Darm des Frosches B eingesetzt. Diese Zelle verhält sich wie eine Zygote und entwickelt sich zum Frosch C, der genetisch dem Frosch B entspricht.

b Unter Klonen versteht man die Erzeugung genetisch identischer Nachkommen. Frosch C ist genetisch identisch mit Frosch B, da der Zellkern der Darmzelle, der in die Eizelle übertragen wurde, die komplette Erbinformation von Frosch B enthält. Aus dieser Eizelle entwickelt sich dann Frosch C durch mitotische Teilungen.

c Wenn die Erbsubstanz des Zellkerns aus der Darmwandzelle verändert wird, kann durch den Kerntransfer ein gentechnisch verändertes Lebewesen erzeugt werden.

116 **a** Als Stammzellen bezeichnet man unspezialisierte Zellen, die sich in unterschiedliche Zelltypen ausdifferenzieren können. Man unterscheidet dabei die embryonalen Stammzellen im sehr frühen Zustand der Embryonalentwicklung von den adulten Stammzellen, wie etwa den Knochenmarkszellen, im Erwachsenenalter.

b Das Gen zur Ausbildung der Cholesterin-Andockstellen wird lokalisiert und durch geeignete Restriktionsenzyme aus der DNS eines gesunden Menschen herausgeschnitten. Anschließend wird dieses DNS-Stück in das Erbgut eines Virus eingebaut. Das Virus dient nun als Vektor, um das Gen in vorher operativ entfernte menschliche Leberzellen einer an Hypercholesterinämie leidenden Person einzuschleusen. Die Leberzellen werden im Anschluss auf Nährböden vermehrt und anhand der ausgeprägten Andockstellen selektiert. Die transformierten Leberzellen werden durch eine Infusion wieder in die Leber des Patienten eingebracht. Dort nehmen sie ihre Arbeit auf. Durch die Andockstellen auf den transgenen Zellen gelangt nun das Cholesterin aus dem Blut in die Leber, wodurch sich die Cholesterinkonzentration im Blut verringert. Da sich die transformierten Leberzellen lebenslang mitotisch teilen, bringen sie laufend genetisch identische Tochterzellen mit Andockstellen hervor.

c Als transgen bezeichnet man Organismen, die nicht von ihrer Art stammende Fremd-Gene enthalten. Deshalb ist der gentherapierte Patient kein transgener Mensch, da ja ein menschliches Gen eingeschleust wurde.

117 **a**
- [ ] Pränataldiagnostische Verfahren zur Ermittlung von Erbkrankheiten
- [ ] Präimplantationsdiagnostik zur genetischen Testung von künstlich erzeugten Embryonen

  Anmerkung: Die PID ist in den Ländern der Europäischen Union nur in Italien, der Schweiz und in Österreich komplett verboten. Die Anwendung ist in den meisten europäischen Ländern gesetzlich geregelt.
- [ ] Herstellung von Hormonen zur Behandlung von Diabetes und Zwergwuchs durch transgene Bakterien
- [x] Einschleusen von gewünschten Genen in menschliche Keimzellen
- [ ] Erzeugung von Maispflanzen, die gegen bestimmte Schadinsekten resistent sind
- [x] Gentherapeutische Verfahren zur Reparatur von menschlichen Körperzellen

b Beispiele:

- Auch nützliche oder geschützte Tiere können eventuell durch das von den gentechnisch veränderten Pflanzen erzeugte Insektengift geschädigt werden. Außerdem ist eine Anreicherung der Giftstoffe in der Nahrungskette möglich.
- Gene können zwischen artgleichen Lebewesen ausgetauscht und damit auch auf benachbarte Felder, Gewächshäuser oder eventuell auch auf Wiesen mit Wildpflanzen verbreitet werden. Mögliche Folgen für die ökologische Vielfalt sind nicht abzusehen.
- Die Risiken gentechnisch veränderter Lebensmittel für den menschlichen Körper sind nicht ausreichend untersucht.
- Gentechnisch manipulierte Pflanzen sind meist so verändert, dass Bauern kein eigenes Saatgut erzeugen können und dieses jedes Jahr beim Hersteller kaufen müssen. Dadurch sind die Landwirte stark von den Saatgutherstellern abhängig.
- Auf die gentechnisch veränderten Pflanzen abgestimmte Insekten- und Pflanzenschutzmittel gibt es nur beim jeweiligen Saatguthersteller. Dadurch wird die Abhängigkeit noch verstärkt.

Stichwortverzeichnis

Quellenverzeichnis

Umschlagbild Marienkäfer: © Kletr – Fotolia.com
S. 18, Totenkopfäffchen: © Anna Kucherova – Fotolia.com
S. 29, Notizzettel: © Haksono Arsista/Dreamstime.com
S. 29, Agar-Platte: © Ggw1962/Dreamstime.com
S. 30, *Yersinia pestis*: CDC/Courtesy of Larry Stauffer, Oregon State Public Health Laboratory
S. 47, Abb. 30, Lebermoos, Samenpflanze, Bärlapp, Schachtelhalm, Echter Farn, Laubmoos; S. 112: Hautflügler, Termite; S. 127, Pseudoskorpion, Milbe; S. 137, Wasserfloh, Rankenfußkrebse, Assel: © 2012 by the University of South Florida
S. 50, Abb. 34, Fortpflanzungszyklus Farne: Heß, D., Die Blüte © 1991, Verlag Eugen Ulmer KG, Stuttgart
S. 57, Volvox: Foto: Dr. Ralf Wagner; http://commons.wikimedia.org/wiki/File:Volvox_aureus_3_Ansichten.jpg?uselang=de; lizenziert unter der Creative Commons Attribution ShareAlike 3.0-Lizenz
S. 61, Quallen: © Luc Viatour/www.Lucnix.be
S. 61, Schnecke: © Musat Christian/Dreamstime.com
S. 61 und S. 81, Abb. 47: Regenwurm: © Michael Tieck – Fotolia.com
S. 61 und S. 88, Abb. 50: Bienen: © Irochka/Dreamstime.com
S. 61, Spinne: Foto: Milan Karow; http://de.wikipedia.org/wiki/Datei:Tegenaria_female.png; lizenziert unter der Creative Commons Attribution ShareAlike 2.0-Lizenz
S. 61, Garnele: © Thünen-Institut, Hamburg
S. 67, Hydra: Foto: Melanie Mikosch und Thomas Holstein; Universität Heidelberg
S. 70, Text verändert nach: http://de.wikipedia.org/wiki/Korallen
S. 71, Abb. 41, Schnecke: © somenski – Fotolia.com
S. 71, Abb. 41, Muschel: © hadot – Fotolia.com
S. 76, Abb. 45, Nautilus: © Kodo34/Dreamstime.com
S. 81, Abb. 47, Blutegel: © Pavla Tochorova
S. 81, Abb. 47, Vielborster: © Hans Hillewaert/CC-BY-SA-3.0
S. 87, Fadenwurm: CDC
S. 88, Abb. 50, Schmetterling: © Siegmar – Fotolia.com
S. 88, Abb. 50, Fliege: © draconus - Fotolia.com
S. 88, Abb. 50: Blattlaus: © Shipher Wu (photograph) and Gee-way Lin (aphid provision), National Taiwan University
S. 88, Abb. 50, Wanze: © Jumo – Fotolia.com
S. 88, Abb. 50, Käfer: © beatuerk – Fotolia.com
S. 88, Abb. 50, Schrecke: © Ervin Monn – Fotolia.com
S. 88, Abb. 50: Termiten: © AAA Pest Control
S. 95, Abb. 57, Stubenfliege: Foto: Madlen Reichen
S. 95, Abb. 57, Marienkäfer: © Paul Grecaud/Dreamstime.com
S. 102, Abb. 62, Heuschrecken: R. E. Snodgrass: Insects, their way and means of living; CDC
S. 105, Abb. 63 und S. 107, Abb. 66, Mitglieder Honigbienenstaat: Karl Weiß: Bienen und Bienenvölker. C. H. Beck, Wissen in der Beckschen Reihe, Nr. 2067, Verlag C. H. Beck, München 1997
S. 110, Abb. 69, Mitglieder Ameisenstaat: Watson, L., and Dallwitz, M.J. 2003 onwards. British insects: the families of Hymenoptera. Version: 1st January 2012; http://delta-intkey.com
S. 111, Zweiflügler: © 2012 by the University of South Florida
S. 112, Wanze: © Insect Illustrations
S. 116, Gänseblümchen: © Kari Høglund/Dreamstime.com
S. 116, Haut© Spirokwok/Dreamstime.com
S. 116, Fettkraut: © Eric Partrat, www.pinguicula.org
S. 116, Kohl: © Omkr/Dreamstime.com
S. 116, Tasse: © Kuppa – Fotolia.com

S. 120, Abb. 70, Winkelspinne: © M. R. Swadzba – Fotolia.com
S. 120, Abb. 70, Zecke: © Risto Hunt/Dreamstime.com
S. 120, Abb. 70, Pseudoskorpion: © Cosmin Manci/Dreamstime.com
S. 120, Abb. 70, Skorpion: © digitalicus – Fotolia.com
S. 120, Abb. 70, Weberknecht: © Fotodietrich/Dreamstime.com
S. 126, Webspinne: © 2012 by the University of South Florida
S. 127, Weberknecht: © dkimages, www.dkimages.com
S. 128, Wespe: © Horatiu Bota/Dreamstime.com
S. 128, Spinne: © Horia Vlad Bogdan/Dreamstime.com
S. 129, Zeitschrift: © Robbiverte/Dreamstime.com
S. 129, Kreuzspinne: © Frank Becker – Fotolia.com
S. 131, Abb. 75, Reitkrabbe: Foto: Hans Hillewaert; http://commons.wikimedia.org/wiki/File:Ocypode_quadrata_(Cahuita).jpg; lizenziert unter der Creative Commons Attribution ShareAlike 3.0-Lizenz
S. 131, Abb. 75, Hummer: Foto: Cefaclor; http://commons.wikimedia.org/wiki/File:Europ%C3%A4ischer_hummer.jpg; lizenziert unter der Creative Commons Attribution ShareAlike 3.0-Lizenz
S. 131, Abb. 75: Wasserfloh: Foto: Paul Hebert; www.plosbiology.org/article/info:doi/10.1371/ journal.pbio.0030219; lizenziert unter der Creative Commons Attribution ShareAlike 2.5-Lizenz
S. 131, Abb. 75, Seepocken: © Photogf/Dreamstime.com
S. 131, Abb. 75, Assel: © Henrik Larsson – Fotolia.com
S. 139, Schild, © jarma – Fotolia.com
S. 139, Flusskrebs: © bunte Welt – Fotolia.com
S. 140, Extremitäten Flusskrebs: Storch, Volker /Welsch, Ulrich, Kükenthals Leitfaden für das Zoologische Praktikum, 26.Aufl., Spektrum Akademischer Verlag 2009, ISBN 978-3-8274-1998-9
S. 145, Abb. 83, verschiedene Taubenrassen: Stebbins, G.: Evolutionsprozesse, Grundbegriffe der modernen Biologie, Bd. 2. Urban Fischer Verlag, 2. Auflage 1980
S. 147, Abb. 84, versteinerter Fisch: © Brooke Becker – Fotolia.com
S. 150, Abb. 86 und S. 160, Archaeopteryx-Skelett: Kuhn-Schnyder, E.: Paläonotologie als stammesgeschichtliche Urkundenforschung. In: Heberer, G.: Evolution der Organismen, Bd. I. Fischer, Stuttgart 1967
S. 150, Abb. 86, Archaeopteryx-Rekonstruktion: © Anne Musser, http://australianmuseum.net.au/image/Archaeopteryx-illustration/
S. 151, Abb. 87, Schnabeltier: The Platypus, Scientific American, May 1988, pg. 86, © Patricia J. Wynne
S. 157, Giraffen: Moore. J. A.: Biological Science: An Inquiry to Life; Harcourt, Brace and World, 1984
S. 158, Pergament: © photodes – Fotolia.com
S. 159, versteinerter Ammonit: © Giuseppe Lancia/Dreamstime.com
S. 160, Versteinerung Archaeopteryx: © Museum für Naturkunde Berlin
S. 165, Abb. 95, Modellvorstellung zur Gendrift: Fig. 21.4, p. 422 from BIOLOGY, 4th ed. by Neil A. Campbell. Copyright © 1996 by The Benjamin/Cummings Publishing Company, Inc. Reprintes by permission of Addison Wesley Longman Publishers, Inc
S. 168, Abb. 97, Wandelndes Blatt: © Flugzeugfan – Fotolia.com
S. 168, Abb. 97, Sepia: Foto: Aka; http://commons.wikimedia.org/wiki/File:Camouflage2.jpg?uselang=de; lizenziert unter der Creative Commons Attribution ShareAlike 3.0-Lizenz
S. 168, Abb. 97, Schwebfliege: © Tony Hisgett
S. 171, Birkenspanner hell/dunkel: Fotos: Olaf Leillinger; http://commons.wikimedia.org/wiki/File:Biston.betularia.f.carbonaria.7209.jpg und http://commons.wikimedia.org/wiki/File:Biston.betularia.7200.jpg; lizenziert unter der Creative Commons Attribution ShareAlike 2.5-Lizenz
S. 172, Hornissen-Glasflügler: Foto: Sergey M. Sazhin; http://commons.wikimedia.org/wiki/File:Aegeria_apiformis.jpg?uselang=de; lizenziert unter der GNU General Public License Version3
S. 174, Abb. 99, Orang-Utan: © UryadnikovS – Fotolia.com
S. 174, Abb. 99, Gorilla: © Pascal Martin – Fotolia.com
S. 174, Abb. 99, Schimpanse: © Sharon Morris/Dreamstime.com
S. 177, Abb. 102 und S. 184, Schädel Schimpanse/Mensch: Maglio, Vincent/Cooke, H.B.S.: Evolution of African Mammals. Cambridge: Harvard University Press 1978

S. 177, Abb. 102 und S. 184, Gebiss Schimpanse/Mensch: Campbell, B. G.: Human Evolution; Aldine Publishing, Chicago 1966
S. 179, Abb. 103: weltweite Ausbreitung *Homo sapiens*: Darstellung nach: Monroe Strickberger, Evolution, Jones and Bartlett Publishers, London 1996
S. 187, Familie: © Monkey Business Images/Dreamstime.com
S. 200, Abb. 112, vom Eisprung bis zur Schwangerschaft: © Peter Kornherr, St. Wolfgang
S. 217, Abb. 117, Fetus: Aus: Eschenhagen, D., Kattmann, U., Rodi, D.: Handbuch des Biologie-Unterrichts, Sekundarbereich I - Band 5: Sexualität, Fortpflanzung, Entwicklung; Aulis Verlag 1993
S. 218, Kondombenutzung: Zeichnung mit freundlicher Genehmigung der Bundeszentrale für gesundheitliche Aufklärung, Köln; www.gib-aids-keine-chance.de/wissen/safer_sex/anwenden.php
S. 220, Klemmbrett: © Bora Ucak/Dreamstime.com
S. 223, Chromosomen: © Biophoto Associates / Photo Researchers / Agentur Focus
S. 226, Abb. 120, Hämoglobin: wissenmedia in der inmediaONE GmbH, Gütersloh
S. 229, Abb. 122: Doppelhelix – Chromosom: Passarge: Taschenatlas der Genetik, Thieme 1994
S. 259, Erbsenpflanze: © Gala_K – Fotolia.com
S. 261, Meerschweinchen schwarz: © Zuperpups/Dreamstime.com
S. 261, Meerschweinchen weiß: © Eric Isselée – Fotolia.com
S. 270, Zettel: © Jurgita Janovskiene/Dreamstime.com
S. 272, Polydaktylie Hand: Foto: Drgnu23; http://commons.wikimedia.org/wiki/File:Polydactyly_01_Lhand_AP.jpg; lizenziert unter der Creative Commons Attribution ShareAlike 3.0-Lizenz
S. 287, Puzzle: © Sabina Schaaf/Dreamstime.com

Der Verlag hat sich bemüht, die Urheber der in diesem Werk abgedruckten Abbildungen ausfindig zu machen. Wo dies nicht gelungen ist, bitten wir diese, sich gegebenenfalls an den Verlag zu wenden.